全国电力职业教育系列教材
职业教育电力技术类专业培训用书

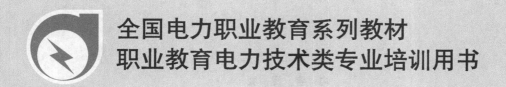

配电设备

（第三版）

马定林 马 晖 马 晔 编

邵家璀 主审

中国电力出版社
CHINA ELECTRIC POWER PRESS

内 容 提 要

全书共分十章,主要内容包括:配电网络和配电设备,配电变压器,异步电动机,配电网络的短路电流计算,电弧理论和开关设备,母线、绝缘子及其他设备,常用电工仪表与测量,配电设备的常用保护,成套配电装置和配电设备预防性试验。本书主要讲述 10kV 及以下的常用配电设备的结构、工作原理、设备选择、安装、运行维护及故障的判断和预防性措施,并简述有关 35kV 配电设备的结构、工作原理和运行维护知识。

本书可以作为电力职业院校电力技术类专业教材,也可以作为电工进网作业培训教材及有关科技人员的参考用书。

图书在版编目(CIP)数据

配电设备/马定林,马晖,马晔编. —3 版. —北京:中国电力出版社,2013.7(2023.2重印)

全国电力职业教育规划教材

ISBN 978-7-5123-3552-3

Ⅰ.①配… Ⅱ.①马… ②马… ③马… Ⅲ.①配电装置-高等职业教育-教材 Ⅳ.① TM642

中国版本图书馆 CIP 数据核字(2012)第 228209 号

中国电力出版社出版、发行

(北京市东城区北京站西街 19 号 100005 http://www.cepp.sgcc.com.cn)

北京天泽润科贸有限公司

各地新华书店经售

*

1982 年 7 月第一版

2013 年 7 月第三版   2023 年 2 月北京第十七次印刷

787 毫米×1092 毫米   16 开本   22 印张   539 千字

定价 **38.50** 元

前 言

进入 21 世纪以来，电力工业技术飞速地发展，应用范围更加广泛，它改变着人类社会的面貌，同时也深刻地影响着广大人民的生活水平和生活质量，为全社会的和谐、发展奠定了基础。

《配电设备》第一版于 1982 年 7 月出版，第二版于 2007 年 9 月出版，在 30 年实际应用过程中，得到许多同行们的褒贬，也得到很多读者的支持和建议、意见，对此，编者表示衷心感谢。电力工业 30 年来，配电技术和配电设备更新换代的速度非常快，国内外生产配电设备的厂家越来越多，新产品、新技术及时得到应用和推广，品种式样不断改变。但是在全国各地的应用情况参差不齐，新旧设备仍在交替使用，所以编者把握住"万变不离其宗"的原则，坚持以基本概念、基本理论、基本技能为主，同时介绍一些新知识，使本书尽量符合各方面的需要。

本书内容繁杂，知识广泛，基本上做到了面面俱到，望广大读者根据所学专业的需要，删繁就简地选择全部或部分学习内容。

本书在改编过程中，曾得到浙江华通机电集团有限公司、大连信德电器有限公司、牡丹江电网公司、牡丹江华能电力设备制造有限公司和牡丹江特种变压器厂等同行们的支持和帮助，在此一并表示谢意。

书中仍不免有很多不妥和错误之处，恳请读者继续批评指正。

编　者

2012 年 5 月

目 录

第 一 章

配电网络和配电设备

第一节 配 电 网 络

一、配电网络在电力系统中的地位

电能是现代工农业、交通运输、科学技术、国防建设和人民生活等方面的主要（二次）能源。由发电厂、输配电线路、变电设备、配电设备和用电设备等组成的有机联系的总体，称为电力系统，如图 1-1 所示。发电厂生产的电能，除一小部分供给本厂厂用电及附近用户外，大部分要经过升压变电站将电压升高，由高压输电线路送至距离较远的用户中心，然后经降压变电站降压，由配电网络分配给用户。因此，配电网络是电力系统中的一个重要组成部分，它由配电线路和配电变电站组成，其作用是将电能分配到工厂、矿山、城市和农村的用电器具（如电动机、电灯、电热设备等）中去。电压为 3~10kV 的高压大功率用户可以从高压配电线路直接取得电能；380/220V 的低压用户，需经配电变压器将 3~10kV 再次降压后由低压配电线路供电。

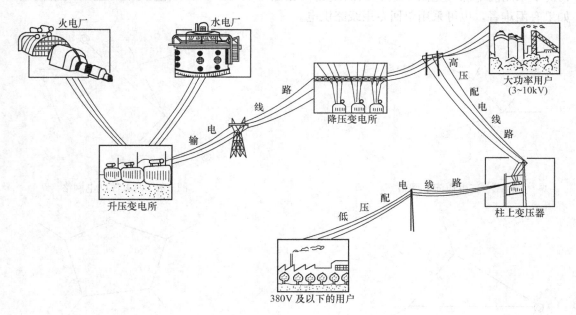

图 1-1 电力系统示意图

配电线路分为架空线路和电缆线路两种。架空配电线路，由于造价便宜、取材方便、容易施工、也容易发现故障点，而且便于检修，所以得到广泛应用。但在大城市中采用架空配电线路时，既会影响行人和交通安全，又影响市容的美观，尤其在多雷地区易遭雷害，所以在城市房屋密集的地方或风景区可采用电缆线路。

配电变电站一般分为配电室和柱上变压器两种。对于 30kVA 及以下的变压器，宜采用单柱式变压器台；40~315kVA 的变压器宜采用双柱式变压器台；315kVA 以上的变压器，宜采用落地式变压器台；更大容量的变压器可设配电室。所以配电室是设在用电量较大的工矿企业和事业单位中；而柱上变压器适用于用电量较小的用户，他可以同时供给几个单位使用。

配电室中安装的电气设备除配电变压器外，还有 3～10kV 高压和 0.4kV 低压配电装置。高压配电装置通常采用定型的高压开关柜，其中分别装有断路器、隔离开关、互感器和避雷器等高压设备。低压配电装置通常采用多种低压配电屏和动力配电箱，其中分别装有隔离开关、熔断器、低压断路器、互感器和计量表计等低压电器。

二、几种常用的配电网络接线

配电网络的接线均应满足供电的安全可靠、操作方便和运行经济等要求。

根据用户对供电可靠性的要求，用电负荷一般分为三级。

Ⅰ级负荷：突然停电会造成人身伤亡或引起设备严重损坏且难以修复，或给国民经济造成重大损失者。这种负荷要求网络接线能保证有很高的供电可靠性，应由两个及以上的独立电源供电，如图 1-2 所示。

Ⅱ级负荷：突然停电将使大量产品和原材料报废，或可能发生重大设备损坏事故，但采取适当措施又能够避免的负荷。这种负荷对网络接线的要求较Ⅰ级负荷为低，在条件允许的情况下采用两电源（见图 1-3）、双回线路（见图 1-4）或环形（见图 1-5）配电网络供电；如果有困难者，也可采用单回专用线路供电。

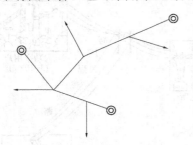

图 1-2　三电源配电网络

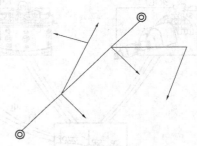

图 1-3　两电源配电网络

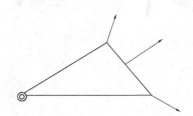

图 1-4　双回线路配电网络

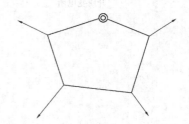

图 1-5　环形配电网络

Ⅲ级负荷：所有不属于Ⅰ级和Ⅱ级负荷的用电设备，一般由单电源供电。

单端供电通常称为开式配电网络，两端供电和环形供电通常称为闭式配电网络。

总之，配电网络的接线方式，一般可根据配电变电所的位置、用电容量、负荷等级、投资费用以及附近用户的合理分配等情况来确定。下面介绍几种常用的配电网络接线。

1. 放射式配电网络

这种网络主要由降压变电所3～10kV侧引出许多单独线路组成。每一单独线路均向一个或几个配电变电所供电，如图1-6所示。配电变电所的进线可根据配电变压器T的容量、负荷等级等，配备安装断路器、隔离开关、负荷开关和高压熔断器等电气设备。

放射式配电网络的特点是维护方便、保护简单、便于发展，但可靠性和灵活性较差，线路及设备发生故障或检修时，就要中断供电。

2. 树干式配电网络

这种网络是由降压变电所3～10kV侧引出一条或几条主干线路，每条主干线路可供给几个配电变电所，如图1-7所示。

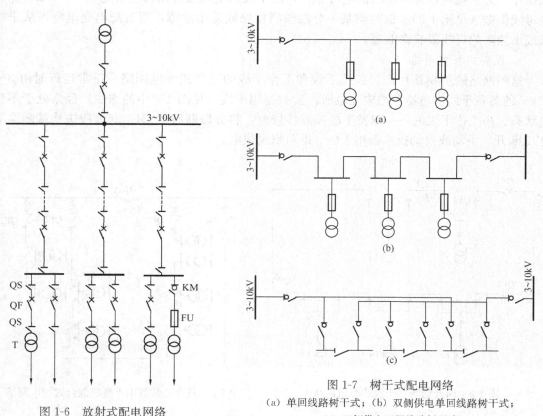

图 1-6 放射式配电网络

图 1-7 树干式配电网络
(a) 单回线路树干式；(b) 双侧供电单回线路树干式；
(c) 双侧供电双回线路树干式

树干式配电网络的特点是接线比较灵活，易于增加或减少配电变电所的数目，比放射式网络使用设备少，可使网络简化。任何一个配电变电所中的变压器均有切断设备，当某一台配电变压器故障时，并不影响其他配电变电所的供电。当主干线上发生故障时，连接这条主干线上的负荷均要停电。通常用来配电给Ⅲ级负荷，每条干线上安装的变压器约5台以内，总容量不超过2000kVA。

3. 断开的环状干线式配电网络

环状干线式（简称环形）配电网络，一般分为两种运行方式，一种是开环运行，另一种是闭环运行。闭环运行形成两端供电，当任一线段故障时，将使两干线进线端的断路器

QF1、QF2 均跳闸，造成全部停电，所以环形配电网络一般均采用开环运行方式，如图 1-8 所示。这种网络在正常运行时分支点 QS 断开，使环状干线分为两部分单独运行。此时当某一干线发生故障时，先使该干线进线端断路器 QF1 或 QF2 跳闸，然后打开故障处最邻近的两侧隔离开关，合上分支点处隔离开关 QS，最后把进线端断路器合上，所有的配电变电所即可恢复正常运行。

分支点 QS 的选择原则是，正常运行时，分支点 QS 的电压差最小。通常要使两干线所担负的容量尽可能地相接近，干线所用的导线截面也要相同。

断开的环状干线式配电网络的特点是供电的可靠性较高，当干线某处发生故障时，只需使所有配电变电所短时停电（约 30～40min）。但这种网络要求操作水平较高，否则易发生误操作。为了提高这种网络的供电可靠性，两干线的电源最好由降压变电所 3～10kV 侧分段母线供电（见图 1-8）。这时当某一分段母线检修或发生故障，所有配电变电所可从未检修或未故障的母线段获得电源。

4. 混合式配电网络

这种网络的接线具有公共备用干线和工作干线的混合式配电网络。正常运行时由 3～10kV 的各条干线供电给各配电变电所，公共备用干线（见图 1-9 中的虚线）经常处于不带电状态。当工作干线的每一段发生故障或检修时，将分段断路器 QF1 和该段进线端断路器 QF2 断开，手动或自动投入备用干线，即可恢复供电。

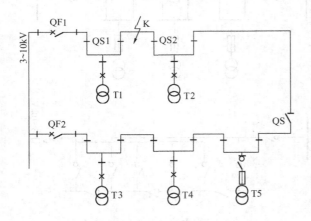

图 1-8　断开的环状干线式配电网络

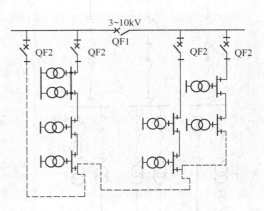

图 1-9　具有公共备用干线的混合式配电网络

具有公共备用干线的混合式配电网络的特点是供电可靠，可满足 II 级负荷的需要，如果备用干线由另一电源供电，而且采用自动投入装置时，可满足 I 级负荷的需要。其缺点是敷设线路和建造配电变电所需要的投资很大，所以在选择这种网络接线时，一定要进行经济技术方面的比较。

以上四种配电网络的选择原则是：

（1）凡是负荷围绕电源分布，负荷等级为 II、III 级时，可采用放射式配电网络；

（2）凡是负荷集中分布在电源同一方向，负荷等级为 II、III 级时，可采用树干式配电网络或采用断开的环状干线式配电网络；

（3）凡是因停电，可能造成人身伤亡或重大经济损失的特殊用户，应考虑采用混合式配电网络。

此外，在我国曾经推广过"四合一"环形配电网络，即工厂与工厂之间用电合一、工厂与居民用电合一、工厂的动力与照明用电合一和工厂的电网与地方电网合一。它的特点是可提高现有系统的供电能力，减少电能损耗，供电网络简单合理，安全可靠，并能简化网络接线，节省电气设备；但因维护和管理工作量大，所以现在保留下来的"四合一"环形配电网络很少。

"四合一"环形配电网络的接线特点是可以在高压侧（即 3～10kV）接成环形，也可以在低压侧（即 380/220V）接成环形，采用哪种环形接线，这要看实际情况而定。

第二节　配　电　设　备

一、配电设备的作用

这里讲的配电设备，主要是指 10kV 及以下的电气设备，并简单叙述 35kV 作为配电用的电气设备，现将各种配电设备的作用介绍如下。

（1）配电变压器。它在配电变电所内起变换电压的作用，常用来将 35kV 或 3～10kV 的电压变换成 380/220V 电压以适应用户需要。

（2）开关设备。开关设备是指 35kV 或 3～10kV 的高压开关设备和 380/220V 的低压开关设备。它的作用是开断或接通电路。

（3）母线。母线分为 35kV 或 3～10kV 高压母线和 380/220V 低压母线。它的作用是汇集和分配电能。

（4）绝缘子。绝缘子的作用是支持和固定载流导体，并使载流导体之间或载流导体与地之间绝缘。

（5）避雷器。避雷器的作用是保护其他电气设备不被雷电通过击穿。

（6）电容器。配电设备中的电容器，主要是用来移相、补偿无功电流和提高网络功率因数等。

（7）互感器。互感器分电压互感器和电流互感器两种，它是变换交流电压或电流的设备，用来分别向测量仪表、继电器的电压线圈和电流线圈供电，从而正确反映设备和网络的正常运行和故障情况。

（8）熔断器。它是一种最简单的保护电器，当网络发生过载或短路故障时，熔断器能单独地自动断开电路，从而达到保护电气设备的目的。

（9）电抗器。电抗器的作用是限制短路电流，使电抗器后面的电气设备可采用轻型电器，以降低设备的投资。

此外，还有计量用的电工仪表、保护网络设备的保护装置以及做预防性试验的设备等。

二、配电设备的几个主要额定值

配电设备的额定值，是指制造厂对该设备所规定的工作制下工作的，并指示在设备铭牌上的值，称为该种设备的额定值，一般有电流、电压、频率和功率等。

（1）额定电压值。电气设备的额定电压是指该设备在长期正常运行时获得最佳经济效果所规定的电压，即标在设备铭牌上的电压。所有的电气设备应根据额定电压设计，以便统一生产用电器具。配电设备规定的额定电压，如表 1-1 和表 1-2 所示。

表 1-1　　　　　　　　　　　　　**低压配电设备额定电压表**

用电设备的额定电压（V）			发电机的额定电压（V）		变压器的额定电压（V）			
直　流	三相交流		直　流	三相交流	三相交流		单 相 交 流	
	线电压	相电压		线电压	一次绕组	二次绕组	一次绕组	二次绕组
110	—	—	115	—	—	—	—	—
	127	127		(133)	(127)	(133)	(127)	(133)
220	220	220	230	230	220	(230)	220	230
	380	—		400	380	400	380	—
440	—	—	460	—	—	—	—	—

注　括号内电压只适用于矿井下或其他保安条件要求较高的场所。

表 1-2　　　　　　　　　　　　　**高压配电设备额定电压表**

受电设备额定电压 （kV）	发电机线电压 （kV）	变压器线电压（kV）	
		一　次　绕　组	二　次　绕　组
3	3.15	3 及 3.15	3.15 及 3.3
6	6.3	6 及 6.3	6.3 及 6.6
10	10.5	10 及 10.5	10.5 及 11

注　1. 变压器一次绕组栏内 3.15、6.3、10.5kV 适用于和发电机直接连接的升压变压器及降压变压器；
　　2. 变压器二次绕组栏内 3.3、6.6、11kV 适用于短路电压值在 7.5% 及以上的降压变压器。

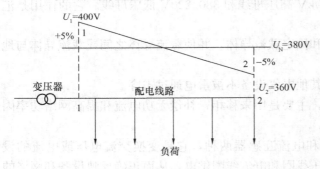

图 1-10　配电线路的额定电压示意图

在三相电气设备中，一般均取线电压为额定电压。

一般要求配电线路应按用电器具的额定电压供电，但由于线路中有电压损失，所以接在线路中的用电器具不可能恰好得到额定电压值。以电灯负荷为例，接在电源附近的灯就比离电源远的灯电压高、亮度大。当在均布负荷情况时，线路电压的变化可用图 1-10 中的直线 1—2 表示。由图 1-10 可见，线路的始端电压 U_1 比其额定电压 U_N 高 5%，线路末端电压 U_2 比额定电压 U_N 低 5%。由于用电设备工作电压与线路额定电压相差越小，它们的工况也会越好，所以用电设备的额定电压应按配电线路始、末两端电压的算术平均值来制造。这个算术平均值，也就是线路的额定电压，即 $U_N = \dfrac{U_1 + U_2}{2}$。

例如图 1-10 中，$U_1 = 400V$，$U_2 = 360V$ 时，则

$$U_N = \frac{400 + 360}{2} = 380(V)$$

一般线路中的电压损失约为 10%。因此，发电机的额定电压比线路的额定电压高 5%。例如在额定电压为 10kV 的线路中，发电机的额定电压为 10.5kV，所以线路始端电压是 10.5kV，比线路的额定电压高 5%。而线路末端电压则是 9.5kV，比线路额定电压低 5%。

因而，在线路电压损失为 10% 时，可以保证线路中任何点的用电设备都能得到与线路额定电压非常接近的电压。

（2）额定电流值。它是指在一定周围媒质计算温度下，允许长期通过的最大电流值。此时设备的绝缘和载流部分的长期发热温度不应超过国家标准规定的允许值。

（3）额定容量。发电机、变压器等各种电器均规定有额定容量或额定功率，通常将变压器的额定容量以单相或三相视在功率表示，单位为 VA 或 kVA。旋转电机则以有功功率表示，单位为 W 或 kW。

事实上一般电气设备的功率因数几乎不可能等于 1，通常小于 1。这是因为电气设备中存在电感负荷以致产生一个滞后的电流所引起的。在确定某些交流设备的参数时，除考虑额定容量外，还必须说明功率因数。额定容量乘以功率因数，通常表示为额定功率。

（4）额定频率。设备的额定频率是指设备运行在最佳状态的工作频率。我国电力系统的额定频率是 50Hz。

电压和频率是衡量电力系统电能质量的标准，一般对用户的供电电压是：低压供电为单相 220V，三相 380V；高压供电的三相线电压为 3、6、10kV 和 35kV 几种。通常要求供电电压与设备额定电压的偏差值应不超过下列范围：

1）高压配电线路始末端的压降不大于额定电压的 5%；

2）低压配电线路始末端的压降不大于额定电压的 4%。

电压偏离额定值的原因是：①通过线路、变压器输送电力时，由于存在阻抗，将产生电压降，使距离电源远的用户电压偏离值超过允许范围；②用户的有功和无功负荷对电压有影响；③无功负荷在网络中形成的电流经各级变配电设备时，也会产生较大的电压降，造成用户的电压偏低。

大多数国家规定的频率允许偏差值，一般在 ±0.1～0.3Hz 间。频率偏离额定值的原因是：①当负荷超过或低于电厂出力时，系统频率要降低或升高引起频率偏差；②当电厂出力变动时，也会引起频率偏差。

（5）温升和极限允许温升。设备被测量部分的温度与周围介质温度之差称为温升。例如，变压器绕组对油的温升为 25℃，油对空气的平均温升为 40℃。在额定工况下，设备的一定部分所允许的最大温升称为该部分极限允许温升。例如，变压器的上层油对周围空气极限允许温升为 55℃。

（6）稳定温度和极限温度。设备在长期及间断长期工作制下，其温升在 1h 内不超过 1℃时的温度称为稳定温度。在额定工作制下，设备的任何一部分的最高稳定温度称为极限温度。

第二章

配电变压器

第一节　变压器的基本原理和结构

一、变压器的用途和分类

1. 变压器的用途

变压器的用途是很广泛的，以电力系统而言，变压器是一个主要设备。在电力系统中，要将大功率的电能输送到很远的地方去，利用低电压大电流传输是有困难的。这是因为，一方面由于电流大会引起输电线路电能的极大损耗，另一方面输电线路的电压降也致使电能输送不出去。为此，需要用升压变压器将电源的电压升高，当输电距离越远，输送功率越大时，要求输电电压越高。当电能输送到用户附近时，又必须将这种高电压降低到配电网络的电压，这就需要利用配电变压器（或称降压变压器）来实现。

此外，在工矿企业事业单位中，各种电气设备的电能利用，以及在其他各种场合，如通信广播、自动控制等，变压器都得到广泛的应用。因此，为了不同的目的而制造的变压器差别很大，它们的容量范围可从几伏安至几百兆伏安，电压可从几伏至几百千伏。

2. 变压器的分类

变压器的种类很多，可按不同的依据予以分类。

（1）根据变压器的用途可分为：①电力变压器，主要用在电力系统内，作变换电压用；②特殊用途变压器，包括电炉变压器、整流变压器、电焊变压器等；③调压变压器；④测量用变压器，包括电压互感器、电流互感器；⑤试验变压器；⑥控制变压器，用于自动控制系统。

（2）根据变压器本身的绕组数，可分为双绕组变压器、三绕组变压器和自耦变压器。

（3）根据变压器的相数，可分为单相变压器和三相变压器。

（4）根据变压器的绝缘材料，可分为油浸变压器和用塑料树脂浇注作为主绝缘的干式变压器。

此外，还可以根据冷却方式、工作频率等进行分类。本书讨论的配电变压器，通常是指三相油浸式循环自冷式电力变压器。这种变压器在电力系统中的地位是很重要的，不仅需要的数量多，而且要求性能好、运行安全可靠。

二、变压器的基本工作原理

变压器是根据电磁感应原理工作的。如图 2-1 所示，在构成闭合回路的铁芯上绕有两个绕组 1 和 2，绕组 1 接到交流电源，称一次绕组（或原绕组）；绕组 2 接负荷 Z，称二次绕组（或副绕组）。将变压器的一次绕组接在交流电源上，于是在一次绕组中就通过交变电流 $\dot{I}_1$，由于 $\dot{I}_1$ 的激磁作用，将在铁芯中产生交变主磁通 $\dot{\Phi}$。又因为一次、二次绕组在同一

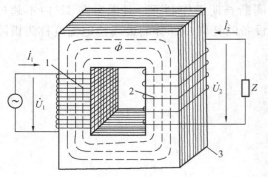

图 2-1　单相变压器工作原理图

1——次绕组；2—二次绕组；3—铁芯

个铁芯上，所以铁芯中的主磁通$\dot{\Phi}$同时穿过一次、二次绕组。根据电磁感应原理，这个主磁通$\dot{\Phi}$分别在两个绕组中产生感应电动势。这时在二次绕组中接上负荷便有电流$\dot{I}_2$流出，负荷端电压即为$\dot{U}_2$，因此就有电能输出。显然，这时在二次绕组中感应的电动势，对于负荷而言，即是电源电动势。根据负荷不同，它可以将电能转变为机械能，也可以将电能转变为光能和热能等。

由于主磁通$\dot{\Phi}$同时穿过一次、二次绕组，每一匝绕组中感应出的电动势$\dot{E}$应该是相等的。但因为一次、二次绕组的匝数不相等，所以感应电动势$\dot{E}_1$和$\dot{E}_2$的大小也不相同。若忽略内阻抗的压降不计，感应电动势就等于端电压。所以，变压器一次、二次绕组的端电压不同。这就是变压器能变换电压的原理。

综上所述，负荷所消耗的电能是通过变压器铁芯中交变磁通获得的。根据电磁感应原理，铁芯中的磁通是传递能量的桥梁，把能量从一个绕组传递到另一个绕组。根据能量守恒定律，变压器只能传递能量，而不能产生能量，如果不考虑变压器的损耗，二次绕组输出的功率等于一次绕组输入的功率。这样，二次侧电压和电流的乘积就等于一次侧电压和电流的乘积。因此，电压高的一侧，电流就小；电压低的一侧，电流就大。故变压器在变换电压的同时，电流大小也随着改变。

三、变压器的结构

油浸式配电变压器的外形和结构如图 2-2 所示。由图可见，配电变压器是由油枕（储油柜）1、加油栓 2、低压套管 3、高压套管 4、温度计 5、调压分接开关 6、油位计 7、吊环 8、散热器 9、放油阀 10、绕组 11、铁芯 12、油箱 13 和变压器油 14 等组成。变压器的铁芯和绕组是变压器的主要部分，称为变压器的器身。

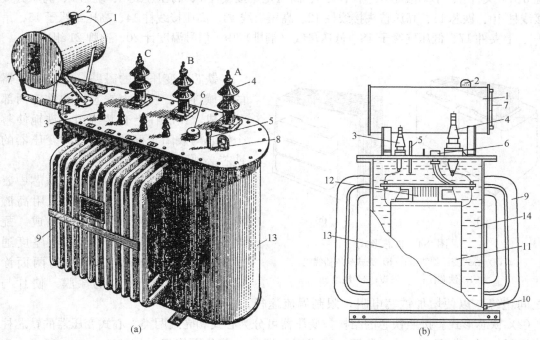

图 2-2　油浸式配电变压器外形和结构图
（a）外形；（b）结构

树脂浇注绝缘干式变压器外形和结构如图 2-3 所示。变压器由分接连片 1、风机 2、接地

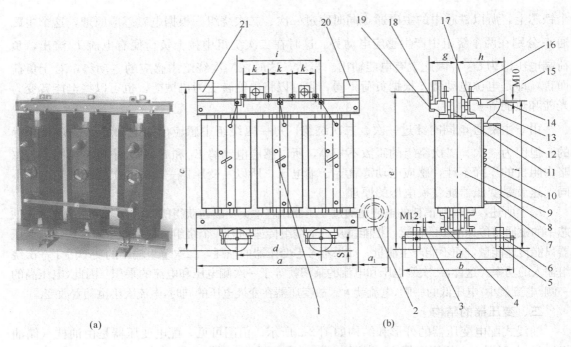

图 2-3　树脂浇注绝缘干式配电变压器外形结构图
(a) 外形；(b) 结构

螺栓 3、下夹件 4、小车滚轮 5、小车架 6、高压尾头接线柱 7、高压连线 8、绕组 9、高压分接区接线柱 10、铁芯 11、高压首头接线柱 12、高压引线 13、高压接线柱 14、高压绝缘子 15、吊拌 16、上夹件 17、低压绝缘子 18、低压母线（铜排）19、信号温度计 20、铭牌 21 组成。

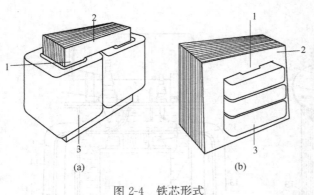

图 2-4　铁芯形式
(a) 心式变压器绕组；(b) 壳式变压器绕组
1—铁芯柱；2—铁轭；3—绕组

1. 铁芯

铁芯是变压器的磁路，又是变压器的机械骨架。铁芯由铁芯柱和铁轭两部分组成，铁芯柱上套装绕组，铁轭使整个铁芯构成闭合回路。运行时变压器的铁芯必须可靠接地。

（1）铁芯材料。为了减少铁芯中磁滞和涡流的损耗，铁芯通常采用高磁导率的磁性材料（硅钢片）叠成。配电变压器铁芯所用的硅钢片，厚度通常为 $0.3\sim0.5\mathrm{mm}$，硅钢片的两面涂以 $0.01\sim0.13\mathrm{mm}$ 厚的漆膜，使片与片之间绝缘，以便增加铁芯电阻，限制涡流途径。

（2）铁芯形式。按照铁芯的结构，变压器可分为心式和壳式两类。心式变压器的铁芯柱被绕组所包围，如图 2-4（a）所示。壳式变压器是铁芯包围绕组，如图 2-4（b）所示。壳式变压器的机械强度较好，但制造复杂，铁芯用料较多。心式变压器比较简单，绕组的装配及绝缘处理也比较容易。因此，国产电力变压器的铁芯多采用心式结构。图 2-5 所示为国产三相心式变压器器身结构图。

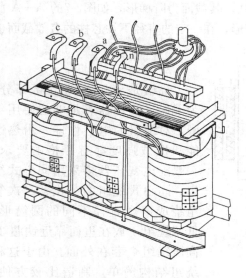

图 2-5 三相心式变压器器身结构

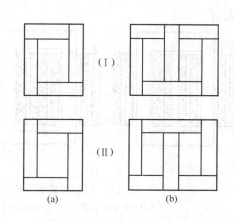

图 2-6 叠接式铁芯的叠片装法
(a) 单相铁芯; (b) 三相铁芯

(3) 铁芯叠装。一般先将硅钢片裁成条形,然后按一定格式叠装而成铁芯。在叠片时,为了减小接缝间隙(以减小激磁电流),通常采用叠接式,如图 2-6 所示。为了将上层和下层叠片接缝错开,减少叠装工时,通常采用 3、4 片作一层。1、3、5…层按(Ⅰ)叠装,2、4、6…层按(Ⅱ)叠装。

叠装好的叠接式铁芯,如图 2-7 所示。其铁轭用槽钢或用焊接夹件由螺杆固定,如图 2-8 所示。铁芯柱现已广泛采用环氧树脂玻璃黏带绑扎,从而提高了硅钢片的利用率,改善了空载性能。

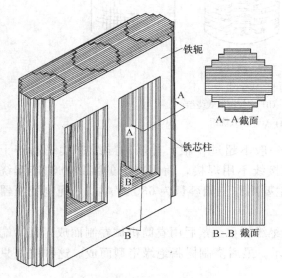

图 2-7 已叠装好的叠接式铁芯

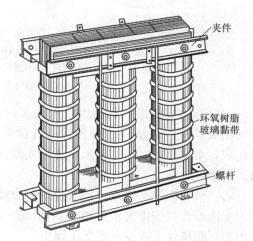

图 2-8 铁轭和铁芯柱装配图

　　铁芯由铁芯柱和铁轭两部分组成。通常将连接铁芯柱的部分称铁轭,其截面为矩形,如图2-7的B—B截面所示。套绕组的部分称为铁芯柱,其截面为阶梯形,如图2-7的A—A截面所示。阶梯形的级数越多,截面形状就越接近圆形,在一定的直径下铁芯柱的有效截面也越大。

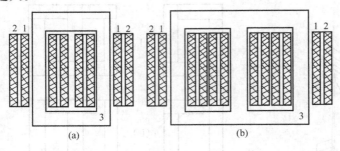

图 2-9　同心式绕组结构

(a) 单相变压器;(b) 三相变压器

1—低压绕组;2—高压绕组;3—铁芯

2. 绕组

　　绕组是变压器的电路部分。为了保证变压器有足够的使用年限,对绕组的电气性能、耐热性能和机械强度都有严格的要求。一般配电变压器多采用同心式绕组。同心式绕组的一次、二次绕组绕成两个直径不同的圆筒形,低压绕组 1 放在里面靠近铁芯 3,高压绕组 2 套在外面。由于这种绕组结构简单,制造比较方便,所以应用比较广泛。同心式绕组分有圆筒式(见图2-9)和连续式两种,现分述如下:

　　(1) 圆筒式绕组。低压双层圆筒式绕组如图2-10(a)所示。高压多层圆筒式绕组如图2-10(b)所示。绕组层间用绝缘纸绝缘并用绝缘撑条隔开,形成油道,改善散热条件。圆筒式绕组绕制方便,但机械强度较差,一般用于每柱容量在200kVA以下的变压器中。

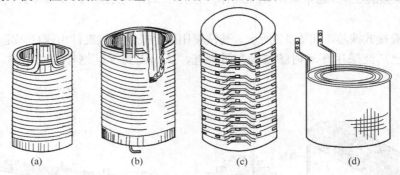

图 2-10　同心式绕组

(a) 双层圆筒式绕组;(b) 多层圆筒式绕组;

(c) 连续式绕组;(d) 箔式绕组

　　(2) 连续式绕组。它是由单根或多根(一般不超过 4 根)并联扁导线连续绕制若干线饼组成的绕组,从一线饼到另一线饼的连接线不用焊接,而用特殊的翻线方法连续绕制而成,如图2-10(c)所示。连续式绕组主要用作三相容量为630kVA以上配电变压器的高压绕组。

　　(3) 箔式绕组。该绕组是由铜箔和DMD绝缘纸重叠紧后用卷筒机械卷制而成,其始端和末端边缘焊接铜接线板条如图2-10(d)所示。最后浇制树脂绝缘定型而成。这种绕组只适用于树脂浇注干式变压器低压绕组。

　　我国生产的变压器传统形式是铁芯截面为多级圆形,绕组截面为圆环形。国外有些国家的配电变压器的铁芯为矩形，相应的绕组亦为矩形。

3. 绝缘结构

变压器的绝缘分为外部绝缘和内部绝缘。外部绝缘是指油箱外部的绝缘，主要是由高、低绕组引出的瓷绝缘套管和空气间隙绝缘；内部绝缘是指油箱内部的绝缘，主要是绕组绝缘和绕组与外壳间的绝缘，通常采用的是变压器油。内部绝缘又细分为主绝缘和纵绝缘。主绝缘是指绕组与绕组之间、绕组与铁芯和油箱之间的绝缘。纵绝缘是指绕组的匝间、层间的绝缘。匝间绝缘主要是指导线绝缘，一般为漆包或纸包绝缘。

4. 油箱与套管

变压器的油箱是用钢板焊成的，油浸变压器的器身是装在充满变压器油的油箱内（见图2-3）。变压器油既是一种绝缘介质，又是一种冷却介质。为了使变压器油能较长久地保持良好的状态，一般在变压器的油箱上装有圆筒形油枕。油枕通过连通管与油箱连通，油枕中的油面高度随着变压器油的热胀冷缩而变动，因此使变压器油与空气接触面积减少，从而减少油的氧化和水分的侵入。

油箱的结构与变压器的容量和发热情况密切相关。变压器的容量越大，发热问题就越严重。20kVA 以下的小型变压器采用平壁式油箱，容量较大的变压器可加装散热管，散热管一般采用 1～3 排扁管，借以增加油的冷却面。

油箱盖上还装有调压分接开关，用来改变高压绕组的匝数，从而调节变压器的输出电压。

变压器套管由带电部分和绝缘部分组成。它是将变压器内部的高、低压引线引到油箱外部的出线装置，不但作为引线对地绝缘，而且担负着固定引线的作用。因此，变压器套管必须具有规定的电气强度和足够的机械强度。配电变压器通常采用单体瓷绝缘导杆式套管。

四、变压器的型号和额定值

1. 变压器的型号

目前我国变压器产品系列繁多，随着容量、材料及结构形式等不同，变压器的种类也各有不同。变压器的额定容量系列是按 $\sqrt[10]{10}$ 倍数增加的，其额定容量等级为 10、20、30、40、50、63、80、100、125、160、200、250、315、400、630、800、1000、1250、1600、2000、2500、3150、…、360000kVA。

变压器的产品型号，现已推行按新的国家标准，其型号及其含义表示如下：

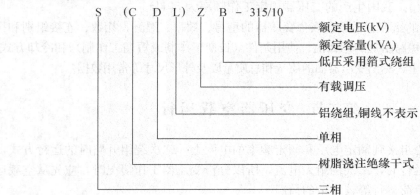

　　例如，SL7-315/10 型为三相铝线双绕组油浸自冷式并为第 7 次序列设计的变压器，其容量为 315kVA，高压侧额定电压为 10kV。S9-160/35 型为三相铜线双绕组油浸自冷式并为第 9 次序列设计的变压器，其容量为 160kVA，高压侧额定电压为 35kV。

　　2. 变压器的额定值

　　在配电变压器的铭牌上，通常标注配电变压器的额定值（或铭牌值）。变压器的额定值主要有：

　　（1）额定容量 S_N。变压器的额定容量是表明该台变压器在额定状态下变压器的输出能力（视在功率）的保证值，单位为 VA 或 kVA。对于三相变压器，额定容量是指三相容量和。

　　（2）额定电压 U_N。变压器的额定电压表示绕组处于空载状态，分接头在额定情况下电压的保证值，单位为 V 或 kV。三相变压器的额定电压是指线电压。

　　（3）额定电流 I_N。变压器的额定电流是根据额定容量和额定电压所计算出的线电流值，单位为 A。

　　对于单相变压器，一次、二次绕组的额定电流为

$$I_{N1} = \frac{S_N}{U_{N1}} \tag{2-1}$$

$$I_{N2} = \frac{S_N}{U_{N2}} \tag{2-2}$$

　　对于三相变压器，一次、二次绕组的额定电流为

$$I_{N1} = \frac{S_N}{\sqrt{3}U_{N1}} \tag{2-3}$$

$$I_{N2} = \frac{S_N}{\sqrt{3}U_{N2}} \tag{2-4}$$

　　例如，一台变压器的型号为 S7-100/10 型，二次绕组额定电压为 0.4kV，其一次、二次绕组的额定电流为

$$I_{N1} = \frac{S_N}{\sqrt{3}U_{N1}} = \frac{100}{\sqrt{3} \times 10} = 5.78(A)$$

$$I_{N2} = \frac{S_N}{\sqrt{3}U_{N2}} = \frac{100}{\sqrt{3} \times 0.4} = 144.5(A)$$

　　（4）额定频率 f_N。我国生产的变压器规定工作频率为 50Hz。

　　此外，在变压器的铭牌上还标有该台变压器的型号、效率、温升、相数、连接组别和接线图，以及短路电压或短路阻抗的标么值、使用条件（长期工作制或短期工作制）和冷却方式等。为了便于运输，铭牌上还标出变压器油的质量和总质量以及外形尺寸等常用数据。

第二节　变压器空载运行

　　变压器的一次绕组接到额定电压和额定频率的电网上，二次绕组开路时的运行方式，称为空载运行。空载运行时，二次绕组无电流，所以分析变压器工作情况时，应先从空载运行开始，然后推及带负荷运行等较复杂的情况。

一、空载运行时的电动势

图 2-11 是一台单相变压器空载运行示意图。图中 $\dot{U}_1$ 为一次绕组电压，$\dot{U}_{02}$ 为二次绕组空载电压，w_1 和 w_2 分别为一次、二次绕组的匝数。

当变压器的一次绕组接上电压为 $\dot{U}_1$ 的交流电源时，在一次绕组中便有一个交流电流 $\dot{I}_0$ 通过。由于二次绕组是开路的，二次绕组中无电流，即 $\dot{I}_2 = 0$。此时一次绕组中电流 $\dot{I}_0$，称为空载电流（激磁电流或励磁电流）。这个电流在一次绕组中产生一个交变磁通势 $\dot{I}_0 w_1$，并在铁芯中建立交变主磁通 $\dot{\Phi}$，磁通 $\dot{\Phi}$ 既穿过一次绕组也穿过二次绕

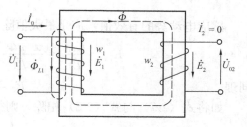

图 2-11 单相变压器空载运行示意图

组。另外有很小部分磁通，大约占主磁通 0.25% 左右，经过一次绕组附近的空间闭合，这部分磁通，称为一次绕组的漏磁通，用 $\dot{\Phi}_{L1}$ 表示。假设一次、二次绕组之间是完全耦合的，即忽略漏磁通，则根据电磁感应定律，磁通 $\dot{\Phi}$ 在一次、二次绕组中感应电动势的瞬时值 e_1 和 e_2 为

$$e_1 = - w_1 \frac{\mathrm{d}\phi}{\mathrm{d}t} \tag{2-5}$$

$$e_2 = - w_2 \frac{\mathrm{d}\phi}{\mathrm{d}t} \tag{2-6}$$

在变压器中，电压、电流、磁通和电动势的大小和方向都是随时间交变的。为了正确表示它们之间的相互关系，必须考虑它们的正方向。其正方向的规定，通常按"电工惯例"来判别，也称为习惯正方向。判别方法如下：

（1）在同一支路内，电压降的正方向与电流正方向一致。

（2）主磁通 $\dot{\Phi}$ 的正方向与电流的正方向符合右手螺旋定则。

（3）由交变的主磁通 $\dot{\Phi}$ 产生的感应电动势 e，其正方向与产生它的主磁通 $\dot{\Phi}$ 之间符合右手螺旋定则。

（4）一次绕组是用于输入电能的，所以流入绕组的电流作为电流的正方向。电流的正方向确定后，可按"电工惯例"规定出电压、磁通和电动势的正方向。

（5）二次绕组电动势的正方向，在绕向相同时，与一次绕组电动势方向相同。

当电源电压 $\dot{U}_1$ 按正弦规律变化，则磁通按正弦规律 $\phi = \Phi_{\mathrm{m}} \sin\omega t$ 变化，其感应电动势的瞬时值为

$$e_1 = - w_1 \frac{\mathrm{d}\phi}{\mathrm{d}t} = - w_1 \frac{\mathrm{d}(\Phi_{\mathrm{m}}\sin\omega t)}{\mathrm{d}t} = - w_1 \omega \Phi_{\mathrm{m}} \cos\omega t$$

令 $w_1 \omega \Phi_{\mathrm{m}} = E_{\mathrm{m}}'$，又因 $-\cos\omega t = \sin\left(\omega t - \frac{\pi}{2}\right)$，则

$$e_1 = E_{1\mathrm{m}} \sin\left(\omega t - \frac{\pi}{2}\right)$$

同理

$$e_2 = E_{2\mathrm{m}} \sin\left(\omega t - \frac{\pi}{2}\right)$$

从上式可以看出，两绕组的感应电动势也按正弦规律变化，且在相位上较磁通滞后 $\frac{\pi}{2}$ 弧度或 $\frac{1}{4}$ 周期。

感应电动势的有效值，应是最大值除以 $\sqrt{2}$，即

$$E_1 = \frac{E_{1m}}{\sqrt{2}} = \frac{w_1 \omega \Phi_m}{\sqrt{2}} = \frac{2\pi}{\sqrt{2}} f w_1 \Phi_m = 4.44 f w_1 \Phi_m \qquad (2\text{-}7)$$

同理

$$E_2 = 4.44 f w_2 \Phi_m \qquad (2\text{-}8)$$

如将式（2-7）与式（2-8）相除，则得

$$\frac{E_1}{E_2} = \frac{w_1}{w_2} = K \qquad (2\text{-}9)$$

式（2-9）说明变压器绕组感应电动势之比，等于绕组匝数之比，也称为变压器的变比。

变压器空载运行时，一次绕组的漏磁通 $\dot{\Phi}_{L1}$ 很小，铁损耗也很小，一次绕组的电阻 R_1 和空载电流 $\dot{I}_0$ 也很小，因此，一次绕组的漏磁电动势和电阻压降可以忽略不计，那么外加电压 u_1 几乎等于一次绕组感应电动势 e_1，即

$$u_1 = e_1 \quad 或 \quad \dot{U}_1 = -\dot{E}_1 \qquad (2\text{-}10)$$

在二次绕组中，仅有主磁通 $\dot{\Phi}$ 感应的电动势 $\dot{E}_2$，所以变压器空载时二次绕组的端电压 $\dot{U}_{02}$ 与 $\dot{E}_2$ 相等，即

$$\dot{U}_{02} = \dot{E}_2 \quad 或 \quad \dot{U}_2 = \dot{E}_2 \qquad (2\text{-}11)$$

由式（2-10）和式（2-11）可知

$$\frac{U_1}{U_2} = \frac{U_1}{U_{02}} \approx \frac{E_1}{E_2} = K$$

所以变压器的变比等于空载时两侧电压之比，故变比又称为变压比。对于三相变压器，变比应为线电压之比。

二、空载运行时的相量图

实际上变压器空载运行时，当空载电流 $i_0(\dot{I}_0)$ 流过一次绕组时，由于一次绕组本身具有电阻 R_1，将产生一个电阻压降 $i_0 R_1 (\dot{I}_0 R_1)$，它的方向可看作一个反电动势 $e_{R1} = i_0 R_1 (\dot{E}_{R1} = \dot{I}_0 R_1)$。又因一次绕组的漏磁通 $\dot{\Phi}_{L1}$ 所经磁路具有的漏电感 L_1 为一常数，故感应漏磁电动势 e_{L1} 为

$$e_{L1} = -L_1 \frac{di_0}{dt} = -\sqrt{2} I_0 \omega L_1 \cos\omega t = \sqrt{2} I_0 \omega L \sin\left(\omega t - \frac{\pi}{2}\right) \qquad (2\text{-}12)$$

或写成

$$\dot{E}_{L1} = -j\dot{I}_0 \omega L_1 = -j\dot{I}_0 X_{L1} \qquad (2\text{-}13)$$

可见漏磁电动势 E_{L1} 的相位滞后于空载电流 I_0 为 $90°$，它的数值等于绕组通过空载电流时的漏磁压降 $I_0 X_L$。式（2-13）中的 X_{L1}，称为一次绕组的漏电抗，是一个常数，不随负荷的大小而变化。

根据基尔霍夫定律，加于一次绕组上的电压，在任何瞬间都被电动势的总和所平衡，即

$$\dot{U}_1 = -(\dot{E}_1 + \dot{E}_{R1} + \dot{E}_{L1}) = -(\dot{E}_1 - \dot{I}_0 R_1 - j\dot{I}_0 X_{L1})$$

$$=-\dot{E}_1 + \dot{I}_0(R_1 + jX_{L1}) = -\dot{E}_1 + \dot{I}_0 Z_{L1} \qquad (2\text{-}14)$$

式中　R_1——一次绕组的内电阻；

Z_{L1}——一次绕组的内阻抗，$Z_{L1} = R_1 + jX_{L1}$。

在二次绕组中　　　$\dot{U}_{02} = \dot{E}_2$

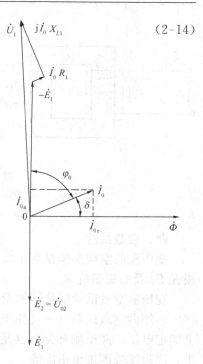

图 2-12　变压器空载运行相量图

空载电流 $\dot{I}_0$ 的作用是为了建立主磁通 $\dot{\Phi}$，I_0 值一般为一次侧额定电流的 2%～10%，主要取决于铁芯绕组的电抗和铁芯损耗，因此具有有功和无功两个分量，其中无功分量起激磁作用。

空载电流 $\dot{I}_0$ 除含无功激磁电流 $\dot{I}_{0r}$ 外，还含一个因铁损耗造成的有功电流 $\dot{I}_{0a}$。因此，空载电流 $\dot{I}_0$ 将超前 $\dot{\Phi}$ 一个角度 δ，δ 称为铁损角，见图 2-12。空载电流有效值的计算式为

$$I_0 = \sqrt{I_{0r}^2 + I_{0a}^2} \qquad (2\text{-}15)$$

通常 $I_{0a} < 10\% I_0$，所以 $I_0 \approx I_{0r}$。

变压器空载运行相量图是用来直观反映变压器空载运行时各物理量之间的大小和相位关系，如图 2-12 所示。变压器空载运行相量图的画法如下：

（1）自坐标原点 0 朝横轴正方向按比例画出主磁通相量 $\dot{\Phi}$。

（2）在滞后主磁通相量 $\dot{\Phi}$ 90°的纵轴上按比例画出一次、二次绕组的感应电动势 $\dot{E}_1$ 和 $\dot{E}_2$，因为绕组感应电动势滞后于产生感应电动势的交变主磁通 $\dot{\Phi}$ 90°。

（3）由于激磁电流无功分量 $\dot{I}_{0r}$ 与主磁通 $\dot{\Phi}$ 同方向，故在相量 $\dot{\Phi}$ 的同方向上画出 $\dot{I}_{0r}$。并在超前 $\dot{I}_{0r}$ 90°的纵轴上按比例画出激磁电流的有功分量 $\dot{I}_{0a}$。用 $\dot{I}_{0r}$ 和 $\dot{I}_{0a}$ 作平行四边形，这平行四边形的对角线就是激磁电流相量 $\dot{I}_0$。

（4）根据 $\dot{U}_1 = -\dot{E}_1 + \dot{I}_0 R_1 + j\dot{I}_0 X_{L1}$，首先将 $\dot{E}_1$ 旋转 180°得 $-\dot{E}_1$，自 $-\dot{E}_1$ 的顶端加上 $\dot{I}_0 R_1$（与 $\dot{I}_0$ 同方向）和 $j\dot{I}_0 X_{L1}$（超前 $\dot{I}_0$ 90°），就得到加在一次绕组上电压相量 $\dot{U}_1$。

三、空载运行的等值电路

变压器空载运行时，实际上是一个带铁芯的电感线圈，从式（2-14）可知，空载时的变压器实际上可看成两个阻抗线圈串联的电路。其中一个可看成没有铁芯的线圈阻抗，表示一次绕组的内阻抗 $Z_{L1} = R_1 + jX_{L1}$，空载电流流过 Z_{L1} 产生压降 $\dot{I}_0 Z_{L1}$；另一个可以看成带铁芯的线圈阻抗 Z_m，用以表示变压器由于铁芯中磁滞和涡流引起的铁损耗和主磁通效应，即把 $\dot{I}_0$ 流过 Z_m 产生的压降看成 $\dot{E}_1$，这就组成了变压器空载运行时的等值电路，如图 2-13 所示。

铁损耗电阻表示反映铁芯中损耗的一个等值电阻；激磁电抗表示与主磁通 $\dot{\Phi}$ 相对应的电抗，这个电抗值与铁芯上绕组匝数的平方及主磁路的磁导成正比。由于铁磁材料的磁化曲线是非线性的，即磁导率 μ 随铁芯饱和程度的提高而减小。因而严格地说，X_m 和 R_m 不是常量；但由于电源电压一般变化不大，故在一般计算时可以近似地认为 Z_m 是个常量。

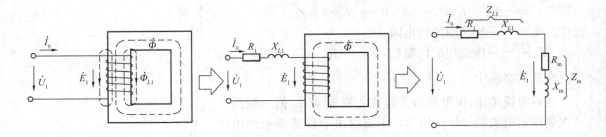

图 2-13 变压器空载运行的等值电路

R_1——次绕组的电阻；X_{L1}——次绕组漏抗；

R_m—激磁电阻或称铁损耗电阻；X_m—激磁电抗

四、空载试验

变压器的空载实验是变压器基本试验之一。通过空载实验可以确定空载电流 I_0、空载损耗 P_0 及激磁阻抗 Z_m。

变压器空载试验的接线如图 2-14 所示。因为变压器铁芯中的磁通是相同的，所以可以在任一侧做空载试验（只要加于该侧是额定电压值）。但为了试验方便，一般都在低压侧加上额定电压，高压侧开路。这是因为高压侧接电源有困难，操作也不安全，空载电流值太小，仪表读数困难也不准确。

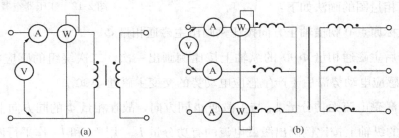

图 2-14 变压器空载试验接线图

（a）单相变压器试验接线；（b）三相变压器试验接线

单相变压器空载试验接线如图 2-14（a）所示，试验时低压侧加额定电压 U_{N2}，高压侧开路，通过表计测出 U_1、U_{02}、I_0 和 P_0，则变比 $K = \dfrac{U_1}{U_{02}}$，铁损耗 $P_i = P_0$。三相变压器空载试验接线如图 2-14（b）所示，在试验时，由于三相磁路不对称，中间相与两边相磁路不相等，所以各相的 I_0、P_0 值也不相等，在读 I_0、P_0 值时，可以取各相电流、功率的平均值。

变压器的空载试验，可按表 2-1 所规定的项目测得试验数据，并加以计算，最后将试验和计算数据填入相应栏内。

表 2-1　　　　　　　　　　　　　　　　变压器空载试验数据

试 验 数 据			计 算 数 据		
U_{N2}	I_0	P_0	Z_m	X_m	R_m

根据试验测得的 U_{N2}、I_0、P_0 数值，可以用公式计算下列参数

激磁阻抗
$$Z_m \approx Z_0 = \frac{U_{N2}}{I_0}$$

激磁电阻
$$R_m \approx R_0 = \frac{P_0}{I_0^2}$$

激磁电抗
$$X_m \approx X_0 = \sqrt{Z_0^2 - R_0^2}$$

注意，上面计算式与表 2-1 所列均是单相变压器的试验数值，如求三相变压器的参数时，必须换算成一相的损耗和相电压、相电流来计算。

【例 2-1】　三相变压器一次、二次绕组均接成星形，$S_N = 100 \text{kVA}$，$U_{N1}/U_{N2} = 10000/(230 \sim 400)\text{V}$，$I_{N1}/I_{N2} = 5.75/144\text{A}$，空载损耗 $P_0 = 600\text{W}$，在低压侧做试验时，激磁电流 I_0 为 I_{N2} 的 6.5% 等于 9.37A，频率 $f = 50\text{Hz}$，试计算一相数据。

解　因为一次、二次侧都接成星形，所以相电压为

$$U_{1ph} = \frac{10000}{\sqrt{3}} = 5750(\text{V}), U_{2ph} = 230(\text{V})$$

所以变比为
$$K = \frac{U_1}{U_{N2}} = \frac{U_{1ph}}{U_{2ph}} = \frac{5750}{230} = 25$$

已知空载电流 $I_0 = 9.37(\text{A})$，空载损耗 $P_0 = 600\text{W}$，所以

每相损耗
$$P_{0ph} = \frac{600}{3} = 200(\text{W})$$

激磁阻抗
$$Z_m \approx Z_0 = \frac{U_{N0}}{I_0} = \frac{230}{9.37} = 24.5(\Omega)$$

激磁电阻
$$R_m \approx R_0 = \frac{P_0}{I_0^2} = \frac{200}{9.37^2} = 2.28(\Omega)$$

激磁电抗
$$X_m \approx X_0 = \sqrt{Z_0^2 - R_0^2} \approx Z_0 = 24.5(\Omega)$$

五、短路试验

1. 变压器的短路试验

当变压器的一次绕组施加额定电压运行时，二次绕组突然发生短路，称为故障短路，此时将产生很大的短路电流，其结果将产生很严重的破坏作用。变压器的短路试验是不产生破坏作用的试验，是指降低施加于一次绕组上的电压，使一次绕组的电流不超过额定电流来进行的试验。

变压器短路试验的目的是用来分析和研究变压器的特性参数。根据短路试验，可以测定短路电流 I_K 或 I_{N1}、短路电压 U_K 和短路损耗 P_K，从而用来计算短路参数。

变压器短路试验的接线图如图 2-15 所示。试验时将变压器的一个绕组（通常是低压绕组）短路，而另一绕组加以额定频率降低了的电压。试验时用调压器逐渐升高电压，使变压器一次绕组中的电流达到额定电流 I_{N1}，此时功率表读数

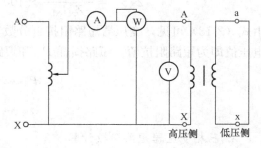

图 2-15　变压器短路试验的接线图

为额定电流 I_{N1} 时的短路损耗 P_K，由于一次绕组的外施电压 U_K 很小，仅为额定电压的

$4\%\sim10\%$，因此铁芯中的主磁通 Φ 比额定状态下小得多，铁损耗可以忽略不计。这时变压器没有输出，所以短路时全部输入功率基本上是消耗在变压器一次、二次绕组的电阻上，这种损耗就是变压器的铜损耗。电压表的读数为额定短路电压 U_K。变压器的短路试验数据和计算数据见表 2-2。

表 2-2　　　　　　　　　　　变压器短路试验数据和计算数据

试 验 数 据			计 算 数 据							
			环境温度			换 算 到　75℃				
U_K	I_K (I_{N1})	P_K	Z_K	X_K	R_K	$R_{K75℃}$	$Z_{K75℃}$	$P_{K75℃}$	$U_{K75℃}$	$\cos\varphi_{K75℃}$

2. 短路参数的温度换算值

由于绕组的电阻随温度而变，而短路试验通常在室温下进行，故所测得电阻必须换算到基准工作温度时的数值。按国家标准规定，油浸式变压器的短路电阻值应按下式换算到 75℃ 时的数值。

对于铝导线变压器
$$R_{K75℃} = R_K \frac{228+75}{228+t} \tag{2-16}$$

对于铜导线变压器
$$R_{K75℃} = R_K \frac{235+75}{235+t} \tag{2-17}$$

式中　t——试验时的室温，℃。

由于短路时主要考虑铜损耗，铁损耗可以忽略不计，故 75℃ 时的短路阻抗为
$$Z_{K75℃} = \sqrt{R_{K75℃}^2 + X_K^2}$$

短路时所加的电压 U_K 全部降在变压器绕组的漏磁阻抗上，即
$$U_{K75℃} = I_K Z_{K75℃}$$

而短路时的阻抗百分数 $Z_K\%$ 为
$$Z_K\% = \frac{Z_{K75℃}}{Z_N} \times 100\%$$

式中　Z_N——变压器的额定阻抗，其数值等于额定电压 U_{N1} 除以额定电流 I_{N1}。

经过数学推导可以得到
$$Z_K\% = \frac{Z_{K75℃} I_{N1}}{Z_N I_{N1}} \times 100\% = \frac{U_{K75℃}}{U_{N1}} \times 100\% = U_K\% \tag{2-18}$$

由式（2-18）可见，变压器短路阻抗百分数等于短路电压百分数。故变压器铭牌上所示短路电压值即为短路阻抗值。短路损耗 P_K 和短路电压 U_K 也应换算到 75℃ 时的数值，即

$$P_{K75℃} = I_{N1}^2 R_{K75℃} \tag{2-19}$$

$$U_{K75℃} = I_{N1} Z_{K75℃} \tag{2-20}$$

3. 三相变压器短路参数计算

三相变压器短路试验的参数计算，与单相变压器计算一样，必须折合到某一相值来计算。

我国生产的三相电力变压器的短路电压值，可参见表 2-3。

表 2-3	三相电力变压器的短路电压值	
S_N (kVA)	U_N (kV)	U_K (或 Z_K)
10~630	6、6.3、10	4%
630~1600	6、6.3、10	4.5%
1600~6300	6、6.3、10	5.5%

【例 2-2】 一台三相变压器，型号为 S9-100/6 型，连接组别为 Yyn0，$U_{N2}=0.4kV$，$I_{N1}/I_{N2}=9.63/144A$。在高压侧做短路试验测得：$I_K=9.4A$，$U_K=317V$，$P_K=1920W$。试验时的室温 $t=25℃$，试求一相的短路参数。

解 由已知 $I_K=9.4A$，$U_K=317V$，$P_K=1920W$，求得：

相电压

$$U_{Kph}=\frac{317}{\sqrt{3}}=183(V)$$

相电流

$$I_{Kph}=I_K=9.4(A)$$

每相损耗

$$P_{Kph}=\frac{P_K}{3}=\frac{1920}{3}=640(W)$$

短路阻抗

$$Z_K=\frac{U_{Kph}}{I_{Kph}}=\frac{183}{9.4}=19.5(\Omega)$$

短路电阻

$$R_K=\frac{P_{Kph}}{I_{Kph}^2}=\frac{640}{9.4^2}=7.24(\Omega)$$

短路电抗 $\quad X_K=\sqrt{Z_K^2-R_K^2}=\sqrt{19.5^2-7.24^2}=18.1(\Omega)$

按规定折合到 75℃时的计算值为：

短路电阻 $\quad R_{K75℃}=R_K\times\frac{235+75}{235+t}=7.24\times\frac{235+75}{235+25}=8.63(\Omega)$

短路阻抗 $\quad Z_{K75℃}=\sqrt{R_{K75℃}^2+X_K^2}=\sqrt{8.63^2+18.1^2}=20(\Omega)$

额定短路损耗 $\quad P_{KN}=3I_{N1}^2R_{K75℃}=3\times9.63^2\times8.63=2400(W)$

额定短路电压 $\quad U_{KN}=\sqrt{3}I_{N1}Z_{K75℃}=\sqrt{3}\times9.63\times20=334(V)$

短路电压百分数 $U_{KN}\%=\frac{U_{KN}}{U_N}\times100\%=\frac{334}{6000}\times100\%=5.57\%$

第三节 变压器有载运行

一、变压器有载运行时的电磁关系

变压器有载运行的原理示意图，如图 2-16 所示，变压器的一次绕组接于额定频率和额定电压的电网上，二次绕组接入阻抗为 Z 的负荷。在二次绕组经负荷阻抗 Z 接成闭路时，一次、二次绕组中都将有电流流过，并建立起一次、二次绕组的磁通势 $\dot{I}_1w_1$ 和 $\dot{I}_2w_2$。这两个磁通势除了产生只与自己绕组相交链的漏磁通 $\dot{\Phi}_{L1}$ 和 $\dot{\Phi}_{L2}$ 外，还要在铁芯中产生交链一次、二次绕组合成的主磁通 $\dot{\Phi}$。这两种磁通都将在一次、二次绕组中感应出相应的电动势。因此要分析变压器有载运行时发生的电磁关系，则应从变压器的内部来分析。

从式（2-7）可知，当电源频率和绕组匝数一定时，铁芯中的主磁通 $\dot{\Phi}$ 的大小基本上由电源电压 $\dot{U}_1$ 的大小决定，当电源电压 $\dot{U}_1$ 不变时，变压器铁芯中主磁通的最大值 $\dot{\Phi}_m$ 基本上

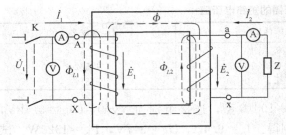

图 2-16　变压器有载运行原理示意图

也是恒定不变的,所以一次、二次绕组感应的电动势 $\dot{E}_1$、$\dot{E}_2$ 为定值。也就是说,当变压器接上负荷后,一次、二次绕组的激磁磁通势与变压器空载时的激磁磁通势 $\dot{I}_0 w_1$ 基本上是相等的,用公式表示为

$$\dot{I}_1 w_1 + \dot{I}_2 w_2 = \dot{I}_0 w_1 \qquad (2\text{-}21)$$

这就是变压器有载运行时的磁通势方程式。它反映了变压器有载运行电磁关系的主要特点。

由于空载电流 I_0 是很小的,如忽略不计,其一次、二次绕组的磁通势关系为

$$\dot{I}_1 w_1 + \dot{I}_2 w_2 \approx 0 \qquad (2\text{-}22)$$

或

$$\dot{I}_1 w_1 \approx -\dot{I}_2 w_2 \qquad (2\text{-}23)$$

式 (2-23) 中的负号说明,变压器有载运行时,一次、二次绕组的磁通势几乎相反,二次绕组的磁通势对一次绕组磁通势有去磁作用。所以一次绕组电流 $\dot{I}_1$ 与二次绕组电流 $\dot{I}_2$ 在相位上几乎相差 180°。

二次绕组磁通势 $\dot{I}_2 w_2$ 作用在铁芯中,力图使主磁通发生变化,主磁通如果改变,则一次绕组电路中的电动势平衡关系就会被破坏。为了维持一次绕组电路中电动势平衡关系,就需要增加一次绕组的磁通势(或电流)来补偿 $\dot{I}_2 w_2$ 的去磁作用,维持磁通势的平衡关系。

若将式 (2-21) 中的 $\dot{I}_2 w_2$ 移到等式右边,得

$$\dot{I}_1 w_1 = \dot{I}_0 w_1 + (-\dot{I}_2 w_2) \qquad (2\text{-}24)$$

从式 (2-24) 可见,变压器有载运行时,一次绕组的磁通势 $\dot{I}_1 w_1$ 由两个分量组成;其中一个分量是维持主磁通 $\dot{\Phi}$ 的激磁磁通势 $\dot{I}_0 w_1$;另一个是负荷分量,用以抵消二次绕组的磁通势 $\dot{I}_2 w_2$。

如果将式 (2-24) 两边除以 w_1,便得

$$\dot{I}_1 = \dot{I}_0 + \left(-\dot{I}_2 \frac{w_2}{w_1}\right) = \dot{I}_0 + \left(-\frac{\dot{I}_2}{K}\right) \qquad (2\text{-}25)$$

将式 (2-25) 中的空载电流 $\dot{I}_0$ 忽略不计,则得

$$\dot{I}_1 = -\frac{\dot{I}_2}{K} \qquad (2\text{-}26)$$

如果仅考虑 $\dot{I}_1$ 和 $\dot{I}_2$ 的绝对值,则

$$\frac{I_1}{I_2} = \frac{1}{K} = \frac{w_2}{w_1} \qquad (2\text{-}27)$$

式 (2-27) 说明变压器一次、二次绕组的电流与匝数成反比。

事实上,一次、二次绕组之间不可能完全耦合,两绕组有各自的漏磁通 $\dot{\Phi}_{L1}$ 和 $\dot{\Phi}_{L2}$。所

以变压器有载运行时一次、二次绕组的磁通势除在铁芯中共同建立主磁通 $\dot{\Phi}$ 和产生感应电动势 $\dot{E}_1$ 和 $\dot{E}_2$ 外，漏磁通分别在一次、二次绕组中产生漏磁电动势 $\dot{E}_{L1}$ 和 $\dot{E}_{L2}$。

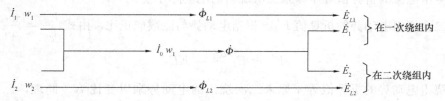

漏磁电动势 $\dot{E}_{L1}$ 和一次绕组电流 $\dot{I}_1$ 成正比，漏磁电动势 $\dot{E}_{L2}$ 和二次绕组电流 $\dot{I}_2$ 成正比，它们都可以用漏抗压降形式表示为

$$\dot{E}_{L1} = -\mathrm{j}\dot{I}_1 X_{L1} \tag{2-28}$$

$$\dot{E}_{L2} = -\mathrm{j}\dot{I}_2 X_{L2} \tag{2-29}$$

式中　X_{L1}——一次绕组的漏电抗，$X_{L1} = \omega L_{L1}$；

　　　X_{L2}——二次绕组的漏电抗，$X_{L2} = \omega L_{L2}$。

这样，根据基尔霍夫第二定律，在有载运行时，一次绕组的电动势方程式为

$$\dot{U}_1 = -\dot{E}_1 + \dot{I}_1 R_1 + \mathrm{j}\dot{I}X_{L1} = -\dot{E}_1 + \dot{I}_1 Z_{L1} \tag{2-30}$$

式中　Z_{L1}——一次绕组的内阻抗，$Z_{L1} = R_1 + \mathrm{j}X_{L1}$。

同理，带负荷时二次绕组的电动势方程式为

$$\dot{U}_2 = \dot{E}_2 - \dot{I}_2 R_2 - \mathrm{j}\dot{I}_2 X_{L2} = \dot{E}_2 - \dot{I}_2 Z_{L2} \tag{2-31}$$

或

$$\dot{U}_2 = \dot{I}_2 Z$$

式中　Z_{L2}——二次绕组的内阻抗，$Z_{L2} = R_2 + \mathrm{j}X_{L2}$；

　　　Z——负荷阻抗。

二、折算值

变压器的一次、二次绕组匝数一般是不相等的，所以两侧的电压、电流和参数也不同。因此，对变压器的计算就要在两侧分别进行，计算起来比较麻烦。尤其是在电力网计算中，由于变压器数量多，又常常经过多次的升压和降压，计算就更加复杂。为了避免这些计算上的困难，我们设法将变压器的两个绕组折算成同一匝数，而不改变变压器的电磁关系（即折算前后的磁通势平衡关系、功率传递、损耗及漏磁场内的储能等都保持不变）。所谓折算，通常是把二次绕组的匝数折算成一次绕组的匝数，也称为由二次侧折算到一次侧，当然相反折算也可以。

被折算过的量称为折算值，用原来这个量的符号上加"′"来表示。例如二次绕组上各量的折算值为 U_2'、E_2'、I_2'、R_2'、X_{L2}' 等。

下面介绍具体参数的折算方法。

（1）二次绕组电流的折算值 I_2'。根据折算前后二次绕组磁通势不变的原则，由式 $I_2'w_1 = I_2 w_2$ 得

$$I'_2 = I_2 \frac{w_2}{w_1} = \frac{1}{K} I_2 \tag{2-32}$$

二次绕组电流的折算值等于原来二次绕组的电流除于变比 K。

（2）二次绕组电动势的折算值 E'_2。根据电动势与匝数成正比，由式 $\frac{E'_2}{E_2} = \frac{w_1}{w_2} = K$ 得

$$E'_2 = E_2 \frac{w_1}{w_2} = K E_2 \tag{2-33}$$

二次绕组电动势的折算值等于原来二次绕组的电动势乘以变比 K。同理，二次绕组的端电压与二次绕组电动势的折算方法相同，即

$$U'_2 = K U_2 \tag{2-34}$$

二次绕组的漏磁电动势也有同样的折算方法，即

$$E'_{L2} = K E_{L2} \tag{2-35}$$

（3）二次绕组电阻的折算值 R'_2。根据折算前后绕组电功率不变的原则，折算前后二次绕组的电阻损耗应保持不变，即 $(I'_2)^2 R'_2 = I_2^2 R_2$，则得

$$R'_2 = \left(\frac{I_2}{I'_2}\right)^2 R_2 = K^2 R_2 \tag{2-36}$$

（4）二次绕组漏抗的折算值 X'_{L2}。根据折算前后二次绕组的无功功率保持不变的原则，由 $I'^2_2 X'_{L2} = I_2^2 X_{L2}$ 得

$$X'_{L2} = \left(\frac{I_2}{I'_2}\right)^2 X_{L2} = K^2 X_{L2}$$

因此，如将二次绕组的电阻、漏抗、阻抗折算到一次绕组方面，必须将原来二次绕组的电阻、漏抗、阻抗乘以变比 K 的平方。

折算以后，变压器的磁通势和电动势方程式为

$$\left.\begin{array}{l} (\dot{I}_1 + \dot{I}'_2) w_1 = \dot{I}_0 w_1 \text{ 或 } \dot{I}_1 + \dot{I}'_2 = \dot{I}_0 \\[4pt] \dot{U}_1 = -\dot{E}_1 + \dot{I}_1 (R_1 + jX_{L1}) = -\dot{E}_1 + \dot{I}_1 Z_1 \\[4pt] \dot{U}'_2 = \dot{E}'_2 - \dot{I}'_2 (R'_2 + jX'_{L2}) = \dot{E}'_2 - \dot{I}'_2 Z'_2 \\[4pt] \dot{E}_1 = \dot{E}'_2 = -\dot{I}_0 Z_{\mathrm{m}} \\[4pt] \dot{U}'_2 = \dot{I}'_2 Z' \end{array}\right\} \tag{2-37}$$

三、有载运行时的相量图

变压器带负荷运行时的电磁关系，除了用上面提到的几个基本方程式表示外，还可以利用相量图来表示。相量图是根据基本方程式画出的，其特点是可以比较直观地看出变压器中各种物理量的大小和相位关系。图 2-17 表示变压器带感性负荷和容性负荷的相量图。

画有载运行相量图时，认为该运行变压器的参数均为已知，并且 $\dot{U}'_2$、$\dot{I}'_2$、$\cos\varphi_2$ 和 Z 给定。具体作图步骤如下：

（1）以负荷端电压 $\dot{U}'_2$ 为参考相量。$\dot{U}'_2$ 的大小可以由表计量出，负荷的功率因数角 φ_2 可以测定，若变压器所带的是感性负荷，则可以画出负荷电流 $\dot{I}'_2$ 滞后于电压 $\dot{U}'_2$ 为 φ_2 角。若负荷是容性负荷，则可画出负荷电流 $\dot{I}'_2$ 超前于电压 $\dot{U}'_2$ 为 φ_2 角。

（2）根据式（2-37）得 $\dot{E}'_2 = \dot{U}'_2 + \dot{I}'_2 R'_2 + j\dot{I}'_2 X'_{L2}$。由 $\dot{U}'_2$ 相量画出 $\dot{I}'_2 R'_2$ 的相量平行于

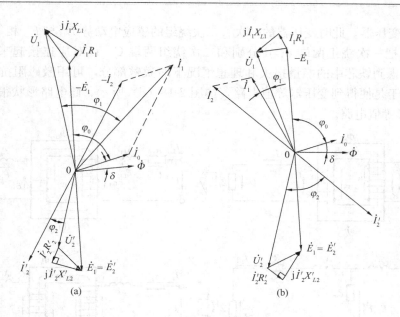

图 2-17 变压器有载运行相量图

(a) 感性负荷相量图；(b) 容性负荷相量图

$\dot{I}'_2$，再画相量 $\dot{I}'_2 X'_{L2}$ 超前于 $\dot{I}'_2 90°$，即 $j\dot{I}'_2 X'_{L2}$，得到 $\dot{E}'_2$ 的相量。

（3）主磁通 $\dot{\Phi}$ 相量的方向应超前 $\dot{E}'_2 90°$。根据式（2-37）和空载运行相量图的画法，画出空载电流 $\dot{I}_0$ 的相量。$\dot{I}_0$ 滞后于 $-\dot{E}_1$（或 $-\dot{E}'_2$）相量 φ_0 角，而 $\varphi_0 = \arctan\dfrac{X_m}{R_m}$。

（4）将 $\dot{I}_0$ 与（$-\dot{I}'_2$）相量相加，得到一次绕组中的电流 $\dot{I}_1$。

（5）根据式（2-37）中一次绕组方程式 $\dot{U}_1 = -\dot{E}_1 + \dot{I}_1(R_1 + jX_{L1})$，可画出一次绕组端电压 $\dot{U}_1$ 相量。其中 $\dot{I}_1 R_1$ 与 $\dot{I}_1$ 同相，$\dot{I}_1 X_{L1}$ 超前于 $\dot{I}_1 90°$，即 $j\dot{I}_1 X_{L1}$。图 2-17 中 $\dot{U}_1$ 与 $\dot{I}_1$ 之间的相位角 φ_1，称为一次绕组的功率因数角。

图 2-17 (a) 是变压器带感性负荷的相量图。从图上可以看出 $\dot{U}_1$ 大于 $\dot{U}'_2$，说明变压器带感性负荷时电压是下降的。图 2-17 (b) 是变压器带容性负荷的相量图。从图上可以看出 $\dot{U}_1$ 可能小于 $\dot{U}'_2$，说明变压器带容性负荷时电压可能是上升的。

四、有载运行时的等值电路

我们知道相量图只用来分析变压器各量间的大小和相位关系，然而作具体计算时，要依靠等值电路来解决。

1. 变压器的 T 形等值电路

本章第二节已讨论过变压器空载运行时的等值电路，现在二次侧带负荷，就可得到变压器有载运行时的等值电路。

图 2-18 表示变压器有载运行等值电路的变换过程。首先将图 2-18 (a) 所示等值电路中一次、二次绕组的电阻 R_1、R_2 和漏电抗 X_{L1}、X_{L2} 移到绕组外面。此时将变压器的绕组和铁芯可以看作是理想的，如图 2-18 (b) 所示。然后将二次绕组各参数折算到一次绕组，变成

变比 $K=1$ 的变压器。此时变压器的一次、二次绕组的感应电动势 $\dot{E}_1$ 与 $\dot{E}'_2$ 相等，在等电位情况下，可以把一次绕组两端 c、d 分别和二次绕组两端 C、D 对应连接起来，如图 2-18 (c) 所示。考虑到铁芯中的能量损失和理想情况下的激磁部分，可用激磁阻抗 $Z_m = R_m + jX_m$ 来代替，于是便得到变压器等值电路，如图 2-18 (d) 所示。此电路形状很像"T"形，所以称为 T 形等值电路。

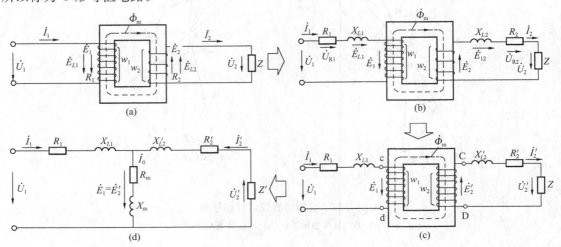

图 2-18　变压器有载运行等值电路图

所谓"等值"的意思，就是说这样一个电路对于其他电路的作用，将和一个真实变压器相同。变压器经过这样一个等值变换过程，将比较复杂的电磁关系，变换成一些电气参数的串并联关系，对电网的计算带来了很大的方便。

2. 变压器的 Γ 形等值电路

在 T 形等值电路中的激磁电流 I_0，仅为额定电流的 2%～10%，阻抗电压降相对于感应电动势也是很小的，仅为额定电压的 5.5%～10.5%，因此由激磁电流所产生的阻抗电压降就更小，一般只是额定电压的 0.5% 以下。如将这部分电压降略去不计，则可将等值电路中并联的激磁阻抗移置到电阻 R_1 和漏抗 X_{L1} 的前面去，所得到的电路如图 2-19 所示。这种电路形状像字母"Γ"，故称为变压器的 Γ 形等值电路。Γ 形等值电路有利于网络化简，给电网计算带来方便，也不影响计算结果的准确性。

3. 变压器的近似等值电路

在图 2-19 中，通常将电阻 R_1 和 R'_2 串联相加称为短路电阻 R_K，将电抗 X_{L1} 和 X'_{L2} 串联相加称为短路电抗 X_K。因此得到

$$\left.\begin{array}{l} R_K = R_1 + R'_2 = R_1 + K^2 R_2 \\ X_K = X_{L1} + X'_{L2} = X_{L1} + K^2 X_{L2} \\ Z_K = R_K + jX_K \end{array}\right\} \qquad (2\text{-}38)$$

在变压器等值电路图中忽略 I_0，即忽略激磁阻抗 $Z_m = R_m + jX_m$，由此得到近似等值电路图，如图 2-20 所示。

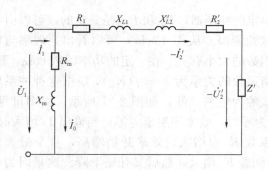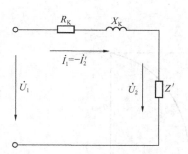

图 2-19　变压器的 Γ 形等值电路图　　　　图 2-20　变压器有载运行的近似等值电路图

以上所讨论的等值电路，对于三相变压器而言是指其中的一相，外施电压为相电压，作用于相线与中性线之间。

五、变压器的效率

变压器的效率是以二次绕组输出的功率 P_2 对一次绕组输入的功率 P_1 的百分比来表示的，即

$$\eta = \frac{P_2}{P_1} \times 100\% \tag{2-39}$$

式中，P_1 和 P_2 的单位为 W 或 kW。

变压器是个静止电器，它不存在可动部分，所以其效率是很高的，一般在 95% 以上。它只有铁损耗 ΔP_i 和绕组铜损耗 ΔP_c，因此输入功率为 $P_1 = P_2 + \Delta P_i + \Delta P_c$，所以变压器的效率为

$$\eta = \frac{P_2}{P_2 + \Delta P_i + \Delta P_c} \times 100\% = \left(1 - \frac{\Delta P_i + \Delta P_c}{P_2 + \Delta P_i + \Delta P_c}\right) \times 100\% \tag{2-40}$$

若以 S_N 表示变压器的额定容量（单位为 VA 或 kVA），以 K_L 表示变压器的负载系数（负荷系数系指在任何负荷下，变压器二次绕组的电流 I_2 与二次绕组的额定电流 I_{N2} 的比值），则输出功率 P_2 可写成

$$P_2 = K_L S_N \cos\varphi_2 \tag{2-41}$$

式中　$\cos\varphi_2$——负荷的功率因数。

对于变压器的铁损耗 ΔP_i，它是交变磁通在铁芯中产生的磁滞损耗与涡流损耗。通常铁损耗近似等于变压器的空载损耗 P_0，它是一个定值，与负荷的大小和性质无关，即

$$\Delta P_i = P_0 = 常数 \tag{2-42}$$

对于变压器铜损耗 ΔP_c，它是电流流过绕组时，在一次、二次绕组的电阻中产生的损耗，即

$$\Delta P_c = I_1^2 R_K \quad 而 \quad I_1 = K_L I_N$$

则

$$\Delta P_c = K_L^2 I_N^2 R_K = K_L^2 P_{KN} \tag{2-43}$$

这里的 P_{KN} 应为 75℃ 时的短路功率。将 P_0、ΔP_i、ΔP_c 之值代入式（2-40）中，则变压器的效率为

$$\eta = \left(1 - \frac{P_0 + K_L^2 P_{KN}}{K_L S_N \cos\varphi_2 + P_0 + K_L^2 P_{KN}}\right) \times 100\% \tag{2-44}$$

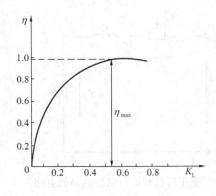

图 2-21　变压器的效率曲线图

对于给定的变压器，P_0 和 P_{KN} 是一定的，可以由空载和短路试验测得。从式（2-44）可以看出，效率与负荷和功率因数的大小有关。在一定的功率因数 $\cos\varphi_2$ 下，效率与负荷系数的关系为 $\eta = f(K_L)$，根据这种关系所绘制的曲线称为效率曲线，如图 2-21 所示。由图可见，当输出 I_2 为零时，效率当然也为零；当输出 I_2 增大时，此时负荷系数 K_L 也增大，效率开始增高，直至最大值 η_{max}，以后随着 K_L 增大，然后又开始下降。这是因为变压器的铁损耗虽然不随负荷变化，但铜损耗与负荷的平方成正比，负荷电流增大后，铜损耗增加很快，致使效率降低。应该指出，变压器效率曲线的这种变化趋势是各类电机的效率特性所共有的。

用数学方法可以证明，当铜损耗等于铁损耗时，变压器的效率最高，即

$$\left.\begin{array}{r} K_L^2 \Delta P_{cN} = \Delta P_i \\ K_L^2 P_{KN} = P_0 \end{array}\right\} \tag{2-45}$$

式中　ΔP_{cN}——变压器额定负荷时的铜损耗值。

最高效率大致出现在负荷系数 $K_L = 0.5 \sim 0.6$。

【例 2-3】　某一台三相变压器 $S_N = 100\text{kVA}$，$U_{N1}/U_{N2} = 10000/400\text{V}$，连接组别为 Yyn0，$\cos\varphi_2 = 0.8$，铁损耗 $\Delta P_i = 600\text{W}$，铜损耗 $\Delta P_c = 2400\text{W}$。求 $K_L = 1$ 时变压器效率及变压器最大效率。

解　$K_L = 1$ 时，由式（2-40）得

$$\eta = \left(1 - \frac{\Delta P_i + \Delta P_c}{P_2 + \Delta P_i + \Delta P_c}\right) \times 100\%$$

$$= \left(1 - \frac{600 + 2400}{1 \times 100 \times 10^3 \times 0.8 + 600 + 2400}\right) \times 100\%$$

$$= 96.38\%$$

因为最大效率发生在 $K_L^2 P_{KN} = P_0$ 点，即 $K_L = \sqrt{\dfrac{P_0}{P_{KN}}} = \sqrt{\dfrac{600}{2400}} = \dfrac{1}{2}$，所以最大效率为

$$\eta_{max} = \left[1 - \frac{600 + \left(\frac{1}{2}\right)^2 \times 2400}{\frac{1}{2} \times 100 \times 10^3 \times 0.8 + 600 + \left(\frac{1}{2}\right)^2 \times 2400}\right] \times 100\% = 97.07\%$$

从［例 2-3］计算可以看出，变压器的效率是很高的。

第四节　三 相 变 压 器

三相变压器按磁路不同可分为两种：一种是三台单相变压器组成的三相变压器，称为组

式变压器，这种三相变压器每相有独立的磁路［见图 2-6（a）］；另一种是三相心式变压器，每相各有一个铁芯柱，三个铁芯柱用铁轭连接起来，构成一个完整的三相铁芯，共用一个油箱［见图 2-6（b）］。在额定容量相同的情况下，三相心式变压器节省材料、效率高、占地少、维护简单，所以配电变压器一般都使用三相心式变压器。但组式变压器的每一相比三相心式变压器体积小、质量轻、运输方便，所以大型电力变压器受运输条件限制的地方，宜采用组式变压器。另外，组式变压器备用容量小，只需备用一台单相变压器即可。

一、极性和连接组别

1. 单相变压器的极性

按照标准规定，单相变压器一次、二次绕组的始端以字母 A、a 表示，末端以字母 X、x 表示。大写字母表示一次绕组始末端，小写字母表示二次绕组的始末端。

在三相变压器中，一次绕组的始端以字母 A、B、C 表示，末端以字母 X、Y、Z 表示；二次绕组的始端以字母 a、b、c 表示，末端以字母 x、y、z 表示。此外，有一些小的单相变压器套管旁的端盖上，往往有"＋"、"－"或"＊"等标志，这些标志称为极性点。单相变压器的极性，就是二次绕组的端电压与一次绕组端电压之间的相位关系，有时也称为变压器的连接组别。

当一个绕组的某一端点的电位为正时，在另一个绕组的两个端点中，有一个与其对应的端点也是正的，则这两个端点为同极性点，同极性点在图中常用对应的标记"＊"来表示。同极性点可能出现在两绕组的同标记端［见图 2-22（a）］，也可能出现在反标记端［见图 2-22（b）］，这决定两个绕组是否有相同绕向。

当一次、二次绕组的绕向相同、标记相同时，一次、二次绕组的电动势 $\dot{E}_A$ 和 $\dot{E}_a$ 方向相同，都是从绕组的始端指向末端，如图 2-23（a）所示。对这种一次、二次绕组的绕向相同，电动势方向相同的变压器通常称为减极性，我国生产的单相变压器几乎都是减极性的。当一次、二次绕组的绕向相同、标记不同或标记相同、绕向不同［见图 2-23（b）］时，一次、二次绕组的相电动势 $\dot{E}_A$ 和 $\dot{E}_a$ 反相的变压器，称为加极性变压器。

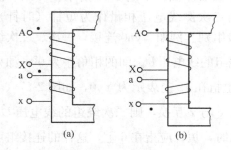
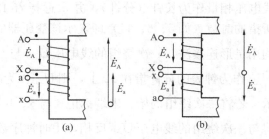

图 2-22　单相绕组的极性　　　　　　图 2-23　单相变压器的极性分析
（a）绕向相同；（b）绕向相反　　　　　（a）减极性；（b）加极性

2. 三相变压器的连接组

三相变压器共有 6 个绕组，其中属于同一相的一次、二次绕组的相对极性可按上面讨论的单相变压器的规定来确定，并用"＊"标明。同时还要标明三相变压器三个一次绕组和三个二次绕组的始末端，并将极性符号标在始端或末端，如图 2-24（a）所示。当一次、二次绕组的连接方法不相同时，致使一、二次侧电动势有不同的相位移。

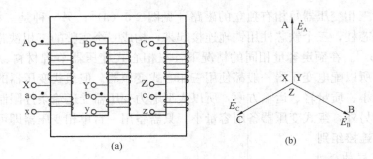

图 2-24　三相变压器的极性
(a) 三相变压器的极性标记;(b) 三相电动势相量图

　　三相变压器的三个一次绕组（即配电变压器的高压绕组），通常有两种不同的连接法：①星形连接法或称 Y 连接法；②三角形连接法或称 D 连接法。三相变压器的三个二次绕组（即配电变压器的低压绕组），通常有三种不同的连接方法：①星形连接法或 y 连接法；②三角形连接法或称 d 连接法；③曲折形连接法或称 z 连接法。各种连接方法的接线图和相量图，如图 2-25 所示。

　　对于绕组按星形连接或曲折形连接的中性点是引出的，则高压绕组以 YN 表示，低压绕组以 yn 或 zn 表示。所以根据一次、二次绕组的连接方法不同，可得 6 种不同的绕组连接组：①Yyn0；②Yd；③Yz 或 Yzn；④Dd；⑤Dy 或 Dyn；⑥Dz 或 Dzn。

　　变压器连接组别第一个大写字母表示一次绕组的连接法，第二个小写字母表示二次绕组的连接法，后面的 n 表示中性点抽出，在变压器的箱壳外面再接地，0 表示一次、二次绕组电动势间相位差为 0°。对于配电变压器的连接，我们只需要掌握 Yyn0、Dyn0 和 Yzn0 三种连接组别即可。

　　各连接组别的一次侧线电压与二次侧线电压之间的相位差，正如钟表上小时数间的角关系一样，都是 30°的整数倍。所以，三相变压器一次、二次绕组间相应线电压的相位差，不用度数表示，而利用钟表的时数表示，这就是时钟序数表示法，如图 2-26 所示。即以一次侧线电压相量作为长针（分针），并永远指着 12，而二次侧线电压相量作为短针（时针），它所指的时数（如 5、6、11）即表示该变压器的连接组别。例如 Yyn0 连接，一次、二次绕组均用星形连接法，一次绕组的线电压 $\dot{U}_{AB}$ 与二次绕组的线电压 $\dot{U}_{ab}$ 间的相角差为 0°，如果将 $\dot{U}_{AB}$ 作为钟表的分针指在 12 上，则 $\dot{U}_{ab}$ 作为时针也指在 12 上表示为 Yy0，如图 2-27 (a) 所示。若将二次绕组的始、末端标记 a 与 x、b 与 y、c 与 z 互换，则二次绕组的线电压 $\dot{U}_{ab}$ 便将与一次绕组的线电压 $\dot{U}_{AB}$ 反相，用时钟序数表示时，短针应指在 6 上，这样的连接组可表示为 Yy6。

　　例如，一台三相双绕组配电变压器，高压绕组为星形连接，额定电压为 10kV；低压绕组为中性点引出的星形连接，额定电压为 400V。两侧星形连接绕组的电压同相位，时钟序数为 0，其连接组标号为 Yyn0。

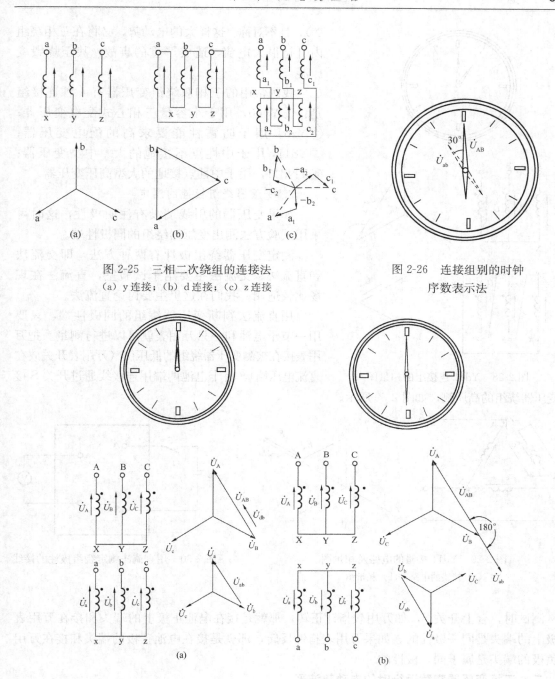

图 2-25 三相二次绕组的连接法

（a）y 连接；（b）d 连接；（c）z 连接

图 2-26 连接组别的时钟
序数表示法

图 2-27 Yy0 和 Yy6 连接组

（a）Yy0；（b）Yy6

图 2-28 是 Yd11 连接组别的相量图，图中采用一次侧线电压 $\dot{U}_{AB}=\dot{U}_A-\dot{U}_B$ 和二次侧线电压 $\dot{U}_{ab}=\dot{U}_a-\dot{U}_b$ 进行比较。从图 2-28（a）可见，Yd11 连接组别两侧线电压相位差为 330°。在三相绕组接成三角形时，要特别注意绕组的极性问题。如果一相绕组的极性标错或接错，那么在闭合三角形的回路中，三相总电动势之和就不为零，而是两倍的相电动势（见图 2-

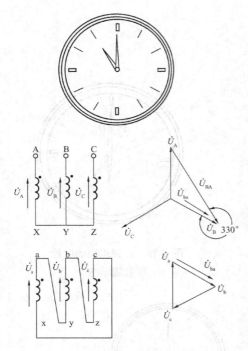

图 2-28　Yd11 连接组的相量图

29），且不对称。这样大的电动势，必将在三相绕组内引起很大电流，造成严重的事故，甚至烧毁变压器。

我国常用的三相双绕组变压器有 4 种连接组别：①Yyn0，用于小容量三相心式配电变压器；②Yzn，用于防雷性能要求高的配电变压器；③Yd11，用于中性点不接地的大、中型变压器；④YNd11，用于中性点接地的大型高压变压器。

3. 变压器绕组极性的测定

如果变压器的引线端没有注明极性，这时可采用试验方法测出变压器绕组的同极性端。

测定变压器绕组极性有两种方法，即交流法和直流法。交流法主要用于试验室，直流法在现场比较适用。我们在这里主要讨论直流法。

用直流法判断变压器绕组的同极性端，只要用一节干电池和一只万用表就可以进行测量。把万用表接在被测变压器绕组的低压侧（万用表开关放在直流电压挡），将干电池两端用连接线通过开关 S 接在变压器绕组的高压侧，如图 2-30 所示。

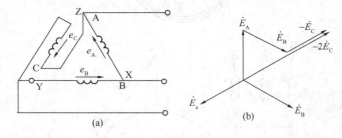

图 2-29　Yd11 接错的电路及相量图
（a）接错的电路；（b）相量图

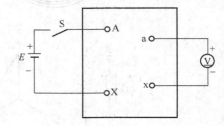

图 2-30　用直流法测定绕组极性的接线

测试时，合上开关 S，如万用表指针正转，那就是接在电池正极上的端头和接在万用表正极上的端头是同一极性的。如果万用表指针反转，那就是接在电池正极的端头和接在万用表负极的端头是属于同一极性的。

二、三相变压器空载运行时的电动势波形

上面在分析单相变压器空载运行时曾经提到，当外加电压是正弦波形时，电动势 e_1 和产生 e_1 的主磁通 ϕ 也是正弦波形。但由于磁路饱和的影响，因此激磁电流 i_0 将是尖顶波，这种尖顶波经过波形分析，其中除基波外，还有很强的三次谐波，如图 2-31 所示。由于激磁电流 i_0 是尖顶波，所以应分解成基波 i_{01} 和三次谐波 i_{03} 进行分析。

在三相变压器中，由于三相绕组的连接组别不同，激磁电流中不一定能包含三次谐波分量，将影响磁通和电动势的波形。这种影响与三相绕组的连接方法和磁路的结构有着密切的关系。下面将对不同的连接情况分别予以分析。

1. Yy 接法的电动势波形

在三相变压器中，三相基波（频率为 50Hz）电流的大小相等而相位互差 120°，但各相激磁电流 i_0 或磁通 ϕ 中的三次谐波（频率等于 3×50Hz）分量是同相的，因 i_0 的三次谐波电流在无中性线的 Y 接法中没有通路，因此激磁电流 i_0 中不存在三次谐波分量而接近正弦波形。这样在铁芯饱和的情况下，由铁芯的磁化曲线作出的主磁通 ϕ 波形将不是正弦波形，而是呈平顶

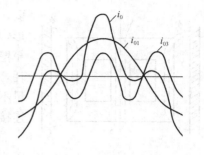

图 2-31　激磁电流的波形

波形［见图 2-32（a）］，即主磁通 ϕ 除含有基波 ϕ_1 外，还将含有较强的三次谐波磁通 ϕ_3，因此在变压器一次、二次绕组感应电动势除基波电动势 e_1 外，还感应三次谐波电动势 e_3，e_1 和 e_3 在相位上各滞后相应的 ϕ_1 和 ϕ_3 90°［见图 2-32（b）］。由图 2-32（b）可见三次谐波电动势 e_3 将使相电动势波形畸变，呈尖顶波形，见图 2-23（b）中 e 的曲线形状。

相电动势波形的畸变程度取决于三次谐波磁通 ϕ_3，而 ϕ_3 的大小，一方面取决于磁路的饱和程度，另一方面取决于变压器的磁路系统。下面讨论组式和心式两种三相变压器的电动势波形。

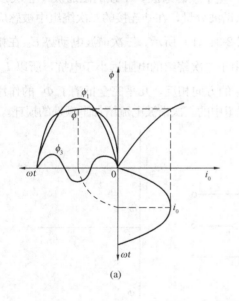
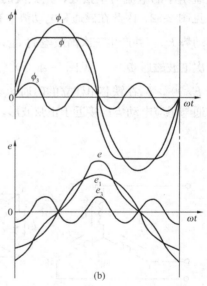

图 2-32　Yy 连接的磁通和电动势波形
（a）正弦激磁电流产生的平顶磁通波形；（b）平顶磁通波形所产生的尖顶电动势波形

（1）三相组式变压器。由于这种变压器的磁路是各相独立的，三相磁路不相关，三次谐波有自己独立的闭合磁路。磁路磁阻小，三次谐波磁通 ϕ_3 较大，感应的三次谐波电动势 e_3 也较大，有时甚至可达基波电动势的 45%～60%。其结果使相电动势的最大值升高很多，波形严重畸变（呈尖顶波），并威胁绕组绝缘的安全。因此，三相组式变压器一般不采用 Yy 连接。

（2）三相心式变压器。它的磁路三相间彼此关联，而各相的三次谐波磁通 ϕ_3 大小相等、相位相同。因此 ϕ_3 不可能在变压器铁芯内构成闭合回路，而只能借变压器油、油箱壁和铁芯构成闭合回路，如图 2-33 所示。这一闭合磁路的磁阻很大，使三次谐波磁通 ϕ_3 大大削

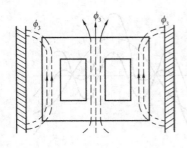

图 2-33　Y 连接的三相心式
变压器三次谐波磁通路径

弱，因而三次谐波电动势 e_3 也相应减少，主磁通接近正弦波形，相电动势也接近正弦波形。但由于三次谐波磁通 ϕ_3 通过箱壁和其他铁件，使变压器的这些部件感应涡流产生附加损耗，降低变压器的效率，并引起局部过热。所以，只有在容量不大于 1800kVA 的三相心式变压器中，才允许采用 Yy 连接。

我国生产的小型配电变压器常采用 Yyn10 连接组。这是因为：①Y 连接每相承受的电压小，节省绝缘材料；②由于每相通过的电流大，选用导线截面较大，故机械强度好；③中性点可以抽取，适用于三相四线制供电；④在同样的绝缘水平下，Y 连接比 D 连接可以得到高 $\sqrt{3}$ 倍的电压；⑤导线粗、匝间电容大，能承受较高的冲击电压。

2. Yd 或 Dy 连接的电动势波形

Yd 连接的变压器一次绕组接成 Y 形，三次谐波电流不流通，如图 2-34（a）所示。因此，一次绕组中的电流为正弦波，正弦波的电流产生平顶磁通波，平顶的磁通波产生尖顶的电动势波，见图 2-32。因此在磁通和电动势中有三次谐波分量，在 d 连接的二次绕组中被感应出三次谐波电动势 $\dot{E}_{23}$，并产生三次谐波电流 $\dot{I}_{23}$，如图 2-34（b）所示。三次谐波电动势 $\dot{E}_{23}$ 在相位上滞后于三次谐波磁通 $\dot{\Phi}_3$90°，见图 2-34（c）。此时由于二次绕组的电阻远小于电抗，所以 $\dot{I}_{23}$ 差不多滞后于 $\dot{E}_{23}$90°，$\dot{I}_{23}$ 在铁芯里建立的磁通 $\dot{\Phi}_{23}$ 和 $\dot{\Phi}_3$ 的方向相反，几乎完全抵消了 $\dot{\Phi}_3$ 的作用。因此，主磁通与感应电动势都接近于正弦波形，但绕组中的三次谐波电流增加了额外的损耗。

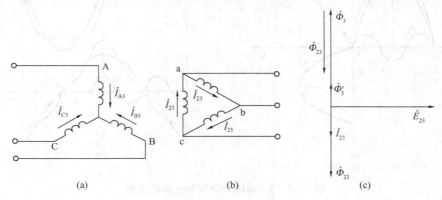

图 2-34　变压器 Yd 连接法
（a）Y 连接三次谐波电流无通路；（b）d 连接三次谐波电流；
（c）Yd 连接法三次谐波电流的去磁作用

Dy 连接的变压器电动势波形的分析与 Yd 连接的变压器相似，在此就不再叙述了。

综上所述，三相变压器的相电动势波形与绕组的接法和磁路系统有密切的关系。只要变压器的一侧是三角形连接，就能保证主磁通的电动势为正弦波形，因此一般三相电力变压器常采用 Yd 或 Dy 连接组。

三相变压器绕组的连接法及其特点与适用范围，如表 2-5 所示。

表 2-4   常用的三相变压器绕组连接法及其特点与适用范围表

连 接 法	特 点 与 适 用 范 围
Yy	（1）绕组的空间利用率高，导线截面大，适用于配电变压器，也可用于连接变压器或三相负荷对称的特种变压器 （2）中性点可以引出，可供三相四线制负荷，但对单相变压器组成的组式变压器，其一次绕组中性点必须与电源中性点连接，否则不能采用这种接法 （3）对于三相心式变压器，其一次绕组中心点不能与电源中性点连接；而二次绕组供三相四线制负荷时，中性线中电流不允许超过额定电流的 25%
Yd(Dy)	（1）无三次谐波电压，适用于各类大中型变压器。Dy 连接适用于配电变压器，此时允许三相负荷不对称程度可比 Yz 连接大些，中性线电流允许达到额定电流的 75% 左右，但引线结构较复杂 （2）Y 连接中性点可引出 （3）任意一相绕组发生故障时，变压器必须停止运行
Yz	（1）中性点可引出供三相四线制负荷，适用于配电变压器和特种变压器，允许三相负荷不对称程度可比 Yy 连接大一些，中性线电流允许达到额定电流的 40% 左右 （2）z 连接相电压中无三次谐波分量 （3）与 Y 连接绕组比较，Z 连接用的导线较多，且只适用于低压绕组

第五节 变压器并联运行

将两台或两台以上变压器的一次绕组接到公共电源上，二次绕组也均并联接向同负荷供电，这种运行方式，称为变压器的并联运行。图 2-35 是两台变压器并联运行的接线图。

为什么要采用变压器的并联运行呢？这是因为随着电网容量的增大，一台变压器的容量往往承担不了全部负荷，改换大容量的变压器又很不经济，这就需要将两台或两台以上变压器并联起来运行。另外，电网的负荷是随昼夜或季节不同而有所变化的，如果是多台变压器并联运行，在负荷轻时，可以少投入几台，这样就可以实现电网的经济运行。同时，并联运行的变压器还有一个特点，就是可以轮流进行检修而不中断供电和减少备用容量。

变压器并联运行必须符合以下三个条件。

（1）各台变压器的一次侧电压和二次侧电压应分别相等，也就是变比相等；

（2）各台变压器的短路电压（短路阻抗）百分数应相等；

（3）各台变压器的连接组别应相同。

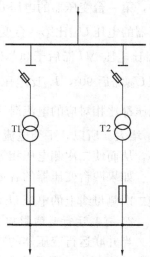

图 2-35 两台变压器并联运行的接线图

一、变比不等时对变压器并联运行的影响

1. 空载运行时的影响

如图 2-36 所示，变压器 T1、T2 的一次绕组接同一组 10kV 母线，两台变压器一次绕组电压 $U_{11} = U_{12} = U_1$，若 K_1、K_2 分别是这两台变压器的变比，则二次绕组的电压分别为

$$U_{21} = \frac{U_1}{K_1} \tag{2-46}$$

$$U_{22} = \frac{U_1}{K_2} \tag{2-47}$$

设 $K_1 < K_2$，则 $U_{21} > U_{22}$，两者电压差为

$$\Delta \dot{U} = \dot{U}_{21} - \dot{U}_{22} \tag{2-48}$$

变压器并联运行，若变比不相等时，就要产生电压差。由于电压差 $\Delta \dot{U}$ 的存在，在两台变压器的二次侧回路中将产生平衡电流（循环电流）$\dot{I}_{p2}$，若不计绕组电阻，则为

$$\dot{I}_{p2} = -\mathrm{j}\, \frac{\Delta \dot{U}}{X_{K1} + X_{K2}} \tag{2-49}$$

式中，X_{K1}、X_{K2} 分别为第一、二台变压器的短路电抗。因为 X_{K1}、X_{K2} 很小，在变比稍有不同时，就可能产生很大的平衡电流。这个平衡电流

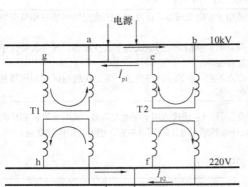

图 2-36 变比不等的变压器并联情况

$\dot{I}_{p2}$，除在图 2-36 中二次绕组箭头所示方向 d→c→h→f→d 的流通外，由于一次、二次绕组间有电磁联系，所以在一次绕组的回路中也相应出现 $\dot{I}_{p1}$，并按图 2-36 中箭头所示方向 a→b→e→g→a 进行流通。

图 2-37（a）表示空载运行时的相量图。图中电压 $\dot{U}_{21} = OA$，电压 $\dot{U}_{22} = OB$，按所给条件，第一台变压器的电压 $\dot{U}_{21}$ 比第二台变压器的电压 $\dot{U}_{22}$ 大 $\Delta \dot{U} = AB = OC$。或者说第二台变压器的电压 $\dot{U}_{22}$ 比第一台变压器的电压 $\dot{U}_{21}$ 大 $-\Delta \dot{U} = OD$。沿第一台变压器流过的平衡电流 $\dot{I}_{p1}$ 比电压 $\Delta \dot{U}$ 滞后于 90°，而第二台变压器的平衡电流 $\dot{I}_{p2}$ 比电压 $-\Delta \dot{U}$ 滞后 90°，即 $\dot{I}_{p1}$ 比电压 $\dot{U}_{21}$ 滞后 90°，$\dot{I}_{p2}$ 比电压 $\dot{U}_{22}$ 超前 90°。电流 $\dot{I}_{p1}$ 和 $\dot{I}_{p2}$ 建立电压 $-\mathrm{j}\dot{I}_{p1} X_{K1}$ 和 $-\mathrm{j}\dot{I}_{p2} X_{K2}$，每个电压都比相对应的电流滞后 90°，因此电压 $-\mathrm{j}\dot{I}_{p1} X_{K1}$ 的方向与电压 $\dot{U}_{21}$ 相反，它力图使电压 $\dot{U}_{22}$ 增大。所以，平衡电流 $\dot{I}_p$ 的作用能使二次侧电压小的一台电压增大，大的一台电压减小，从而使二次侧电压相等。

如果两台变压器的容量和短路电压都相同，则图 2-37（a）中 F 点将是线段 AB 平分点，使二次侧母线上的电压 $\dot{U}_2 = OF$。

2. 有载运行时的影响

当并联运行变压器的二次侧接上负荷后，二次侧电压 U_2 一般是变化不大的，平衡电流 I_p 也改变不大。现仍设两台变压器的容量相等，因为平衡电流使两台变压器二次侧电压变得相同，所以负荷电流是平均分配的，即 $\dot{I}_{L1} = \dot{I}_{L2}$，第一台变压器中的电流 $\dot{I}_{21}$ 将为 $\dot{I}_{p1}$ 和 $\dot{I}_{L1}$ 的相量和；第二台变压器中的电流 $\dot{I}_{22}$ 也将为 $\dot{I}_{p2}$ 和 $\dot{I}_{L2}$ 的相量和，如图 2-37（b）所示。从相量图 2-37（b）可见，$\dot{I}_{21} > \dot{I}_{22}$，因此当第一台变压器满载时，而第二台变压器达不到其额定负荷；反之，当第二台变压器满载时，每一台变压器就要超过其额定负荷。所以，当变比不等的变压器并联运行时，由于平衡电流 I_p 的出现，不能使所有的并联运行的变压器都带上额定负荷。此外，平衡电流 I_p 不是负荷电流，但却占据了变压器的容量，增加了变

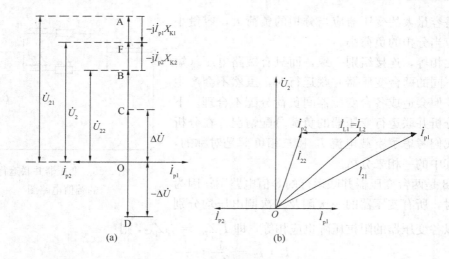

图 2-37 变比不等的变压器并联运行相量图

(a) 空载运行时；(b) 有载运行时

压器的损耗，特别是当变比相差很大时，平衡电流可能大得足够破坏变压器的正常工作。因此，要求并联运行的变压器变比偏差不得大于 0.5%。

【例 2-4】　一台单相变压器容量为 100kVA，电压为 6000/230V，短路电抗 $X_{K1} = 0.029\Omega$；另一台单相变压器的容量为 320kVA，电压为 6000/227V，短路电抗 $X_{K2} = 0.0083\Omega$。试求当两台变压器并联运行时的空载平衡电流 I_p。

解　两台变压器电压偏差为 $\Delta U = 230 - 227 = 3$ (V)，不计绕组电阻时的平衡电流为

$$I_p = \frac{\Delta U}{X_{K1} + X_{K2}} = \frac{3}{0.029 + 0.0083} = 80.43(A)$$

100kVA 的变压器二次侧额定电流为

$$I_{N2} = \frac{S_N}{U_{N2}} = \frac{100 \times 10^3}{230} = 434.8(A)$$

平衡电流 I_p 占额定电流 I_{N2} 的百分比为

$$\frac{I_p}{I_{N2}} \times 100\% = \frac{80.43}{434.8} \times 100\% = 18.5\%$$

320kVA 的变压器二次侧额定电流为

$$I_{N2} = \frac{S_N}{U_{N2}} = \frac{320 \times 10^3}{227} = 1410(A)$$

平衡电流占额定电流的百分比为

$$\frac{I_p}{I_{N2}} \times 100\% = \frac{80.43}{1410} \times 100\% = 5.7\%$$

由 ［例 2-4］ 的计算结果可知，变压器的变比仅差 1.3%，而平衡电流却达额定电流 18.5%，这就大大地限制了并联运行变压器的输出功率，增加了空载的损耗。

二、短路阻抗不同时对变压器并联运行的影响

变压器并联运行接入负荷时，最理想的运行状态是并联运行的各变压器能够合理分配负

荷，也就是容量大的变压器应当分担的负荷大，容量小的变压器应当分担的负荷小。

当变比相等，连接组别一致，而只有短路电压（短路阻抗）不同的两台变压器并联运行时，虽然不会产生平衡电流，但会造成各台变压器间负荷分配不合理。下面我们来分析并联运行变压器的负荷分配情况。在分析过程中，我们考虑了空载电流 I_0 和三相负荷是对称的，所以采用其中的一相来分析。

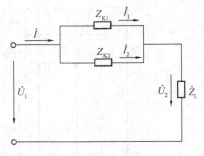

图 2-38　变压器并联运行的等值电路图

图 2-38 是两台变压器并联运行的等值电路图。因为并联运行时，所有变压器的一次侧及二次侧电压均分别相等，所以各变压器的阻抗压降也应相等，即 $\dot{I}_1 Z_{K1} = \dot{I}_2 Z_{K2}$，则

$$I_1 : I_2 = \frac{1}{Z_{K1}} : \frac{1}{Z_{K2}} \tag{2-50}$$

将式（2-50）两边同除于变压器的额定电流，则

$$\frac{I_1}{I_{N1}} : \frac{I_2}{I_{N2}} = \frac{1}{I_{N1} Z_{K1}} : \frac{1}{I_{N2} Z_{K2}}$$

即

$$K_{L1} : K_{L2} = \frac{1}{U_{K1}} : \frac{1}{U_{K2}} \tag{2-51}$$

式中　K_{L1}、K_{L2}——第一、二台变压器的负荷系数。

变压器的负荷系数计算式为

$$K_L = \frac{I}{I_N} = \frac{\sqrt{3} U_N I}{\sqrt{3} U_N I_N} = \frac{S}{S_N}$$

从式（2-51）可知，变压器的负荷系数与短路电压成反比，即短路电压大的变压器负荷系数小；反之，短路电压小的变压器负荷系数大。因此，当短路电压大的变压器满载时，短路电压小的变压器就要过载；反之，当短路电压小的变压器满载时，短路电压大的变压器处于轻载。因为变压器长期过载运行是不允许的，所以当短路电压不等的变压器并联运行时，就只能使一台变压器（短路电压大的）在轻载工作。其结果使两台变压器的总容量得不到充分地利用。一般大容量的变压器的短路电压较大，而小容量的变压器的短路电压小，容量差别越大，短路电压的差值也越大。因此，容量差别太大的变压器，不宜采用并联运行。

三、连接组别不同时对变压器并联运行的影响

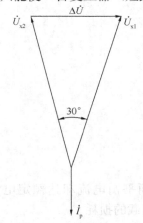

图 2-39　连接组别不同时变压器并联运行的相量图

变比相等，短路电压也相同，但连接组别不同的变压器并联运行时，各变压器间也有平衡电流 $\dot{I}_p$ 流过。这是因为，连接组别不同使各变压器的二次侧空载电压相位不同，出现了电压差 ΔU。若两台并联运行的变压器，其中一台变压器的连接组别为 Yyn0，另一台变压器的连接组别为 Yd11，这时二次侧线电压彼此相差 30°，如图 2-39 所示。由计算可求出 $\Delta \dot{U} = \dot{U}_{x1} - \dot{U}_{x2} = 2U_x \sin 15° = 0.52 U_x$（$U_x$ 是二次侧线电压），几乎等于相电压。

由于变压器绕组的阻抗很小，这样大的电压加在变压器的绕组上，在绕组内产生滞后于 $\Delta \dot{U} 90°$ 的平衡电流 $\dot{i}_p$，平衡电流 $\dot{i}_p$ 将超过额定电流很多倍，所以说连接组别不同的变压器不能并联运行。

第六节　变压器的运行和事故处理

为了保证电网的安全可靠供电，变压器在运行中应经常地进行监视和维护，以便能及时消除隐患，防止事故的发生和扩大。

一、变压器正常运行时的监视和维护

（一）变压器的负荷和油温监视

1. 变压器的负荷监视

对经常有人值班的降压变电所或配电室，变压器的指示仪表应每小时记录一次；如变压器是处在过负荷运行，则至少应每半小时记录一次，并应绘制昼夜负荷曲线。对无人值班的降压变电所或配电室，应定期检查变压器的负荷是否正常，并应作记录。

2. 变压器的油温监视

对变压器的油温进行经常的检查和监视，可帮助运行人员及时发现变压器冷却系统内的故障或其他故障。在检查变压器油温时，应特别注意下列的不正常情况：

（1）上层油温超过了规定值。

（2）在变压器负荷不变时，油温不断上升（冷状态新投入的变压器除外）。

（3）若负荷和冷却介质温度相似，但油温却较以前所测数值明显上升。

（二）变压器的合闸和拉闸操作

1. 变压器两侧装有油断路器和隔离开关的操作

（1）变压器装设油断路器时，一定要使用油断路器进行拉、合闸，不允许用隔离开关操作。因为隔离开关无灭弧装置，如用隔离开关切断时，将会产生弧光而造成相间短路。

（2）多台变压器合用一台油断路器时，必须注意，任何一台变压器在带负荷状态下的拉、合闸都得使用该台油断路器。

（3）变压器的合闸，通常是在装有保护装置的电源侧进行，以便在变压器内部有故障时，可以立即跳闸，切断电源。

（4）高、低压侧均装有隔离开关的变压器，拉闸时应先拉开油断路器，再拉开低压侧隔离开关，后拉开高压侧隔离开关；合闸时应先合高压侧隔离开关，后合低压侧隔离开关，最后合油断路器。应当注意的是，对于配电变压器，其高压侧（如 10kV）的隔离开关，只允许拉、合变压器的空载电流，而负荷电流必须用低压侧（如 400V）的刀闸开关拉合。

（5）变压器未装油断路器时，只能用隔离开关拉、合不超过 2A 的变压器空载电流。

2. 变压器装有跌落式熔断器的操作

目前，一般户外变压器台上的高压侧多装设跌落式熔断器。因为有明显的断开点（其结构见图 5-55），常用来拉、合配电变压器和配电线路的分支线，并作为配电变压器的保护。但采用跌落式熔断器进行拉、合闸操作时应注意以下几点。

（1）用跌落式熔断器进行拉、合闸操作时，一定要用绝缘杆。拉闸时只要用绝缘杆顶一下鸭嘴形的触头，熔丝管即可自动跌落下来。合闸时，用绝缘杆伸入熔丝管的耳环内，再将熔丝管向上合入鸭嘴触头并卡住即可。应注意的是，当熔丝管合上后，应勾住熔丝管的耳环向下试拉一下，看是否合牢。切记拉闸时不允许用绝缘杆伸入环内硬拉，以免损坏熔断器。拉、合闸的动作要求迅速，以减少电弧的延续时间，保证人身安全。

（2）跌落式熔断器的拉、合闸一定要求分相进行。合闸时，应先合中间相，再合上风相，最后合下风相。拉闸时，首先要尽量降低变压器的负荷量（特别是满负荷或超负荷变压器），根据天气情况，先拉开中间相，再拉开下风相，最后拉开上风相。应当注意的是在拉、合闸操作时，人所站的位置，应偏离跌落式熔断器，以免被电弧烧伤。

（三）变压器分接头的变换

1. 变压器分接头的作用

为了保持配电网络电压偏移不超过允许范围，可通过调整变压器绕组的分接头方法来解决。如果配电线路中的电压损失较大，如图 2-40 所示，从电源到各变压器的电压损失不同，$\Delta U_1 < \Delta U_2 < \Delta U_3$。当各变压器一次绕组分接头位置相同时，二次绕组的电压则不相同。如果合理选择各变压器一次绕组的分接头位置，就可以保证二次绕组的电压尽可能地接近用电设备的额定电压。

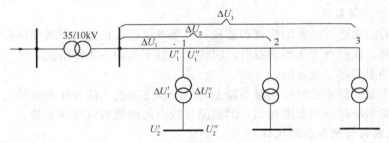

图 2-40　配电线路电压的偏差示意图

设 1 点电压在最大负荷时为 U_1'，在最小负荷时为 U_1''，相应的变压器电压损失分别为 $\Delta U_T'$ 和 $\Delta U_T''$，则在最大负荷时低压母线上的实际电压为 $U_2' = \dfrac{U_1' - \Delta U_T'}{K}$，从而得

$$KU_2' + \Delta U_T' = U_1' \tag{2-52}$$

在最小负荷时低压母线上实际电压为 $U_2'' = \dfrac{U_1'' - \Delta U_T''}{K}$，从而得

$$KU_2'' + \Delta U_T'' = U_1'' \tag{2-53}$$

2. 采用无载调压开关调压

无载调压开关常采用 SWX 型，表示三相中性点调压。当采用无载调压开关来变换变压器一次绕组分接头时，必须将变压器停电后进行，并将变压器高、低压侧的相线和地线拆除。为了尽可能地减少变换分接头的次数，所以在选择分接头时，通常取分接头的电压为最大电压 U_1''（指最小负荷时）和最小电压 U_1'（指最大负荷时）的算术平均值

$$U_{pj} = \dfrac{U_1'' + U_1'}{2} \tag{2-54}$$

根据计算结果，选择最接近标准的分接头电压。

无载调压开关的调压范围：对于 S(L)7-50～1600/35 型配电变压器，采用 ±2×2.5%；对于 S(L)7-50～1600/10 型配电变压器，采用 ±5%。

在变换分接头时应注意以下几点。

(1) 变换分接头时，先将无载调压开关的定位销打开或将螺钉旋出后，再转动手柄，直到手柄上的指针与位置标志Ⅰ、Ⅱ、Ⅲ或Ⅰ、Ⅱ、Ⅲ、Ⅳ、Ⅴ相重合，定位销落于相应分接位置的孔中，调压分接开关的接触部分才能达到准确的位置。

(2) 变换分接头应注意分接位置的准确性，即当低压配电网络的电压过低时，需要将二次绕组的电压调高，此时应将一次绕组的匝数减少，将调压分接开关拧到图 2-41 (a) 的位置Ⅲ（即 A1A4 位置）；相反，低压配电网络电压过高时，需要将变压器二次绕组的电压调低，此时应将一次绕组的匝数增多，此时应将调压分接开关拧到图 2-41 (a) 的位置Ⅰ（即 A2A3 位置）。

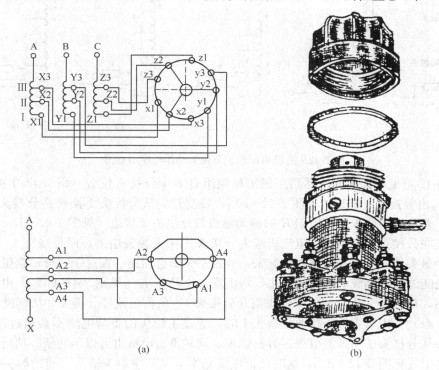

图 2-41 无载调压分接开关
(a) 无载调压分接开关接线图；(b) 无载调压分接开关外形图

(3) 在完成调压工作后，一定要使分接开关接触部分具有良好的接触状态。为此，在变换分接头后，应用欧姆表（其准确度不低于 0.5 级）或测量用的直流电桥检查回路的完整性和直流电阻值以及三相电阻的均匀性。

因为分接头在运行中可能烧伤，未用的分接头长期浸在油中，容易产生氧化膜，因此造成调整分接头后接触不良，所以必须要测量直流电阻值。测试直流电阻时，应将连接导线的截面选大些，导线接触必须良好，测量结果中还应减去测试导线的电阻值，才能得到分接头接触电阻的实际值。此外应注意，测得的电阻值与油温也有很大关系，所以测试时要记录上层油温，并进行换算（通常换算成 20℃时的数值），换算公式参见式 (2-16)。测得三相电阻值应平衡，相差不得超过 2%。

3. 采用有载调压开关调压

目前我国生产的很多配电变压器采用有载调压开关进行调压，安装有载调压开关和有载调压控制器的变压器，称为有载调压变压器，型号为 SLZ7-50～1600/35 型或 SZ7-50～1600/10 型。有载调压开关不需停电就可以调整变压器电压。用有载调压开关变换分接头，一般采用电动操作，在必要时也可采用自动或手动操作，分接头的动作程序如图 2-42 所示。

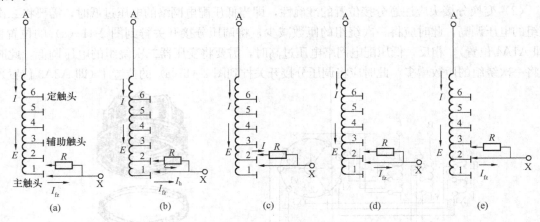

图 2-42　有载调压开关分接头动作程序示意图

由图 2-42 可见，如果变压器高压侧每相绕组有 6 个分接头位置（图 2-42 中的 1～6），负荷电流 I_{fz} 由分接头 1 输出［见图 2-42（a）］，要使开关从分接头 1 换接到分接头 2。在换接过程中，首先由串联着过渡电阻 R 的辅助触头与分接头 2 接通［见图 2-42（b）］，这时主触头仍然接在分接头 1 上，负荷电流仍经由分接头 1 从主触头输出，而分接头 1、2 则被主触头和辅助触头像一座桥一样地连接起来，成为一个闭合回路。在这个闭合回路里，由于两个分接头之间的绕组感应电动势的作用，将出现一个环流 I_h［见图 2-42（b）］。由于电阻 R 的限流作用，I_h 不会太大。然后主触头离开分接头 1，负荷电流经分接头 2 从辅助触头输出［见图 2-42（c）］。由于主触头接通分接头 1 时，通过主触头的负荷电流不会超过额定电流，因此主触头从分接头 1 断开时电弧很容易熄灭，同时负荷电流也可以不间断。然后主触头接到分接头 2 上［见图 2-42（d）］，这时负荷电流基本上又从主触头输出，辅助触头内只通过很小的电流。所以，当辅助触头从分接头 2 断开时［见图 2-42（e）］，基本上不产生电弧，这就是有载调压开关的换接过程。换接到另外几个分接头的步骤和上述相同。由于分接头位置的改变，使变压器一次绕组匝数减少，因而二次绕组的电压就会相应地升高。

有载调压电力变压器的特点是：当电网在额定电压±7.5％的范围内波动时，可以在带负荷的条件下，自动或电动改变变压器高、低压侧绕组的匝数比，以保证稳定的输出电压，从而提高用电设备的工作效率和可靠性。

有载调压开关装在变压器的油箱上部或上部旁侧，也有的装在油箱下部。另外有载调压电力变压器不能并联运行，因为无法保证有载调压开关的同步切换。

4. SYXZZ2-10/6 型有载调压开关

SYXZZ2-10/6 型有载调压开关的型号含义是：S—三相；Y—有载；X—绕组中性点调压；Z—电阻式；Z—直接切换式；2—设计序号；10—额定电压（kV）；6—调压挡数。这种调压开关可用于具有中心点抽头的 10kV 三相变压器上，通常整套安装在变压器油箱中铁轭的上方，并浸在变压器油中工作。

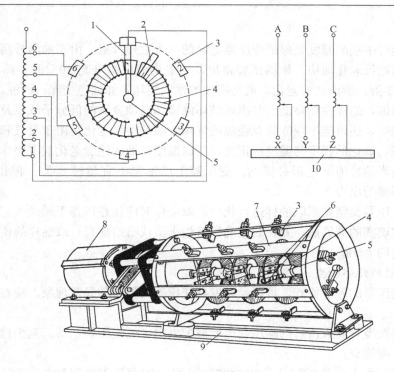

图 2-43　SYDZZ2-10/6 型有载调压开关结构图

1—主触头；2—辅助触头；3—定触头；4—过渡电阻；5—转轴；6—动触头；
7—环氧绝缘条形夹板；8—电动机；9—底座；10—金属转轴

图 2-43 是 SYXZZ2-10/6 型有载调压开关的结构。开关的动触头包括一个主触头和一个辅助触头。主触头与开关的转轴连接在一起并与过渡电阻一端固定连接。辅助触头则固定在过渡电阻的另一端。调压过程中换接分接头时，开关的转轴带动动触头和过渡电阻一同转动。

当电网电压高于或低于有载调压控制器的电压整定范围时，测量回路经 40s 左右的时延，使继电器触点闭合，启动电动机，使开关转轴顺转或反转来切换分接头，增减高压绕组的匝数来达到调压目的。

在运行中根据分接头换接的允许次数（约 500 次），应对调压开关的触头进行检修，若触头烧损严重，其厚度不足 7mm 时应更换触头。在操作 10000 次以后，必须进行大修。所以在运行中必须认真检查和记录有载调压开关的动作次数。此外，切换开关用油的耐压强度，不能低于规程规定标准，油的击穿电压不得小于 22kV，若低于标准应该换油。对于有载调压开关的传动部分应定期进行外部检查，操动机构所有转动部分要定期涂润滑油。

（四）变压器油的处理

变压器油在变压器中起绝缘、灭弧和冷却作用。变压器的绝缘部分，如绕组的相间、层间和匝间的绝缘浸泡在变压器油中，这样可大大提高变压器的绝缘性能。此外，由于变压器油在油箱内因温度差而自然形成对流循环，从而不断地排出热量，起到冷却作用。

变压器油的牌号，是以变压器油的凝固点命名的，如 10# 油凝固点为 −10℃、25# 油凝固点为 −25℃、45# 油凝固点为 −45℃。温度达到变压器油的凝固点时油就不再流动，处于静止状态，因此不利于散热。为此在选择变压器油时，要求所选油的凝固点应低于环境温度为好。

变压器在运行中油的温度是保证变压器绝缘的一个重要因素。由于油温升高，油的氧化速度增大，油的绝缘老化加快。根据试验得出，当平均温度每升高 10℃时，油的劣化速度就会增加 1.5～2 倍。所谓油的老化，就是指油的性质变坏，如油色变深、浑浊，油的黏度、酸度、灰分都增加，绝缘性能降低，并出现破坏绝缘和腐蚀金属的低分子酸以及出现影响变压器冷却的沉淀物，还可能出现酸味及烧焦的气味。油的绝缘老化是由于氧气和高温同时作用下氧化的结果，氧化的程度与温度成正比，所以温度对油的绝缘老化起主要作用，因此限制油的温度在适当的数值下是很必要的。变压器上层油温不宜超过 85℃，但也不宜太低，太低限制了变压器的出力。

运行中的变压器要定期采取油样进行化验，取油样时应注意选择干燥天气，装油样的容器最好用带毛玻璃塞的玻璃瓶，并在装好油样后用火漆或石蜡加封，取油样的位置应在变压器的底部，数量约为 1kg。

（五）变压器的外部检查

不停电对变压器的外部检查，可以及时发现变压器运行中的异常现象。检查周期一般可参考以下规定：

（1）对安装在经常有人值班的降压变电所或配电室内的变压器，每天至少检查一次，每星期应有一次夜间检查；

（2）对安装在无人值班的降压变电所和配电室内的变压器，容量在 3200kVA 及以上者，每 10 天至少检查一次，并应在每次投入运行前和停止运行后进行检查；

（3）安装在配电室内或户外台式变压器，容量为 320kVA 以下者，每两个月至少检查一次。

巡视检查变压器的外部应根据现场的具体情况（如尘土、结冰等）增加检查次数。在气候剧变（如突冷、突热）时，应对变压器的油面及时进行检查。当检查变压器油面时，要注意检查油枕内油面高度和油的颜色，如油色变深或油内出现碳质，说明油的质量下降。此外在检查冷却装置时，对自冷式变压器的所有散热器热度，当用手摸时，感觉应该是一样的。如果某一冷却器的热度比其余的热度低，这就说明该散热器中的油循环中断，这可能是因油门关闭或联管头堵塞所致。

对变压器的外部检查除了按以上项目检查外，还应定期检查以下几个项目。

（1）声音检查，应仔细倾听变压器运行声音有无变化。

（2）变压器油箱接地是否完好。

（3）油枕（储油柜）内有无水和脏物，如发现水和脏物可打开底部塞子放出。

（4）吸湿器内的干燥剂是否已吸潮至饱和状态。

（5）对放置在户内的变压器应检查通风状态是否良好。

（6）监视负荷变化和导线接头有无发热现象。

（7）检查瓷套管有无裂纹和放电打火现象。

（8）各部件有无渗漏油情况。

二、变压器的不正常运行

（一）不正常运行现象

如果变压器在运行中发现有任何不正常情况（如漏油、油枕油面高度不够、发热和音响不正常等），应采取一切措施将其消除，并将经过情形记入有关记录簿内。

当发现运行中的变压器有严重的不正常现象时，必须将其停运检修，否则不能消除异常现象，甚至还会威胁全供电线路的安全。因此，对一般供电网络应设有备用变压器，以免间断供电。这样当变压器有下列情况之一者，就可能立即停运检修，并换上备用变压器。

（1）变压器内部音响很大、很不均匀，并有爆裂声。

（2）在正常冷却条件下，变压器油的温升不正常，并不断上升。

（3）油枕喷油或安全气道（防爆筒）喷油。

（4）漏油致使油面降落低于油表上的限度。

（5）油色变化过甚，油内出现碳质等。

（6）套管有严重破损和放电现象。

产生强烈和不均匀的噪声，是由于铁芯夹紧螺杆因长时间受振动而松动，也可能是由于变压器端电压超过了允许值等所引起的。变压器内部火花声可能是绕组的引线对油箱闪络放电或是铁芯接地片断线，或是在铁芯和油箱之间产生火花等所引起的。

变压器在运行中铁芯和绕组的损耗转化为热量，引起各部位发热，使温度升高，热量向周围以辐射、传导方式等扩散出去。当发热与散热达到平衡状态时，变压器各部分的温度将趋于稳定。铁损耗是基本不变的，而铜损耗是随负荷变化的。若发现负荷和冷却条件都正常的情况下，但油温仍不断上升，这说明变压器内部有故障（应注意温度表有无误差或失灵），如铁芯过热或绕组匝间短路等。

油枕向外喷油或安全气道隔膜破裂，这表明变压器内部有严重损伤。

漏油使油面过低，易造成引线绝缘损坏，有时还可发现变压器内部有哑哑放电声。如果漏油使油面低于箱盖，且使变压器油箱盖下形成空气层，这就很危险了。

油骤然变色，说明油的质量急剧下降，这时容易在绕组和油箱间发生击穿。

套管上有很大裂纹和产生闪络放电现象，能引起套管的击穿，尤其是在发生闪络时，因为这时发热很激烈，套管表面发热不均，容易引起套管的炸裂。

（二）不允许的过负荷，不正常的油温和油面

当变压器在运行中过负荷时，应按规定调整变压器负荷。当变压器的油温升高超过允许限度时，应判明原因，并采取措施使油温降低，因此应进行以下工作。

（1）检查变压器的负荷和冷却介质温度，并与在这种负荷和冷却温度下应有的油温相核对。

（2）核对温度计。

（3）检查变压器的冷却装置或变压器室的通风情况。

（4）检查是否出现假油面，即油温的变化是正常的，而油标管内的油位不变化或变化异常。

如果温度升高的原因是由于冷却装置的故障并需要修理时，应立即将变压器停电修理。如果出现假油面，原因可能是油标管堵塞，呼吸管堵塞，防爆管通气孔堵塞等，应立即将变压器停电后处理。

当发现变压器的油面较当时油温应有的油面位置显著降低时，应立即补充加油；当发现变压器的油过多时，应立即放油，以免油温升高时，从油枕上面溢油。

（三）变压器的自动跳闸与灭火

1. 变压器的自动跳闸

变压器的油断路器自动跳闸时，如有备用变压器，应迅速将备用变压器投入运行，然后查明跳闸原因；如无备用变压器时，则应立即查明何种保护装置动作，变压器跳闸时有何外部现象（如外部短路、变压器过负荷及其他情况等）。如检查结果表明变压器跳闸不是由于内部故障引起的，而是由于过负荷、外部短路（低压母线短路或接地）或由于保护装置二次回路的故障等所造成的，则外部故障消除或断开故障部分后，该变压器就可重新投入运行。否则对变压器须进行内部检查，查明有无内部故障的象征并测量绕组的绝缘电阻，以便查明变压器的跳闸原因。

当台式变压器的跌落式熔断器自动跌落时，也要从外部和内部去查找原因。检查是否因熔丝规格小、安装不当、机械强度不够而熔断（一般只断一相）。这种原因多半无明显弧光痕迹，判明后可更换熔丝即恢复送电。当变压器是由于内部故障而熔断时，多为两相，遇此情况应查明原因。内部故障时，常引起从油箱的大盖接缝处或注油孔等处喷油，打开注油孔盖闻有无油烟味，这就能证明变压器是否已烧损，能否继续使用。如无明显的表征，也不能无根据地投入运行，应查明原因后再投入运行。

有时在负荷的远处短路或过负荷，因熔丝的熔断时间较长，即 1.5 倍额定电流时不熔断，加上一次、二次侧熔丝的配合原因，能引起一次、二次侧熔丝同时熔断，此时在跌落式熔断器的熔丝管上及瓷支柱上留有痕迹和熔丝的熔点。遇此情况，应用绝缘电阻表测量变压器一次、二次侧接线端子对地及一次、二次侧接线端子间的绝缘电阻和相间导通情况。无异常时，全部断开二次侧熔丝，更换一次侧熔丝并合闸，听变压器声音是否正常，测量二次侧电压是否正常、平衡。如无问题时，拉开跌落式熔断器，换好二次侧熔丝，再合闸送电。

除上述检查项目外，还应检查油面；检查高低压套管有无闪络和裂纹；检查各连接点是否紧固或锈蚀；用仪表检查变压器一次、二次绕组的电阻等项目。

2. 变压器的失火和灭火

变压器失火时，首先切断电源，如有备用变压器，可尽快将备用变压器投入运行。如变压器油溢出并在变压器的箱盖上着火，则应打开变压器下部的放油阀门放油，使油面低于失火处再进行灭火。

（四）Yyn0 连接变压器的不对称运行和中性线问题

1. 变压器的不对称运行

Yyn0 连接变压器不对称运行的原因主要有三点。

（1）由于三相负荷大小不等造成的不对称运行，这主要是因为变压器带有大功率的单相负荷，如照明、电焊机，电气机车以及炼钢炉等。

（2）三相组式变压器，当其中的一台变压器损坏，而用另一台参数不同（不同的短路阻抗或变比）的变压器来代替时，会造成电流和电压的不对称。

（3）由于低压侧一相断线造成变压器的不对称运行。

2. 中性线电流不应超过二次绕组额定电流的 25%

在电工基础中已经交代过，由于变压器不对称运行，在变压器中性线中有电流流通。这是因为，在变压器负荷电流中含有三相对称分量，即正序分量、负序分量和零序分量。由于正、负序分量各相间相位均差$120°$，在一次、二次侧 Y 连接中都能流通。三相零序电流分量，因其三相相位相同，只有在中性线中才能流通。如图 2-44 所示，二次侧中性线中要通过 $\dot{I}_{a0}+\dot{I}_{b0}+\dot{I}_{c0}=3\dot{I}_0$，而一次侧 Y 中不可能有零序电流。这样，就会在铁芯中产生零序磁通 $\dot{\Phi}_0$，零序磁通 $\dot{\Phi}_0$ 在变压器的一次、二次绕组中感应零序电动势，这个零序电动势$-\dot{E}_0$ 叠加在三相电压 $\dot{U}_{a1}$、$\dot{U}_{b1}$ 和 $\dot{U}_{c1}$ 上（见图 2-45）使三相电压 $\dot{U}_a$、$\dot{U}_b$ 和 $\dot{U}_c$ 变得严重不对称，中性点发生了严重的偏移现象，这时三个线电压仍保持对称（如图 2-45 中虚线所示）。负荷越不对称，造成的中性线电流越大，中性线电流太大将会过热，甚至烧断中性线造成事故，因此规程规定，中性线中电流不允许超过二次绕组额定电流的 25%，若超过这一数值，应将该台变压器停止运行，并立即调整负荷或查明其不对称运行的原因。

　　3. 在中性线上不允许装熔断器

　　因为当熔断器熔断后就形成中性线断线，没有中性线来过滤不平衡电流，则三相负荷电流的相量和等于零，负荷中性点必定产生严重的位移，如图 2-46 所示。为了简便起见，我们用照明负荷来进行分析。假设图 2-46 中每只灯泡的电阻为 R，应用求中性点位移的公式，算出中性点的位移量，并求出各相负荷上的电压降。设三相负荷的阻抗为

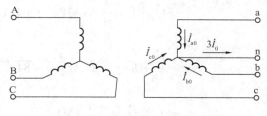

图 2-44　Yyn0 连接变压器的零序电流

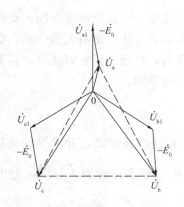

图 2-45　Yyn0 连接变压器
带不对称负荷时的相量图

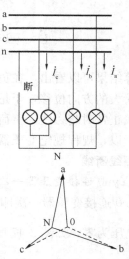

图 2-46　不对称负荷中性
线断线时中性点位移

$$Z_a = R \atop Z_b = R \atop Z_c = \dfrac{R}{2} \Bigg\} \tag{2-55}$$

所以导纳为 $Y_a = \dfrac{1}{R}$，$Y_b = \dfrac{1}{R}$，$Y_c = \dfrac{2}{R}$，$Y_0 = \dfrac{1}{\infty} = 0$。得中性点位移量为

$$\dot{U}_{N0} = \frac{\dot{U}_{a0}Y_a + \dot{U}_{b0}Y_b + \dot{U}_{c0}Y_c}{Y_a + Y_b + Y_c + Y_0} = \frac{\dot{U}_{a0}\frac{1}{R} + \dot{U}_{b0}\frac{1}{R} + \dot{U}_{c0}\frac{2}{R}}{\frac{1}{R} + \frac{1}{R} + \frac{2}{R} + 0}$$

$$= \frac{\dot{U}_{a0} + \dot{U}_{b0} + 2\dot{U}_{c0}}{4} = \frac{-\dot{U}_{c0} + 2\dot{U}_{c0}}{4} = \frac{\dot{U}_{c0}}{4} \qquad (2\text{-}56)$$

中性点位移后的三相负荷电压为

$$\dot{U}_{aN} = \dot{U}_{a0} - \dot{U}_{N0} = \dot{U}_{a0} - \frac{\dot{U}_{c0}}{4} = \dot{U}_{a0} - \frac{1}{4}\dot{U}_{a0}e^{j120°}$$

$$= \dot{U}_{a0}\left[1 - \frac{1}{4}(\cos120° + j\sin120°)\right] = \dot{U}_{a0}\left[1 - \frac{1}{4}\left(-\frac{1}{2} + j\frac{\sqrt{3}}{2}\right)\right]$$

$$= \frac{\dot{U}_{a0}}{8}(9 - j\sqrt{3}) = \frac{\dot{U}_{a0}}{8}\sqrt{84}e^{j\arctan\frac{-\sqrt{3}}{9}} = \frac{\sqrt{21}}{4}\dot{U}_{a0}e^{-j10°54'}$$

$$\approx 1.15\dot{U}_{a0}e^{-j10°54'}(\text{V})$$

同理
$$\dot{U}_{bN} = \dot{U}_{b0} - \dot{U}_{N0} \approx 1.15U_{b0}e^{j10°54'}(\text{V})$$

$$\dot{U}_{cN} = \dot{U}_{c0} - \dot{U}_{N0} = \dot{U}_{c0} - \frac{\dot{U}_{c0}}{4} \approx 0.75U_{c0}(\text{V})$$

由计算结果可以看出，在负荷不对称的三相照明电路中，一旦中性线断线，负荷中性点就向着负荷大的方向位移，于是使各相负荷的电压发生如下变化：负荷大的一相，负荷电压低，灯泡较正常时暗一些；负荷小的那相，负荷电压升高，灯泡比正常时要亮，甚至烧毁用电器具。所以，规程规定变压器的中性线是不允许装熔断器的。

三、相线断线

(一) Yyn0 连接变压器一次侧一相断线

当 Yyn0 连接变压器一次侧 C 相断线时，A、B 两相绕组成串联，并承受线电压 U_{AB} 的 $\frac{1}{2}$，C 相电压为零，如图 2-47 所示。此时一次侧的反电动势由正常的 $\dot{E}_{0A}$、$\dot{E}_{0B}$ 分别降低为 $\dot{E}_{XA}$、$\dot{E}_{YB}$，并各向前、向后位移了 30°，即方向相反 [见图 2-47 (b)]。而且

$$E_{XA} = E_{YB} = E_{0A}\cos30° = E_{0B}\cos30° = \frac{\sqrt{3}}{2}E_{ph1} \qquad (2\text{-}57)$$

式中 E_{ph1}——正常的一次侧相电动势。

我们知道，二次侧电动势是随着一次侧电动势的变化而变化的，所以与一次侧对应的二次侧电动势也分别向前、向后位移了 30°，即方向相反，其数值降低到 $\frac{\sqrt{3}}{2}$ 倍 [见图 2-47 (c)]，即

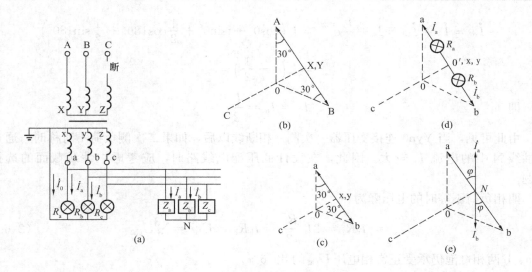

图 2-47　Yyn0 连接变压器一次侧一相断线在二次侧反应

(a) 接线示意图；(b) 一次侧相量图；(c) 二次侧相量图；(d) 00′连接情况；

(e) 负荷电流相量图

$$E_{xa} = E_{yb} = E_{0a}\cos30° = E_{0b}\cos30° = \frac{\sqrt{2}}{2}E_{ph2} \tag{2-58}$$

式中　E_{ph2}——正常的二次侧相电动势。

因此，无论是串接还是并接在 a、b 两相之间的负荷，其电压降等于 U_{ab}，且两相的负荷电压降 $U_{a0'}$ 和 $U_{b0'}$ 相等，即为线电压的一半。因为当 C 相断线时，变压器二次侧 a、b 两相间的线电压为 $\dot{U}_{ab} = \dot{I}_a R_a - \dot{I}_b R_b$。根据此式可从 a、b 两相所带负荷相等和不相等两种情况进行分析。

(1) 两相负荷相等时，由于 $Z_a = Z_b$，因而 $I_a = I_b$。故而由图 2-47 (e) 可见，$\dot{I}_a = -\dot{I}_b$ 或 $\dot{I}_a + \dot{I}_b = 0$，即中性线中无电流。

两相负荷相等时的电压降为

$$U_{a0'} = I_a R_a = I_b R_b = U_{b0'} = \frac{\sqrt{3}}{2}U_{ph2} \tag{2-59}$$

即 C 相灯泡不发光，a、b 两相承受正常相电压 U_{ph2} 的 86.6%。

(2) 两相负荷不等时，即 $R_a \neq R_b$，并设 $2R_a = R_b$，则

$$U_{a0'} = I_a R_a，I_a = \frac{U_{a0'}}{R_a} = \frac{\sqrt{3}}{2}\frac{U_{ph2}}{R_a}$$

$$U_{b0'} = I_b R_b，I_b = \frac{U_{b0'}}{R_b} = \frac{\sqrt{3}}{4}\frac{U_{ph2}}{R_a}$$

因此得 $I_a = 2I_b$ 或 $I_b = \frac{I_a}{2}$，则中性线 N 中的电流为

$$-\dot{I}_0 = \dot{I}_a + \dot{I}_b = I_a + \frac{I_a}{2}e^{j180°} = I_a\left(\cos0° + j\sin0° + \frac{1}{2}\cos180° + \frac{1}{2}\sin180°\right)$$

$$= I_a\left(1 - \frac{1}{2}\right) = \frac{I_a}{2}$$

即

$$I_0 = I_b = \frac{I_a}{2}$$

由此可见，当 Yyn0 连接变压器一次侧一相断线以后，如果二次侧负荷不对称时，通过中性线 N 中的电流 I_0 较大。因此，在设计低压配电线路时，应考虑中性线截面的选择问题。

两相负荷不等时的电压降为

$$U_{a0'} = I_aR_a = 2I_b\frac{R_b}{2} = I_bR_b = U_{b0'} = \frac{\sqrt{3}}{2}U_{ph2} \tag{2-60}$$

即 a、b 两相灯泡仍承受正常相电压 U_{ph2} 的 86.6%。

综上所述，当 Yyn0 连接的变压器一次侧一相断线后，断线相的灯泡不亮，非断线的两相灯泡比正常较暗。

（二）Yyn0 连接变压器二次侧一相断线

图 2-48 是 Yyn0 连接变压器二次侧一相断线的电流分布图，当 c 相断线后，该相阻抗为无限大，c 相电流 I_c 则为零，相应的电流表 A_c 的量值也为零［见图 2-48（a）］。当中性线的阻抗忽略不计时，其余两相电流则分别为

$$I_a = \frac{U_{a0}}{Z_a}, \quad I_b = \frac{U_{b0}}{Z_b}$$

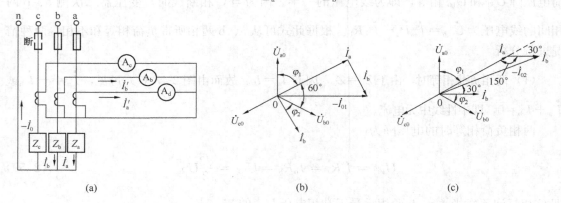

图 2-48　Yyn0 连接变压器二次侧一相断线后电流分布图
（a）接线图；（b）$\varphi_2 = 30°$ 的相量图；（c）$\varphi_2 = -30°$ 的相量图

所以与 c 相未断线时一样，非断线相的电流表 A_a、A_b 的量值 $I_{a'}$ 和 $I_{b'}$ 也与正常时一样。

然而，必须指出，如果非断线的两相负荷极端不对称（不但电流的量值不等，而且电流与电压的相角差也不等），那么通过中性线的电流 I_0 将随着两相电流的相角差的减小而增大。

例如，假设非断线两相的阻抗关系为

$$2Z_a = Z_b$$

并设 $Z_a = R_a + jX_a$，$\mathrm{tg}\varphi_1 = \dfrac{X_a}{R_a} = \sqrt{3}$，$\varphi_1 = \mathrm{arctg}\sqrt{3} = 60°$

$$Z_b = R_b + jX_b,\ \mathrm{tg}\varphi_2 = \dfrac{X_b}{R_b} = \dfrac{\sqrt{3}}{3},\ \varphi_2 = \mathrm{arctg}\dfrac{\sqrt{3}}{3} = 30°$$

也就是电流 $\dot{I}_a$ 落后于电压 $\dot{U}_{a0}$ 60°，电流 $\dot{I}_b$ 落后于电压 $\dot{U}_{b0}$ 30° [见图 2-48（b）]，$\dot{I}_a$ 与 $\dot{I}_b$ 的相角差为：$120° + 30° - 60° = 90°$。这时，通过中性线的电流为

$$-\dot{I}_{01} = \dot{I}_a + \dot{I}_b = \frac{\dot{U}_{a0}}{R_a + jX_a} + \frac{\dot{U}_{b0}}{R_b + jX_b}$$

$$= \frac{U_{a0}}{Z_a e^{j60°}} + \frac{U_{a0} e^{-j120°}}{Z_b e^{j30°}} = \frac{U_{a0} e^{-j60°}}{Z_a} + \frac{U_{b0} e^{-j30°}}{Z_b}$$

$$= \frac{U_{a0}}{Z_a}\left[\cos(-60°) - j\sin 60° + \frac{1}{2}\cos(-150°) - j\sin 150°\right]$$

$$= \dot{I}_a\left(\frac{1}{2} - j\frac{\sqrt{3}}{2} - \frac{\sqrt{3}}{4} - j\frac{1}{4}\right) = \frac{1}{4}\dot{I}_a(2 - j2\sqrt{3} - \sqrt{3} - j1)$$

所以

$$-I_{01} = \frac{1}{4}I_a\left[(2-\sqrt{3})^2 + (2\sqrt{3}+1)^2\right]^{\frac{1}{2}} = \frac{\sqrt{5}}{2}I_a$$

还可以这样计算，由于 $\dot{I}_a$、$\dot{I}_b$、$\dot{I}_{01}$ 构成直角三角形，所以通过中性线的电流为

$$-I_{01} = (I_a^2 + I_b^2)^{\frac{1}{2}} = \left[I_a^2 + \left(\frac{I_a}{2}\right)^2\right]^{\frac{1}{2}} = \frac{\sqrt{5}}{2}I_a$$

显然，第二种计算方法比第一种计算方法简单、适用。

若其他条件不变，只是设 $Z_b = R_b - jX_b$

则

$$\mathrm{tg}\varphi_2 = \frac{-X_b}{R_b} = -\frac{\sqrt{3}}{3}$$

所以

$$\varphi_2 = \arctan\frac{-\sqrt{3}}{3} = -30°$$

也即 $\dot{I}_b$ 超前于 $\dot{U}_{b0}$ 30° [图 2-48（c）]，这时通过中性线的电流为

$$-\dot{I}_{02} = \dot{I}_a + \dot{I}_b = \frac{\dot{U}_{a0}}{R_a + jX_a} + \frac{\dot{U}_{b0}}{R_b - jX_b}$$

$$= \frac{U_{a0}}{Z_a e^{j60°}} + \frac{U_{b0}}{Z_b e^{-j30°}} = \frac{U_{a0}}{Z_a}e^{-j60°} + \frac{U_{b0}}{Z_b}e^{j30°}$$

$$= \frac{U_{a0}}{Z_a}e^{-j60°} + \frac{U_{a0}}{2Z_a}e^{-j120°} \times e^{j30°} = \dot{I}_a\left(e^{-j60°} + \frac{1}{2}e^{-j90°}\right)$$

$$= \dot{I}\left[\cos(-60°) - j\sin 60° + \frac{1}{2}\cos(-90°) - j\frac{1}{2}\sin 90°\right]$$

$$= \dot{I}_a\left[\frac{1}{2} - j\frac{\sqrt{3}}{2} - j\frac{1}{2}\right] = \frac{1}{2}\dot{I}_a[1 - j(\sqrt{3}+1)]$$

所以
$$I_{02} = \frac{1}{2} I_{\mathrm{a}} [1^2 + (\sqrt{3}+1)^2]^{\frac{1}{2}} = \frac{1}{2} I_{\mathrm{a}} (1 + 3 + 2\sqrt{3} + 1)^{\frac{1}{2}}$$
$$= \frac{1}{2} I_{\mathrm{a}} (5 + 2\sqrt{3})^{\frac{1}{2}} = \frac{1}{2} \sqrt{5 + 2\sqrt{3}} I_{\mathrm{a}}$$

由此可知，通过中性线电流，后者比前者大。因此，在三相负荷的大小、性质变化较大的电路中，选择中性线截面时，必须考虑到当一相断线（或负荷未接入），其余两相电流相量和的最大值，不致使中性线过热。

四、变压器常见故障的判别

当变压器发生故障时，应设法查明故障的原因，并且找出对策，以防故障扩大和该类事故再度发生。

(一) 变压器常见故障的部位

1. 绕组

根据变压器的运行资料统计，最容易发生故障和事故率最高的部位是变压器的绕组，约为变压器故障的 60%～70%。故障的原因主要是绕组在绕制、加压干燥、套装直到成品试验各个工序中，由于导线材质缺陷、换位、弯折引出线、焊头处理不好，绕制、压装工艺控制不严，以及套装操作失当等工艺缺陷和运行中由雷击过电压造成的。故障的形式是绕组匝间短路（单线或多线绕组的某一根导线在邻近匝间形成了短路）和绕组对油箱短路（绝缘击穿），这类故障多发生在中小型配电变压器中。

(1) 匝间短路。配电变压器的匝间绝缘一般采用纸（纸包线）、漆（漆包线）、纱（纱包线）。对于高压连续式绕组，有时端部的一些线匝用加强绝缘的导线（这种导线所包纸的厚度比普通的厚一点）。所以，匝间短路可能是由于绕组制造或修理过程中存在的缺陷，以及在运行中绕组绝缘损坏而产生的。

匝间短路在绕组内产生循环电流，因而使附加损耗增加，温度升高，结果损伤导线绝缘，甚至使绝缘燃烧。此外，还可能由于匝间短路而使熔化的铜（铝）飞散伤及邻近的线匝或其他相绕组。匝间短路的现象是：变压器异常发热，有时带有特殊的油唑唑声，电源侧电流在某种程度上增高；变压器绕组的各相电阻不同，但差值很小，所以用绝缘电阻表是不能检查出匝间短路的。为了发现匝间短路的位置，有时可在绕组上加以 10%～20% 的额定电压，这时向外冒烟的地方，即为匝间短路的位置。

(2) 层间短路。同心式绕组相邻层间的绝缘，称为层间绝缘。层间绝缘一般是用各种厚度的电缆纸、软纸板组成。端匝有时用纸包住或用绝缘纸板作为端部绝缘，以加强端匝的绝缘和机械强度。在变压器运行中，特别是中小型变压器运行中，发生层间短路故障，所占比例也是比较大的。但这也是由于变压器运行年久、绝缘老化、层间绝缘的电气强度降低的缘故。因此，一旦遇有操作或大气过电压，系统就会出现短路故障或由于绕组间的振动和摩擦引起的层间短路故障。

层间短路的现象比匝间短路明显，用绝缘电阻表测量各相电阻，往往容易发现。

(3) 绕组对油箱击穿短路。变压器内各有关部件的空间距离（油隙）是构成主绝缘的主要部分，放在最里层的低压绕组与铁芯的绝缘通常采用电木筒；低压绕组和高压绕组之间通常放有一层或数层软纸筒并用撑条（油道）隔开；相间绝缘通常利用油隙的空间距离；油箱与绕组的绝缘又有绕组绝缘和引线绝缘，在配电变压器中主要是导线绝缘和油隙空间绝缘。

　　油箱击穿短路，一般是由于绝缘老化、变压器受潮、油面下降或大气过电压和操作过电压等原因产生的。这种击穿短路现象是非常明显的，例如油箱有破坏、变形或绝缘油有喷溅、安全气道薄膜有破碎等。

　　判别绕组故障应从以下几方面进行。

　　(1) 应了解故障形成以前，当时当地的气候和周围环境情况：①保护设备的动作记录等；②是否下过雪；③是否有雨水漏入油箱，④是否响过雷，雷电指示器是否有记录；⑤系统内是否有操作过电压或短路故障发生；⑥最近变压器的负荷记录中，是否有过负荷运行以及变压器油的温升情况。

　　(2) 了解故障变压器的历史资料。其中包括对故障变压器上次检修中的质量评价如何；是否带缺陷投入运行；绕组绝缘现况如何？

　　(3) 详细了解保护装置的动作情况。

　　总之，要判别变压器的故障点，首先应将其可疑之处做详细调查，并做好记录，然后进行测试分析。

　　据一般统计，大气过电压（雷击过电压）所造成的绕组损坏几率是很高的。对中性点直接接地的变压器，其损坏部位大部分是外部绕组，约在绕组长度的 $\frac{1}{5}$ 范围内；而中性点不接地的变压器，绕组两端和中部均有可能损坏。

　　2. 铁芯

　　变压器在运行中，由于铁芯中涡流、磁滞损耗而使铁芯发热，并逐渐损伤其叠片间的绝缘。硅钢片间绝缘不良的现象是：漆膜脱落，部分硅钢片裸露、变脆、起泡和因绝缘炭化而变色（常为黑色）。

　　硅钢片漆膜的局部损伤很难发觉。这种局部损伤的硅钢片发出高热，可能经过较长的时间，因而会逐渐伤及邻近的片间绝缘。有时甚至局部绝缘损坏而引起铁芯过热（"失火"）。因此，在变压器大修吊心检查时，发现铁芯硅钢片损伤，必须及时处理。以免当变压器投入运行时，增加新的涡流回路，使电流增加，引起局部发热，因而加快和扩大损伤的蔓延，有可能扩大使整个铁芯损毁。

　　此外，夹紧铁芯柱和铁轭的螺栓，在运行中由于绝缘老化，螺栓可能与硅钢片接触。这样会产生涡流使螺栓发热，影响附近的硅钢片，结果也可能引起铁芯中的严重事故。

　　在运行中，变压器常发出不断的均匀嗡嗡响声，这是因为：①铁芯硅钢片的"磁致伸缩"，这是由材料本身在激磁以后性质改变所形成的；②由于铁芯接合处存在缝隙，从而产生与磁通密度平方成正比的吸引力的影响；③油箱和散热器等共振的影响。

　　变压器的这些振动和响声是不可避免的，也是正常现象，因此对变压器的运行是没有影响的。

　　经过大修以后投入运行的变压器，如果产生不正常响声，可能的原因如下：

　　(1) 铁芯叠片的错误；

　　(2) 铁芯硅钢片在接缝处两边弯曲；

　　(3) 硅钢片的厚度不均匀；

　　(4) 铁芯中存在没有固定好的硅钢片；

　　(5) 铁芯中叠有弯曲的硅钢片。

　　由以上原因产生的不正常响声，其中（1）、（2）、（3）、（4）项可以采用厚纸板楔于铁芯空隙的方法纠正；第（5）项则必须拆除弯曲的叠片，否则是不可能恢复正常运行的。

　　除此之外，运行中不正常响声，尤其负荷变动时有"叮当"响声，这是由于内部各处零件松动所致，将铁芯等各部螺栓拧紧即可纠正。

　　一般来讲，变压器铁芯故障的几率甚少，不像绕组的故障那么多。但是，穿心螺栓碰接铁芯、螺栓松动、接地不良等也常有发生。

　　3. 套管

　　变压器套管的破损常发生在对油箱的击穿或相间闪络等处。

　　（1）套管对油箱的击穿，大部分是由于套管本身具有隐蔽的裂纹或在检修安装时操作不当等原因所产生的裂纹所致。当瓷套管出现裂纹时，会使其绝缘强度降低，这是因为瓷套管裂纹中充满空气，由于空气的介电系数小，致使裂纹中的电场强度增大到一定数值，空气就被游离，引起瓷套管的局部放电，这样使瓷套管的绝缘进一步损坏，以致造成对油箱的击穿。此外，也有套管内表面存在污物所引起的。这种情况一般是由于污物吸附水分，以致绝缘能力降低，这样不仅容易引起瓷套管表面放电，还可能使其泄漏电流增加，造成套管发热，降低绝缘造成对油箱击穿。另外也有由于油面下降，造成对油箱击穿的结果。

　　（2）套管相间发生闪络的情况较少。这是因为它们之间有足够的绝缘距离。此种事故的发生多为外部原因所致，如鸟类和小动物扑到套管上等所引起。

　　（3）套管漏油是一种常见的故障。发生漏油故障时，可重新更换密封垫或检查螺钉焊缝是否漏油。

　　（4）套管裂纹中进水结冰时，还会使套管胀裂。

　　4. 调压开关

　　无载和有载调压开关的损坏，大部分是由动触头和静触头的接触面的烧损所引起的。其原因是由于结构上的缺陷、接触压力不足（指开关动触头弹簧压力不足或滚轮压力不均），使有效接触面积减少，以及变换分接头时，接触位置不够准确和镀银层机械强度不够而严重磨损等原因。下面就变压器的无载和有载两种调压开关进行分析。

　　（1）无载调压开关的损坏，多发生于变压器的短路状态。这是由于过电流的热作用和过电流产生的电动力作用致使触头接触间产生电弧的结果。

　　（2）无载调压开关的接触不良，引线连接和焊接不良，经受不起短路电流的冲击而造成调压开关故障。

　　（3）由于三相引线相间距离不够，或者绝缘材料的电气绝缘强度低，在过电压情况下绝缘击穿，造成调压开关相间短路。

　　（4）在利用有载调压开关进行调压时，要求操动机构一经操作必须连续完成。倘若因机构不可靠而中断，触头中的滚轮被卡住，停留在过渡位置，将使过渡电阻烧损，继而发生开关损坏故障，甚至烧坏。

　　（5）有载调压开关由于密封不严，进水后造成相间闪络。

　　检查调压开关是否损坏的方法，可采用绝缘电阻表测量（如断线时）或测量各分接头之间的绕组电阻。

　　5. 油箱和散热器漏油

　　变压器在运行中产生油箱和散热器漏油是由于焊接质量不高所致。发现较严重漏油时，一般应将油箱内变压器油放出，吊出器身，再采用电弧焊或气焊进行补焊，消除焊缝缺陷。目前有些运行部门已采用不放油补焊的方法。

（二）吊心检查判别故障

在判别变压器故障时，应首先将其可疑之处进行检查分析，并作记录，然后进行试验判断。当已进行上面一系列工作之后仍不能断定其故障原因时，则需将变压器铁芯吊出，做进一步检查判别。

变压器故障形成的原因，有的较简单，但也有的是由几种缺陷共同形成的，所以对故障的判断，应该将所有不正常的资料汇集起来，详细推敲出主要原因和次要原因，不可只凭某个原因便武断作出错误的判断。

对一台故障变压器要进行外部和吊心检查两个过程，外部检查前面已讲述，这里主要讨论吊心检查。

1. 绕组的检查与故障判别

变压器器身吊出后，应首先检查绕组的损坏情况，再决定局部修理还是需要进行恢复性大修。若损坏处极轻微，则将损坏的绝缘加以修补包扎或加强即可。此时必须看清绝缘等级，对三级绝缘的绕组（见表 2-5）应尽可能少拆动，以免使没有故障部分的绝缘剥落或损伤。若绕组内部有损坏处，就必须将绕组逐只取出检修或进行恢复性大修。对绕组为一二级绝缘的变压器，可以进行解体检修，但一定要避免在解体过程中损伤绝缘。

表 2-5　　　　　　　　　　　变压器绕组的绝缘状态

级　别	绝　缘　状　态	说　明
一	绝缘弹性好，色泽新鲜均匀	绝缘良好
二	绝缘稍硬，但手按时无变形，且不裂、不脱落、色泽略暗	尚可使用
三	绝缘已发脆，色泽较暗，手按时有轻微裂纹，变形不太大	绝缘不可靠、应酌情更换绕组
四	绝缘已炭化发脆，手按时，脱落裂开	不能使用

对变压器绕组故障的判别，应根据其损坏的情况，给予不同的检查，不能仅通过绕组的外表判别，尤其是内绕组的故障，往往是通过外表看不到的。一般变压器的外绕组故障范围很小（仅是一个很小焦痕），但内绕组的损坏区域一般都很大。这种情况可以通过绕组直流电阻的试验方法来判别，有时还需要将外绕组和主绝缘取出检查其内绕组是否正常来判别。

有的故障变压器，如果由于故障损坏处不明显，则应依靠灯光或手电筒的光逐处照耀细看，即看绕组上是否存在枯焦发黑者或者沿表面放电的痕迹，以及是否存在绝缘剥落、铜线露出熔化的小点等。如找不到故障处，则需解体拆开或者将器身吊在油箱外面进行耐压试验检查，仔细观察冒烟或闪络部位，以便确定损坏地点。

绕组故障较严重的常有将绝缘材料烧成黑色焦炭样的块状物，其中有时混合铜末粒屑。在铁芯和绕组上还沉淀有一层油性炭渣，在炭渣上绝缘油呈强烈的刺激性焦味。通常在油中也有一定程度的浮悬炭渣。

为了区别故障是由于过负荷还是绕组绝缘局部弱点所造成，可以观察绕组的绝缘老化和变黑色的程度。即看是否全部绕组都普遍地呈现同样的黑颜色，还是局部的变色。假如是全部均匀变黑，而且绝缘的脆化程度都一样，则证明该绕组是过负荷已达到使用年限。若绕组只有部分颜色变黑和发脆，则说明变黑部分的绕组发生了故障。

当发现绕组有在铁轭轴向抬高或绕组的导线往径向突出，甚至断裂向四周散出现象时，则可断定故障是由于短路或其他原因扩大为短路所造成的。但究竟是由于系统短路时穿越性电流经过所形成，还是由于绕组本身层间、匝间短路造成的，这要由绝缘损坏情况，即导线在层间、匝间有无熔化现象，以及当时系统有无特殊情况来判定。

由于绕组是变压器的心脏部分，器身吊出后，应仔细检查并从绕组的变形情况、绝缘的完整性、导线上留有的痕迹及油中发出的异常焦味等几方面去判别，最后确定绕组的故障情况及应该采取的检修方式。

2. 铁芯的检查与故障判别

铁芯吊出后，首先应对铁芯的外露部分进行仔细观察，即看硅钢片有无熔化或部分凹凸现象。然后可用 1kV 摇表测量铁轭夹件对铁芯和穿心螺栓对铁芯的绝缘电阻是否良好。若发现它们有碰接处，则需将夹件或穿心螺栓拆下，检查碰接处有无熔化现象，并需要检查铁芯绕组上面以及油箱内有无铁珠存在。如发现上述几种情况的存在，则可断定铁芯已故障，需要进行检修。若不存在上述几种情况，但又确定铁芯发热使绝缘油分解，则可将绕组取下，检查其内部铁芯柱硅钢片的完整情况。

由于铁芯故障的形成，往往会使故障扩大，致使绕组发热而受到损坏。有时也会因绕组故障面使部分铁芯熔化，所以说绕组和铁芯的故障形成是相互影响的，在判别时要两方面都考虑。

3. 调压开关的检查与判别

调压开关是变压器中唯一可转动的部分，常因其接触不良而发生发热故障，因此应从下面几方面来检查与判别。

（1）静止与活动的接触面有无烧伤痕迹（烧毛）和接触不良的现象，接触处有无油泥积垢。

（2）调压开关的传动机构是否失灵，传动机构有无因为过分的松动而使箱盖上的指针尖端已指示在位置标志上，而这时触点尚未闭合。开关的三相接触是否同时合上，弹簧的松紧是否相同。

（3）开关的操作杆与箱盖的接缝处是否接合紧密，衬垫是否完整，对准操作杆的箱盖孔下面有无水渍存在。

（4）若是采用接线板式的分接头，则应检查接线螺栓桩头的松紧情况，各接线桩头间是否因油泥堆积而使桩头间产生短路或闪络痕迹。

（5）检查有载调压开关时，应将开关的心子部分吊出，来回转动，查看其接触限位的动作，检查过渡电阻的连接是否良好。

4. 引线的检查与判别

对引线的检查可注意下列几方面：

（1）引线有无因铜的质量不好，在多次弯曲后使铜线折断。尤其是小容量的变压器，其高压侧的引线截面很小更容易折断。另外还有一种情况是里面导线已断开，而外面包的绝缘仍然完好，检查起来很困难。

（2）引线有无烧熔、烧毛之疤点。一般烧毛之处是相对的，如引线对油箱、引线对支架以及各相引线之间。我们在检查判别时，一定要将相对的两处吻合起来察看。

（3）引线两端的连接处是否接触良好，如螺丝是否接触紧密，铜接头的焊接是否完整良好。

（4）套管内的铜梗有无断裂，有时因为梗内有砂眼的缘故，在搬运时受振动而断裂，所以不能疏忽。

5. 油箱的检查与判别

油箱的故障判别，可从以下几方面入手：

（1）变压器的油箱内部有了水分，由于水的比重比油大，容易下沉至油箱底部。若油箱底部有漏油处，在该处附近存在着小的水滴或水珠。

（2）要观察油箱与导体带电部分距离最近处，常指的是箱内凸出部分（如温度计插管处），这些位置可能由于闪络或击穿使油箱损坏。

（3）由于绕组和铁芯故障造成的局部熔化，在油箱内或冷却管的下面，常发现有很多铁珠或铜粒，所以在检查时，如有发现应立即清除，以免形成故障致使油箱损坏。

（4）冷却装置一定要畅通，否则会造成变压器的温度突然升高的情况。

第七节 互 感 器

变压器的种类很多，我们在上面着重讨论了双绕组油浸自冷式配电变压器。在实际运用中，还会遇到一些特殊用途的变压器，如干式变压器，调压变压器、仪用变压器和仪用变流器等。这些特殊的变压器虽然也是按照电磁感应原理制造的，但它们又有各自的应用特点，不同于油浸式电力变压器。本节主要介绍广泛应用在配电设备装置中的仪用变压器（电压互感器）和仪用变流器（电流互感器）。

（一）电压互感器

用测量仪表直接测量电力网的高电压时，必须用绝缘水平很高的仪表，并且操作人员触及这些仪表时，会有很大危险。因此，在测量高电压时，常借助于特制的变压器，将高电压变换为低电压，再去进行测量。这样不仅可以使高电压与低电压隔离，以保证测量人员和仪表的安全，而且可以扩大仪表的量程。这种用于变换电压的设备称为仪用变压器或电压互感器。

1. 电压互感器的型号表示式和分类

电压互感器的型号表示式和含义如下：

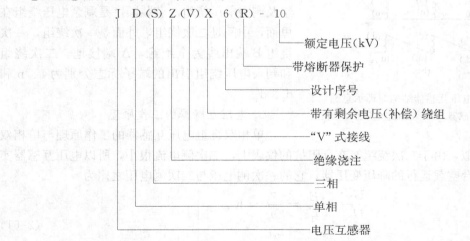

例如，JDZ9-35 型电压互感器，是环氧树脂浇注，单相，35kV 电压互感器〔见图 2-49

(a)]。JSZV1-3、6、10R 型为 3、6、10kV，三相，环氧树脂浇注，"V" 式接线电压互感器 [见图 2-49 (b)]。JDZX9-3、6、10R 型电压互感器，是单相、环氧树脂浇注、带剩余电压绕组、带熔断器保护的电压互感器 [见图 2-49 (c)]。

(a)

(b)

(c)

图 2-49　几种常用的电压互感器外形图

(a) JDZ9-35 型；(b) JSZV1-3、6、10R 型；(c) JDZX9-3、6、10R 型

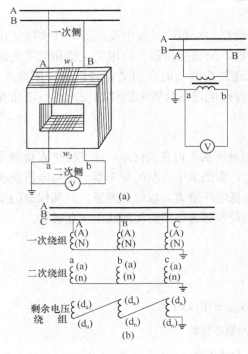

图 2-50　电压互感器结构原理示意图

(a) 单相电压互感器；(b) 三绕组电压互感器接线

电压互感器一般分为：单相或三相的；双绕组或三绕组（带有剩余电压绕组）的；也可分为油浸、环氧树脂浇注绝缘和干式的。

2. 电压互感器结构

单相电压互感器结构与普通单相双绕组变压器相似。一次、二次绕组是绕在一个闭合的铁芯上，如图 2-50 (a) 所示。它的特点是一次绕组的匝数 w_1 很多，并联在被测电源上；而二次绕组的匝数 w_2 很少，并接在高阻抗的测量仪表上。三相三绕组电压互感器的结构与三相油浸变压器相同，其特点与单相相同。

单相三绕组电压互感器，其铁芯由条形硅钢片叠成三柱心式，只在中柱上套有一次、二次绕组及剩余电压绕组。套装顺序是剩余电压绕组在里面，中间是二次绕组，外面是一次绕组，一次绕组 B 端出线为全绝缘，A 端接地。二次绕组和剩余电压绕组引出的端子标志分别为 a、n 和 d_a、d_n。

3. 电压互感器的工作原理

单相双绕组电压互感器的工作原理与单相双绕组变压器相似，由于二次绕组接在高阻抗的仪表上，二次侧电流很小，所以电压互感器实际上相当于一台空载运行的降压变压器。它的一次侧电压与二次侧电压之比为

$$\left.\begin{aligned} \frac{U_{N1}}{U_{N2}} &\approx \frac{E_1}{E_2} = \frac{w_1}{w_2} = K_N \\ U_{N1} &= U_{N2} \times \frac{w_1}{w_2} = K_N U_{N2} \end{aligned}\right\} \qquad (2\text{-}61)$$

式中　K_N——电压互感器额定电压比（或称变比）。

由式（2-61）可知，利用电压互感器，可以将被测线路的高电压变换成低电压。通过电压表测出，将电压表的读数 U_2 乘上电压比 K_N，就是被测线路的高电压 U_1 值。

电压互感器的二次侧额定电压一般均设计为 100V。由于电压互感器相当于普通双绕组变压器的空载运行，故其基本方程式、等值电路、相量图和普通变压器空载运行时一样。

在三绕组的电压互感器中［见图 2-50（b）］。其中二次绕组通常接成 yn 用来供给测量仪表和继电保护装置，它可提供线、相两种电压，而剩余电压绕组接成开口三角形（△）。因为在正常情况下，系统的三相电压的相量和为零，所以开口三角形两端（a_0、n_0）的电压约等于零。当一次侧系统内有一相接地时，开口三角形两端的电压等于两个正常相电压的相量和，所以剩余电压绕组的匝数选择，应考虑在极限情况下，使电压的相量和等于 100V。如果将电压继电器接到开口三角形的两端，则在系统正常运行情况下，电压继电器两端电压约为零。而当系统发生一相接地时，继电器两端出现 100V 左右的零序电压，使它动作，发出接地警报。因此，剩余电压绕组的作用，是用来构成接地监视。

单相电压互感器可用于单相或三相电路。用于三相电路时，可将两台电压互感器连接成 V 形，V 形连接时的三相容量 $S_V = \sqrt{3}S_1$。若考虑二次侧三相负荷的不对称，则容量的配备按 $S_V = S_1$ 比较合适。这种接线比较经济，可以用来测量三个线电压，可供三相电能表或接入继电器等用。

4. 电压互感器的误差和准确度

电压互感器由于空载电流和一次、二次绕组的漏电抗存在与影响，因此会产生变比误差（比差）和相角误差（角差）。变比误差是指二次侧电压的折算值 U'_2 与一次侧电压 U_1 的算术差的百分值，即

$$\Delta U\% = \frac{U'_2 - U_1}{U_1} \times 100\% = \frac{K_N U_2 - U_1}{U_1} \times 100\% \qquad (2-62)$$

相角误差是指二次侧电压相量 $\dot{U}_2$ 旋转 180°以后与一次侧电压相量间的夹角 δ 值。并且规定，二次侧电压相量超前于一次侧电压相量时，相角误差 δ 为正，反之为负，δ 的单位为分（′）。为了减少这两种误差，应设法减少空载电流和一次、二次绕组的漏抗。因此，电压互感器的铁芯大都用高级硅钢片叠成，并尽量减少磁路中的气隙，使磁路处于不饱和状态。在绕组绕制方面，也应尽量设法减少两绕组间的漏磁。

电压互感器的准确度等级（也就是铭牌上标志的"误差等级"）通常分为 0.5、1、3 三级，即指电压互感器变比误差的最大百分值。例如准确度等级为 0.5 级，则表示该台电压互感器的变比误差（在额定电压时）最大为 0.5%。

5. 电压互感器的额定值和性能要求

（1）额定一次侧电压规定为线电压；单相电压互感器应为电网线电压 $\frac{1}{\sqrt{3}}$ 倍。

（2）额定二次侧电压规定为 100V；供三相系统线与地之间用的单相电压互感器，其额定二次侧电压为 $100/\sqrt{3}$V。

配电网络中常用的电压互感器的额定电压组合和连接组标号如表 2-6 所示，绕组连接图和相量图如表 2-7 所示。

表 2-6 电压互感器的额定电压组合和连接组标号

电压互感器	额定电压组合			连接组标号
	额定一次电压(V)	额定二次电压(V)	零序电压绕组额定电压(V)	
单相双绕组	380,3000,6000,10000	100	—	II_0
三相双绕组	3000,6000,10000	100	—	Yyn0
三相三绕组	3000,6000,10000	100	$100/\sqrt{3}$(相电压)	Yyn0 (零序电压绕组接成开口三角形)

表 2-7 电压互感器绕组连接图和相量图

分类		单 相		三 相	
绕组连接图	一次绕组	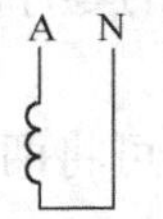	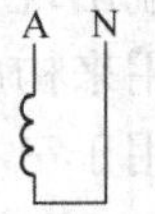	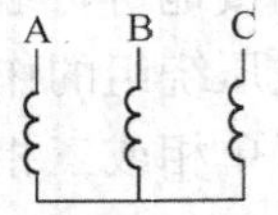	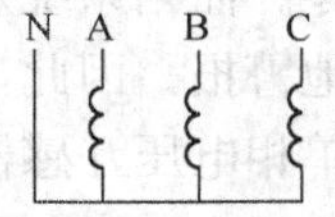
	二次绕组	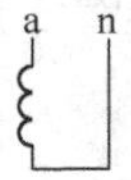	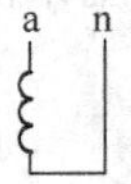	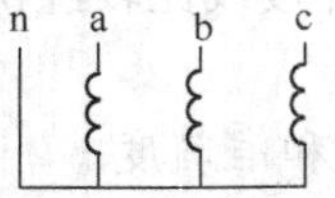	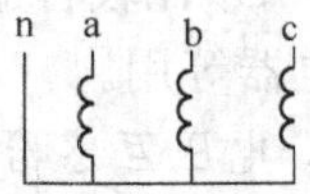
	剩余电压绕组	—	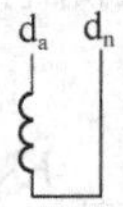	—	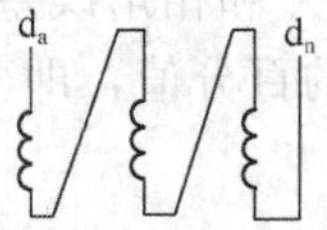
相量图	一次绕组			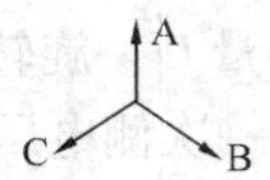	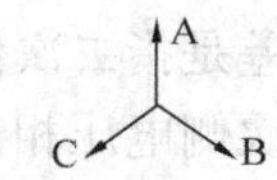
	二次绕组	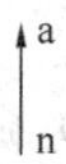	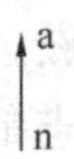	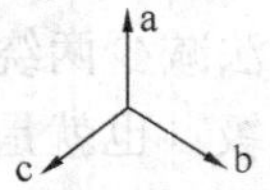	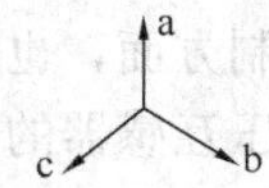
	剩余电压绕组	—	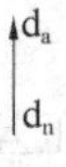		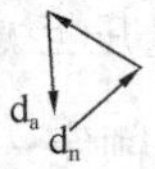
连接组标号		II_0	III_0	Yyn0	Yyn0 (剩余电压绕组接成开口三角形)

(3) 电压互感器在额定功率因数 $\cos\varphi = 0.8$（滞后）时额定容量有：①一次电压为

35kV 时，0.5 级为 150VA，1 级为 250VA，3 级为 500VA，剩余电压绕组为 100VA；②一次电压为 10kV 时，0.5 级为 50VA，1 级为 80VA，3 级为 200VA，剩余电压绕组为 40VA；③一次电压为 0.38kV 时 0.5 级为 15VA，1 级为 25VA，3 级为 60VA。

6. 电压互感器的二次绕组接地

电压互感器在使用时，二次绕组一定要接地。这是因为电压互感器的一次侧绕组接于高压系统，如果在运行中，电压互感器的一次、二次绕组之间的绝缘击穿时，二次绕组上可能出现高电压，这时除损坏二次侧所接设备外，还会威胁到电气运行人员的人身安全。另外，因二次侧回路绝缘水平低，若没有接地点也会打穿，使绝缘损坏更严重。

7. 电压互感器的二次绕组不能短路

由于二次绕组本身匝数较少，短路阻抗小，因而当出现很大短路电流时，二次绕组就会因严重发热而烧毁。所以，电压互感器的二次侧要装熔断器，主要用来当二次侧回路过负荷或发生短路时，保护电压互感器。一般选用该熔断器为 250V、3～5A 为宜。电压互感器的一次侧也要装熔断器，主要用来保护其内部故障及一次侧引出线故障。当电压互感器内部绕组发生故障或引出线故障时，它会迅速熔断不致造成系统停电事故，所以 35kV 及以下的电压互感器均应装一次侧熔断器保护，一般选用该熔断器为 0.5A 为宜。

（二）电流互感器

电流互感器是一种电流变换装置，它将高压系统中的电流和低压系统中的大电流变换成电压较低的小电流，供给仪表和继电保护装置，并将仪表和保护装置与高压电路隔开。它的结构与电压互感器类似，由铁芯和一次、二次绕组两个主要部分组成。所不同的是电流互感器的一次绕组的匝数 w_1 很少，一般只有一匝或几匝，二次绕组的匝数 w_2 很多，并使二次侧电流均为 5A，这使测量仪表和继电保护装置使用安全、方便，也使其在制造上可以标准化，简化了制造工艺并降低了成本。因此电流互感器在电力系统中得到了广泛应用。

1. 电流互感器的型号含义

电流互感器的型号含义如下：

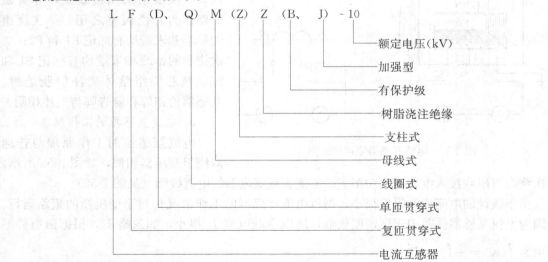

例如：LB6-35 型为 35kV 油纸绝缘带保护级全封闭式电流互感器；LFZB-10 型为 10kV 树脂浇注绝缘复匝贯穿式全封闭式电流互感器；LMZB-10 型为 10kV 树脂浇注绝缘全封闭

母线式电流互感器；LQB-0.38 型为 0.38kV 一次侧系多匝线圈式带保护级的电流互感器。几种常用的电流互感器外形如图 2-51 所示。

　　2. 电流互感器结构

　　(1) LFZB-10 型电流互感器 [见图 2-51 (a)] 的铁芯用优质导磁材料硅钢片叠成，二次绕组绕在塑料骨架上，采用户外环氧树脂浇注形成的支柱式结构，二次绕组设有保护级。端子标志为一次端子起端标为 P1，末端标为 P2。二次端子标志依次为 S1、S2 或 1S1、1S2；2S1、2S2 等。

　　(2) LMZB-10 型电流互感器 [见图 2-51 (b)] 是母线式、绝缘浇注、带保护级的电流互感器，结构代号可分为 A、B、C 三种，A 为两绕组、B 为三绕组、C 为四绕组。

　　(3) LMZ-0.5 型户内低压电流互感器 [见图 2-51 (c)] 是环氧树脂浇注的电流互感器，接地螺栓及铭牌均装在产品下部。

图 2-51　电流互感器外形

(a) LFZB-10 型；(b) LMZB-10 型；(c) LMZ-0.5 型

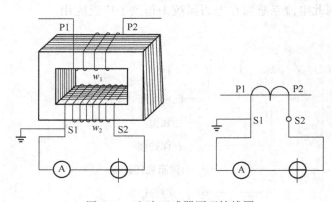

图 2-52　电流互感器原理接线图

LMZI-0.5 型电流互感器 [见图 2-51 (c)] 的铁芯是由环形硅钢片叠成，二次绕组采用绕线式，并有磁分路作为补偿误差之用。一次绕组的始端和末端均有标记 P1 和 P2；二次绕组的始端和末端均有标记 S1 和 S2。铁芯绕组整体浇注树脂绝缘。互感器的铭牌和警告牌与上述相同。

　　3. 电流互感器的工作原理

电流互感器的工作原理与普通双绕组变压器相似，如图 2-52 所示。二次绕组可串联接入电流表、功率表、电能表或继电器的电流线圈 (见图 2-52)。

　　由于表计的电流线圈阻抗很小，所以电流互感器的工作情况相当于变压器的短路运行。又因为电流互感器铁芯中磁通密度较低，所以空载电流 I_0 很小，如忽略 I_0，根据磁通势平衡关系 $\dot{I}_1 w_1 = -\dot{I}_2 w_2$ 得

$$\frac{I_1}{I_2} = \frac{w_2}{w_1} = K_N \quad 或 \quad I_1 = K_N I_2 \tag{2-63}$$

式中 K_N——电流互感器的额定电流比或称变比。

由式（2-63）可知，电流互感器是利用一次、二次绕组的不同匝数，可将电路中的大电流变成小电流供测量和继电保护之用。

电流互感器一次侧额定电流范围为 $5\sim4000A$，二次侧额定电流为 $5A$，一次侧也可以有许多抽头，因而可以选用不同的电流比。

4. 电流互感器的误差和准确度

电流互感器的误差分为电流误差（又称变比误差）和相角误差（又称为角误差）。电流误差是由于一次侧电流 I_1 与二次侧电流 I_2 折算到一次侧的电流 $K_N I_2$ 在数值上不相等而引起的电流误差 ΔI，即

$$\Delta I = \frac{K_N I_2 - I_1}{I_1} \times 100\% \qquad (2-64)$$

相角误差是由于一次侧电流相量 $\dot{I}_1$ 与转过 $180°$ 的二次侧电流相量 $-\dot{I}_2$ 在相位上不一致引起的相角误差 δ，用角度（$'$）表示。并规定 $-\dot{I}_2$ 超前 $\dot{I}_1$ 时 δ 为正，反之为负。

电流互感器的准确度等级（也就是铭牌上所标的误差等级），通常分为 0.2、0.5、1、3、10 五个等级，即指电流互感器电流误差的百分值。例如准确度等级为 0.5 级，则表示该电流互感器的电流误差为 $\pm0.5\%$，相角误差为 $\pm40'$。当一次侧电流低于额定电流时，电流互感器的电流误差及相角误差也随着增大。另外，电流互感器二次侧所接的负荷大小，也影响电流互感器的准确度等级。因此，电流互感器铭牌中规定的准确度等级均有相对的容量。二次侧所带负荷超出规定的容量时，其误差也将超过准确度等级的规定。因此，在选用电流互感器时，应特别注意二次侧负荷所消耗的功率不应超过电流互感器的额定容量。

5. 电流互感器的 10% 误差曲线

电流互感器的二次侧电流是随着一次侧电流的大小而变化的。当一次侧电流 I_1 较小时，二次侧电流 I_2 随着 I_1 按直线关系变化（见图 2-53 中的曲线 1），I_1 增加时，I_2 也随之增加。因为电流互感器的二次侧感应电动势 $E_2 = I_2(Z_2 + Z)$，其中 Z_2 为电流互感器二次绕组的阻抗，Z 为负荷阻抗。因此，I_2 的增大势必引起 E_2 的增加，同时也引起交变磁通 Φ 的增加，可见交变磁通 Φ 也是随着 I_1 而增减的。

当 I_1 和 Φ 增加到一定数值时，电流互感器的铁芯将达到饱和，一次侧电流 $\dot{I}_1 = \dot{I}'_2 + \dot{I}_0$ 中有相当数量的电流变为激磁电流。激磁电流的逐渐增加，铁芯的饱和使得 I_2 与 I_1 的关系变成非线性，如图 2-53 中的曲线 2。

当 I_1 增加到 I_{1B}（饱和电流值）时，电流互感器的电流误差 $\Delta I\% = 10\%$，此时电流互感器工作在磁化曲线 2 的弯曲点 A 上，与 A 点相应的 I_{1B} 称为电流互感器的饱和电流。

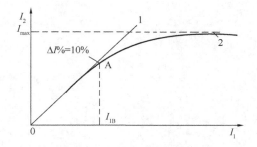

图 2-53 电流互感器一次、二次侧电流的关系曲线

若继续增加 I_1，电流互感器的电流误差 $\Delta I\%$ 就要大于 10%，总之引起电流误差的直接原因是激磁电流 I_0。正常运行时，用于测量和保护装置的电流互感器的激磁电流成分很小，可

以忽略不计。因此可以认为二次侧电流乘上变比就等于一次侧电流。但当系统发生短路故障时，一次侧电流很大，铁芯饱和，激磁电流所占成分很大，电流互感器的误差就要超过其标准准确度等级。一般继电保护装置正是在短路故障情况下需要正确动作的，它需要互感器正确反映一次侧电流的情况。为此，对供继电保护用的电流互感器就提出一个最大允许误差值的要求，这个要求是：允许电流误差不超过 10％，相角误差不超过 7°，只有在 10％的误差曲线以下时，才能保证角度误差小于 7°。所以选择继电保护装置用的电流互感器时，应考虑 10％误差曲线。

6. 电流互感器的二次侧不允许开路

使用电流互感器时，应特别注意在电流互感器接入或拆出线路时，绝不允许二次侧开路。这是因为，在运行中的电流互感器二次侧绕组开路后，一次侧电流仍然不变，而二次侧电流等于零，则二次侧电流产生的去磁磁通也消失了。这样，一次侧电流全部变成激磁电流，使电流互感器的铁芯骤然饱和，此时铁芯中的磁通密度可高达 1.8T 以上。由于铁芯的饱和电流，互感器的二次侧将产生数千伏的高压，对二次侧绝缘构成很大威胁，对电气设备和运行人员也有很大危险。另外，由于铁芯的骤然饱和，使铁芯损耗增加，严重发热，绝缘有烧坏的可能，同时在铁芯中产生剩磁，使电流互感器的电流误差和相角误差增大，影响计量的准确性。因此为了安全起见，电流互感器的二次绕组不允许开路，以及二次绕组的一端和铁芯必须可靠接地。

第 三 章

异 步 电 动 机

第一节 三相异步电动机

异步电动机是一种交流电机，它的转速是随负荷变化而变化的。

三相异步电动机在工农业生产中得到广泛应用。根据统计，在电网的总负荷中，异步电动机占总动力负荷的 85%，由此可见异步电动机在国民经济和人民生活中的重要性。例如在工业上，各种机床、中小型轧钢设备、起重运输机械、鼓风机和水泵设备等，均是异步电动机拖动的。在农业方面，它被用于排灌、脱粒、磨粉和其他农副业产品加工；此外，在人民的日常生活中，应用越来越多。因此，三相异步电动机将日益得到广泛的应用。

异步电动机之所以被广泛应用，是因为它比其他类型电动机具有结构简单、制造方便、坚固耐用、成本低廉、运行可靠和效率高等一系列优点。但是异步电动机的应用也有一定限制，这主要是因为：①它要从电网吸收滞后的电流，使电网的功率因数变坏，增大了线路中无功电流的传输，相应地增加了线路损耗。②调速性能差。这方面的缺点随着单绕组多速电动机的出现和采用可控硅无级调速，正在得到改善。

一、异步电动机的分类和结构

（一）异步电动机分类

（1）按定子的相数分为单相和三相两种。

（2）按转子结构分为鼠笼式和绕线式两种，鼠笼式转子又分为普通鼠笼、深槽鼠笼和双鼠笼三种。

（3）按机壳的不同防护方式分为开启式、防滴式、封闭式和防爆式四种。

（4）按容量大小分为小型（0.6~100kW）、中型（100~1000kW）、大型（1000kW 以上）三种。

（二）三相异步电动机结构

异步电动机由定子和转子两个基本部分组成，其固定部分称为定子，旋转部分称为转子。转子装在定子的圆筒形腔内（见图 3-1）。为了保证转子能自由转动，在定、转子之间必须有一定的间隙，称为空气隙。异步电动机的空气隙很小，一般为 0.2~2mm。此外，在定子两端还装有端盖。

图 3-1（a）是异步电动机外形图，图 3-1（b）是异步电动机的装配示意图。从图 3-1（b）中可以看到，定子 1 是由机座 2、定子铁芯 3 和定子绕组 4 三部分组成。机座主要是用于支承定子铁芯 3 和固定端盖 5。中、小型三相异步电动机机座一般多采用铸铁铸成，特别小的异步电动机机座也有用铝合金制成的，而大型三相异步电动机机座多用钢板焊接而成。为了搬运方便，在机座上面还装有吊环 6。转子是由转轴 7、转子铁芯 8 和转子绕组 9 三部分组成，整个转子靠轴承 10 和端盖支承着。为了散热，在转轴上还装有风翼 11，风翼外面套有防护罩 12。转轴一般用中碳钢制成，其作用是固定转子铁芯和传递功率。除此之外，在机座上还嵌有接线盒 13，以便取得电网电源。

下面详细讨论三相异步电动机定子、转子的结构。

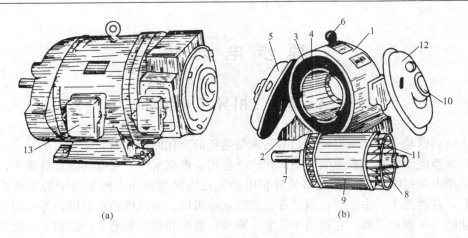

图 3-1　异步电动机结构示意图

(a) 外形图；(b) 装配示意图

1. 定子

异步电动机的定子，包括定子铁芯和定子绕组两部分。

（1）定子铁芯［见图 3-2（a）］是异步电动机磁路的一部分。用 0.5mm 厚的硅钢片［见图 3-2（b）］叠装压紧后而成。钢片表面有一层氧化膜（对大容量的异步电动机，硅钢片两面要涂以绝缘漆），作为片间绝缘，以减少涡流损耗。在定子铁芯内圆，均匀地冲有许多槽，用以嵌放定子绕组。

（2）定子绕组是异步电动机的电路部分。由带绝缘的铝导线或铜导线绕成许多线圈并相互连接而成。目前生产的小型电动机，一般采用高强度漆包圆铝（铜）线绕成软绕组。大中型电动机常用扁线绕成成型硬绕组，并对称地嵌入定子铁芯槽中。

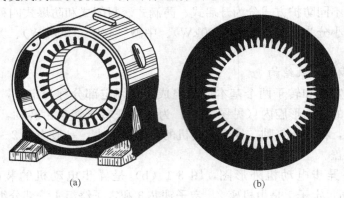

图 3-2　定子铁芯结构

(a) 定子铁芯结构；(b) 冲压成形的硅钢片

2. 转子

异步电动机的转子，包括转子铁芯、转子绕组和转轴三部分。

（1）转子铁芯是电动机磁路，通常用 0.5mm 厚的硅钢片叠成，转子铁芯的外圆也冲有许多槽，用以嵌放转子绕组。转子铁芯固定在转轴或转子支架上，整个转子铁芯成圆柱形（见图 3-3）。

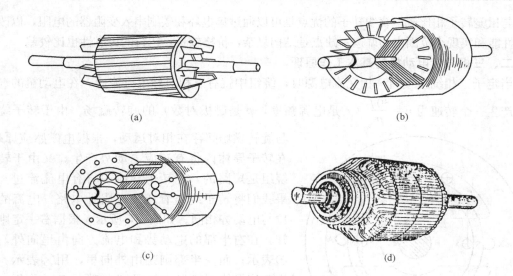

图 3-3　异步电动机转子结构图
(a) 普通鼠笼式；(b) 深槽鼠笼式；(c) 双鼠笼式；(d) 绕线式

(2) 转子绕组分为鼠笼式和绕线式两种，鼠笼式转子又分为深槽鼠笼式转子和双鼠笼式转子。

1) 鼠笼式转子的绕组〔见图 3-3 (a)〕是由插入每个转子铁芯槽中的裸导条和两端的环形端环连接成一体，如果去掉铁芯，整个绕组的外形就像一鼠笼，故称为鼠笼式转子。为了改善鼠笼式电动机的启动特性，采用深槽式鼠笼转子〔见图 3-3 (b)〕和双鼠笼转子〔见图 3-3 (c)〕。小型鼠笼电机一般采用铸铝转子，这种转子的导条、端环都是由溶化的铝液一次浇铸出来的。对于大中型电动机，由于铸铝质量不易保证，常用铜条插入转子槽中，再在铜条两端焊上端环。

2) 绕线式转子〔见图 3-3 (d)〕的铁芯槽内嵌有绝缘导线组成的三相绕组。绕组一般采用Y形连接〔见图 3-4 (a)〕，三根引出线分别接到转轴的三个集电环上〔见图 3-4 (b)〕。转子绕组回路可以通过集电环 1 和碳刷 2 接入变阻器 3，用以改善电动机的启动性能或调节电动机转速。有的电机还装有提刷短路装置 4，当电动机启动完毕而又不需要调速时，移动手柄，可将碳刷提起，使三个集电环彼此短接〔见图 3-4 (c)〕，这样可以减少碳刷磨损和电动机的摩擦损耗。

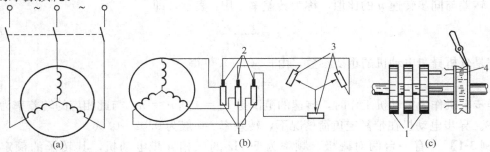

图 3-4　绕线式异步电动机提刷装置示意图
(a) 接线示意图；(b) 接入变阻器；(c) 提刷短路装置

　　与鼠笼转子相比较，绕线转子的优点是可以通过集电环和碳刷串入变阻器的电阻，以改善启动性能和实现小范围内的调速；缺点是结构复杂，价格较贵，运行的可靠性也比较差。

二、三相异步电动机的基本工作原理

　　当定子三相绕组接通三相交流电源时，绕组中就有三相对称电流流通，在电动机的气隙内将产生一个转速为 $n=\dfrac{60f}{p}$（f 是电源频率，p 是磁极对数）的旋转磁场。由于转子绕组

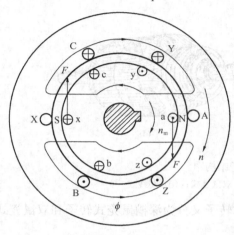

图 3-5　异步电动机的工作原理

与旋转磁场间存在相对运动，根据电磁感应原理，在转子导体内将有感应电动势产生。又由于转子绕组是短路的，在转子导体中将有电流流过。如果我们将转子绕组看成纯电阻性电路，电流的相位与电动势相同。如图 3-5 所示，根据右手定则可知，在右半部的电动势和电流方向由里向外，用 ⊙ 表示；而左半部则是由外向里，用 ⊗ 表示。因为载流导体在磁场中要受到电磁力 F 的作用，力 F 的方向可用左手定则确定。这个力作用于转子的导体上，产生电磁转矩的方向和旋转磁场的方向一致，当电磁转矩大到足以克服转轴上的阻力矩时，转子就沿着旋转磁场的方向旋转起来。此时电动机从电源吸取电能，并通过电磁作用转变为输出的机械能。

　　在电工基础里曾经讨论过，旋转磁场的转向取决于电源的相序，所以只要任意对调两根电源线，就可以使电动机反转。

　　只有异步电动机的转速 n_m 小于旋转磁场的转速 n 时，两者才存在相对运动。因此，转子绕组导体中才能感应出电动势和电流，从而才能产生转矩，使转子沿 n 的方向旋转。而当 $n_m=n$ 时，旋转磁场与转子导体相对静止，它们之间的电磁感应作用就不会发生，即不能感应出电动势和电流，在转子转轴上也不会有转矩作用。因此，异步电动机的转子转速 n_m 必须低于旋转磁场的同步转速 n。正是由于这个缘故，这种电机被称为异步电动机或感应电动机。

　　旋转磁场的同步转速 n 与转子转速 n_m 之差，称为转差，它是异步电动机工作时的必要条件。转差与同步转速 n 的比值，称为转差率，用 s 表示，即

$$s=\frac{n-n_m}{n} \tag{3-1}$$

转差率是分析异步电动机的重要参数，由式（3-1）可得

$$n_m=n(1-s) \tag{3-2}$$

　　异步电机作为电动机工作时，转速的范围是 $n_m=0$ 到 $n_m=n$；与此相应的转差率为 $s=1$ 到 $s\approx 0$。异步电动机在带额定负荷情况下，转差率 s 一般为 $0.02\sim 0.06$。

　　【例 3-1】　有一台两对磁极、频率为 50Hz 的三相异步电动机，其转子的额定转速 $n_{Nm}=1455r/min$，试求该电动机的额定转差率 s_N。

　　解　已知 $p=2$，可求得旋转磁场的同步转速为

$$n = \frac{60f}{p} = \frac{60 \times 50}{2} = 1500(\text{r/min})$$

故额定转差率为

$$s_{\text{N}} = \frac{n - n_{\text{m}}}{n} = \frac{1500 - 1455}{1500} = 0.03$$

三、异步电动机的型号和额定值

（一）异步电动机型号

异步电动机的型号及其含义表示如下：

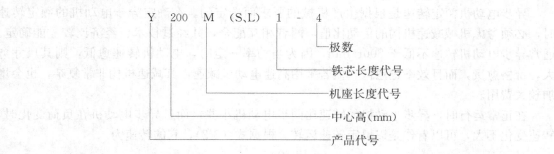

产品代号：Y 型和 YR 型是一般通用的三相异步电动机系列，Y 代表鼠笼式转子，YR 代表绕线式转子。定子绕组为△接法，采用 B 级绝缘，它们有不同的规格，功率范围从 1.5～110kW。额定电压有两级，低压为 380V，高压为 6000V。

电动机外壳防护等级的代号由字母 IP 及附加在后面的两位数字组成，第一位数字表示外壳对人和壳内部件的防护等级；第二位数字表示由于外壳进水而引起有害影响的防护等级。

YW 代表户外型三相异步电动机；YF 代表防腐蚀型三相异步电动机；YD 代表变极多速三相异步电动机；YCT 代表电磁调速三相异步电动机。

（二）异步电动机的额定值

根据国家标准规定，异步电动机的额定值为：

（1）额定功率 P_{N}。它是指电动机在制造厂所规定的额定运行方式下运行时，转轴上输出的机械功率，单位是 W 或 kW。

（2）定子额定电压 U_{N}。它是指电动机在额定状态下运行时应加的线电压，单位为 V 或 kV。

（3）定子额定电流 I_{N}。它是指电动机在额定电压下运行输出额定功率时，流入定子绕组的线电流，单位是 A。

（4）额定频率 f_{N}。我国规定的工业频率为 50Hz。

（5）额定转速 n_{N}。它是指电动机在额定状态下运行时转子每分钟转数，单位为 r/min。

四、三相异步电动机选用

1. 三相异步电动机电压的选用

三相异步电动机的电压根据电动机的容量来选择。对于大容量电动机采用 6、10kV 电压直接供电为宜；对于小容量电动机，一般采用 380V 供电电压。

三相异步电动机的额定电压和容量范围见表 3-1。

表 3-1　　　　　　　　　　　　三相异步电动机额定电压和容量范围

额定电压（V）	容量范围（kW）	
	鼠笼式	绕线式
380	0.37～320	0.6～320
3000	90～2500	75～3200
6000	200～5000	200～5000

2. 三相异步电动机转速的选用

异步电动机额定转速是根据生产机械的要求而选定的。在确定异步电动机的额定转速时，必须考虑机械减速机构的传动比值，两者相互配合，并经过技术、经济比较才能确定。通常异步电动机转速不低于 500r/min，因为当功率一定时，电动机转速愈低，则其尺寸愈大，价格愈贵，而且效率也愈低；但若采用高速电动机减速，其减速机构非常复杂，也会增加较大费用。

在正常运行时，异步电动机的转速比同步电动机小些，而且异步电动机在负荷变化时，转速变化不大，可以看作是以恒定转速运转。根据式（3-2），它的转速为

$$n_{\mathrm{m}} = \frac{60f}{p}(1-s) \tag{3-3}$$

式中　f——电网电源频率；

　　　p——电动机的磁极对数。

电源频率一般为 50Hz，所以改变异步电动机的磁极对数，就可以改变其转速。但这种转速改变是不均匀的，如表 3-2 所示。

表 3-2　　　　　　　　　　不同磁极对数时电动机的转速

磁极对数 p	1	2	3	4	5
电动机转速 n_{m}（r/min）	2940	1470	984	735	588

注　表中电动机的转差率为 0.02。

3. 三相异步电动机类型选用

选用异步电动机的类型，必须适应机械负荷的特性平稳或冲击程度、运行状态、调速范围和启动、制动的频繁程度以及安装地点等要求。在具体选用异步电动机类型时，可参见表 3-3。

表 3-3　　　　　　　　　　常用异步电动机性能及应用范围

型号	名　称	容量范围（kW）	转速范围（r/min）	电压（V）	结构形式及性能	应用范围
Y	防滴鼠笼式异步电动机	7.5～125	580～2950	380	能防止水滴和其他杂物从垂直方向落入电动机内部	一般用在启动性能上无特殊要求的电力传动机械上
	封闭自扇冷却鼠笼式异步电动机	0.6～100	580～2950	380	能防止灰尘、铁屑或其他杂物侵入电动机内部	与上相同，此外还能用于灰尘多，水土飞溅的场所，如农业、矿山机械等

续表

型号	名　称	容量范围 （kW）	转速范围 （r/min）	电压 （V）	结构形式及性能	应 用 范 围
YR	高压绕线式异步电动机	10～100 2.8～13	700～1450	380/220	防滴式结构	适用于小范围调速的设备上，或配电容量不足，采用鼠笼式电动机启动条件不适当时可用
YCT	电磁调速异步电动机	0.6～100	580～2960	380/220	是交流恒转矩调速电动机	用于纺织、印染、化工、造纸和船舶等要求调速的机械

五、三相异步电动机的启动

（一）三相异步电动机启动的理论分析

当定子绕组刚接通电源的瞬间，此时电动机转速 $n_m=0$，所以 $s=1$。随着电动机转子转速的逐渐升高，转差率 s 逐渐减小，最后运转在某一稳定转速下，这一过程称为电动机的启动过程。在生产实践中，异步电动机要经常开、停，因此电动机的启动性能对生产有着直接影响。这里分析的启动性能，主要是指启动电流 I_{st} 和启动转矩 M_{st} 两方面的问题。

1. 启动电流 I_{st}

在刚接通电源的瞬间，转子还是静止不动的，即 $n_m=0$。上面已经讲过，在转子不动时，旋转磁场对静止的转子有着很大的相对转速（$n_2=n-n_m$），这时转子绕组中感应出的电动势很大，此时转子中感应电流的频率为

$$f_2 = \frac{pn_2}{60} = \frac{p(n-n_m)}{60} \tag{3-4}$$

将式（3-4）中的分子、分母同乘以 n，得到

$$f_2 = \frac{pn}{60} \cdot \frac{n-n_m}{n} = sf_1 \tag{3-5}$$

感应电动势的有效值为

$$E_2 = 4.44K_2f_2w_2\Phi \tag{3-6}$$

式中　K_2——转子绕组系数，$K_2<1$。

将式（3-5）代入式（3-6）得到

$$E_2 = 4.44K_2f_1sw_2\Phi \tag{3-7}$$

从式（3-7）可以看出，转子电动势 E_2 是随电动机转差率而变化的。在电动机刚刚启动瞬间，即 $n=0$，$s=1$ 时，转子绕组感应电动势是

$$E_{20} = 4.44K_2f_1w_2\Phi \tag{3-8}$$

将式（3-8）代入式（3-7）即得

$$E_2 = sE_{20} \tag{3-9}$$

从式（3-9）可知，当电动机转子转动时，转子绕组中的感应电动势 E_2 等于转子不动时的电动势 E_{20} 乘以转差率 s。例如电动机的额定转差率 $s=0.05$，那么从式（3-9）可知，刚接通电源时的转子电动势为

$$E_{20} = \frac{E_2}{s} = \frac{E_2}{0.05} = 20E_2$$

即电动机刚启动时的转子电动势 E_{20} 大致为额定转速时转子电动势的 20 倍，因此这时转子电流 I_{2st} 也很大

$$I_{2st} = \frac{E_{20}}{\sqrt{R_2^2 + X_{20}^2}} \qquad\qquad (3\text{-}10)$$

式中　R_2——转子每相绕组的电阻；

　　　X_{20}——电动机启动时，转子绕组的感抗。

当然，I_{2st} 一般达不到转子额定电流的 20 倍，这是因为电动机刚启动时，转子电流频率 $f_2 = f_1$（因为 $s=1$）较高，所以转子绕组的感抗也达到最大值 X_{20}。

由于转子电流增加时，定子电流也相应地增加，启动电流 I_{1st} 与额定电流 I_{1N} 的比值 $\frac{I_{1st}}{I_{1N}}$ $=4\sim7$。这样大的启动电流会给电动机带来两方面的危害：一方面由于启动电流在电动机中产生损耗，使电动机本身发热，这对于启动频繁的电动机（如吊车用电动机）和机组转动惯量较大、启动时间较长的电动机，危害就会更严重，结果将加速绝缘老化，缩短电动机寿命；另一方面，这么大的启动电流会在配电线路上造成较大的电压损失，使该线路上负荷的端电压在短时间内降低，特别是在电源容量较小时，电压降低得更加厉害，甚至会影响接在此配电线路上的其他电动机转矩减小（因为电动机的转矩与电源电压的平方成正比），甚至会停机。

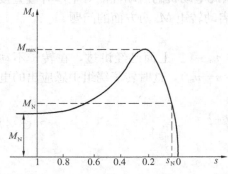

图 3-6　异步电动机的转矩特性曲线

2. 启动转矩 M_{st}

图 3-6 所示为异步电动机转矩特性曲线 $M_m = f(s)$。我们可以利用 $M_m = K_m \Phi I_2 \cos\varphi_2$ 的关系，说明异步电动机转矩特性的变化规律。

在电动机刚合上电源启动的瞬间（$n_m=0$，$s=1$），电动机的启动转矩并不大，这是因为启动电流 I_{st} 虽然很大，但由于 $f_2 = f_1$，使 $X_{20} \gg R$，$\cos\varphi_2$ 很小的缘故。电动机启动后，转速逐渐升高，转差率由 $s=1$ 逐渐减小，I_2 也随着逐渐减小，$\cos\varphi_2$ 逐渐增大，但是 I_2 减小得比较慢，所以转矩 M_d 逐渐上升。当转速继续升高使 $s=s_j$ 时（s_j 为最大转矩时的转差率），转矩达到最大值 M_{max}。以后转速再升高，s 再逐渐减小，因为 $\cos\varphi_2$ 的增加不如 I_2 减小得快，所以转矩 M_m 不再增高反而减小，而且减小得很快。在 $s=0$ 时，虽然 $\cos\varphi_2 \approx 1$，可是转子电流等于零，所以转矩也等于零。

由图 3-6 可知，启动转矩 M_{st} 与额定转矩 M_N 之比，通常为 $\frac{M_{st}}{M_N}=0.95\sim2.0$。由于启动转矩并不大，电动机有可能不能直接带负荷启动，或者使启动时间拖得很长。

在实际应用时，从电动机启动的安全和经济出发，对电动机的启动要求是：①启动电流尽可能小；②启动转矩尽可能大；③启动所需设备简单、经济和操作方便等。因此，为了限制启动电流，并得到适当的启动转矩，对不同容量、不同类型的异步电动机应采用不同的启动方法。

（二）三相异步电动机的启动方法

异步电动机的启动方法一般有：①鼠笼式电动机在额定电压下直接（全压）启动；②鼠

笼式电动机降压启动；③绕线式异步电动机在转子回路中串联启动变阻器启动。下面对各种启动方法分别加以叙述。

1. 鼠笼式异步电动机在额定电压下直接启动

随着供电网络容量的不断增长，目前容许在电网上直接启动的鼠笼式异步电动机的容量可达数百千瓦。如图 3-7 所示，直接启动也就是将电动机直接经开关 KM、熔断器 FU 接在供电网上。有时在直接启动时，为了防止接在线路中的熔断器在启动瞬间有熔断的可能，启动时可用控制器将熔断器暂时退出。这种启动方法是最简单、最经济和最可靠的启动方式，但具有较大的启动电流。

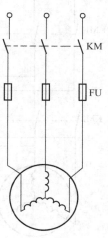

图 3-7　异步电动机的直接启动

异步电动机是否能采用直接启动的方法，主要是看电网容量的大小和启动时应满足的下列条件。

（1）直接启动时的电网电压降应满足以下几种情况：

1）对于经常启动的电动机，电动机启动引起的电网电压降应不大于 10%，对于不经常启动的电动机应不大于 15%。

2）在保证生产机械启动转矩而不影响其他用电设备运行时，电动机引起的电网电压降可允许 20%。

3）由单独变压器供电的电动机，电动机启动引起的电压降的允许值由生产机械所要求的启动转矩来决定。

（2）电动机的启动转矩 M_{st} 应大于传动机械的负荷转矩 M_{L}。

（3）直接启动时的电网容量应满足以下两种情况。

1）由专用变压器供电，电动机不频繁启动，电动机容量不大于供电容量的 30% 时，允许直接启动。

2）由专用变压器供电，电动机频繁启动，电动机容量不大于供电变压器容量的 20% 时，允许直接启动。

通常为了保证电动机启动时不引起太大的网络电压降，电动机应满足下面经验公式的要求，即

$$\frac{I_{\mathrm{st}}}{I_{\mathrm{N}}} \leqslant \frac{3}{4} + \frac{S}{4S_{\mathrm{m}}} \tag{3-11}$$

式中　S——电网容量；

　　　S_{m}——电动机容量。

若考虑 $\dfrac{I_{\mathrm{st}}}{I_{\mathrm{N}}} = 4 \sim 7$，则电源容量（一般指供电变压器容量）应为电动机容量的 13～25 倍。

随着电网容量的不断增加，电动机的直接启动得到了愈来愈广泛的应用。

2. 鼠笼式电动机的降压启动

如果由于电网的容量有限，不允许直接启动时，为了限制电动机的启动电流，可采用降低电动机端电压启动的方法。与此同时，电动机的启动转矩也随端电压的降低而减小得更多（因为转矩与电压平方成正比）。对于要求较大启动转矩的负荷，这种方法就不适用。而对启动转矩要求不大的负荷，这种方法是适用的。所以说降压启动多用于鼠笼式电动机的空载或

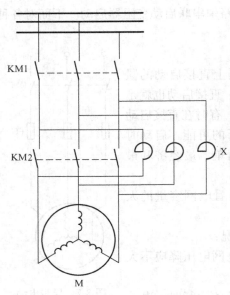

图 3-8　异步电动机串联电抗（电阻）启动

轻载启动。常用的降压启动方法有以下几种。

（1）在定子绕组电路中串联电阻或电抗启动。电动机启动时，在定子绕组电路中串入电阻或电抗，待启动后切除，如图 3-8 所示。启动时，先合上开关 KM1，这时定子绕组经电抗器降压后接入网络。当电动机达到稳定转速后，再合上开关 KM2，电动机就会在全压下运行。电阻或电抗还可采用分段切除，以便使启动过程中加于电动机上的端电压更平滑些。

（2）丫-△形换接启动。这种启动方法只适用于正常运行时定子绕组接成△形，且三相绕组始末端均同时引出的电动机。采用星—三角形启动器的接线如图 3-9 所示。启动时，先合上开关 KM1，再把换接开关 KM2 投向"启动"位置，此时定子绕组接成丫形，加在定子每相绕组上的电压为 U_{N1} 的 $\frac{1}{\sqrt{3}}$ 倍；

当电动机的转速升到额定转速时，再将开关 KM2 投向"运行"位置，此时定子绕组换接成△形，每相绕组承受的电压是额定电压 U_{N1}，启动过程结束，电动机正常运行。

当定子绕组接成丫形启动时，每相绕组所加电压为 $\frac{U_{N1}}{\sqrt{3}}$，设电动机启动时每相阻抗为 Z_{stph}，则启动时定子绕组的线电流（等于相电流）为

$$I_{stl(Y)} = \frac{U_{N1}}{\sqrt{3}Z_{stph}} \tag{3-12}$$

如用△形接法直接启动时，每相绕组所加电压为 U_{N1}，此时线电流为

$$I_{stl(\triangle)} = \sqrt{3}\frac{U_{N1}}{Z_{stph}} \tag{3-13}$$

两种接法启动电流的比值为

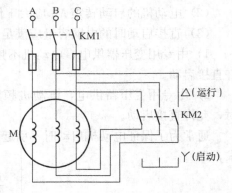

图 3-9　异步电动机丫-△形换接启动

$$\frac{I_{stl(Y)}}{I_{stl(\triangle)}} = \frac{U_{N1}/\sqrt{3}Z_{stph}}{\sqrt{3}U_{N1}/Z_{stph}} = \frac{1}{3} \tag{3-14}$$

由此可见，丫形接法时由电网供给的启动电流仅为△形接法时的 $\frac{1}{3}$。但是由于启动转矩 M_{st} 正比于 U_{N1}^2，所以丫形启动时的启动转矩也减小到原来转矩的 $\frac{1}{3}$（不考虑参数变化）。丫-△形换接启动所用的设备比较简单，但由于启动转矩减少很多，故只适用于轻载或空载启动的场合。由于这种启动方法只适用于定子绕组接成△形的异步电动机，所以对 Y 系列容量在 4kW 以上的电动机，通常将其定子绕组设计成△形接法，以便采用丫-△形启动器降压频繁启动。

（3）采用自耦减压启动器启动。这种启动方法是用一台自耦减压启动器来降低加在电动

机定子绕组上的端电压，其接线如图 3-10 所示。启动时，先合上开关 KM1，再将开关 KM2 投向"启动"位置，若自耦变压器的变比为 K_a，这时输入线电压 U_{1l} 经过自耦减压后，加在电动机定子绕组的线电压为 $\frac{U_{1l}}{K_a}$。此时电动机的启动电流 I_{st} 便与电压成正比的减小。待电动机的转速升到近于额定转速时，再将 KM2 迅速投向"运行"位置，自耦减压启动器从电网切除，电动机全压正常运行。

若在额定电压下直接启动时的启动电流为 I_{Nst}，则通过自耦减压器降压后的启动电流

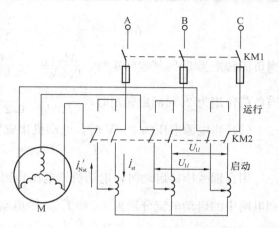

图 3-10 异步电动机采用自耦减压启动器启动

$I'_{Nst} = \frac{1}{K_a} I_{Nst}$，$I'_{Nst}$ 是接在自耦减压器的二次侧电流，因此电网供给的启动电流 I_{st}（即自耦减压器一次侧的电流）应比 I'_{Nst} 小 K_a 倍，于是

$$I_{st} = \frac{1}{K_a} I'_{Nst} = \frac{1}{K_a^2} I_{Nst} \tag{3-15}$$

由于电网所供给的启动电流 I_{st} 减小到 $\frac{1}{K_a^2}$ 倍，而电动机端电压减小为 $\frac{1}{K_a} U_{1l}$，因此启动转矩 M_{st} 也与电压平方成正比地减小，即启动转矩也减小到直接启动时的 $\frac{1}{K_a^2}$。

采用自耦减压启动器启动异步电动机，启动转矩比采用 Y-△ 形启动器启动为大，但自耦减压启动器的价格高，而且不允许频繁启动。

【例 3-2】 有一台 Y 系列鼠笼式电动机，额定功率 $P_N = 40\text{kW}$，额定电压 $U_N = 380/220\text{V}$，额定电流 $I_N = 75/130\text{A}$，$I_{st}/I_N = 7$，额定转矩 $M_N = 262.6\text{kg} \cdot \text{m}$，启动转矩 $M_{st} = 187\text{kg} \cdot \text{m}$。试问：

(1) 如果负荷转矩为 $166.6\text{kg} \cdot \text{m}$，问在 $U_1 = U_N$ 和 $U_1 = 0.9U_N$ 两种情况下电动机能否启动？

(2) 当电源电压为 220V 时，用 Y-△ 换接启动，试求启动电流和启动转矩。如果负荷转矩为额定转矩的 50% 和 20% 时，电动机能否启动？

(3) 当电源电压为 380V 时，如用自耦减压器启动，设启动时电动机端电压降到电源电压的 64%，试求启动转矩和电网启动电流为多少？

解 (1) 在 $U_1 = U_N$ 时，$M_{st} = 187\text{kg} \cdot \text{m} > 166.6\text{kg} \cdot \text{m}$，所以能启动。当 $U_1 = 0.9U_N$ 时，$M_{st} = (0.9)^2 \times 187 = 151.5(\text{kg} \cdot \text{m}) < 166.6\text{kg} \cdot \text{m}$，所以不能启动。

(2) 当电源电压为 220V 并接成△形直接启动时，启动电流为

$$I_{stl(\triangle)} = 7I_N = 7 \times 130 = 910(\text{A})$$

接成 Y 形启动时的启动电流为

$$I_{stl(Y)} = \frac{1}{3} I_{stl(\triangle)} = \frac{1}{3} \times 910 = 303.3(\text{A})$$

接成 Y 形时的启动转矩为

$$M_{st(Y)} = \frac{1}{3}M_{st(\triangle)} = \frac{1}{3} \times 187 = 62.3(kg \cdot m)$$

当负荷转矩为 50% 额定转矩时，$\dfrac{M_{st(Y)}}{0.5M_N} = \dfrac{62.3}{0.5 \times 262.6} = \dfrac{62.3}{131.3} < 1$，不能启动。

当负荷转矩为 20% 额定转矩时，$\dfrac{M_{st(Y)}}{0.2M_N} = \dfrac{62.3}{0.2 \times 262.6} = \dfrac{62.3}{52.5} > 1$，可以启动。

（3）当电源电压为 380V 时，电动机接成星形运行。直接启动时的启动电流为

$$I_{st} = 7I_{N(Y)} = 7 \times 75 = 525(A)$$

用自耦减压器启动时，电动机端电压降到电源电压的 64%$\left(\text{即 } K_a = \dfrac{1}{64\%}\right)$，所求电动机和电网中的启动电流分别为 I'_{st} 和 I''_{st}，则电动机中启动电流为

$$I'_{st} = \frac{1}{K_a}I_{st} = 0.64 \times 525 = 336(A)$$

电网中启动电流为

$$I''_{st} = \frac{1}{K_a^2}I_{st} = 0.64^2 \times 525 = 215(A)$$

如果设所求启动转矩为 M'_Q，则

$$M'_{st} = \frac{1}{K_a^2}M_{st} = 0.64^2 \times 187 = 76.6(kg \cdot m)$$

以上所介绍的鼠笼式三相异步电动机降压启动的几种方法，均是使启动电流和启动转矩同时减少。所以选用鼠笼式电动机的机械，通常是要求在空载或轻载下启动（如机床等），启动完毕后，再加上机械负荷。

各种鼠笼式电动机启动方式的比较，如表 3-4 所示。按电源情况，允许直接启动的鼠笼式电动机的容量，如表 3-5 所示。

表 3-4　　　　　　　　　　　　**电动机启动方式比较**

启动方式	全压启动	三相电阻降压启动	电抗器降压启动 降压百分数			自耦变压器启动 降压百分数			星—三角形换接降压启动
			50	45	37.5	73	64	55	
$\dfrac{启动电压}{额定电压}$	1	0.8	0.50	0.45	0.375	0.73	0.64	0.55	0.58
$\dfrac{启动转矩}{全压启动转矩}$	1	0.64	0.25	0.20	0.14	0.53	0.41	0.30	0.33
$\dfrac{启动电流}{全压启动电流}$	1	0.8	0.50	0.45	0.375	0.57	0.45	0.36	0.33
适用范围	高压、低压电动机	低压电动机	高压电动机			高压、低压电动机			绕组额定电压380V具有6个出线头的电动机，如Y系列
特　点	启动方法简便，启动电流和启动电压降较大，价廉，可带负荷启动	启动电流较大，启动力矩较小，启动过程中电阻电能消耗较大	启动电流小，启动力矩较大，价格高，加速转矩小			启动电流较小，启动力矩较大，价格高，加速转矩小			启动电流小，启动力矩小，价廉。启动时Y接线，运行时△接线，不带负荷启动
选用启动设备型号		PY-11Y				QJ3 及 GTZ-5301～GTZ-5304			QXD 系列

表 3-5	不同电源容量情况下，鼠笼式电动机直接启动的容量
电　源	允许直接启动的鼠笼式电动机最大功率（kW）
小容量发电厂、变电所	每 1kVA 发电机、变压器容量，允许直接启动的电动机功率为 0.1～0.12kW。经常启动时，电动机容量不大于变压器容量的 20%，偶尔启动时，不大于变压器容量的 30%
高压线路	不超过电动机连接线路上短路容量的 3%
变压器电动机组	电动机容量不大于变压器容量的 80%

3. 绕线式异步电动机启动

绕线式异步电动机启动时，转子回路中串入启动电阻，不仅限制了启动电流，而且提高了转子的功率因数 $\cos\varphi_2$，可以使启动转矩增大。试验表明，异步电动机转子串入的启动电阻值的大小和电动机的漏抗相等时，启动转矩最大。

采用这种启动方法，不仅能改善异步电动机的启动性能，而且还可在小范围内进行调速，如图 3-11 所示。在同一负荷转矩 M_{fz} 下，转子电路的电阻从 r_2 增加到 r''_2 时，电动机的转速也从 n_d 下降到 n''_d。所以绕线式电动机的转速，可以借改变串接在转子电路中变阻器的电阻来调节。因此这种异步电动机在启动较困难的机械（如卷扬机、起重吊车等）中得到广泛地应用。它的缺点是在结构上比鼠笼式电动机复杂，造价高，效率也稍低。同时在启动过程中，当逐段减小启动电阻时，转矩突然增大，会在传动机械上产生冲击。此外，当电动机容量较大时，转子电流很大，启动设备也很庞大，操作和维护均不方便。

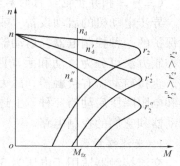

图 3-11　绕线式电动机
机械特性曲线

近来对绕线式电动机的启动，还采用了在转子电路中串接频敏变阻器的方法。频敏变阻器实际上是一个特殊的三相铁芯电抗器（见图 3-12），它有三个柱式铁芯 1，每个柱上有绕组 2，三相绕组一般接成星形。

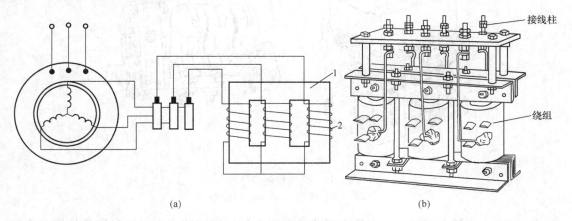

（a）　　　　　　　　　　　　　（b）

图 3-12　串接频敏电阻器启动

（a）接线图；（b）频敏电阻器结构

1—铁芯；2—绕组

频敏变阻器的铁芯是由厚钢板焊成的，所以当绕组接到交流电源上时，交变磁通就会在铁芯中产生很大的铁损，特别是涡流损耗很大。钢板越厚，交变磁通频率愈高，磁通愈大，则涡流损耗愈大，铁损也愈大。

由于涡流损耗是与频率平方成正比。当电机刚启动时，转子的电流频率较高（$f_2 = f_1$），频敏变阻器铁芯的涡流及其铁损较大，所以限制了电动机的启动电流，并增加了启动转矩。电动机启动以后，随着转子转速的逐步上升，转子电流的频率（$f_2 = sf_1$）便逐渐降低，于是频敏变阻器铁芯中的涡流损耗和铁损耗也随之减小，这完全符合绕线式电动机的要求。启动结束后，应将转子绕组短接。

如上所述，采用转子绕组串接频敏变阻器启动，可避免逐段切除启动电阻后所引起的转矩冲击，整个启动过程是均匀的。频敏变阻器是一种静止的无触点变阻器，其结构简单，材料和加工要求低，使用寿命长，维护方便。

（三）三相异步电动机的启动设备

异步电动机的启动设备（或称启动器）是供电动机启动和停止用的电器，而且是具有过载保护的一种控制电器。启动器按电动机启动方式可分为直接启动器和减压启动器两大类；按控制方法可分为自动和手动两种；按操作方法可分为手操作、气操作和电磁操作三种方法。直接启动器有接触器、磁力启动器两种；降压启动器有 Y-△形启动器、自耦减压启动器和电阻降压启动器三种。上述各类启动器中以磁力启动器应用最普遍。下面分别讨论各种启动器和它们的控制电路。

1. 交流接触器

交流接触器适用于电压为 500V 以下的交流电动机或其他操作频繁的电路中，作为远距离操作和自动控制用。

图 3-13 所示为 CJ10-40 型和 CJ12-250 型交流接触器外形图。接触器的用途很广，可用于控制电动机、电热装置及照明线路等。图 3-14 是利用交流接触器来控制鼠笼式电动机直接启动的控制电路图。

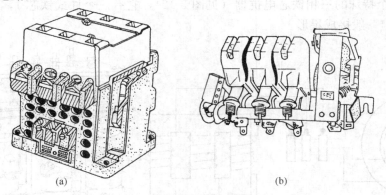

(a)   (b)

图 3-13 交流接触器外形图

(a) CJ10-40 型；(b) CJ12-250 型

图 3-14 中有两个回路：一个是主回路，另一个是控制回路。由于接触器的线圈具有较大的阻抗，因此通过控制电路的电流较小，一般是在 1A 以下。

在启动电动机以前先合上主路的开关 KM，然后按下启动按钮 QA，接通控制回路，接触器线圈 KM 通电后，其主触头 KM 闭合，接通主电路，电动机开始运转。与此同时，与启动按钮 QA 并联的常开辅助触点 KM 也闭合，这样当手松开按钮 QA 以后，虽然 QA 被断开，但线圈 KM 并未断电，从而保证主触头 KM 处在闭合状态，使电动机继续运行。辅助触点所起的上述作用，称为"自保持"。要停机时，可按下停止按钮 TA，使控制回路断电，接触器的主触头和辅助触点都打开，电动机即断电停转。

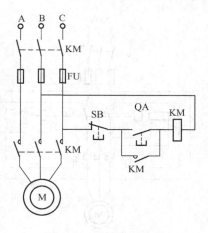

图 3-14 用接触器控制电动机的控制回路

交流接触器的型式、种类较多，使用时需要针对不同的负荷性质，选择适当的接触器。交流接触器的选择应考虑以下几点。

（1）根据被控制设备的运行状况来选择。被控制设备的运行状况可分为：持续运行、间断持续运行和反复短时工作三种。

对于持续运行的用电设备，交流接触器的额定容量应大于被控设备长时间运行的最大负载电流值。

对于间断持续运行的用电设备，选用交流接触器的容量时，使最大负荷电流为接触器额定容量的80％为宜。

反复短时工作的用电设备，选用交流接触器容量时，可以使接触器的短时负荷能力超过它额定值的16％～20％。

（2）选用交流接触器还应考虑它的安装环境。当进行开启式安装时，可允许适当超过上述规定的容量值。若将它安装于开关柜内，通风条件较差时，不允许超过上述规定的容量值。

交流接触器常用型号有：CJ10 系列有 5、10、20、40、60、100A 和 150A；CJ12 系列有 100、150、250、400A 和 630A。新产品 CJX1 系列有 9、12、16、22、30、37A 和 45A；CJX2 系列有 9、12、16A 和 25A 等。

2. 磁力启动器

三相交流接触器加装热继电器后便成为磁力启动器，也称低压电磁开关。图 3-15 为 QC8 系列的磁力启动器外形图，它主要用于远距离控制三相异步电动机的启动、停止、正反向运转，并兼作电动机的欠压和过载保护。磁力启动器不能保护短路，因此它必须和熔断器串联。磁力启动器通常使用按钮进行操纵。

图 3-16 为磁力启动器的控制电路接线图。启动器的吸持线圈 1 由交流电源供电。利用启动按钮 QA 和停止按钮 TA 操作启动器。当合上开关 KM，按下启动按钮 QA 时，线圈 1 的电路接通（因为热继电器 4 和 4′与触头 5 和 5′平常是闭合的，其工作原理见第五章图 5-78），吸引衔铁 2，使主触头 3 和辅助触头 3 闭合，接通主电路，并将启动按钮 QA 短接，实现"自保持"作用。

要使电动机停止转动时，可按下停止按钮 TA，吸持线圈失电，

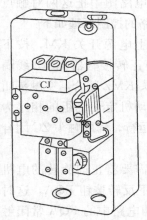

图 3-15 QC8 系列磁力启动器外形图

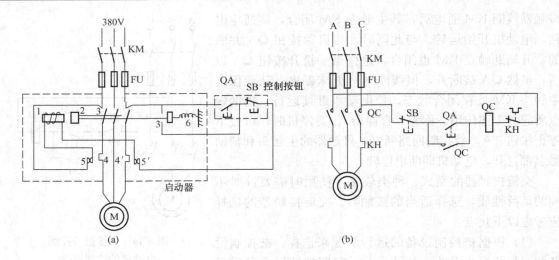

图 3-16　磁力启动器控制电路接线图

(a) 原理接线图；(b) 展开图

启动器的可动部分便在本身重力及跳闸弹簧 6 的作用下，使触头断开。

当线路电压由于某种原因降低到额定电压的 85% 以下时，电动机的转矩显著降低，影响电动机的正常运转，严重的会引起电动机的"堵转"现象，以致损坏电动机。如出现上述欠电压时，接触器的铁芯线圈所产生的电磁吸力减小，磁力启动器能自动切断主电路，起到欠压保护的作用。

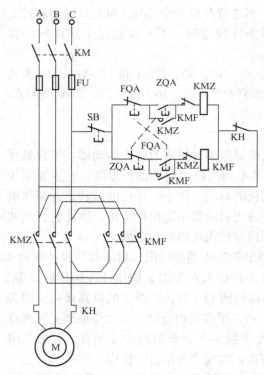

图 3-17　QC10 型可逆磁力启动器控制电路图

图 3-17 为 QC10 型可逆磁力启动器正、反转控制电路。它由两台交流接触器和一个热继电器组成。图中 KMZ 为正转接触器，KMF 为反转接触器。ZQA 为正转启动按钮，FQA 为反转启动按钮。它们都是复合按钮（有动合、动断触点）。同一个复合按钮的两对触点通常接在不同的回路中，在控制电路图中把这两对触点用虚线连接起来。该电路的控制原理如下：

（1）正转控制。合上电源开关 KM，按下正转控制按钮 ZQA，使正转接触器 KMZ 线圈通电，主触头和辅助触头 KMZ 闭合，主触头闭合接通主电路，接入电动机定子绕组的相序为 A—B—C，电动机正常运行，辅助触头 ZC 闭合后，实现了自保持作用。

（2）反转控制。当需要将正向旋转的电机改为反向旋转时，可按下反转按钮 FQA，这时串接在接触器 KMZ 线圈电路中的 FQA 常闭触点断开，使接触器 KMZ 线圈断电，打开它的主触头和辅助触头，电动机即脱离电源。KMZ 断电后，串在 KMF 线圈电路中常闭触点 KMZ 闭合，接通了反转接触器 KMF 的线圈电路，KMF 动作，使接入电动机定子绕组的电源相序改接为 C—B—A，实现了反向旋转。常闭触点 KMZ 和 KMF 分别串在正、反转回路中，实现了正、反转互锁，防止了正、反转接触器同时接通而造成主电路的短路。

（3）停止电动机。无论电动机是在正向或反向运转情况下，只要按下停止按钮 TA，即可使 KMZ 或 KMF 线圈断电，达到使电动机停转的目的。

3. 星—三角形启动器

这种启动器如图 3-18 和图 3-19 所示，是利用凸轮控制，在启动时将启动器手柄搬向启动位置，此时将电动机三相绕组通过触点 1、3、4、6、7 接通成星形，当电动机转速接近额定转速时，将启动器手柄搬向运行位置，使触点 1、2、4、5、6、8 接通，绕组的接法恢复到三角形，使电动机正常运行。

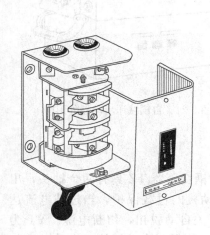

图 3-18　QX1 系列星—三角形
启动器外形图

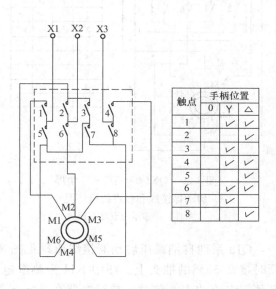

触点	手柄位置		
	0	Y	△
1		✓	✓
2			✓
3		✓	
4		✓	✓
5			✓
6		✓	✓
7		✓	
8			✓

图 3-19　QX1-13 型星—三角形
启动器接线和触点换接情况
（注：✓表示触点接通）

我国生产的手动星—三角形启动器为 QX1 系列，可控制电动机的最大容量等级为 13kW（QX1-13 型）和 30kW（QX1-30 型）两种。这两种启动器均属手动空气式的。启动器的外形如图 3-18 所示。它是一种典型的小型凸轮开关，由 4 个完全相同的触点系统叠装而成，借不同外缘形状的凸轮抵动动触点，完成线路的分合动作。其接线和触点换接情况分别如图 3-19 和图 3-20 所示。

4. 自耦减压启动器

这种启动器是利用自耦变压器将电源电压降低到 65％和 80％，以减少电动机的启动电流。因为自耦减压启动器启动时的启动电流为直接启动时的 $\frac{1}{K_a^2}$ 倍。这种启动器的优点是降低电压的档数多，并能较均匀地调节启动电流和转矩，缺点是结构复杂。

常用的自耦减压启动器 QJ2 系列（有三个抽头），可以将二次侧电压调至额定电压的 73%、64%和 55%。QJ3 系列自耦减压启动器的外形如图 3-21 所示。它有两个抽头，分别是额定电压的 80%和 65%。这种减压器有连锁装置，防止直接启动。如果错误地将手柄从停止位置直接拉向运行位置，连锁装置能挡住手柄，使其拉不动。只有先将手柄推向启动位置，然后将手柄从启动位置拉向运行位置。

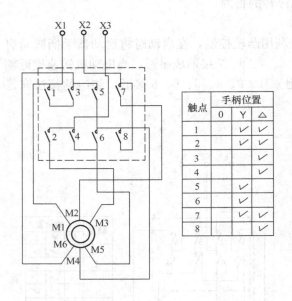

图 3-20　QX1-30 型星—三角形
启动器接线和触点换接情况
（注：√表示触点接通）

触点	手柄位置		
	0	Y	△
1		√	√
2		√	√
3			√
4			√
5		√	
6		√	
7			√
8			√

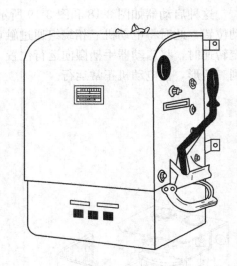

图.3-21　自耦减压启动器外形图

QJ3 系列自耦减压启动器接线原理见图 3-22。图中自耦变压器 TZ 具有两个抽头，出厂时接在 65%的抽头上。图中 KH 为热继电器，作为电动机的过载保护，当过载电流达到额定电流的 1.2 倍时，热继电器在 20min 内动作，使开关自动脱扣，切断电源。YT 为失压脱扣器（电磁铁线圈），在额定电压值的 75%以上时才能保证启动器接通电路，在额定电压值的 35%及以下时，能自动脱扣，切断电源。TA 为停止按钮，按下 TA 即可使开关跳闸。

JJ1 系列自耦减压启动控制柜（箱），是自耦减压启动器的一种，适用于交流 50Hz，电压为 660V 及以下，容量为 11～315kW 的三相鼠笼电动机，作不频繁自耦降压启动，并对电动机具有过负荷、断相、短路等保护和启动时的过负荷保护。JJ1 系列自耦减压启动控制器为箱式防护结构，由自耦变压器、自动开关、交流接触器、热继电器、时间继电器、过电流继电器和电流表等元件组成，工作方式有手动、自动、遥控三种。该启动控制柜（箱）备有额定电压的 65%（或 60%）和 80%两个抽头，适应启动转矩不同的电动机。

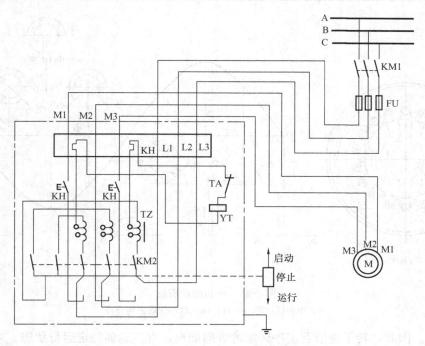

图 3-22　QJ3 系列自耦减压启动器接线原理图

第二节　单相异步电动机

一、单相异步电动机的工作原理

在只有单相电源或容量较小的情况下，常采用单相异步电动机。与同容量的三相异步电动机相比较，单相异步电动机的体积较大，功率因数较低，过载能力较差，故容量很少超过 0.5kW，但在家用电器中得到广泛应用。

单相异步电动机的定子绕组只有一相分布在铁芯槽内，转子为鼠笼式。在单相交流电流通过定子绕组时，产生交变的脉动磁场。这个磁场的特点是它的轴线在空间保持着固定位置，在空气隙中各点按正弦分布，如图 3-23（a）所示，并随时间按正弦规律变化。在分析交变脉动磁场时可以看出，用两个旋转向量表示方向相反、幅值和周期相同的旋转磁场 ϕ_1 和 ϕ_2，合起来组成一个幅值为旋转磁通幅值两倍的脉动磁场 ϕ，如图 3-23（b）所示。

相反，一个按正弦规律脉动的磁场可以分解为两个幅值和转速相同、旋转方向相反的旋转磁场。与电动机旋转方向相同的称为正序旋转磁场，用 ϕ_1 表示；与电动机旋转方向相反的称为负序旋转磁场用 ϕ_2 表示，而 ϕ_1、ϕ_2 各等于脉动磁场磁通幅值的一半，两个旋转磁场的转速为 $n_1 = \pm 60 f_1/p$，当转子静止不动时，两个旋转磁场对转子的相对速度大小相等、方向相反，转差率均等于 1。这时，转子中产生两个幅值相等的正、负序感应电流（两者之和为脉动电流且不为零），也就是单相异步电动机的启动转矩为零，不能启动。这就是单相异步电动机的特殊之处，也是缺点之一。

若用外力推动转子，使其沿正序转矩 M 正的方向旋转，这时的正序转差率 s 正下降，正序转矩 M 正上升；负序转差率 s 负升高而负序转矩 M 负下降，合成转矩 M 与正序转矩 M

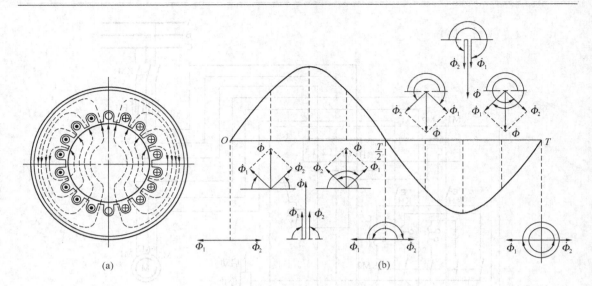

图 3-23　单相脉动磁场

(a) 单相脉动磁场分布；(b) 单相脉动磁场分析

正方向相同。因此，转子将沿着正序转矩的方向加速，直至达到稳定运行状态。

同理，若推动转子的外力与负序转矩的方向相同，则在外力去掉后，转子就会继续沿着负序转矩方向加速，直至达到稳定的运行状态。

三相异步电动机在运行中一相断线，便成为单相运行，可以继续转动；若启动时一相断线，则因无启动转矩而不能启动。但三相电动机单相运行时，由于存在反向转矩，电动机的有效转矩变小。若保持负荷转矩不变，则转差率将增大，电流增大，功率因数和效率降低，电动机可能因温度升高而损坏，所以应有相应保护。

二、单相电动机的启动

为了使单相电动机能够自行启动，就必须采取措施，使电动机启动时，气隙中形成一个旋转磁场或移动的磁场。

（一）分相启动

分相启动的单相电动机，是在定子上加装一套与工作绕组（主绕组）在空间相差 90°电角度的启动绕组（辅绕组），并在启动绕组上串联一电容器 C，使启动绕组中电流的相位近似超前工作绕组中电流 90°电角度，如图 3-24 (a) 所示。取 $\omega t = 0°$、$\omega t = 45°$、$\omega t = 90°$三个瞬时分析，两个绕组所产生的合成磁场幅值不变，而空间位置则依次旋转 45°电角度，与电流在时间上的相位角相等，如图 3-24 (b)、(c)、(d)、(e) 所示。可见，在空间相隔 90°电角度的两相绕组内通过相位差 90°交流电流时，电动机的气隙中就会产生一个两相旋转磁场。

电动机气隙中有了旋转磁场，便能自行启动。若启动绕组是按短时工作设计的（导线细，匝数少），还串联一只离心开关 K，待转速上升到一定数值时，离心开关 K 自动将启动绕组断开，电动机单相运行，这种电动机称为电容启动单相电动机。

有的单相电动机的启动绕组，是按长期工作设计的，正常运行时，启动绕组仍连接在电路中，可以提高功率因数，改善运行性能，这种电机称为电容运行单相异步电动机。

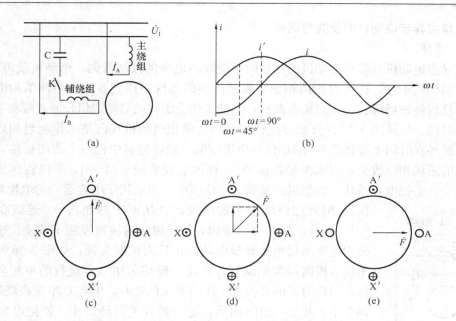

图 3-24 单相异步电动机绕组接线及两相旋转磁场产生

（a）绕组接线图；（b）电流波形图；（c）$\omega t = 0°$时的磁场；

（d）$\omega t = 45°$时的磁场；（e）$\omega t = 90°$时的磁场

（二）罩极启动

罩极电动机的定子铁芯通常是凸极式，在整个磁极上套装一个集中绕组，称为主绕组。同时又在凸极的一部分（称为罩极）上套装一个很粗的短路铜环，称为罩极绕组，如图 3-25（a）所示。当主绕组接通单相交流电源时，产生脉动磁场，其中一部分磁通穿过短路环，根据楞次定律，在短路环中产生感应电流，阻碍罩极中的磁通变化，使这部分磁通滞后一个角度，而将极面下的磁通分成空间和时间上都存在相位差的两部分，于是在磁极的端面上就形成一个移动的磁场，使转子受到一个"局部旋转磁场"的作用而自行启动，如图 3-25（b）所示。

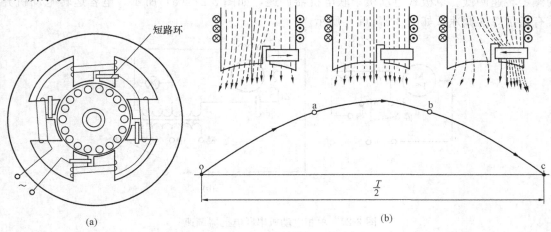

图 3-25 单相罩极电动机

（a）结构示意图；（b）罩极磁极的移动

三、单相异步电动机的反转与调速

（一）反转

三相异步电动机只要将电动机的任意两根端线与电源的接法对调，电动机就可以反转。而单相电动机则不行，这可以从两相旋转磁场产生的条件中得到答案。要使单相电动机反转，必须使旋转磁场反转，其方法有两种：①把工作绕组（或启动绕组）的首端和末端与电源的接法对调。可从图 3-24 的分析方法得知，因为单相电动机转向是工作绕组和启动绕组中产生的磁场在时间上有将近 90° 的相位差而决定的，现在把其中任一个绕组反接，等于把这个绕组的磁场相位改变，如原来是超前 90°，则改后就变成滞后 90°，所以旋转磁场的转向随之改变。②把电容器从一组绕组改接到另一绕组中（只适用于电容运行的单相异步电动

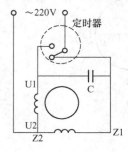

图 3-26　洗衣机用电容运行单相异步电动机的正反转控制

机），则流过该绕组中的电流，也从原来的超前 90° 近似变成滞后 90°，从图 3-24 中亦可看出，旋转磁场的转向发生了改变。现举洗衣机用电容运行单相异步电动机正反向控制为例，如图 3-26 所示。由于洗衣机需经常正反转，因此一般均采用电容运行的单相异步电动机，当定时器的开关处于图中所示位置时，电容 C 串接在绕组 U1U2 回路中，经过一定时间后，定时器开关自动动作，就把电容 C 从绕组 U1U2 回路中切除，串入绕组 Z1Z2 中，就实现了电动机反转。

以上反转方法只适用于电容（电阻）式单相异步电动机。对于罩极式单相异步电动机，一般情况下很难改变电动机的转向，因此罩极式电动机只用于不需要改变转向的场合。

（二）调速

单相异步电动机和三相异步电动机一样，它的转速调节比较困难，如采用变频调速，则设备复杂，成本高。为此一般只进行有级调速，主要的调速方法有以下几种。

1. 串联电抗器调速

将电抗器与电动机的定子绕组串联，通电时，利用在电抗器上产生的电压降使加在电动机定子绕组上的电压降低，以达到调速的目的。因此，在串联电抗器调速时，只能将电动机的额定转速调低。罩极式电动机串联电抗器调速，如图 3-27（a）所示。电容运转电动机并带有指示灯的调速，如图 3-27（b）所示。

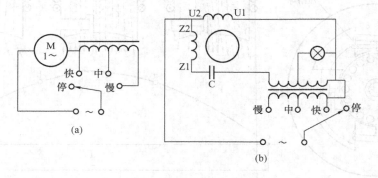

图 3-27　单相电动机串联电抗器调速
(a) 罩极式电动机；(b) 电容运转电动机（带指示灯）

这种调速方法线路简单，操作方便；缺点是电压降低后，电动机的输出转矩和功率明显

降低。因此这种调速方法只适用于转矩
与功率都允许随转速降低的场合，目前
主要用于吊扇及台扇。

2. 电动机绕组内部抽头调速

电容运转电动机较多的采用定子绕
组抽头调速，此时电动机定子铁芯槽中
嵌放有工作绕组 U1U2，启动绕组 Z1Z2
和中间绕组 D1D2。通过调速开关改变
中间绕组、启动绕组及工作绕组的接线
方法，从而达到改变电动机内部气隙磁
场的大小，调节电动机转速的目的。这

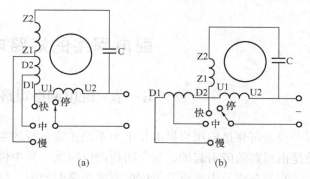

图 3-28　电容式电动机内部抽头调速

（a）L 型接法；（b）T 型接法

种调速方法通常有 L 型接法和 T 型接法两种，如图 3-28 所示。与串电抗器调速比较，用绕
组内部抽头调速不需用电抗器，故材料省，耗电少。其缺点是绕组嵌线和接线比较复杂，电
动机与调速开关接线较多。

3. 交流晶闸管调速

利用改变晶闸管的导通角来实现调节加在单相异步电动机上的交流电压的大小，从而达
到调节电动机转速的目的，如图 3-29 所示。此调速方法可以实现无级调速，缺点是有一些
电磁干扰。

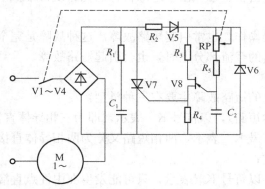

图 3-29　单相异步电动机交流晶闸管调速

第 四 章

配电网络的短路电流计算

第一节　配电网络短路的一般概念

安全可靠地向用户供电是电力系统正常运行的主要任务，而正常运行遭到破坏，绝大多数是由短路故障引起的。为了防止配电网络（其中包括配电线路和配电设备）短路故障的发生，我们在本节中着重分析配电网络短路的原因、种类和后果，并对配电网络短路电流计算的特点给予必要的阐述。

一、短路的原因、种类和后果

（一）引起短路的原因

电力系统由于电压等级不同，网络接线一般分为中性点直接接地系统和中性点不直接接地系统。在配电网络中，$10\sim35kV$ 的高压配电网络为中性点不直接接地系统，$380/220V$ 低压配电网络为中性点直接接地系统。配电网络的短路故障，主要是由于相与相或相与地直接接触造成的，短路故障发生的主要原因有以下几种：

（1）由于配电网络中的线路或电气设备载流部分的绝缘损坏而造成短路故障。引起绝缘损坏的原因有过电压、直击雷、暴风雨、绝缘材料老化、设备维护不周以及机械的直接损坏（如架空线路断线等）。

（2）由于工作人员误操作，也常引起短路故障。这种故障是完全可以避免的。

（3）鸟兽跨越在裸露的载流部分上时，也会引起短路故障。

（二）短路故障的种类

三相系统中可能发生的短路故障主要有三种类型：

（1）三相短路（对称短路），以符号 $K^{(3)}$ 表示，即为三相导体直接接触造成的；

（2）两相短路，以符号 $K^{(2)}$ 表示，两相短路又分为两相导体直接接触造成的和两相导体同时接地造成的两种形式；

（3）单相接地短路，以符号 $K^{(0)}$ 表示，只可能发生在中性点直接接地配电系统和中性线引出的三相四线制配电系统，即是由某相导体与接地部分直接接触造成的。两相短路和单相接地短路均称为不对称短路。

三相短路造成的短路电流最大。运行经验表明，这种短路故障约占各种短路故障的 5％。单相接地短路，在中性点直接接地的系统中危害较大，因为它能够通过大地构成短路电流回路，造成很大短路电流。它也是各种短路故障中机会最多的一种，约占各种短路故障的 65％。但对中性点不直接接地系统，当发生单相接地时，由于不能形成短路电流回路，此时电网仍可持续短时间运行，在此运行期间内应尽快排除接地故障，以免再有一点接地而形成两相短路，使电网停止运行。单相和两相短路电流通常都小于三相短路电流；仅当短路发生在发电机附近时，两相短路的稳态电流才可能大于三相短路的稳态电流。

（三）短路故障的后果

网络发生短路故障的后果，与发生短路的地点（距电源的远和近）和持续的时间长短有关。具体的后果如下。

（1）在绝缘损坏处发生短路时，常常因电弧作用使元件过热损坏。短路电流愈大，持续的时间愈长，故障元件损坏的程度愈严重。

（2）短路电流可以引起很大的电动力。电流流过导体时产生的电动力与电流平方成正比。在短路刚开始瞬间，电流达到最大值（即冲击电流），这时电动力最大，如果导体和它的固定支架不够坚韧，则可能导致导体和支架的破坏。

（3）短路故障发生时，网络的电压降低，可以使非故障线路供电受电器的正常工作遭到破坏。例如异步电动机，其转矩与外加电压平方成正比，当电压降低很多时，转矩可能不足以使被带动的机械负荷工作，致使电动机停转。

（4）由于短路电流往往超过故障支路额定电流许多倍，即使短路故障切除很快，也会使设备的绝缘因过热而损坏。

（5）可能使并列运行的发电机失去同步，短路点离发电机愈近，这种可能性愈大。

（6）当发生不对称短路时，不平衡电流产生的磁通，将在附近的电路中感应很大的电动势，产生干扰。

总之，发生短路故障造成的短路电流很大，其后果是严重的。特别是在短路故障瞬间（往往不到 1s）的暂态过程，短路电流大而不稳定。因此我们必须对短路故障引起高度重视，掌握它的规律，采取一定的技术措施，防止短路故障的发生以及在发生短路故障时限制短路电流和故障地区的扩大。例如采用高压防雷装置，防止由于雷击引起的短路事故；另外，采用继电保护和熔断器，使短路限制在一定范围内，以及快速切除故障部分。

二、配电网络短路电流计算的目的和特点

（一）计算短路电流的主要目的

（1）校验所选择的配电设备（如断路器、母线、绝缘子和电缆等）的热稳定和动稳定。

（2）整定继电保护装置。

（3）为合理选择电气回路接线等提供技术理论数据。

（4）研究限制短路电流大小。

（二）配电网络短路电流计算的特点

在短路过程中，短路电流是变化的，变化的情况决定于系统电源容量的大小、短路点离电源的远近以及系统内发电机是否带有电压自动调整装置等因素。按短路电流的变化情况，通常把电力系统分为无限容量系统和有限容量系统两大类。一般配电网络多数由降压变电站供电（个别由地方发电厂供电除外），在网络的任意一点发生短路故障与在发电机输出端发生短路故障是不同的。短路点离发电机越远，短路回路的阻抗越大，短路电流值越小，这种情况对发电机的影响也就越小，甚至没有影响。配电网络在电力系统中通常是离发电机较远的部分，当某处发生短路时，电源母线电压维持不变，即短路的稳态分量在整个短路过程中不衰减。在工程计算中，一般认为，如果电源部分的阻抗不超过短路回路总阻抗的 5%，甚至 10%，或者以供电电源总容量为基准的短路回路总阻抗标幺值大于或等于 3 时，在计算配电网络短路电流时，可以认为是无限大功率电源供电或此系统可按无限容量系统考虑；反之，应按有限容量系统来考虑。

1. 高压配电网络短路电流计算

在计算时只考虑对短路电流值有重大影响的一些元件的电阻值，对其他元件的电阻一般可不考虑,仅考虑计算其电抗即可。但对于较长的架空线路或电缆线路,当其短路回路的总电阻大于总电抗的 $\dfrac{1}{3}$ $\left(\text{即 } R_\Sigma > \dfrac{1}{3} X_\Sigma\right)$ 时,则应考虑其电阻。此外,在计算中不考虑架空线路和电缆线路的容抗。

2. 1kV 以下低压配电网络短路电流计算

对于这种配电网络的短路电流计算可考虑以下几个特点:

(1) 如果低压配电网络中变压器容量不超过供电电源容量的 3%,在短路电流计算时,可认为降压变压器的一次侧端电压不变,二次侧短路电流不衰减。

(2) 对于低压配电网络的短路电流计算,一般不允许忽略电阻。

(3) 为了简化计算,可使短路电流值较为偏大,在计算总的短路回路阻抗中,允许不考虑占短路回路总阻抗不超过 10% 的元件。

(4) 一般采用有名值计算。

第二节　配电网络的短路电流计算

配电网络在正常运行时,电路中的电流大小决定于电源的电动势和回路中所有元件的总阻抗。如果网络中某点突然发生短路故障时,短路回路中总阻抗突然减小很多,短路回路中的电流必然要急剧增加,短路点的电压也要突然降低,这将使该配电网络中的各元件在发热严重和电动力作用下受到严重破坏。在所有的短路故障中以三相对称短路为最严重,所以在本节中将着重讨论三相短路电流计算。

一、无限大功率电源系统的三相短路电流计算

(一) 标么制

标么制是一种相对单位制,电气参数的标么值为其有名值与基准值之比,即

容量标么值
$$S_{pu} = \frac{S}{S_b} \tag{4-1}$$

电压标么值
$$U_{pu} = \frac{U}{U_b} \tag{4-2}$$

电流标么值
$$I_{pu} = \frac{I}{I_b} \tag{4-3}$$

电抗标么值
$$X_{pu} = \frac{X}{X_b} \tag{4-4}$$

式中　S、U、I、X——容量、电压、电流、电抗的有名值;

S_b、U_b、I_b、X_b——容量、电压、电流、电抗的基准值。

在工程计算中,首先选定基准容量 S_b 和基准电压 U_b,然后通过公式求出其基准电流 I_b 和基准电抗 X_b,则

$$I_b = \frac{S_b}{\sqrt{3} U_b} \tag{4-5}$$

$$X_b = \frac{U_b}{\sqrt{3} I_b} = \frac{U_b^2}{S_b} \tag{4-6}$$

根据式（4-4）和式（4-6），在三相电力系统中，电路元件电抗的标么值 X_{pu} 可表示为

$$X_{pu} = \frac{\sqrt{3}I_b X}{U_b} = \frac{S_b X}{U_b^2} \qquad (4-7)$$

基准值可以任意选定。但为了方便起见，基准容量可选取向短路点馈送短路电流的发电机额定总容量 $S_{N\Sigma}$ 作为基准容量。基准电压 U_b 应采用各电压级的平均额定电压（指线电压）。

采用标么值计算短路回路的总阻抗时，必须先将元件电抗的有名值或相对值按同一基准容量换算为标么值，而基准电压采用各元件所在级的平均额定电压。

（二）有名单位制

用有名单位制（欧姆制）计算短路回路的总阻抗时，必须把短路回路中各元件阻抗的相对值换算成欧姆值，并把短路回路中通过变压器互相连接的各电压级元件的欧姆值，通过公式（4-2）换算到短路点所在级平均额定电压下的欧姆值。

（三）网络简化

由于配电网络中接线较复杂，所以在计算配电网络的三相短路电流时，为了使计算简化，应将网络简化。网络简化后，便可顺利地计算出整个网络对短路点的合成阻抗 Z_Σ，这里主要介绍配电网络简化的几个原则和方法。

1. 网络简化的原则

在网络简化的过程中，应尽量注意利用网络阻抗与短路点局部或全部对称关系，以便将同电位的点连接起来，并利用串、并联电路的计算原则，求得短路点到各电源的短路阻抗。

2. 网络简化的方法

（1）网络串联阻抗的简化。如图 4-1（a）所示的网络，可简化成如图 4-1（b）所示。其计算公式为

总电抗　　　　　　　$X_\Sigma = X_1 + X_2 + \cdots + X_n \qquad (\Omega) \qquad (4-8)$

总电阻　　　　　　　$R_\Sigma = R_1 + R_2 + \cdots + R_n \qquad (\Omega) \qquad (4-9)$

总阻抗　　　　　　　$Z_\Sigma = \sqrt{R_\Sigma^2 + X_\Sigma^2} \qquad (\Omega) \qquad (4-10)$

（2）网络并联阻抗的简化。如图 4-2（a）所示的网络，可简化成如图 4-2（b）所示。

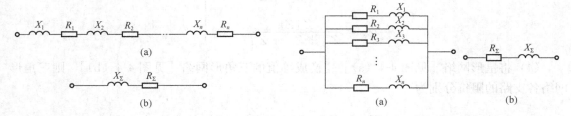

图 4-1　网络串联阻抗的简化图　　　　　图 4-2　网络并联阻抗的简化图
（a）简化前网络；（b）简化后网络　　　　（a）简化前网络；（b）简化后网络

其计算公式为

总电抗　　　　$X_\Sigma = \dfrac{1}{\dfrac{1}{X_1} + \dfrac{1}{X_2} + \cdots + \dfrac{1}{X_n}} \qquad (\Omega) \qquad (4-11)$

总电阻
$$R_\Sigma = \frac{1}{\dfrac{1}{R_1}+\dfrac{1}{R_2}+\cdots+\dfrac{1}{R_n}} \quad (\Omega) \tag{4-12}$$

总阻抗
$$Z_\Sigma = \sqrt{R_\Sigma^2 + X_\Sigma^2} \quad (\Omega) \tag{4-13}$$

当只有两个并联支路时，其计算公式为

$$X_\Sigma = \frac{X_1 X_2}{X_1 + X_2} \tag{4-14}$$

$$R_\Sigma = \frac{R_1 R_2}{R_1 + R_2} \tag{4-15}$$

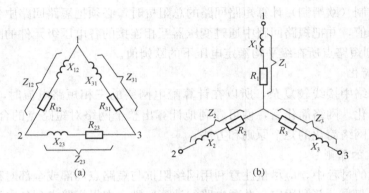

图 4-3　三角形网络变换成星形网络

(a) 简化前网络；(b) 简化后网络

（3）将三角形网络 ［见图 4-3 (a)］ 变换成等值的星形网络 ［见图 4-3 (b)］ 时，则星形网络各支路的电抗和电阻所组成的阻抗为

$$\left.\begin{aligned}
Z_1 &= \frac{Z_{12} Z_{31}}{Z_{12} + Z_{23} + Z_{31}} \quad (\Omega) \\[2mm]
Z_2 &= \frac{Z_{12} Z_{23}}{Z_{12} + Z_{23} + Z_{31}} \quad (\Omega) \\[2mm]
Z_3 &= \frac{Z_{23} Z_{31}}{Z_{12} + Z_{23} + Z_{31}} \quad (\Omega)
\end{aligned}\right\} \tag{4-16}$$

（4）将星形网络 ［见图 4-4 (a)］ 变换成等值的三角形网络 ［见图 4-4 (b)］，则三角形网络各支路的阻抗分别为

$$\left.\begin{aligned}
Z_{12} &= Z_1 + Z_2 + \frac{Z_1 Z_2}{Z_3} \quad (\Omega) \\[2mm]
Z_{23} &= Z_2 + Z_3 + \frac{Z_2 Z_3}{Z_1} \quad (\Omega) \\[2mm]
Z_{31} &= Z_3 + Z_1 + \frac{Z_3 Z_1}{Z_2} \quad (\Omega)
\end{aligned}\right\} \tag{4-17}$$

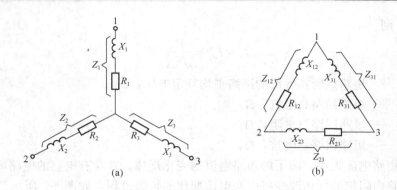

图 4-4　星形网络变换成三角形网络
（a）简化前网络；（b）简化后网络

二、无限大功率电源的短路电流计算

无限大功率电源系统是指电源的容量较大，当发生短路时，其端电压变动很小，近似地认为电源不受短路故障的影响，其端电压为恒定值。即电源的功率 $S_S=\infty$，有效电阻 $R_c=0$，有效电抗 $X_S=0$。虽然实际电源的功率和阻抗总是有一定大小的，但是网络中的许多元件的功率比起系统的功率小得多，而网络的阻抗又比起系统的阻抗要大得多，所以当遇到网络某元件发生短路时，此时供电电源母线上的电压变化很小。因此，对于电压为 $10\sim35\text{kV}$ 及以下的配电网络，可以认为供电电源是无限大功率电源系统。

计算无限大功率电源系统的三相短路电流时，可以认为短路电流的稳态分量在整个短路过程中不发生衰减。另外由于三相对称，网络发生三相短路后仍然是对称的（因为一个对称的三相电源向阻抗相等的三相负荷供电，三相负荷电流是对称的），因此可以取一相来计算。其计算方法有：

（1）用标么制计算，三相短路电流稳态分量有效值 I_S 为

$$I_{puS}=S_{puK}=\frac{1}{X_{pu\Sigma}} \tag{4-18}$$

$$I_S=I_{puS}I_b=\frac{I_b}{X_{pu\Sigma}} \tag{4-19}$$

$$S_K=S_{puK}S_b=I_{puS}S_b=\frac{S_b}{X_{pu\Sigma}} \tag{4-20}$$

式中　I_{puS}——短路电流稳态分量有效值的标么值；

S_{puK}——短路容量（功率）标么值；

$X_{pu\Sigma}$——短路回路总电抗标么值；

I_S——短路电流稳态分量有效值，kA；

S_K——短路容量（功率），kVA 或 MVA；

I_b——基准电流，A 或 kA；

S_b——基准容量，kVA 或 MVA。

（2）用有名单位制计算时，三相短路电流稳态分量有效值 I_S 为

$$I_S=I_K^{(3)}=\frac{U_{av}}{\sqrt{3}Z_\Sigma}=\frac{U_{av}}{\sqrt{3}\sqrt{R_\Sigma^2+X_\Sigma^2}} \tag{4-21}$$

如果忽略 R_Σ，则

$$I_S = I_K^{(3)} = \frac{U_{av}}{\sqrt{3} X_\Sigma}$$

(4-22)

上两式中　U_{av}——短路点所在等级的网络平均额定电压，kV；

　　　　　Z_Σ——短路回路总阻抗，Ω；

　　　　　R_Σ——短路回路总电阻，Ω；

　　　　　X_Σ——短路回路总电抗，Ω。

　　为了计算短路电流大小，应了解短路电流的变化规律。在含有电感的电路内，电流不能立即改变，电路内阻抗的任何改变将引起电流变化的暂态过程，如图 4-5 所示。在这个过程期间，电路中的电流由一种稳态值（初值）i_{ch} 逐渐变化到另一种新的稳态值 i_S。

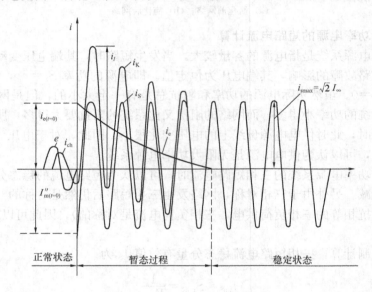

图 4-5　短路电流 I_K 的变化曲线

　　图 4-5 表示短路电流 i_K 的变化曲线，其中 e 和 i_{ch} 是短路前正常工作的稳态电动势和电流。由于短路电流回路的电抗往往大于电阻，所以在一般情况下短路回路视为纯电感电路。因此，当电动势（或电压）经过零时，电流达到最大值，此时也即为对称短路时的最严重情况。

　　在选择电器时，应该根据最严重情况的短路计算值，即根据最恶劣的一相作为计算用的数据来进行校验。

　　刚开始短路时，短路电流的周期分量瞬时值，称为次暂态短路电流，其有效值用 I'' 表示，最大值用 I''_m 表示。此时短路电流的非周期分量为 $i_{e(t=0)}$（见图 4-5）。由于电路中有电阻，$i_{e(t=0)}$ 按 $e^{-\frac{t}{\tau}}$ 的规律衰减，其中 τ 称为衰减时间常数，可表示为

$$\tau = \frac{L_\Sigma}{R_\Sigma} = \frac{X_\Sigma}{314 R_\Sigma}$$

(4-23)

式中　L_Σ——短路回路总电感；

　　　R_Σ——短路回路总电阻；

X_Σ——短路回路总电抗。

由式（4-23）可以看出，电阻 R_Σ 越大时 τ 越小，i_e 就衰减得越快，一般经 0.2s 就会全部衰减完了，此后可以认为电路中只剩有稳态（周期）分量，暂态过程结束，$i_K = i_\infty$，电路进入稳定的持续短路状态。

从图 4-5 中可以看出，发生短路后经半个周期（当频率 $f = 50Hz$，时间为 0.01s）时，短路电流达最大值，这个电流称为冲击电流，用 i_l 表示。i_l 对选择电气设备，考虑短路电流的电动力效应是一个最重要的数据，其计算式为

$$i_l = K_l \sqrt{2} I'' \tag{4-24}$$

其中

$$K_l = 1 + e^{-\frac{0.01}{\tau}}$$

式中，K_l 为短路电流的冲击系数，一般取 $K_l = 1.8$。冲击电流和短路电流的最大有效值分别为

$$i_l = 1.8 \sqrt{2} I'' = 2.55 I'' \tag{4-25}$$

$$I_l = \sqrt{1 + 2 \ (1.8 - 1)^2} \, I'' = 1.52 I'' \tag{4-26}$$

短路瞬变过程结束后的短路电流称为稳态短路电流 i_S，$i_S = i_\infty$，其有效值用 I_∞ 表示。I_∞ 是校验短路电流热效应的重要数据。此外，为了选择设备，有时还要计算短路后不同时间，如 $t = 0.2s$、$t = 2s$、$t = \infty s$（短路最终时）的短路电流值。对于无限大功率电源系统供电的网络，由于电源的端电压在短路过程中认为是恒定值，所以一般可以认为暂态过程以后所有时间的短路电流完全相同，即

$$I'' = I_{0.2} = I_2 = \cdots = I_\infty \tag{4-27}$$

从式（4-27）可以看出，不同时间的短路电流值即为稳态短路值（$t = 0$ 除外），并与短路的次暂态电流 I'' 计算完全相同，也称为暂态周期分量。

以上介绍的各种短路电流值，主要用来选择设备，通常分别应用在以下几方面。

（1）i_l 和 I_l：用来校验电气设备的动稳定度；

（2）I'' 和 I_∞：用来校验电气设备的载流部分的热稳定度和整定继电保护装置；

（3）I_t 和 S_t：短路发生后经过 t（s）的短路电流和短路功率，用来选择断路器，有

$$I_{0.2} = I_\infty \, , \quad S_{0.2} = \sqrt{3} U_{av} I_{0.2}$$

式中　U_{av}——电网平均电压。

三、计算实例

【例 4-1】　某用户电源来自地区电网和发电厂，系统接线和元件参数如图 4-6 所示。求 K 点短路的三相短路电流。

解　1. 用标幺制计算

（1）计算短路阻抗。取基准容量 S_b 为 100MVA，各元件有效电阻值较小，不予考虑。为了简便起见，略去阻抗标幺值符号中的下角注"pu"，则归算的等值电路电抗如图 4-7（a）所示。

地区电网归算到 10kV 母线上的短路电抗为

$$X_1 = \frac{S_b}{S_{Kx}} = \frac{100}{150} = 0.667$$

发电机的电抗为

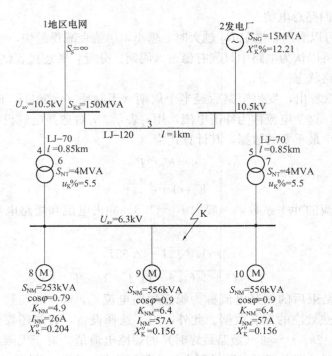

图 4-6 [例 4-1] 短路电流计算图

$$X_2 = \frac{X_K'' \%}{100} \cdot \frac{S_b}{S_{NG}} = \frac{12.21}{100} \times \frac{100}{15} = 0.814$$

LJ-120 线路 1km 的电抗为

$$X_3 = Xl \frac{S_b}{U_{av1}^2} = 0.35 \times 1 \times \frac{100}{10.5^2} = 0.317$$

LJ-70 线路 0.85km 的电抗为

$$X_4 = X_5 = Xl \frac{S_b}{U_{av1}^2} = 0.35 \times 0.85 \times \frac{100}{10.5^2} = 0.269$$

变压器的电抗为

$$X_T = \frac{u_K \%}{100} \cdot \frac{S_b}{S_{NT}} = \frac{5.5}{100} \times \frac{100}{4} = 1.375$$

253kVA 电动机电抗为

$$X_8 = X_K'' \frac{S_b}{S_{NM}} = 0.204 \times \frac{100}{0.253} = 80.63$$

556kVA 电动机电抗为

$$X_9 = X_{10} = X_K'' \frac{S_b}{S_{NM}} = 0.156 \times \frac{100}{0.556} = 28.06$$

电路简化过程见图 4-7（b）～图 4-7（f）。

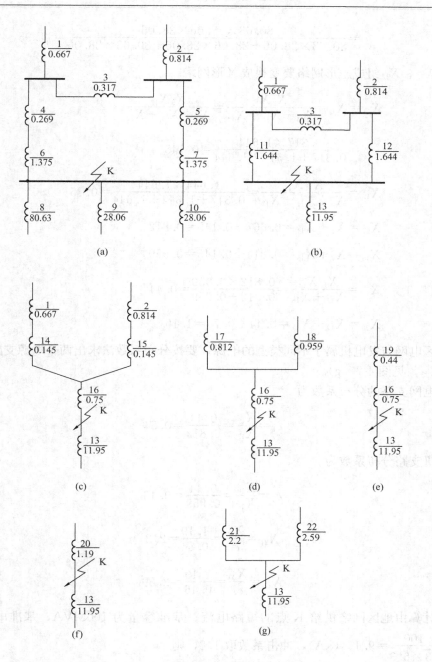

图 4-7 标么值电抗等值电路图

(a) 等值电路电抗图；(b) ～ (f) 电路简化过程图；

(g) 两个电源支路的等值电抗图

$$X_{11}=X_{12}=X_4+X_6=X_5+X_7=0.269+1.375=1.644$$

$$X_{13}=\frac{X_8 X_9 X_{10}}{X_8 X_9+X_9 X_{10}+X_8 X_{10}}$$

$$= \frac{80.63 \times 28.06 \times 28.06}{80.63 \times 28.06 + 28.06 \times 28.06 + 80.63 \times 28.06} = 11.95$$

X_3、X_{11}、X_{12}组成△形网络要变换成Y形网络。

$$X_{14} = X_{15} = \frac{X_3 X_{11}}{X_3 + X_{11} + X_{12}} = \frac{X_3 X_{12}}{X_3 + X_{11} + X_{12}}$$

$$= \frac{0.317 \times 1.644}{0.317 + 1.644 + 1.644} = 0.145$$

$$X_{16} = \frac{X_{11} X_{12}}{X_3 + X_{11} + X_{12}} = \frac{1.644 \times 1.644}{0.317 + 1.644 + 1.644} = 0.75$$

$$X_{17} = X_1 + X_{14} = 0.667 + 0.145 = 0.812$$

$$X_{18} = X_2 + X_{15} = 0.814 + 0.145 = 0.959$$

$$X_{19} = \frac{X_{17} X_{18}}{X_{17} + X_{18}} = \frac{0.812 \times 0.959}{0.812 + 0.959} = 0.44$$

$$X_{20} = X_{19} + X_{16} = 0.44 + 0.75 = 1.19$$

因地区电网与发电机属于不同类型的电源，要按分布系数法求出两个电源支路的等值电抗 X_{21}、X_{22}，见图 4-7（g）。

地区电网支路的分布系数为

$$c_1 = \frac{X_{19}}{X_{17}} = \frac{0.44}{0.812} = 0.54$$

发电机支路分布系数为

$$c_2 = \frac{X_{19}}{X_{18}} = \frac{0.44}{0.959} = 0.46$$

所以

$$X_{21} = \frac{X_{20}}{c_1} = \frac{1.19}{0.54} = 2.2$$

$$X_{22} = \frac{X_{20}}{c_2} = \frac{1.19}{0.46} = 2.59$$

（2）计算由地区网络供给 K 点的短路电流。基准容量为 100MVA，基准电流为 $I_b = \frac{S_b}{\sqrt{3} U_{av2}} = \frac{100}{\sqrt{3} \times 6.3} = 9.16$（kA），冲击系数取 1.8，则

$$I_{K1} = \frac{I_b}{X_{21}} = \frac{9.16}{2.2} = 4.16 \ (\text{kA})$$

$$S_{K1} = \frac{S_b}{X_{21}} = \frac{100}{2.2} = 45.45 \ (\text{MVA})$$

$$i_{cj1} = \sqrt{2} K I_{K1} = \sqrt{2} \times 1.8 \times 4.16 = 10.56 \ (\text{kA})$$

（3）计算由发电机供给 K 点的短路电流。发电机支路的等值电抗换算到以发电机容量

为基准值时的标么值为

$$X_{bG} = X_{22} \frac{S_{NG}}{S_b} = 2.59 \times \frac{15}{100} = 0.389$$

根据标么值 X_{bG} 可从图 4-8 查短路电流运算曲线得各电流的标么值为

$$I_{puK2} = 2.56, \quad I_{pu0.2} = 2.02, \quad I_{pu\infty} = 2.07$$

换算到电压 U_{av2} 的发电机额定电流

$$I_{NG} = \frac{S_{NG}}{\sqrt{3} U_{av2}} = \frac{15}{\sqrt{3} \times 6.3} = 1.375 \text{ (kA)}$$

$$I_{K2} = I_{puK2} I_{NG} = 2.56 \times 1.375 = 3.52 \text{ (kA)}$$

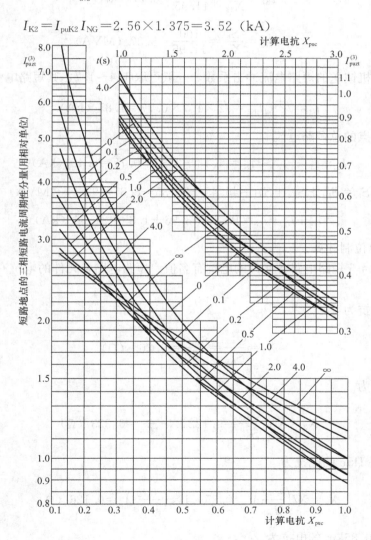

图 4-8　具有电压自动调整器的标准型汽轮发电机
短路电流运算曲线

X_{puc}——是以发电机额定总容量 $S_{N\Sigma}$ 为基准容量的短路电路总电抗的标么值；

$I_{puzt}^{(3)}$——所求三相短路电流周期分量有效值的标么值

$$I_{0.2} = I_{*0.2} I_{NG} = 2.02 \times 1.375 = 2.78 \ (kA)$$

$$I_{\infty} = I_{*\infty} I_{NG} = 2.07 \times 1.375 = 2.85 \ (kA)$$

$$S_{K2} = \sqrt{3} U_{av2} I_{K2} = \sqrt{3} \times 6.3 \times 3.52 = 38.35 \ (MVA)$$

$$i_{l2} = \sqrt{2} K_l I_{K2} = \sqrt{2} \times 1.8 \times 3.52 = 8.93 \ (kA)$$

（4）计算由异步电动机向 K 点供给的短路电流

$$I_{K2} = \frac{I_b}{X_{13}} = \frac{9.16}{11.95} = 0.77 \ (kA)$$

$$S_{K3} = \frac{S_b}{X_{13}} = \frac{100}{11.95} = 8.37 \ (MVA)$$

由异步电动机馈送的短路电流冲击系数，一般可取 1.4～1.7，其短路电流为

$$i_{l3} = \sqrt{2} K_l I_{K3} = \sqrt{2} \times 1.7 \times 0.77 = 1.85 \ (kA)$$

（5）计算 d 点的总短路电流

$$I_K = I_{K1} + I_{K2} + I_{K3} = 4.16 + 3.52 + 0.77 = 8.45 \ (kA)$$

$$S_K = S_{K1} + S_{K2} + S_{K3} = 45.45 + 38.35 + 8.37 = 92.17 \ (MVA)$$

$$i_l = i_{l1} + i_{l2} + i_{l3} = 10.56 + 8.93 + 1.85 = 21.34 \ (kA)$$

2. 用有名单位制计算

（1）计算图 4-6 短路电路各元件的电抗有名值。短路电路各元件的电抗有名值计算结果见图 4-9（a）。

地区电网电抗为

$$X_1 = \frac{U_{av2}^2}{S_{Kx}} = \frac{6.3^2}{150} = 0.265 \ (\Omega)$$

发电机电抗为

$$X_2 = X''_K \frac{U_{av2}^2}{S_{NG}} = 0.1221 \times \frac{6.3^2}{15} = 0.323 \ (\Omega)$$

LJ-120 线路 1km 的电抗为

$$X_3 = Xl \left(\frac{U_{av2}}{U_{av1}}\right)^2 = 0.35 \times 1 \times \left(\frac{6.3}{10.5}\right)^2 = 0.126 \ (\Omega)$$

LJ-70 线路 0.85km 的电抗为

$$X_4 = X_5 = Xl \left(\frac{U_{av2}}{U_{av1}}\right)^2 = 0.35 \times 0.85 \left(\frac{6.3}{10.5}\right)^2 = 0.107 \ (\Omega)$$

变压器的电抗为

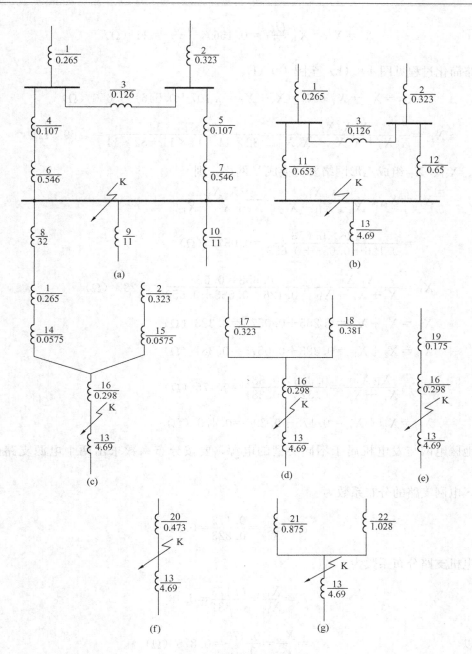

图 4-9　有名值电抗等值电路图

$$X_T = \frac{U_K\%}{100}\frac{U_{av2}^2}{S_T} = \frac{5.5}{100} \times \frac{6.3^2}{4} = 0.546\ (\Omega)$$

253kVA 电动机的电抗为

$$X_8 = X''_K \frac{U_{av2}^2}{S_N} = 0.204 \times \frac{6.3^2}{0.253} = 32\ (\Omega)$$

556kVA 电动机的电抗为

$$X_9 = X_{10} = X''_K \frac{U^2_{av2}}{S_N} = 0.156 \times \frac{6.3^2}{0.556} = 11 \ (\Omega)$$

电路简化过程见图 4-9（b）至图 4-9（f）。

$$X_{11} = X_{12} = X_4 + X_6 = X_5 + X_7 = 0.107 + 0.546 = 0.653 \ (\Omega)$$

$$X_{13} = \frac{X_8 X_9 X_{10}}{X_8 X_9 + X_9 X_{10} + X_8 X_{10}} = \frac{32 \times 11 \times 11}{32 \times 11 + 11 \times 11 + 32 \times 11} = 4.69 \ (\Omega)$$

X_3、X_{11}、X_{12} 组成 △ 形网络要变换成 Y 网络，则

$$X_{14} = X_{15} = \frac{X_3 X_{11}}{X_3 + X_{11} + X_{12}} = \frac{X_3 X_{12}}{X_3 + X_{11} + X_{12}}$$

$$= \frac{0.126 \times 0.653}{0.126 + 0.653 + 0.653} = 0.0575 \ (\Omega)$$

$$X_{16} = \frac{X_{11} X_{12}}{X_3 + X_{11} + X_{12}} = \frac{0.653 \times 0.653}{0.126 + 0.653 + 0.653} = 0.298 \ (\Omega)$$

$$X_{17} = X_1 + X_{14} = 0.265 + 0.0575 = 0.323 \ (\Omega)$$

$$X_{18} = X_2 + X_{15} = 0.323 + 0.0575 = 0.381 \ (\Omega)$$

$$X_{19} = \frac{X_{17} X_{18}}{X_{17} + X_{18}} = \frac{0.323 \times 0.381}{0.323 + 0.381} = 0.175 \ (\Omega)$$

$$X_{20} = X_{19} + X_{16} = 0.175 + 0.298 = 0.473 \ (\Omega)$$

因地区电网与发电机属于不同类型的电源，要按分布系数求出两个电源支路的等值电抗。

地区电网支路的分布系数为

$$c_1 = \frac{X_{19}}{X_{17}} = \frac{0.175}{0.323} = 0.54$$

发电机支路分布系数为

$$c_2 = \frac{X_{19}}{X_{18}} = \frac{0.175}{0.381} = 0.46$$

所以

$$X_{21} = \frac{X_{20}}{c_1} = \frac{0.473}{0.54} = 0.875 \ (\Omega)$$

$$X_{22} = \frac{X_{20}}{c_2} = \frac{0.473}{0.46} = 1.028 (\Omega)$$

（2）计算由地区电网供给 K 点的短路电流

$$I_{K1} = I_{0.2} = I_\infty = \frac{U_{av2}}{\sqrt{3} X_{21}} = \frac{6.3}{\sqrt{3} \times 0.875} = 4.16 (kA)$$

$$S_{K1} = \sqrt{3} U_{av2} I_{K1} = \sqrt{3} \times 6.3 \times 4.16 = 45.4(\text{MVA})$$

（3）计算由发电机供给 K 点的短路电流

$$I_{K2} = \frac{U_{av2}}{\sqrt{3} X_{22}} = \frac{6.3}{\sqrt{3} \times 1.028} = 3.54(\text{kA})$$

$$S_{K2} = \sqrt{3} U_{av2} I_{K2} = \sqrt{3} \times 6.3 \times 3.54 = 38.6(\text{MVA})$$

由于发电机是有限容量电源，如要计算 $I_{0.2}$ 和 I_∞，尚需将发电机支路的等值电抗有名值换算成以发电机容量为基准值的电抗标幺值，即

$$X_{pubG} = X_{22} \frac{S_{NG}}{U_{av2}} = 1.028 \times \frac{15}{6.3^2} = 0.388$$

根据 X_{pubG} 求算 $I_{0.2}$ 和 I_∞ 的方法和步骤，参见本例标幺制计算部分。

（4）计算由异步电动机向 K 点供给的短路电流

$$I_{K3} = \frac{U_{av2}}{\sqrt{3} X_{13}} = \frac{6.3}{\sqrt{3} \times 4.69} = 0.78(\text{kA})$$

$$S_K = \sqrt{3} U_{av2} I_{K3} = \sqrt{3} \times 6.3 \times 0.78 = 8.5(\text{MVA})$$

由地区电网、发电厂和异步电动机供给短路点 K 的短路冲击电流 i_{l1}、i_{l2}、i_{l3}，以及通过短路点 K 的总短路电流 I_K、i_l、S_K 的计算，均可参见本例标幺制计算部分。

四、不对称短路时短路电流计算

在配电网络中，除可能发生三相对称短路外，也可能发生不对称短路即两相短路、两相接地短路和单相接地短路。这种不对称短路，占短路故障的比例很大。在中性点不接地网络，两相接地时虽有两点接地，自成回路，但不能与电源中性点构成回路，形成零序电流通路，所以这种情况与两相短路相同。两相短路的短路电流值往往小于三相短路的短路电流值。至于单相接地短路发生在中性点不接地网络，只有网络对地的电容电流，不能形成零序电流的通路。若单相接地短路发生在中性点直接接地网络，就形成零序电流通路，流过零序电流。

（一）两相短路电流计算

一般来说，配电网络两相短路稳态电流 $I_d^{(2)}$ 与三相短路稳态电流 $I_d^{(3)}$ 的比值关系视短路点与电源的距离远近而定。

（1）在发电机出口处发生短路时，短路电流为

$$I_K^{(2)} = 1.51 I_K^{(3)} \quad (\text{kA}) \tag{4-28}$$

（2）在离发电机远距离发生短路，即 $X_{pu} > 3$ 时，短路电流为

$$I_K^{(2)} = 0.866 I_K^{(3)} \quad (\text{kA}) \tag{4-29}$$

（3）一般可以这样估算

$$\left.\begin{array}{ll} X_{pu} > 0.6 \text{ 时}, & I_K^{(2)} < I_K^{(3)} \\ X_{pu} = 0.6 \text{ 时}, & I_K^{(2)} = I_K^{(3)} \\ X_{pu} < 0.6 \text{ 时}, & I_K^{(2)} > I_K^{(3)} \end{array}\right\} \tag{4-30}$$

综上所述，一般情况下，两相短路电流值小于三相短路电流，所以，通常对电气设备的动稳定及热稳定校验时所用的短路电流值，均以三相短路电流为准。而在校验继电保护装置对短路动作灵敏度时所考虑的最小短路电流，则采用两相短路电流值。

（二）单相短路电流（零序电流）计算

在三相四线制网络中，若一相接地短路，就形成零序电流的通路，这种短路电流的计算方法，通常采用相零回路电流法，其计算公式为

$$I_K^{(0)} = \frac{\frac{U_{av}}{\sqrt{3}}}{Z_{x/\Sigma}} = \frac{U_p}{\sqrt{3}\sqrt{R_{x/\Sigma}^2 + X_{x/\Sigma}^2}} \tag{4-31}$$

式中　　　　　　U_{av}——低压网络平均额定线电压，V；

$R_{x/\Sigma}$、$X_{x/\Sigma}$、$Z_{x/\Sigma}$——短路回路各元件相零总电阻、相零总电抗、相零总阻抗，mΩ。

【例 4-2】　图 4-10 为低压配电网络单相短路电流计算电路图，试计算 K 点的单相短路电流值。

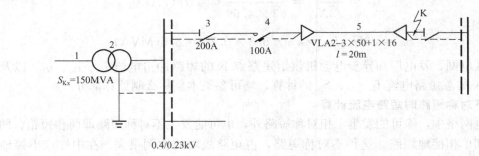

图 4-10　低压配电网络单相短路电流计算图

解　各元件的电抗和电阻（即相电抗和相电阻）分别为：

发电机　$X_1 = 1.07 mΩ$，$R_1 = 0$；

变压器　$X_2 = 6.82 mΩ$，$R_2 = 2.32 mΩ$；

闸刀开关触头　$X_3 = 0$，$R_3 = 0.4 mΩ$；

自动开关触头　$X_4 = 0$，$R_4 = 0.75 mΩ$；

自动开关线圈　$X_4' = 0.86 mΩ$，$R_4' = 1.3 mΩ$；

电缆线路　$X_5 = 1.58 mΩ$，$R_5 = 15.08 mΩ$。

各元件的零序电抗 X_0 和零序电阻 R_0（高压系统中无零序电流流过，故不计及零序阻抗）的值如下：

$$X_{02} = 46 mΩ, R_{02} = 34 mΩ, R_{03} = R_3 = 0.4 mΩ;$$

$$R_{04} = R_4 = 0.75 mΩ; X_{04}' = X_4' = 0.86 mΩ, R_{04}' = R_4 = 1.3 mΩ.$$

电缆线路相线　$X_{0x} = 2.02 mΩ$，$R_{0x} = R_5 = 15.08 mΩ$。

电缆线路零线　$X_{0l} = 2.7 mΩ$，$R_{0l} = 46.18 mΩ$。

线路零序电抗　$X_{05} = X_{0x} + 3X_{0l} = 2.02 + 3 \times 2.7 = 10.12$ （mΩ）。

线路零序电阻　$R_{05} = R_{0x} + 3R_{0l} = 15.08 + 3 \times 46.18 = 153.62$ （mΩ）。

K 点单相短路时短路回路的相零回路电抗 $X_{x/\Sigma}$ 为

$$X_{x/\Sigma} = \frac{1}{3}(X_{1\Sigma} + X_{2\Sigma} + X_{0\Sigma})$$

$$= \frac{1}{3}\big[(1.07 + 6.82 + 0.86 + 1.58) + (1.07 + 6.82 + 0.86 + 1.58)$$

$$+ (46 + 0.86 + 10.12)\big]$$

$$= 25.88(\text{m}\Omega)$$

K 点单相短路时短路回路的相零回路电阻 $R_{x/\Sigma}$ 为

$$R_{x/\Sigma} = \frac{1}{3}(R_{1\Sigma} + R_{2\Sigma} + R_{0\Sigma})$$

$$= \frac{1}{3}\big[(2.32 + 0.4 + 0.75 + 1.3 + 15.08)$$

$$+ (2.32 + 0.4 + 0.75 + 1.3 + 15.08) + (34 + 0.4 + 0.75 + 1.3 + 153.63)\big]$$

$$= 76.59(\text{m}\Omega)$$

K 点单相短路时短路回路的相零回路阻抗 $Z_{x/\Sigma}$ 为

$$Z_{x/\Sigma} = \sqrt{R_{x/\Sigma}^2 + X_{x/\Sigma}^2} = \sqrt{76.59^2 + 25.88^2} = 80.84(\text{m}\Omega)$$

K 点单相短路电流为

$$I_K^{(0)} = \frac{U_{av}}{\sqrt{3}Z_{x/\Sigma}} = \frac{400}{\sqrt{3} \times 80.84} = 2.86(\text{kA})$$

（三）单相接地时电容电流的计算

中性点不接地网络单相接地时，相间电压没有变化，设备仍可以短时间运行，此时流过接地点的电流是网络对地的电容电流。网络中的单相接地电容电流由电力线路和电力设备（如同步发电机、大容量同步电动机和变压器等）两部分的电容电流组成，但是电气设备的电容电流比线路的电容电流小得多，故一般工程设计中可忽略不计。

单相接地短路电容电流的计算公式为

$$I_C = 3U_{ph}\omega C \tag{4-32}$$

式中　U_{ph}——网络的相电压；

　　　C——网络对地电容，主要是与电网的结构（电缆线路或架空线路）和长度有关。

近似的估算可采用下列公式：

（1）电缆线路的单相接地电容电流按下式计算

6kV 电缆线路　　　　　$I_C = \dfrac{95 + 2.84S}{2200 + 6S}U_N l$　（A） $\tag{4-33}$

10kV 电缆线路　　　　$I_C = \dfrac{95 + 1.44S}{2200 + 0.23S}U_N l$　（A） $\tag{4-34}$

电缆线路的单相接地电容电流还可以按下式计算

$$I_C = 0.1U_N l \quad (\text{A}) \tag{4-35}$$

上三式中　S——电缆芯线的标称截面，mm^2；

U_N——线路的额定线电压，kV；

l——线路的长度，km。

（2）架空线路单相接地电容电流按下式计算

无架空地线单回路 $\qquad I_C = 2.7 U_N l \times 10^{-3}$ （A） （4-36）

有架空地线单回路 $\qquad I_C = 3.3 U_N l \times 10^{-3}$ （A） （4-37）

架空线路的单相接地电容电流还可以按下式计算

$$I_C = \frac{U_N l}{350} \quad (A)$$ （4-38）

第 五 章

电弧理论和开关设备

第一节 电弧的形成和熄灭

为了安全可靠地使用各种开关电器，首先必须掌握开关电器在断开电路时，其中所发生的过程。当开关电器断开具有电流的电路时，特别是高压电路、互相分开的开关触头间，会有电弧产生。电路中的电流借此电弧导通，就会使开关触头断不开电路，因而烧毁设备，危及人身安全。尤其是在电路发生短路故障时，如不快速断开短路电流，就会造成大面积的停电事故，影响整个系统的可靠供电。

本节着重从理论上探讨电弧形成的原因、快速熄灭电弧的方法和措施，借助于这方面的知识来更好地了解开关设备的作用。

一、发生电弧的几个因素

（一）电弧现象

电弧实际上是一种气体游离的放电现象。当断路器切断有电流的电路时，如果触头间的电压大于 $10\sim20V$、电流大于 $80\sim100mA$，在切断电路的瞬间，触头就会产生电弧。此时因触头间存在电弧，断开的电路仍然处于接通状态。只有待电弧熄灭后，电路才算真正断开。在配电网络各种配电设备（如发电机、变压器、电动机、架空线路和电缆线路等）正常运行时，需要可靠地接通或断开；在改变运行方式时，又需要灵活地进行切换操作；当网络发生故障时，又必须迅速地切除故障部分，使无故障部分继续运行。这些断开和接通电路的任务必须由开关电器来承担。在配电网络中承担这项任务的有断路器、隔离开关、熔断器、自动开关、接触器和负荷开关等。而这些开关电器在断开具有一定电压和电流的电路时，相互分开的开关触头之间产生一种强烈的白光，这种白光称为电弧。

由于电弧能量集中、温度高、亮度强，当用 10kV 少油断路器断开 20kA 的电流时，电弧功率可高达 10000kW 以上，这样高的能量几乎全部变为热能。所以电弧持续不息，就会烧坏设备触头和触头附近的绝缘，这不仅延长了断路时间，甚至使断路器内部压力剧增，引起油断路器爆炸。因此，高压开关电器在切断高压电路时，怎样使电弧迅速熄灭是一个重要问题，为此我们首先应了解电弧是怎样形成的。

（二）形成电弧的四因素

1. 强电场发射

当开关触头刚分开的瞬间，触头之间的距离很近，所以分开的缝隙间电场强度 $E(V/cm)$ 很大，在此强电场作用下，电子从阴极表面被拉出而奔向阳极，这种现象称为强电场发射。电场强度越大，这种金属表面发射电子量也越增加。但随着触头的逐渐分开，触头之间的距离增大，电场强度 E 随之减小，发射电子量也就迅速减小了。

2. 热电发射

当触头分开瞬间，由于触头间的压力减小，使其接触电阻和发热迅速增大，这时在电极上出现强烈的炽热点。与此同时，正离子迅速移向电（阴）极，其能量被电极吸收，使阴极表面温度升高，便发射出电子，因而弧隙中电子数目增加，这种现象称为热电发射。

3. 碰撞游离

奔向阳极的自由电子,因具有很大的动能,在运动的过程中,如果碰到中性原子,所持的一部分动能就传给原子;若自由电子所持能量足够大时,可将中性原子的外围电子撞击出来,使它也变为自由电子。新产生的自由电子和原来电子一起继续受到电场的作用而运动,又继续获得新的动能,再次碰撞出新的自由电子。如此继续碰撞,在弧隙中的自由电子和离子浓度不断增强,成为游离状态,这种游离过程称为碰撞游离。当开关触头间积聚的自由电子和离子达到一定浓度时,触头间有足够大的电导,使触头间的介质击穿,开始弧光放电,此时电路仍有电流通过,这就是电弧产生的主要原因。

4. 热游离

热游离是维持电弧燃烧的主要原因。在弧光放电和触头拉开距离增大后,弧柱的电场强度减小,碰撞游离减弱。这时由于弧光放电产生的高温使弧心有大量的电子移动,弧心的温度可达 10000℃以上,而电弧表面的温度可达到 3000~4000℃以上。电弧的高温,依靠通过它的电流所产生的热来维持,即依靠电网的电能来维持。

因为弧心部分的气体(介质)温度很高,在弧心区域内,气体中的质点将发生迅速而又不规则的热运动。在这样高温下,如果具有足够动能的高速中性质点互相碰撞时,中性质点将会被电离,形成自由电子和正离子,这种现象称为气体的热游离,弧柱的导电性主要靠这种现象来维持。

上述电弧形成的四因素,实际上是个连续过程。当触头刚开始分开时,强电场发射和热电发射所产生的自由电子,在电场作用下移向阳极。以后,电子在运动的过程中,产生碰撞使弧道中的气体游离,进而产生电弧。由于游离现象的存在和电弧的产生又使热游离继续进行,电弧持续不断的燃烧。其实,电弧形成的这些因素都是贯穿在电弧形成的整个过程中,只不过在某一过程中哪个因素起主要作用而已,切不要把电弧的形成过程误解为一个单独因素作用的结果。

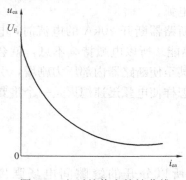

图 5-1　电弧的伏安特性曲线

(三)电弧的伏安特性

图 5-1 所示为电弧的伏安特性曲线,表示电弧的电流和电压关系,即 $u_{ea}=f(i_{ea})$。由图可见,随着电弧电流的增大,电弧电压(维持电弧的电压)降低。这是因为电弧电流的增大,使热游离加剧,而电弧电阻的变化与电流平方成反比,即 $R_{ea}\propto\dfrac{1}{i_{ea}^{2}}$。曲线与纵轴相交点的电压值 U_F 称为发弧电压,即比 U_F 值小的电压就不能点燃电弧。发弧电压的大小与触头间的距离、弧隙温度、压力以及触头的材料等因素有关。

二、游离和去游离条件

上面在讲述气体游离的过程中也同时存在着相反的过程,这就是去游离过程。因此在电弧中连续发生两个相反的过程,即形成新的带电质点的游离过程以及消除或中和带电质点的去游离过程。弧隙的去游离是靠离子的复合和扩散两种形式进行的。下面我们就对两种形式分别予以讨论。

(一)带电质点的复合

所谓带电质点的复合（或称为再结合），就是带正电的离子和带负电的离子交换本身的多余电荷，成为中性质点。而电子和正离子之间复合的可能性很小，电子往往只能借助于与中性原子结合成负离子后才能与正离子进行复合，因为电子运动的速度约为离子运动速度的1000倍。然而正负离子的质量和运动速度大致相等，所以两者复合的几率很高。复合的几率一般决定以下几个方面。

（1）电场强度越小，离子运动速度越慢，复合的机会越多；

（2）电弧截面积越小，也就是弧柱越细，复合的作用越强；

（3）电弧的温度越低，离子的运动速度越慢，复合的机会也越多；

（4）与电弧接触的固体介质表面，也容易发生带电质点强烈复合。这是因为电子是较活泼的质点，它先使得介质表面充电到某一负电位，因而使负离子和电子从固体介质表面离开，而正离子则被吸引到固体介质表面上，复合成中性质点。复合的过程常是在与电弧直接接触的管子或狭缝的内壁间进行的。

（二）带电质点的扩散

扩散是弧柱中的自由电子及正离子，由于热运动而从弧柱内部逸出进入周围介质的一种现象。弧隙中发生扩散的主要原因，是由于电弧与周围介质的温度相差很大，或者是由于电弧内和周围介质中离子的浓度相差很大。扩散到周围介质中的主要是正离子，它与气体中的电子或负离子进行复合，而失去带电性，所以说带电质点的扩散使弧隙中的正离子减少，有助于电弧熄灭。

扩散的速率决定于电弧表面带电质点的数目，因此与电弧直径成反比。这样随着电弧截面的减小，复合和扩散均加强了，这对熄灭电弧是很有利的。例如，在交流电弧中当电流接近零值时，电弧的截面减小很多，去游离过程也就很强烈。

此外，用任何一种较冷的、未游离的气体吹动电弧时，将使扩散加强。因为这时电弧周围介质温差增大，并不断有新的气流和自由电子接近电弧，使扩散出去的离子复合加强。同理，使电弧在周围介质中移动也会得到同样结果。

（三）电弧的熄灭过程

电弧的熄灭过程取决于电弧发生游离和去游离过程。要熄灭电弧，就必须剧烈地削弱游离，加强去游离。为此，必须减弱或完全终止热游离，并加强带电质点的复合和离子向周围介质扩散。

当切断交流电路时，在开关触头间便产生了交流电弧。因为交流电流以 $50Hz$ 的频率作正弦变化，电流的方向每半周期改变一次，每秒钟要通过零点 100 次（$2f$），电弧不可能在没有电流的情况下燃烧，所以电弧每半周熄灭一次，然后重新燃烧。在交流电经过零时，正好是去游离的好时机，这就说明交流电弧比直流电弧容易熄灭。

游离和去游离表现为弧隙内部有两个相互对立的过程同时进行，一个是弧隙中的介质强度的恢复过程、另一个是弧隙电压（电弧电压）的恢复过程。

1. 介质强度

介质强度是弧隙中介质能承受不被击穿的最大电压，或称抗电强度。当电流通过零值的瞬间，弧隙中的游离状态并不能立即消失，但很弱。在此期间，正是介质强度的最好恢复时间，而且恢复最快。介质强度决定于介质特性（如气体介质的导热系数、介电强度、热游离温度和热容量等），也决定于介质的种类（如空气、油、SF_6 等），还决定于弧长的大小、弧隙的冷却条件等。

2. 电弧电压

电弧电压是维持电弧燃烧的电压。电弧电压的恢复过程，就是当电流经过零值后电弧熄灭时，弧隙间电压增大至电源电压的过程。对于纯电阻电路，电弧熄灭，电路断开，电弧电压立即等于电源电压。对于电感或电容性电路，由于电流与电压的相位不同，因而电弧电压的恢复过程比较复杂，这与电弧能否重燃有密切关系。

如果两种过程同时进行期间，触头上正在恢复的电弧电压高于介质强度的击穿电压，电弧将重新燃烧；相反，如果介质强度的击穿电压高于电弧恢复电压时，电弧将熄灭，电路保持断开状态。

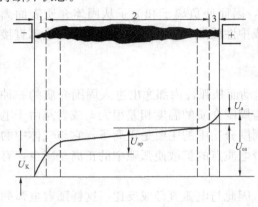

图 5-2　沿电弧分布的电弧电压

（四）电弧电压的分布

维持稳定电弧的电压称为静态电弧电压。沿电弧分布的电弧电压如图 5-2 所示。现将电弧电压分为三部分，即

$$U_{ea} = U_K + U_{ap} + U_a$$

式中　U_K——阴极电压降；

U_a——阳极电压降；

U_{ap}——弧柱电压降。

电弧的阴极区 1 和阳极区 3 范围很小，在大气中约为 10^{-4} cm，因为电极附近的效应，造成了靠电极附近的电位梯度很高，即电压变化较大。在阴极区 1 附近，阴极电压降为 U_K；在阳极区 3 附近，阳极电压降为 U_a。阴极电压降 U_K 的大小，决定于电极材料和电弧在其中燃烧的介质，一般不超过 $10\sim20$V。阴极附近的电位梯度为 $10^5\sim10^6$ V/cm，此值大小与电弧电流无关。其原因是在阴极附近的电子较少，即一部分电子从阴极发射出来后，很快获得较高速度离开阴极区；还有一部分电子从阴极出来后，立即与正离子结合。而运动速度缓慢的正离子则集中在阴极区域内，成为空间电荷，形成集中的电场，致使阴极区内电位梯度较高。

阳极电压降一般小于阴极电压降（$U_a<U_K$），而且阳极电压降的变化较大，在很大程度上决定电弧电流的大小。当电流很大时，阳极电压降接近于零。

沿弧柱 2 的电压变化是均匀的，在弧柱中，最主要的物理现象是热游离，热游离是维持电弧燃烧的主要因素。稳定电弧的弧柱，其中游离与去游离的过程是平衡的，即弧柱区内单位长度上的正、负电荷大约相等。因此，沿弧柱的电位梯度为一常数，并且只有当加到电极上电压总是大于阴极电压降时，电极间电弧才会存在。

长度为几厘米以上的电弧，通常称为长弧。长弧的电弧电压主要由弧柱电压降组成，而阴极和阳极电压降可以忽略不计。高压断路器中电弧绝大多数是长弧，电弧长度与触头分开的距离有关。

三、熄灭电弧的方法

在现代开关电器中，根据上述电弧产生的因素和熄灭过程，广泛采取了下面几种灭弧方法。

（一）利用纵向或横向吹动电弧的方法灭弧

当油断路器中的变压器油受到电弧的高温作用时，便分解、蒸发并在电弧周围形成高压的气流。利用这种高压气流在触头间纵向吹冷电弧［见图5-3（a）］，称为纵向吹弧；利用这种高压气流在触头间横向吹冷电弧［见图5-3（b）］，称为横向吹弧。如果横向吹弧时，在电弧的侧面（正对着气吹的方向）装有绝缘材料制成的隔板时［见图5-3（c）］，隔板能阻碍电弧沿气流方向的自由移动，使空气和电弧更紧密地接触，促使气流渗入弧柱中去，并使电弧的长度和表面积更大，同时又使电弧与固体介质不断接触，这样使电弧的去游离过程更加强烈。可见高压气流除吹冷电弧外，还可以利用气流的压力提高介质强度。

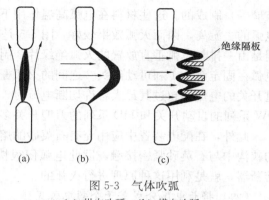

图 5-3　气体吹弧
(a) 纵向吹弧；(b) 横向吹弧；
(c) 有横向绝缘隔板的横向吹弧

一般来说，横吹电弧的效果比纵吹电弧好。有横向绝缘隔板的横吹电弧效果更好。

例如 SN10-10 型少油断路器，是采用纵、横气吹和机械油吹联合作用的灭弧结构，使触头不断接受新鲜油冷却，以减少烧损。

（二）电弧在周围介质中移动灭弧

这种灭弧方法主要用在低压开关电器中。电弧在周围介质中移动也能得到气体吹弧的同样效果。例如：

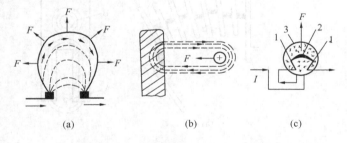

图 5-4　电弧在周围介质中移动
(a) 电弧在电动力影响下伸展；(b) 电弧在磁性材料影响下移动；
(c) 电弧在磁吹动影响下移动
1—触头；2—电弧；3—磁吹螺管线圈

（1）如图 5-4（a）所示，在各部分电弧电流之间的电动力 F 的相互作用下，所产生的热气流可促使电弧向上拉长熄灭。

（2）如图 5-4（b）所示，在电弧电流与任何磁性材料的相互作用下灭弧。这种灭弧作用是因为电弧的磁通在磁性材料影响下移动而产生的，而电弧的移动力求使磁通具有最小的磁阻位置。

（3）利用磁吹动灭弧［见图 5-4（c）］。磁吹动原理是当触头 1 分开时，在触头 1—1 间产生电弧 2，磁吹螺管线圈 3 放置得使线圈磁通和电弧垂直，当磁吹螺管线圈 3 中通入电流 I 时，所产生的磁场方向是垂直书面向里，按左手定则，电弧在磁场中所受的电磁力 F，使电弧向上运动，致使电弧拉长熄灭。我国生产的 CN2 系列自动灭磁开关的灭弧系统，就是利用磁吹动原理灭弧的。

（三）在固体材料制成的狭缝或狭沟中灭弧

电弧与固体介质紧密接触时，使电弧的去游离大大加强。这是因为在固体介质表面的带电质点强烈复合，狭缝或狭沟中压力增大以及固体介质对电弧冷却的结果。

在某些灭弧装置中，所采用的固体有机物质，在电弧的高温作用下，分解出氢气、二氧化碳和水蒸气，这些气体均可起到吹散电弧的作用，其中以氢气的灭弧性能最好。

有些开关电器的灭弧罩、灭弧栅和沟壁就是利用能产生气体的固体材料（如纤维、有机玻璃等)制成的。这些材料在电弧高温作用下所产生的气体,使狭缝中压力增大,并加强了电弧的去游离,因而灭弧效果较好。图 5-5 是应用狭沟灭弧的低压开关灭弧栅示意图,灭弧栅是由一排与电弧垂直放置的灭弧绝缘片 3 制成。如果利用磁吹线圈(见图 5-4 的 3),可使电弧在固定触头 1 和可动触头 2 之间的灭弧栅中迅速移动熄灭。应用灭弧栅灭弧时,如果通过开关的电流不超过其最大容许切断电流时,则电弧不会越出灭弧栅之外。目前我国生产的 DW 系列的自动开关和 HD 系列的刀型开关多采用灭弧栅进行灭弧。

此外,在配电装置中应用充有石英砂的熔断器,当其熔体烧断时,电弧发生在熔体形成的狭沟中与石英砂紧密接触,因此电弧便很快地去游离而熄灭,目前我国生产的 RT0 系列熔断器,就是利用这种原理进行灭弧的。

(四)将长电弧分成若干个短电弧灭弧

如图 5-6(a)所示,在固定触头 1 和可动触头 2 之间发生的电弧,进入由几个与电弧垂直放置的金属片 3 所制的灭弧栅内。这样一个长电弧便被一串短电弧所代替。适当地选择金属片的数目,使加到开关触头上的电压小于所有短电弧的阴极和阳极电压降之和时,则这电压不足以维持这些短电弧,电弧即迅速被熄灭。而且灭弧栅的金属片也能使电弧冷却,有助灭弧。我国生产的 DZ 系列自动开关的灭弧室,就是用金属薄片分割电弧,消除游离电子灭弧的。

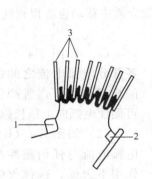

图 5-5　用灭弧绝缘片组成的灭弧栅

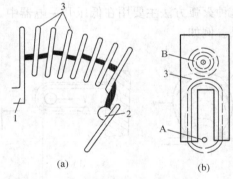

图 5-6　用金属片制成的灭弧栅
(a) 灭弧栅;(b) 钢制栅片

如果栅片用钢制成,为了使电弧迅速进入灭弧栅内,需要用磁吹,该装置比较复杂。如图 5-6(b)所示,若钢制栅片有矩形缺口时,电弧便被自己的磁通移动所造成的力吸入栅内。在开关触头分开的初期,电弧在栅片矩形缺口的 A 处形成,以后电弧沿缺口不断上升,趋于 B 位置(因为在 B 位置的电弧磁通的磁阻为最小)。因此在 B 位置的电弧就分成了一串短电弧,这样就省去了磁吹装置。

(五)利用多断开点灭弧

这种方法是在开关电器的同一相内,可制成两个或更多个断开点。图 5-7 为开关电器的一相内有几个断开点的触头示意图。当触头制成几个断开点后,则在一相内便形成了几个串联电弧,所有电弧的全长为一个断开点电弧的几倍(当可动触头的运动速度相同时)。图 5-7(a)表示为只有一个断开点的情况,电弧的形状短而粗。图 5-7(b)为两个断开点的情况,此时电弧形状变得较长而细。图 5-7(c)为四个断开点的情况,这时的电弧形状变得更加长和细。可见在其他条件相同时,具有多个断开点的开关电器,能很快灭弧,并可在很高电压下切断很大电流。我国生产的 SN3-10 型少油断路器，就是利用这种原理进行灭弧的。

（六）真空电弧及其熄灭

以上讨论的是在 0.1MPa（一个标准大气压）及以上的气体中燃烧的电弧，通常称为气体电弧。下面再讨论在 $1.33 \times 10^{-2} Pa$ 以下的真空容器内燃烧的电弧，称为真空电弧。真空电弧实际上是在触头材料产生高密度的金属蒸气中燃烧的电弧，所以也称为金属蒸气电弧。

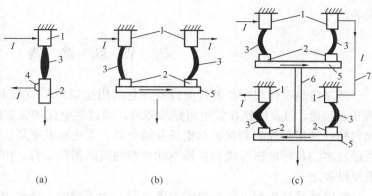

图 5-7　开关电器的一相内有几个断开点的触头示意图

(a) 一个断开点；(b) 两个断开点；(c) 四个断开点

1—固定触头；2—可动触头；3—电弧；4—滑动触头；5—触头的横担；

6—绝缘杆；7—载流连接条

1. 真空电弧的分类

真空电弧的分类，按其形态可分为扩散型和聚集型两种。

（1）扩散型电弧：就是当采用一般电极，开断电流为 5~6kA 及以下时出现的电弧。这种电弧在阴极表面上有许多分裂而明亮的阴极斑点，这些斑点互相排斥，并且作无规则的高速运动。阴极的平均温度通常是在触头材料的熔点以下。阳极触头只是起接收电子的作用，而不存在阳极区。由于电弧的生成物少，弧柱区的金属蒸气压力也降低，而且带电粒子密度减小，所以中性金属原子和电子的碰撞几率很小，电弧电压低，电弧能量小。在电流过零后，触头不会再产生阴极斑点，触头间的介质绝缘强度恢复十分迅速，因此在触头开距足够大时，扩散性电弧很容易被熄灭。

（2）聚集型电弧：就是采用一般电极，开断电流为 6kA 以上时出现的电弧。这种电弧是扩散型电弧受磁力作用聚集在一起而形成的。阴极上分散的阴极斑点，受磁力相互吸引作用而重新聚集，最后形成明亮而运动速度缓慢的阴极斑点。此时触头温度高，阴极和阳极表面均可能发生严重的局部熔化和烧损现象。聚集型电弧的生成物多，弧柱的金属蒸气压力高，带电粒子的密度大，中性的金属原子和电子碰撞几率多，电弧电压明显增加，比扩散型电弧电压要高得多。电流过零后，由于电极高温仍能继续向弧柱区域输送金属蒸气和带电粒子，因此触头间的介质强度恢复缓慢，易导致电弧复燃或重新击穿。聚集型电弧难以熄灭，应设法避免。

2. 真空电弧的熄灭

这种电弧的熄灭主要取决于触头的阴极现象和阳极发热程度以及等离子体向周围空间迅速扩散的作用。它是利用电流过零这一有利条件，即在灭弧室的真空度为 $1.33 \times 10^{-6} \sim 1.33 \times 10^{-2} Pa$ 范围内，由于弧柱区的压力较高，则易导致弧柱等离子体向四周空间迅速扩散而灭弧。近来研究的成果表明，可以利用增大触头有效表面积的方法，提高扩散型电弧的临界电流，以避免产生聚集型电弧。按照这种灭弧原理制造的 ZN5-10 系列的真空断路器，已经广泛地应用在频繁操作及故障较多的场所，如控制电炉变压器、投切电容器组及高压电动机等。

第二节 断 路 器

　　断路器是一种很重要的开关设备，它的用途是使 1000V 以上的高压电路在正常负荷下断开或接通，以及电路在发生短路故障时，通过继电保护装置的作用，将电路自动断开，因此它是一种担负控制和保护双重任务的电器。无论在发电厂、变电所或配电室内，常会看到数量较多的各种电压等级和各种不同类型的断路器在运行。由此可见，断路器是电力系统中重要设备之一。

　　断路器是高压配电装置中的主要电器，为了确保上述作用的实现，断路器应满足下列基本要求。

　　1. 工作可靠

　　断路器在电力系统中起着重要的控制和保护作用，如果产品质量不高，在电路发生故障时，断路器不能正常可靠地跳闸，则事故得不到控制，影响范围就会迅速扩大，造成大面积停电。例如一台 10～35kV 的断路器发生故障，可能造成几个或几十个工矿企业停电。因此，断路器的正常运行，是电力系统可靠供电的重要因素之一，所以要求断路器的工作必须有高度的可靠性。

　　2. 能承受很大的瞬时功率

　　电力系统的故障电流，往往是额定电流的几倍或几十倍，持续时间达几秒钟。因此断路器应能承受开断及关合该类故障电流的能力。

　　3. 动作时间快

　　开断故障电流的快慢，会直接影响电力系统输送功率的大小和运行的稳定性。为此，电力系统要求断路器得到继电保护装置的动作信号后，应在百分之几秒内断开故障电流，并在连续的"合"、"分"操作中，触头短接时间应在 0.1s 以内。

　　由于要求断路器既能断、合正常负荷，又可切除短路故障，所以断路器中最主要的问题是如何熄灭触头分开瞬间所产生的电弧，即必须具备一种可靠的灭弧装置。根据所采用灭弧介质的不同，通常将断路器分为多油断路器、少油断路器、真空断路器、固体产气断路器等多种。本节主要介绍配电网络中常用的各种断路器结构、工作原理、技术参数和特点。

一、少油断路器

　　少油断路器的油只作为灭弧介质，所以用油量较少。其导电部分和灭弧室对地绝缘，是用瓷或有机材料制作。这种断路器的结构简单、制造方便，目前在户内配电装置中应用较多。SN10-35 型和 SN10-10 型户内式少油断路器是户内配电装置中常见的两种，而且产品已定型，所以我们对这两种型号断路器作为分析对象，其中以 SN10-10 型为主。

　　（一）SN10-10 型少油断路器的结构原理

　　SN10-10 型少油断路器适用于 3～10kV 配电网络，作为保护和控制用的高压电气设备，也可以用于频繁操作的场所和用来切断电容器组。

　　SN10-10 型少油断路器的型号含义如下：

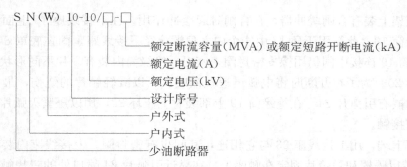

S N(W) 10-10/□-□

额定断流容量（MVA）或额定短路开断电流（kA）
额定电流（A）
额定电压（kV）
设计序号
户外式
户内式
少油断路器

例如，SN10-10/1000-500 型少油断路器是指额定电压为 10kV，额定电流为 1000A 和额定断流容量为 500MVA 的三相户内式少油断路器。

1. SN10-10/$\frac{600}{1000}$-300 型原理结构

图 5-8 是 SN10-10/$\frac{600}{1000}$-300 型少油断路器的基本结构图。断路器油箱下部的底罩 8 是由高强度的球墨铸铁制成的，在底罩下部有可拆卸的放油螺栓 7，放油时需将放油螺栓全拧下。放油螺栓上部装有油缓冲器的活塞杆 9，当断路器分闸时，导电杆 18 的下端正好插入缓冲器孔内起到缓冲作用，即将导电杆分闸动作过程结束时的动能，转化为油缓冲器的热能，以保证在制动过程中不产生危及设备正常运行的冲击力。在底罩的突起部分装有转轴 11，用弹性销 10 与主拐臂口及连臂相连，拧下外部螺栓可以装卸弹性销 10。在连臂上装有防止过大冲程而遭意外损坏的缓冲橡皮垫 13。底罩的上部固定着下接线座 15，并用橡皮密封圈 14 进行密封。导电杆与接线座为滚动接触形式，它是由触头架及两对紫铜滚轮（即滚动触头）和压缩弹簧组成。滚轮在压缩弹簧的作用下与导电杆 18 及下接线座 15 紧密相接触（即圆柱面与圆锥面的接触），同时还具有很小的摩擦阻力。

导电杆 18 通过连臂与主拐臂 12 相连，并穿在两对滚轮中间，导电杆 18 上端有可更换的铜钨合金的动触头，并用弹簧压紧防松。

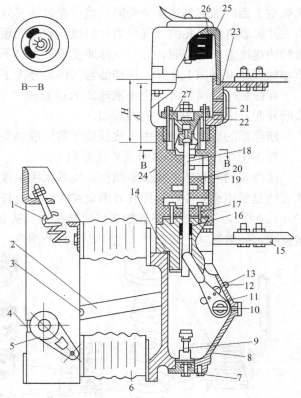

图 5-8　SN10-10/$\frac{600}{1000}$-300 型少油断路器的基本结构图

1—分闸弹簧；2—绝缘拉杆；3—拐臂；4—轴承；5—主轴；6—绝缘子；7—放油螺栓；8—底罩；9—油缓冲器活塞杆；10—弹性销；11—转轴；12—主拐臂；13—缓冲橡皮垫；14—橡皮密封圈；15—下接线座；16—紫铜滚轮；17—下压环；18—导电杆；19—绝缘筒；20—灭弧片；21—油面指示器；22—上压环；23—上接线座；24—引弧片；25—上帽；26—油气分离器；27—静触头

断路器框架上装有合闸缓冲器，在合闸时起缓冲作用。在下接线座 15 上面安装有高强度玻璃钢绝缘筒 19，此筒用压环 17 由 4 个内六角螺栓经下接线座紧固在底罩 8 上。下接线座 15 与绝缘筒 19 连接中间仍用橡皮密封圈来密封，绝缘筒内装有 6 片不同形状的耐弧塑料制成的灭弧片 20。为了在开断时将电弧迅速拉向喷口，以减轻触片的烧伤，最上面的灭弧片靠喷口方向嵌有引弧片 24。在绝缘筒 19 上部装有上压环 22，用以压紧灭弧片，达到片与片之间的严密接触。

在绝缘筒上端，用上接线座 23 与它相连，其间也有密封圈。上接线座内装有瓣形静触头 27，触片借以隔栅和弹簧片固定在触座上，在靠近引弧片 24 喷口处的三片触片顶端嵌有铜钨合金。上接线座外侧装置有机玻璃的油面指示器 21，用以观察断路器内部的油面高度。

断路器最上部是上帽 25，里面装有油气分离器 26（内腔为空气室），并用一个 M12 螺钉固定在帽上部。在灭弧过程中，电弧蒸发和分解产生的气体经过吹弧道向外排出，并穿过灭弧室上面的油层到达缓冲空间，然后经过油气分离器排到大气中。惯性式油气分离器，它由三片带着许多斜孔的油气分离片组成。它的原理是利用油与气体比重不同，当油与气的混合物的速度方向改变时，油与气体所受惯性力也不同，比重大的油滴被甩到周围壁上，而比重小的气体继续向上运动，这样油与气体就分离了，最后气体经罩上排气孔排出。

在静触座中间装有一个小钢球式的逆止阀（见图 5-8），起单向阀门作用，主要防止触头断开时，电弧烧伤触片的内表面。

断路器的导电回路是由上接线座经瓣形静触头、导电杆、滚轮至下接线座。

2. SN10-10 系列断路器灭弧室结构

这种系列断路器的灭弧室结构，均系采用纵横气吹和机械油吹联合作用的灭弧原理。灭弧方法是采用逆弧原理，即在开断电路时，导电杆向下运动，电弧向上运动。图 5-9（a）为 SN10-10/1250-750 型断路器的灭弧室结构图。灭弧室由 6 片灭弧片组成，其结构特点是三级横吹，一级纵吹。灭弧片 1 的中心孔为凸圆形，用以产生预排油，提前吹弧；灭弧片 2 的

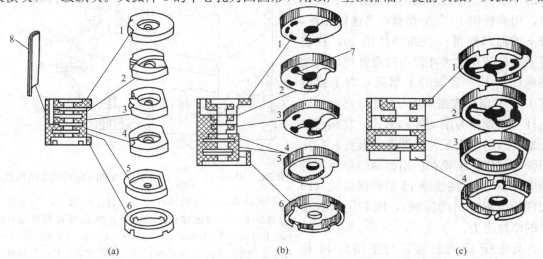

图 5-9   SN10-10 系列断路器的灭弧室结构图

(a) SN10-10/1250-750 型；(b) SN10-10/1000-500 型；(c) SN10-10/600-300 型

1～6—灭弧片；7—油囊；8—绝缘瓦片

油囊与中间触头处的油相通，可以形成体积补偿，并在开断小电流时因有油吹作用而增强熄弧能力；灭弧片 2、3、4 的横吹弧口呈喇叭形，而且相互成 45°，左边耐弧绝缘瓦片的作用是防止高温气体烧伤绝缘筒。图 5-9（b）为 SN10-10/1000-500 型断路器的灭弧室结构图，它与 750MVA 的结构相似，为三级横吹，二级纵吹。但 3 片油囊均与中间触头处的油相通，灭弧片 1 在吹口方向上部有引弧铁片，以吸引电弧。图 5-9（c）为 SN10-10/600-300 型断路器的灭弧室结构图，它为二级横吹，一级纵吹，二道横吹弧口布置在同一方向。以上三种灭弧室各灭弧片，均有定位销，以防装错。

　　在开断满容量的大电流时，由于电弧能量很大，灭弧室内产生高压力，气吹效果很强，一般在第一横吹道打开后，电弧就能熄灭。在开断较小电流（如在开断 30%～60% 容量的电流）时，由于气吹效果较差，在第一横吹道打开后电弧还不能迅速熄灭，因此在导电杆继续向下运动，拉长电弧，即第二、第三横吹道又相继打开后，气吹效果加强，电弧才能熄灭。在开断更小的电流（如空载线路）时，需要经过如图 5-10 所示的 4 个阶段，其 4 个阶段分述如下。

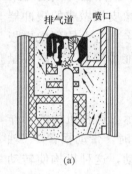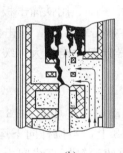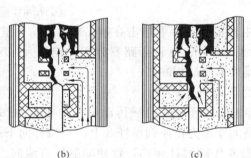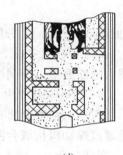

图 5-10　SN10-10 型少油断路器开断小电流过程

(a) 封闭气流阶段；(b) 横吹阶段；(c) 纵吹、横吹阶段；(d) 熄灭后回油阶段

　　(1) 封闭气流阶段。图 5-10(a) 为动、静触头分离，产生电弧的情况。此时由于压力差的作用，油气通过喷口、排气道向上帽排出；因排气道上部有油层，气流处于被封闭状态，排气的速度受到限制，所以气流在喷口附近对电弧的作用很弱。在这个阶段，电弧很难熄灭。

　　(2) 横吹阶段。如图 5-10（b）所示，当动触头分开经过一段时间后，触头开距增大，排气道完全打开，气流高速度横吹电弧并冲向上帽，在喷口附近使电弧强烈冷却、去游离。

　　(3) 纵吹、横吹阶段。如图 5-10（c）所示，由于电流小，灭弧能力不够，动触头继续向下运动到纵吹口以下，同时利用纵吹和横吹作用，当电流过零时，电弧才能熄灭。

　　(4) 熄弧后的回油阶段。如图 5-10（d）所示，残存的气体继续排向上帽，上部油回流到动静触头间隙，为下次开断做好准备。

　　与此同时，在上述电弧熄灭过程中，由于导电杆不断快速向下运动，迫使与导电杆同体积的油压入灭弧室内，形成机械油吹。

　　3. SN10-10 型少油断路器的触头和缓冲器

　　(1) SN10-10 型少油断路器采用插入式的可分触头，它分为动触头和静触头两部分。动触头［见图 5-11（a）］由耐弧触头 1 及动触杆 2 组成，它由触头架 4 和滚轮 3 引导做直线的上下运动，合闸时向上，分闸时向下。静触头［见图 5-11（b）］装在油箱顶部，主要由触指

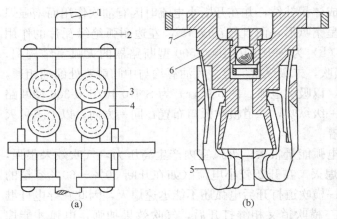

图 5-11　SN10-10 型少油断路器的触头

（a）动触头；（b）静触头

1—耐弧触头；2—动触杆；3—滚轮；4—触头架；5—触指；
6—触头弹簧；7—触头座

5，触头弹簧 6，触头座 7 三部分组成。动、静触头上的耐弧复合材料，一般采用铜钨合金（铜 20%，钨 80%），铜钨能使合金的硬度大、熔点高，保证开断时的烧损减少。

（2）断路器合闸时采用弹簧式合闸缓冲器［见图 5-12（a）］。当断路器合闸时，动触杆端部推动顶杆 1，通过拐臂 3 使合闸缓冲弹簧 2 压缩储能；分闸时，弹簧释放，反时针推动拐臂 3，用以提高动触杆的刚分速度。断路器分闸时，采用铁撞击板和橡皮板做成的缓冲器［见图 5-12（b）］。分闸时主轴拐臂 3 落下撞击在撞击板 4 上，撞击板将冲击力传到橡皮板 5、铁片 6 和固定板 7 起到缓冲作用。这种断路器分闸动能不大，缓冲能量较小。开断容量较大的断路器，分闸缓冲器可采用油缓冲器。

4. SN10-10 型少油断路器的传动机构

SN10-10 型少油断路器采用四连杆式机械传动机构，如图 5-13 所示。这种机构的动作是通过操动机构或合闸弹簧的作用力传递到拉杆 8 上，当拉杆向下运动时，带动拐臂 1、轴 2、拐臂 3 和 4，轴 5 和拐臂 6 作顺时针转动，致使动触杆直线向上运动，这种机构使转动变为动触杆直线运动，所以称为变直四连杆机构。

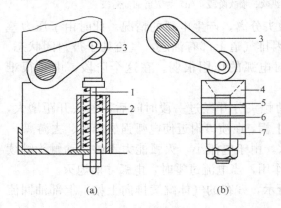

图 5-12　SN10-10 型少油断路器合、分闸缓冲器

（a）合闸缓冲器；（b）分闸缓冲器

1—顶杆；2—合闸缓冲弹簧；3—拐臂；4—撞击板；
5—橡皮板；6—铁片；7—固定板

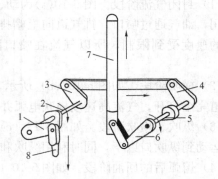

图 5-13　SN10-10 型少油断路器
传动方式

1、3、4、6—拐臂；2、5—轴；
7—动触杆；8—拉杆

断路器在分闸或合闸状态下，应该使动触杆 7 可靠地保持在原有位置。分闸时是依靠弹簧的预拉力和运动部分本身的重力，使触杆保持在分闸位置；合闸时是依靠操动机构的锁扣扣住，以克服分闸弹簧的拉力及运动部分的重力，使机构保持在合闸位置。这种传动机构的

动作原理如下。

（1）合闸。操动机构通过传动臂连杆将力传到框架的拐臂上，并由主轴推动 3 根绝缘拉杆使三相动触杆向上作直线运动，最后插入静触头中。此时主轴拐臂碰上并压缩合闸缓冲器，直至合闸最终位置时，由操动机构锁扣扣住，使断路器保持在合闸位置。与此同时，框架上的主轴挂住分闸弹簧的拐臂，将分闸弹簧拉伸并储能。

（2）分闸。当操动机构由电动或手动脱扣时，由于分闸弹簧及合闸缓冲器弹簧力的作用，使框架上的主轴转动，带动绝缘拉杆等环节使动触杆向下运动。分闸过程至一定位置时，动触杆底部的分闸缓冲器开始阻尼，使动触杆的速度逐渐减慢，最后由分闸弹簧预拉力的作用，使框架的主轴拐臂紧靠在分闸定位件上，致使断路器保持在分闸位置。

（二）SN10-35 型少油断路器的结构原理

SN10-35 型少油断路器的结构原理基本与 SN10-10 型相同。其特点是这种断路器采用小车式装置（见图 5-14），分为手车和简车两种类型。所谓简车就是简化了的手车，适用于 35kV 三相交流配电网络，作为保护和控制用的高压电气设备。

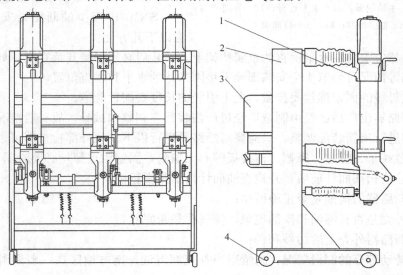

图 5-14　SN10-35/1250-16 型少油断路器外形图

1—油标；2—车架；3—CD10 操动机构；4—车轮

目前常用的这种断路器有 SN10-35 Ⅰ型和 SN10-35 Ⅱ型两种。其额定电流均为 1250A，Ⅰ型的额定开断电流为 16kA，Ⅱ型的额定开断电流为 20kA。

此种断路器的相间绝缘由空气保证，相间纯空气隙应不小于 300mm。当断路器在正常状态或故障状态进行分断时，产生电弧，电弧的高温使变压器油分解，顺次打开消弧室的 6 个横吹口，然后在动触头继续向下运动到纵吹口以下时，横吹、纵吹和机械油吹共同作用，使电弧尽快熄灭。

SN10-35 型少油断路器一般配备 CD10 型操动机构，进行电动合闸、电动分闸和手动分闸，也可以进行自动重合闸。

（三）SW2-35 型少油断路器

SW2-35 型少油断路器是户外型的，因此，必须采用瓷套管作油箱。但是普通的瓷套管

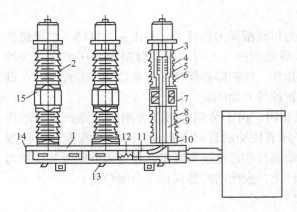

图 5-15　SW2-35 型少油断路器的结构图

1—基座；2—上瓷套管；3—静触头；4—灭弧室；5—动触
头；6—滑动触头；7—套管型电流互感器；8—下瓷套管；
9—提升杆；10—主轴拐臂；11—水平连杆；12—分闸弹簧；
13—油缓冲器；14、15—放油阀

不能承受很高的压力，所以在瓷套管和灭弧室间还需设有高强度环氧玻璃钢的承压筒。

断路器的三相装于同一个基座上（如图 5-15 所示），每相上下有两个瓷套管，为单柱式。上瓷套管中有灭弧室与触头系统；下瓷套管作为支持和对地绝缘用。传动机构和水平连杆、分闸弹簧装在断路器的基座中，并通过装在下瓷套管中的提升杆和动触头相连。

（四）SN10-10 型少油断路器的安装与维护

1. SN10-10 型少油断路器安装

SN10-10 型少油断路器安装时必须注意以下几方面。

（1）断路器应安装在水平垂直的金属构架上。安装后必须保持其垂直度，如发现断路器有歪斜、倾倒等情况可调节 4 个安装螺栓下垫圈来达到水平和垂直位置。

（2）导电母线的固定螺丝要拧紧，上下引线的长度要配置合适。

（3）该断路器出厂后已经由制造厂经过严格装配、调整和试验。故一般情况下，其内部不需要再拆卸进行重新装配调整，只需要对断路器进行以下几项外部检查即可。

1）检查各端子、螺丝、螺帽、连接板等有无缺陷，固定触点螺丝必要时紧一紧；

2）检查、清扫油面计玻璃，并检查油面计指示是否正确；

3）检查断路器的接地是否正确可靠；

4）检查外壳是否有漏油和渗油现象，排气孔是否完好；

5）清除断路器外壳上的污秽和锈；

6）检查转动部分的润滑情况，酌情适当补充润滑油，南方地区选一般润滑油即可，东北地区选用低温润滑油；

7）将断路器手动合闸时应无摩擦和滞塞现象；

8）在手动检查断路器跳闸时，注意操动机构的动作，并观察触头动作时的声音应当是清晰的；

9）应特别注意，当断路器内未注入充足的变压器油时，因为此时油缓冲器不起作用，所以不准进行快速分合闸操作；

10）检查断路器的操动机构的连接是否正确，跳闸与合闸指示器的动作指示是否正确（包括检查信号牌）；

11）在慢速分合闸动作正常后，再进行快速分合闸，并以 80% 的额定电压及 65% 的额定电压合分几次，检查动作是否正常、灵活。然后以 110% 的额定电压及 120% 的额定电压进行分合闸 1～2 次，进一步鉴定动作的可靠性。当断路器的合分闸速度达不到要求时，可适当调整分闸弹簧。

（4）安装完毕以后，检查断路器各相中心距离尺寸：固定式应为（250±2）mm；小车式应为 190±2mm。带电部分与金属接地部分之间最小空气隙按制造厂规定不小于 100mm（有关规程规定值为 125mm）；相间带电部分最小空气隙按制造厂规定也应不小于 100mm（有关规程规定值为 125mm）。

2. 投入运行前的准备工作

断路器投入运行前必须做好下列准备工作。

（1）注入合格的变压器油（南方地区使用 25# 变压器油，北方地区使用 45# 变压器油）至规定油位的高度，检查油表是否畅通，各密封处是否有渗油现象。注入变压器油的耐压试验标准是：当工作电压在 6kV 以上时，耐压必须大于 30kV；当工作电压低于 6kV 时，耐压必须大于 25kV。

（2）绝缘件应擦干净，断路器及操动机构的机械摩擦部分，应涂油润滑。

（3）对断路器进行操作试验，以确定其动作是否正常，并对断路器的回路电阻、行程和超行程以及固有分、合闸时间等项按开关检修工艺规定进行检查。应注意当采用电压降法测量回路电阻时，所通过的直流电流最好是 100A。

3. 断路器使用与维护

SN10-10 型少油断路器的使用与维护应按表 5-1 所规定的主要技术参数执行，并应注意下列事项。

表 5-1　　　　　　　　　　　　3～10kV 少油断路器技术数据

型　号	固定电压（kV）	额定电流（A）	断流容量（mVA）			额定断流量（kA）	极限通过电流（kA）		热稳定电流（kA）			固有分闸时间（s）	固有合闸时间（s）
			3kV	6kV	10kV		峰值	有效值	1s	5s	10s		
SN10-10 I	10	600	—	—	350	20.2	50	30	—	20.2（4s）	—	0.05	0.2
SN10-10 II	10	1000	—	—	500	28.9	74	42	—	28.9（4s）	—	0.05	0.2
SN10-10 III	10	3000	—	—		40	130	—	—	43.3（4s）	—	0.06	0.2

（1）经常注意保持断路器的油面高度（上、下油表线之间）。

（2）运行时应注意有无局部发热或其他异常现象。

（3）断路器在一般情况下需要定期检查。检查时先拧开帽上 4 个 M12 螺钉，然后取出静触头，观察其烧伤程度。要观察动触头时，须将断路器处于合闸位置，才能观察到动触头的烧伤程度，若烧伤极其严重时应予以更换。在检查过程中不必拆卸母线，也不允许快速分合闸。检查安装情况，应先缓慢分、合闸各 2 次，检验安装是否正确。

（4）若在表 5-1 中所规定的断路器断流容量下，并在能断开的最大开断电流的操作循环（分—0.5s 合分—180s 合分）以内，则断路器不需要检修。若开断严重短路电流次数超过规定循环以外，就需要进行大修。其大修可按下列顺序进行。

1）逐个卸下断路器的帽、静触头和灭弧室。注意各处的调节垫不要搞乱或丢失，拆下的零件经清洗后依次放入干净的零件箱中，不要碰伤漆膜，以保证大修工作的胜利完成。

2）仔细检查动、静触头、灭弧室和绝缘筒是否损坏。根据损坏程度决定是否修理或更换。在检修触头时，要求静触头的触指接触面应光滑，接触良好，弹簧片无变形，触指压力均匀。若触指烧损致使有效接触面的长度不够 7mm 应予以更换,若大于 7mm 并有适量烧损时,可用砂纸或细锉除去烧伤部分,即可继续使用。动触头应上、下垂直动作,其耐弧合金头与动触杆应装配紧固,若耐弧铜钨合金头烧损达 3mm 以上者应予以更换,更换新触头后,应调整使其对准动触杆中心。

检修后的触头,应测其接触电阻以鉴别接触是否良好,其允许接触电阻值可根据制造厂规定或参照表 5-2 执行。

表 5-2　　　　　　　　　　　断路器触头接触电阻参照值

额定电压 (kV)	额定电流 (A)	接 触 电 阻 (mΩ)	
		大修后的	运行中的
3～10	200	300～350	400
3～10	600	100～150	200
3～10	1000	80～100	150
3～10	2000 及以上	50～75	100

在检修灭弧室时,首先用干抹布将灭弧室的绝缘筒、灭弧片等零件的碳化层擦净,并保持清洁。绝缘筒和灭弧片不应有裂纹及剥裂现象,因为在灭弧时,这种裂纹及剥裂会造成灭弧室的爆炸。

灭弧室的灭弧片要排列整齐(见图 5-9),不能颠倒或把方向弄错,否则灭弧能力降低,同时也容易烧损静触头。灭弧室的紧固螺丝必须坚固,而且要分布均匀。

灭弧片和绝缘零件有严重烧损(如喷口损坏过多、破裂和起层等)时必须更换。绝缘零件若受潮,须在 80～90℃ 的烘箱中烘 24h。若绝缘筒或灭弧片部分表面发生轻微碳化时,应用刮刀、砂纸和玻璃片等将其刮掉,并在被碳化部分用绝缘漆涂上。若绝缘筒或灭弧片烧损较严重,必须更换。更换的绝缘筒或灭弧片的质量必须符合要求。

3) 用清洁的变压器油清洗绝缘筒及底罩内部。

4) 对断路器油箱内部进行检查、清理和检修后,要按拆卸时相反顺序进行装配,装配图如图 5-16 所示。装配时应注意:检查绝缘筒的 4 个内六角螺栓是否松动;各灭弧片间的定位销必须完全插入,并在安装最下面一片时,调准定位缺口的位置,使 3 个横吹与上接线座的出线方向相反并对称;按图 5-8 检查 A、H 尺寸是否符合表 5-3 所给定的数值。

5) 装配下出线时,须检查油封橡皮垫是否完好,油封面是否光洁,装配时必须细心,以防渗油、漏油。

6) 在装配上盖时,为了避免造成闪络,应将上帽罩上的排气孔的定向喷气方向背离母线安装。

7) 检修后,试验测得的导电回路电阻不应超过 $80\mu\Omega$。

8) 若支持绝缘子或绝缘拉杆等影响传动性能的部件损坏时必须更换。更换后应按表5-3中各项规定的数值进行检查。

9) 在检修过程中,必须注意不得将小零件或杂物丢失在绝缘筒或底罩内,以免运行后发生危险。若须清洗出沉积于底罩内的脏物、碎片或其他小零件时,可将罩下放油阀底盖的三个螺钉拧出后取出。

10) 断路器其他部分的紧固螺钉一般不需拆卸,以免影响运行性能。

11）调整断路器动作时间是检修断路器的一项重要工作，调整断路器动作时间的要求有：①分、合闸的动作时间应按铭牌值要求；②三相必须同期（即三相动作时间一致）。

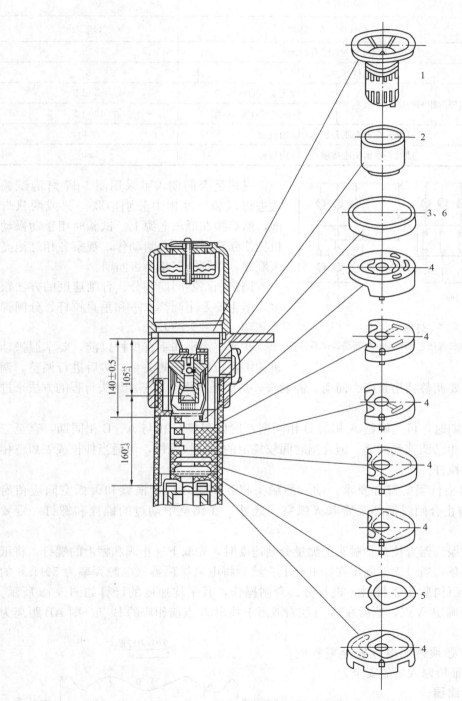

图 5-16　SN10-10 型少油断路器油箱内部装配图
1—静触头；2—金属压圈；3、6—衬筒；4—灭弧片；5—调整垫

表 5-3　　　　　　SN10-10/1000-500 型少油断路器其他技术要求

序　号	名　　　称		数　值（mm）
1	导电杆行程		160^{+1}_{-5}
2	H 尺寸（见图 5-8 标准）		117^{+5}_{-1}
3	A 尺寸（见图 5-8 标准）		129 ± 1
4	三相间 H 尺寸差值不大于		3
5	相邻两相间的中心距离	固定式 SN10-10 型	250 ± 2
		小车式 SN10-10C 型	190 ± 2
6	动触头在触头刚分后 0.01s 内行程		$\geqslant40$
7	动触头在触头刚接触 0.01s 内行程		$\geqslant40$

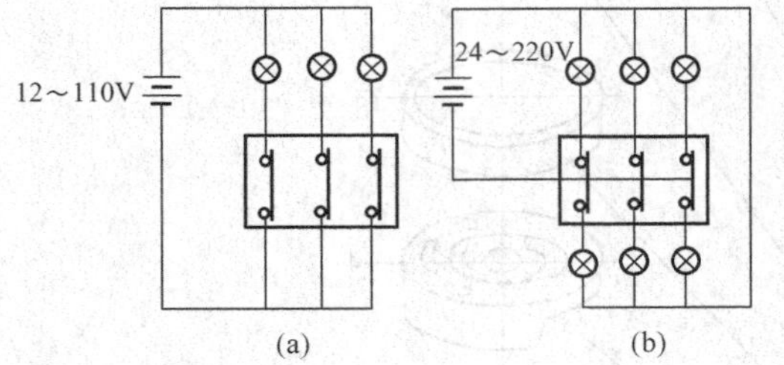

图 5-17　灯泡试验法

(a) 单断口断路器试验接线；(b) 双断口断路器试验接线

三相是否同期，可采用图 5-17 灯泡试验法进行试验。每相中分别串联一只或两只灯泡，然后接在低压电源上。试验时用手动操动机构使断路器分、合闸动作，观察各相灯泡亮灭顺序，以判断三相是否同期。

调整断路器同期和分、合闸速度的方法很多，但主要是用调整水平和垂直拉杆、分闸弹簧和动、静触头的方法。

在调整水平和垂直拉杆以前，要掌握操动机构中各拉杆之间的关系，然后进行调整。调整分闸弹簧，主要调整其松紧度。而动、静触头，主要是利用改变三相触头行程的方法来进行调整。

当三相不同期时，可先调整 A 相与 B 相同期，然后调整 C 相与 A、B 相同期，直至三相同期。如果三相已调整到同期，但合闸时间较规定的时间快或慢，可适当伸长或缩短三相垂直拉杆或水平拉杆。

调整后的触头行程要符合要求，动、静触头相互压紧之后，横梁和灭弧室间应留有一定空隙，以防止合闸时撞坏套管和灭弧室。此外，在调整中动过的螺栓和螺钉一定要拧紧。

12）用电磁振荡器直接在动触头上测量分闸速度时，先取下逆止阀和帽上的螺钉，将纸带或环氧树脂板条，通过支架固定在导电杆上。然后将电磁振荡器（电源频率为 50Hz）的笔尖与纸带或环氧树脂板条接触，进行分、合闸操作，其平均速度的计算如图 5-18 所示。图中以 25mm 处确定 A 点，然后在 A 点往右波形上找出 A 点前相应的 B 点，则 AB 距离为刚分（合）速度。

13）检修时必须遵照电业安全规程的规定进行，以保证检修人员的安全。

二、真空断路器

真空断路器是指触头在真空中开断电路的断路器，但不是在任何真空度下都可

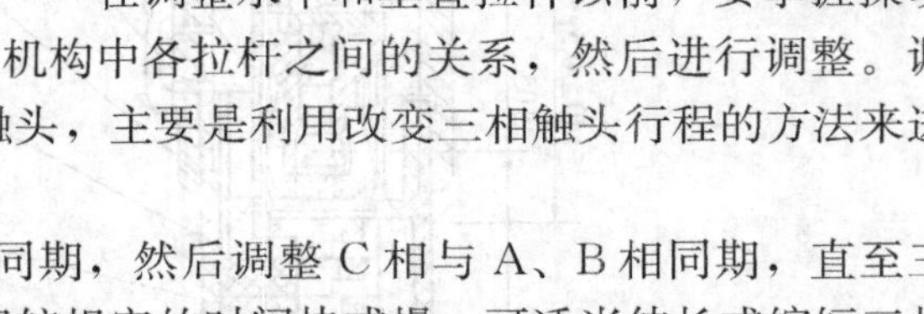

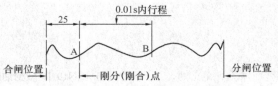

图 5-18　用电磁振荡器测量的刚分（合）速度

以。前面讲灭弧方法时曾作过交待，真空断路器是以真空（$1.33 \times 10 \sim 1.33 \times 10^{-2}$ Pa）作为灭弧的绝缘介质。真空具有很高的绝缘强度，有利于熄灭电弧。

图 5-19 是 ZN10/1000-300 型真空断路器的外形图，这是三相联动的户内式高压断路器。这种断路器通常配有电磁操动机构和电动储能弹簧操动机构，可作为配电网络频繁操作的配电开关、电容器组的保护开关、电厂厂用电开关、电炉及其他负荷控制开关等。它具有体积小、质量轻、寿命长、检修维护量少和适用于频繁操作等优点。

图 5-19　ZN10/1000-300 型真空断路器外形图

（一）真空断路器的结构原理

如图 5-20（a）所示，真空断路器主要由真空开关管 1（或称真空灭弧室）、绝缘支架 2 和电磁操动机构 3 三部分组成，此外，还有由主轴 4、支持件 5、动触杆 6、合闸线圈 7、衔铁 8 和分闸弹簧 9 等部件组成。3 只真空开关管 1 固定在绝缘支架 2 上，电磁操动机构 3 置于角钢、钢板焊制成的基座内。当操动机构合闸线圈 7 通电后，衔铁 8 动作，主轴 4 转动，固定在主轴上的 3 只支持件 5 分别推动三相开关管的动触杆 6 向上运动，断路器合闸。当断路器处于合闸位置时，合闸线圈 7 断电，衔铁被释放，由于分闸弹簧 9 的作用，拐臂 10 带动动触杆向下运动，断路器分闸。

图 5-20（b）为典型的真空开关管结构图，它是由外壳 11、静触头 12、金属屏蔽罩 13、可伐环 14、波纹管的金属屏蔽罩 15、动触头 16、静导电杆 17、动触杆 18 和金属波纹管 19 组成。管内有一对触头，触头一般采用对接式。静触头 12 焊在静触杆 17 上，动触头 16 焊在动触杆 18 上，动触杆借助于金属波纹管 19 实现密封。为了防止电弧生成物烧伤波纹管，波纹管外侧加金属屏蔽罩 15。触头周围的金属屏蔽罩 13，主要是用来吸附燃弧时触头上蒸发的金属蒸气。对于工作电压高、容量大的真空断路器，可采用多层或多个金属屏蔽罩。真空开关管的外壳一般采用玻璃、陶瓷或玻璃陶瓷材料制成。屏蔽罩 13 焊在可伐环 14 上，动、静端的玻璃外壳与可伐环封在一起组成一个密封腔，经过抽真空，使灭弧室内的气体压力降到 1.33×10^{-4} Pa 以下。在操动机构驱动力的作用下，动触杆借助于金属波纹管在灭弧室内沿纵向移动，从而分、合电路。

分、合闸时通过动触杆运动，拉长或压缩波纹管，因而不致破坏灭弧室的真空度。

真空开关的动、静触头是采用磁吹对接式的。在动、静触头的旋弧面上，开有 3 条螺旋槽，利用短路电流产生的强大磁场，驱使电弧高速旋转，从而避免触头的局部过热，以致在电流过零时，迫使电弧熄灭。

电磁操动机构是由线圈、衔铁、主轴、支持件等组成。衔铁（拍合式线圈衔铁）的动作，是通过主轴、支持件使开关管动触头作上下垂直的分、合闸动作。

绝缘部件：真空开关管导电部分由绝缘子和绝缘杆对地绝缘，真空开关管相间由绝缘罩壳绝缘。

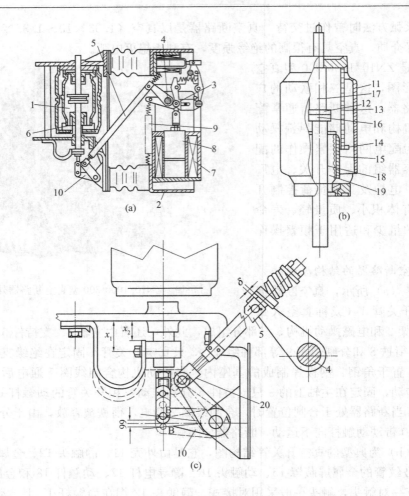

图 5-20　ZN10/1000-300 型真空断路器与真空管结构

（a）真空断路器结构；（b）真空开关管结构；（c）触头行程与超行程调整示意图

1—真空开关管；2—绝缘支架；3—操动机构；4—主轴；5—支持件；6—动触
杆；7—合闸线圈；8—衔铁；9—分闸弹簧；10—拐臂；11—外壳；12—静触
头；13—屏蔽罩；14—可伐环；15—波纹管屏蔽罩；16—动触头；17—静导电
杆；18—动触杆；19—金属波纹管；20—调节调整螺钉

为了便于选择，现将国产 10kV 真空断路器与少油断路器在某些方面的技术参数作比较，如表 5-4 所示。

表 5-4　　　　　　　　　　　　　　10kV 断路器技术参数比较

断路器型号	真空断路器 ZN2-10 型	少油断路器 SN10-10 型
主要参数	10kV，600A，200MVA	10kV，600A，300MVA
断路器本体体积（m³）	0.19	0.29
断路器及操动机构质量（kg）	75	145
电磁操动机构合闸电压、电流	220V，40A	220V，102A
带负荷允许操作次数	10000 次	几十次

（二）真空断路器的使用和维修

1. 监视真空开关管

真空断路器在运行中，应当随时监视开关管。如果发现开关管中触头未接通或仅有一个触头带电时，而且开关管内壁有红色或乳白色辉光出现，就表明管内真空度已降低，不能够继续使用，应当立即更换。

2. 定期加润滑油

应经常检查断路器的操动机构分、合闸部分的磨损情况，如有异常，应及时维修。机构的传动部分应定期加润滑油。

3. 触头行程的调整

触头行程和超行程的调整，可参见图 5-20（c），按以下步骤进行。

（1）在合闸位置时，调整三相拐臂 10 两端 A、B 两轴销的中心位置，相差应为 6mm，然后调节调整螺钉 20，使三相超行程为 3^{+1}mm，并测得 x_2 值记下。

（2）在分闸位置时，同理按上述步骤，测得 x_1 值，三相行程应为 $x_1 - x_2$ 值。

若三相行程均在（12 ± 1）mm 范围内，而且三相行程的误差小于 1.5mm，说明行程已调整完毕，则可拧紧各部分螺母。

若三相行程误差值相差较小（如小于 1mm），而三相行程均大于 13mm 或均小于 11mm，则可以增加或减少主轴缓冲器的垫圈来予以调整行程误差值。

若三相行程的误差值相差较大（如大于 2mm），则应将相差较大一相的拐臂卸下，用可调螺钉旋入或旋出动触杆来减少或增加行程。但此时超行程会相应地增大或减少，这时可重新调节可调螺钉，使超行程为 3^{+1}mm 即可。

4. 真空开关管的更换

更换开关管可按下列顺序进行。

（1）在使用真空开关管的过程中，其真空度是否下降，是否需要更换，目前还不能直接检查，只能用工频耐压试验间接检查。对于 10kV 的真空断路器，一般在其触头断口间加 38kV 的工频电压（1min），管内若无闪络现象发生就没有问题；如有闪络现象发生，说明真空度已下降，需要更换真空开关管。

（2）卸下开关管。在卸下开关管以前，先卸下断路器的连接母线、绝缘拉杆和绝缘加强件，然后卸下开关管动端的可调螺钉、拐臂的连接轴、导电夹、导电套和静端的 4 个固定螺钉，再卸下开关管。

（3）装上新的开关管。首先将开关管的动、静触杆插入导电套中，并将静端固定在支架上。然后固定导电套和导电夹，使动触杆处于波纹管的中心，以免波纹管受侧向应力。这时用手拉动动触杆应活动灵活，无阻滞现象。如果上述要求不能达到时，可在静端与上支架之间或导电套与支持件间垫以少量薄铜片加以调整。然后拧上可调螺钉，并用轴与拐臂连接起来，并连接绝缘拉杆和绝缘的加强杆。最后接上断路器的连接母线。

5. 采取限制过电压措施

真空断路器切断小电感电流时，载流值较高，特别是切断小容量高压电动机的空载电流时，会产生较高的操作过电压。例如 ZN3-10 型真空断路器切断 3kV、200kW 鼠笼感应电动机的空载电流时，对地过电压的平均值达相电压的 1.75 倍，而最高值达相电压的 3.33 倍。因此，对于切断容量较大的高压电动机，真空断路器应采取限制过电压的措施。

　(三) 真空断路器的优缺点和发展方向

　真空断路器的优缺点是：①触头开距小（10kV 断路器开距为 12～16mm），动作快；②燃弧时间短，触头烧伤轻；③体积小，质量轻；④维修工作量小；⑤防火防爆；⑥操作噪声小；⑦适合于频繁操作，特别适合于断开容性负荷电流电路；⑧价格比其他同容量的断路器贵。

　真空断路器目前主要用于频繁操作（如控制高压电动机、电弧炼钢炉）和故障较多的配电系统，也用于切合并联电容器组、大型无线电发射台、地下变电所（或地下配电室）及高大建筑物的配电室等场所。

　随着这种断路器在触头结构方面采用了磁吹触头（开断 10kA 以上的电流），故吹弧方向分为横吹和纵吹两种，触头的开距将随开断容量增大而增加。此外，为了保证屏蔽罩的冷凝效果，它必须有足够大的热容量和良好的散热条件，所以要选用导热性能好，并对金属蒸气亲合力较强的金属材料，如无氧铜镍、不锈钢等。真空断路器由于采用了上述新技术，其应用范围也越来越广。

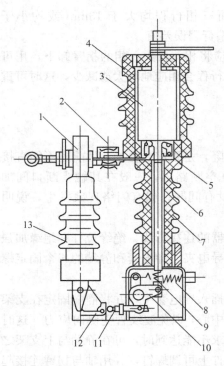

图 5-21　ZW10/400-6.3 型柱上真空
开关组合电器结构图

1—电流互感器；2—隔离开关插头座；3—真空灭弧室；4—瓷套；5—滑动触指；6—绝缘拉杆；7—断路器绝缘支柱；8—分闸弹簧；9—触头压力弹簧；10—传动主轴；11—连锁装置；12—隔离开关机构；13—电流互感器绝缘瓷柱

　(四) ZW10/400-6.3 型柱上真空开关组合电器

　ZW10/400-6.3 型柱上真空开关组合电器是 10kV、额定电流为 400A、额定开断电流为 6.3kA 的组合式三相户外负荷开关。它主要用作 10kV 架空线路的带负荷操作、过载及短路保护和配电网络保护等，尤其适用于户外电容器组的切、合操作。

　该开关装在电杆上，用钩棒和绳索在地面上进行操作，它有手动储能、手动合闸、手动脱扣和过电流脱扣等功能。

　ZW10/400-6.3 型柱上真空开关组合电器结构，如图 5-21 所示。它以真空断路器为主体，附设电流互感器 1，隔离开关插头座 2。断路器与隔离开关之间有连锁装置 11，当断路器与隔离开关同时处于合闸位置时，隔离开关处于扣锁状态，隔离开关不能分闸。当断路器单独处于合闸位置，隔离开关处于分闸扣锁状态时，隔离开关不能合闸，但是隔离开关不论处于什么位置，断路器都能自由分、合闸。隔离开关刀口由内装电流互感器 1 的绝缘瓷柱 13 支持，瓷柱可绕下部支点转动。电流互感器为贯穿式，由环氧树脂浇注而成，插入瓷柱内，为防止光线照射引起老化，由等电位的金属罩屏蔽光线。

　弹簧机构壳体内装有分闸弹簧 8，触头压力弹簧 9 和传动主轴 10。真空断路器装于弹簧机构的壳体上，由三相联轴通过绝缘杆带动真空灭弧室 3 进行分、合闸。真空灭弧室 3 用瓷套 4 密封，以防雨和起外绝缘作用，内充干燥的石英粉以防凝露。灭弧室导电杆通过滑动触指 5、导电板、隔离开关插头座 2，进行电流的接通和分断。

ZW10/400-6.3 型柱上真空开关组合电器的接线，如图 5-22 所示，专用电流互感器变比为 600/5 和 300/5 两种。

三、SF_6 断路器

SF_6 断路器是利用 SF_6（六氟化硫）气体作为绝缘介质和灭弧介质的断路器。

SF_6 气体是无色、无臭、不燃烧、无毒的惰性气体，它的比重是空气的 5.1 倍。SF_6 的分子有特殊性能，它能在电弧间隙的游离气体中吸附自由电子，在分子直径很大的 SF_6 气体中，电子的自由行程是不大的，在同样的电场强度下产生碰撞游离的机会

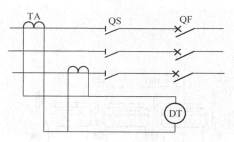

图 5-22　ZW10/400-6.3 型柱上真空
开关组合电器接线
QF—真空断路器；QS—隔离开关；
TA—电流互感器；DT—分闸电磁铁

减少了，因此 SF_6 气体有其优异的绝缘及灭弧能力，与普通空气相比，它的绝缘能力约高 2.5～3 倍，灭弧能力则高近百倍。因此采用 SF_6 作电气设备的绝缘介质或灭弧介质，既可以大大缩小电气设备的外形尺寸，又可以利用简单的灭弧结构达到很大的开断能力。此外，电弧在 SF_6 中燃烧时，电弧电压特别低，燃弧时间短，因而 SF_6 断路器每次开断后触头烧损很轻微，不仅适用于频繁操作，同时也延长了检修周期。因此 SF_6 断路器发展速度很快。SF_6 的缺点是它的电气性能受电场均匀程度及水分等杂质影响特别大，因此对 SF_6 断路器的密封结构、元件结构及 SF_6 本身质量的要求相当严格。

LN2-10/1250-25 型户内 SF_6 断路器是一种具有开断性能好、燃弧时间短、不重燃、电寿命长、可频繁操作、机械可靠性高以及检修周期长等特点。可供 10kV 配电网络作为保护和控制电气设备，并可以作为联络断路器，还可以装在 10kV 固定式和手车式开关柜内。

LN2-10/1250-25 型 SF_6 断路器的结构是三极装在一个箱底上，内部相通（见图 5-23），箱内有 1 根三相联动轴，通过 3 个主拐臂，3 个绝缘拉杆操动导电杆。每极分为上下两个绝缘筒，构成断口和对地的外绝缘，内绝缘则用 SF_6 气体。LN2-10/1250-25 型 SF_6 断路器的结构，如图 5-24 所示。

合闸时，在弹簧机构操动下，推杆 8 使主轴 13 作逆时针转动，通过主拐臂 15，使导电杆 4 向上运动，直到拐臂 16 上的滚子撞上合闸缓冲器为止。分闸时，在分闸弹簧 6 作用下，主轴 13 作顺时针转动，从而使导电杆向下运动，直到拐臂 16 上的滚子撞上分闸缓冲器为止。

在上接线座 9 和下接线座 11 中，既有普通的静触指 10，又有镶有铜钨合金的弧触指 2，动触头 4 的顶端也装有铜钨合金，提高断路器的电寿命。

分闸时动触头 4 向下移动，电弧在动静触头的弧触指 2 之间起弧；随之电弧就从弧触指转移至环形电极 3 上，然后电弧电流通过环形电极流过线圈，产生磁场，磁场和电弧电流相互作用，使电弧旋转，同时加热气体；待气体升压到一定压力，在喷口就形成气流，将电弧冷却；当介质强度恢复足够时，电弧在电流过零时熄灭，这种灭弧过程称为旋弧纵吹灭弧原理或压气原理灭弧。

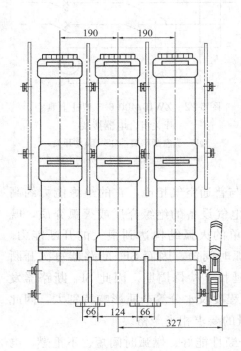

图 5-23 LN2-10/1250-25 型 SF₆
断路器外形图

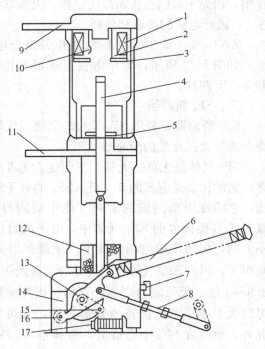

图 5-24 LN2-10/1250-25 型 SF₆
断路器结构示意图

1—线圈；2—弧触指；3—环形电极；4—动触头（导电杆）；5—磁吹装置；6—分闸弹簧；7—自封阀盖；8—推杆；9—上接线座；10—静触指；11—下接线座；12—吸附器；13—主轴；14—分闸缓冲；15—主拐臂；16—拐臂；17—合闸缓冲

当开断小电流时，产生的气压可能不够，所以在动触头上装一个小磁吹装置 5。由它产生的压力升高至吹弧压力，因此在开断大小电流时，它均有较强的灭弧能力和较短的燃弧时间。由于弧柱在触头上旋转，故烧损轻微，使断路器具有的开断大小电流最长的燃弧时间都予缩短，并可频繁操作。

LN2-10/1250-25 型 SF₆ 断路器技术数据，见表 5-5。

表 5-5　　　　　　　　　LN2-10/1250-25 型 SF₆ 断路器技术数据

额定电压(kV)	最高工作电压(kV)	额定电流(A)	额定开断电流(kA)	额定操作顺序	额定关合电流(峰值,kA)	动稳定电流(峰值,kA)	4s热稳定电流(有效值,kA)	热稳定时间(s)	额定失步开断电流(kA)	电寿命(次)	
										开断额定电流次数	开断额定开断电流
10	11.5	1250	25	分—0.3s—合分—180s—合分	63	63	25	2(4)	6.5	4000	11

四、断路器的主要技术参数

断路器的工作能力是由许多参数决定的，这些参数对了解断路器的性能，并按要求选择合适的断路器是很重要的。国家标准规定的技术参数一般都标于断路器的产品铭牌上，下面就对一些主要技术参数加以介绍。

1. 额定电压

断路器的额定电压是指允许连续工作的线电压，也即标在铭牌上的额定电压。断路器可以在低于额定电压下工作，但不能在高于额定电压下工作。断路器的额定电压是由断路器的绝缘尺寸和灭弧能力所决定的。对于用在配电网络内的断路器，按国家标准规定的额定电压有 3、6、10kV 等。

2. 最高工作电压

由于考虑到电网的电压降落，变压器出口端电压应高于线路的额定电压，位于变压器出口位置的断路器可能在高于额定电压下长期工作，因此规定断路器有一最高工作电压与额定电压相对应。在配电网络内，断路器的最高工作电压有 3.5、6.9、11.5kV 等。

3. 额定电流

额定电流是指断路器中长期允许通过的工作电流，在该电流下各部分的温升不得超过断路器规定的容许数值。国家标准规定断路器的额定电流有：630、1000、1250、2000、3000A 等。

4. 额定开断电流

在额定电压下断路器能安全无损地断开的最大电流（一般是指短路电流），称为额定开断电流。当电压低于额定电压时，容许开断电流可以超过额定开断电流，但不是按电压降低成比例地无限增长，而是有一个极限值。这个极限值是由某一种断路器的灭弧能力和承受内部气体压力的机械强度所决定的，这个极限值为极限开断电流。额定开断电流和极限开断电流的单位都是 kA，国家标准规定有 16、31.5、40kA 等，并标在断路器产品铭牌上。

5. 断流容量

断路器在一定电压下的开断电流与该电压的乘积，再乘以 $\sqrt{3}$ 后，所得值即为在该电压下的断流容量。由额定电压和额定开断电流算得的值即为额定断流容量。断流容量表明了在一定电压下的最大断流能力。国家标准规定断路器的断流容量有：15、30、50、100、150、200、250、300、400、500MVA 等。

6. 极限通过电流

极限通过电流是指断路器在合闸位置时容许通过的最大短路电流。这个数值是由各导电部分所能承受最大电动力的能力所决定的，单位为 kA。

7. 热稳定电流

断路器在合闸位置，在一定时间内通过短路电流时，不会因为发热而造成触头熔焊或机械破坏，这个电流值称为一定时间（如 1、4、5、10s 等）的热稳定电流。此电流通过断路器的时间越短，热稳定电流越大，但最大不能超过极限通过电流值。

8. 合闸时间

对有操动机构的断路器，自发出合闸信号起，到线路被接通时为止所经过的时间，称为断路器的合闸时间。

9. 开断时间和固有分闸时间

断路器的开断时间是从加上分闸信号起，到三相中电弧完全熄灭时为止所经过的时间。开断时间是由固有分闸时间和电弧燃烧时间两部分组成的。固有分闸时间是指从加上开断信号起，直到触头开始分离时为止的一段时间；电弧燃烧时间是指从触头开始分离起，直到三相中电弧完全熄灭时为止的一段时间。

10. 无电流休止时间

它是指断路器在自动重合闸操作中，从开关各相电弧熄灭起，到任意相电流重新通过时为止的一段时间。

11. 开关触头行程

它是指在断路器操作过程中，开关触头从起始位置到终止位置所走的距离。

12. 开关触头超行程

断路器合闸过程中，动、静触头接触后，动触头继续前进的距离，等于行程与开距之差，称为开关触头超行程。

13. 刚分速度

它是指在断路器分闸过程中，动触头在刚分离时的速度。一般刚分速度推荐用刚分后0.01s内的平均速度表示。

14. 最大分闸速度

它是指在断路器分闸过程中，分闸速度的最大值。

15. 刚合速度

它是指在断路器合闸过程中，触头刚接触时动触头所具有的速度。

此外，还有断路器分合闸三相不同期性、油质量和总质量等项技术参数。

五、断路器的选择

（一）断路器选择的要求和技术条件

1. 断路器选择的要求

如前所述断路器是配电装置中主要的电气设备之一。它不但要接通和开断1000V以上高压电路中的正常负荷电流，而且在电路发生短路时也要接通和开断电路中的短路电流。为此断路器应有足够的开断能力，尽可能短的动作时间和高度的动作可靠性，并且具有足够的防火和防爆能力。在断路器的结构上也要力求体积小、质量轻、物美价廉，以便于运行操作和检修等。此外，断路器还应能在不调节其机构或更换其部件的情况下，保证所规定的安全操作次数。

2. 断路器选择的技术条件

断路器及其操动机构选择的技术条件有：①额定电压；②额定电流；③频率；④绝缘水平；⑤开断电流；⑥短路关合电流；⑦动稳定电流；⑧热稳定电流和持续时间；⑨操作循环；⑩机械负荷；⑪操作次数；⑫分合闸时间；⑬过电压；⑭操动机构形式、操作气压、电压和相数。

对选定的断路器应作使用环境条件的校验，其校验项目有：①环境温度；②日温差；③最大风速；④相对湿度；⑤污秽程度；⑥海拔；⑦地震烈度。

（二）断路器的选择方法

1. 断路器的初步选择

断路器的主要技术参数均在它的铭牌上标出，例如ZN系列真空断路器的铭牌，如图5-25所示。现将初步选择断路器的方法叙述如下。

（1）型式选择。3～10kV配电装置用断路器，户内式一般选用ZN系列或SN系列；户外式一般选用 DW10-10 型或 DW11-10 型；35kV 户内式一般选用 SN10-35 型；35kV 户外式一般选用 SW2-35 型。

（2）按额定电压选择。即根据断路器所在处电网的电压选择。若断路器安置在发电厂和变电所出口处，可按断路器的最高工作电压选择。3、6kV 电网电压可选用额定电压为 10kV 的断路器，但应考虑开断能力也相应降低。

（3）按额定电流选择。即按断路器实际工作地点的电网线电流进行选择，选择时应按电网最大运行方式下的工作电流来考虑。

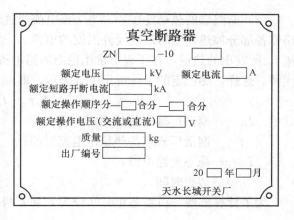

图 5-25　断路器铭牌

（4）按使用技术性能来选择。10kV 断路器有多种，虽然均能满足正常负荷条件，但各种断路器有它自己的特点。例如，对于处在特别恶劣环境中的户外断路器，可以选择加强绝缘结构或选择高一级的电压。

为了正确选用断路器，下面将各种 10kV 断路器的特点归纳如下。

少油断路器：①对地绝缘主要依靠固体介质；②结构比较简单，制造比较方便；③开断电流大，开断时间短，可以开断空载长线路，易于维护，噪声小；④灭弧室油易劣化，需要一套油处理装置。除此之外，少油断路器的断流容量与操动机构的型式有关，当配置电磁操动机构或弹簧储能操动机构时，其断流容量可取额定值。如果配置手力操动机构，其断流容量应适当降低，如 SN10-10 型少油断路器当配置手动操动机构时，其开断电流不应大于 6kA。

真空断路器：①体积小，质量轻，能进行频繁操作，开断电容电流性能好，可连续多次重合闸；②运行维护简单，无爆炸可能，噪声小；③灭弧室工艺及材料要求较高，而且断口电压不易太高，因此目前只能制作额定电压为 10kV 的断路器。

SF_6 断路器：①开断性能好；②燃弧时间短；③不重燃；④可频繁操作；⑤机械可靠性高；⑥电寿命长；⑦无火灾和爆炸危险；⑧可开断单相接地故障；⑨可投切电容器组；⑩可控制高压电动机等优点，是全国统一设计的产品。

2. 断路器的校验

初步选择断路器后，要根据三相短路电流来校验断路器的动稳定、热稳定和断流能力。必须指出，在确定短路电流时，应考虑取用流过断路器的最大三相短路电流值。

（1）断路器的动稳定校验。当短路冲击电流 i_l 通过断路器时，在断路器内部不应产生妨碍继续正确工作的任何永久变形，我们就认为这台断路器在电动方面是稳定的。此外，当冲击电流 i_l 流过时，断路器的触头也不应熔接。

通常断路器的动稳定是由制造厂提供的允许极限通过电流的有效值 I_l 和峰值 i_l 来表示。选用断路器时，必须满足下列条件

$$I_{ds} \geqslant I_l^{(3)} \quad \text{或} \quad I_{ds} \geqslant i_l^{(3)} \tag{5-1}$$

即断路器允许的动稳定电流（I_{ds}）不小于流过断路器的最大三相短路冲击电流（$I_l^{(3)}$）。

（2）断路器的热稳定校验。当短路电流通过断路器时（这电流是在指定时间 t 内不使断路器各部分加热到短时最高允许温度的电流），所发出的热量不应大于 t 时间内由热稳定电流 I_{rw} 所发出的热量，在工程上常用稳态短路电流 I_∞ 在一假想时间 t_j 内所发出的等效热量来代替。这样，热稳定的条件可用下式表示，即

$$I_{rS}^2 t \geqslant I_\infty^2 t_j \tag{5-2}$$

式中　I_{rS}——制造厂规定的热稳定电流；

　　　　t——制造厂规定的热稳定电流时间；

　　　　I_∞——稳态短路电流；

　　　　t_j——假想时间。

为了计算方便，应将假想时间分为 t_{jz} 和 t_{jl} 两部分，即

$$t_j = t_{jz} + t_{jl} \tag{5-3}$$

式中　t_{jz}——短路电流周期分量的假想时间；

　　　　t_{jl}——短路电流非周期分量的假想时间。

周期分量的假想时间 t_{jz} 与实际切除短路故障的时间 t 及次暂态电流的有效值和稳态短路电流的有效值比值 $\beta'' = \dfrac{I''}{I_\infty}$ 有关，即

$$t_{jz} = f(\beta'', t) \tag{5-4}$$

比值 β'' 越大，假想时间也越长。在发电机未装设自动电压调整器时，t_{jz} 常大于 t；有自动电压调整器时，t_{jz} 可能大于或小于 t，也可能等于 t，依 β'' 值大小而异。

图 5-26（a）、（b）是按不同的 t 和 β'' 值画出的 t_{jz} 曲线，并假定暂态过程的延续时间为 5s。如 $t > 5s$，则

$$t_{jz} = t_{jz}(5s) + (t - 5) \tag{5-5}$$

式中　$t_{jz}(5s)$——$t = 5s$ 的假想时间，可由曲线（见图 5-26）查得。

如 $I'' = I_\infty$，则 $t_{jz} = t$，由 t 及 β'' 值，即可从曲线查出对应的假想时间 t_{jz}。

非周期分量的假想时间按下式求得

$$t_{je} = \tau(\beta'')^2 \tag{5-6}$$

式中　τ——非周期分量衰减时间常数。在实际计算中，可取 $\tau = 0.05s$。

当短路电流通过的实际时间 $t > 1s$ 时，断路器的发热主要由周期分量决定。因此，在此情况下可不计非周期分量的影响。

（3）断路器的开断能力校验。初选断路器的允许开断电流或容量，不应小于流过断路器的最大三相短路次暂态电流值。若将断路器的允许断流能力用额定开断电流 I_{NK} 或额定断流容量 S_{NK} 来表示，则有

$$I_{NK} \geqslant I_{dt}^{(3)} \quad 或 \quad S_{NK} \geqslant S_{dt} \tag{5-7}$$

式中　$I_{dt}^{(3)}$——流过断路器的最大三相短路次暂态电流的有效值；

　　　　S_{dt}——流过断路器的最大三相短路次暂态断路容量。

为了求得任意时间的 $I_{dt}^{(3)}$，必须确定断路器的切断电路的计算时间 t_c。这个计算时间值为断路器本身的固有动作时间 t_{im} 和继电保护动作时间 t_{pm} 之和，即

$$t_c = t_{im} + t_{pm} \tag{5-8}$$

（4）断路器还应能在最大短路电流下可靠地合闸。要求断路器的额定关合电流，不应小

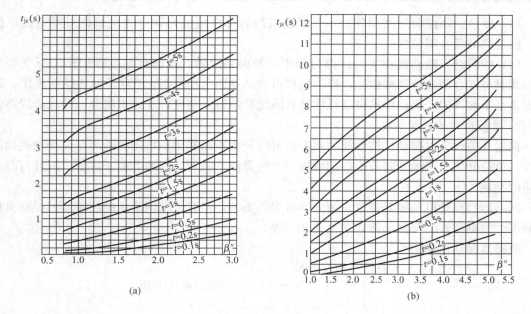

图 5-26　短路电流周期分量的假想时间曲线

(a) 有自动电压调整器时；(b) 无自动电压调整器时

于短路电流最大冲击值。

选择带有自动重合闸装置的断路器时，应考虑其重合闸时断流容量的降低情况，该情况的降低系数一般由制造厂提供。

第三节　断路器的操动机构

一、操动机构的作用及分类

1. 操动机构的作用和要求

断路器的操动机构是用来使断路器合闸、维持在合闸状态和分闸的设备。因此，操动机构包括合闸机构、维持合闸状态的机构（搭钩）和分闸机构。

断路器在运行中发生的事故，很大一部分是由操动机构的故障而引起的，因此必须给予足够的重视。

由于相同的操动机构可能配用不同型号的断路器本体，因此操动机构通常与断路器本体分离，而且有独立的型号。

在工作性能上，断路器操动机构的要求有下列几方面。

（1）合闸。断路器操动机构在各种规定的使用条件下，均应使断路器可靠地关合线路。断路器在关合短路过程的最后阶段，操动机构还必须克服某些断路器触头间被击穿后产生的气体压力和短路电流电动力等形成的反作用力。

（2）合闸保持。断路器在合闸完毕后，其操动机构应使触头可靠地保持在合闸位置，并且在短路电动力和振动力作用的情况下，均不引起触头分离。

（3）分闸。断路器操动机构在接到分闸命令后，应快速分闸，并要求操动机构在分闸时尽可能地省力。对于手动机构，要求在合闸过程中的任何位置都可以脱扣分闸。

(4) 复位。断路器分闸操作后，其操动机构各部件应能自动（手动机构可经过简单操作）恢复到准备合闸位置。

(5) 防跳跃。断路器在关合线路过程中，如遇到故障，则应在继电保护作用下立即分闸，此时可能合闸命令尚未撤除，操动机构可能又立即自动合闸，出现了触头跳跃现象，这种现象是不允许的。因此要求操动机构具有防跳跃措施，避免再次或多次合、分故障线路。

2. 操动机构的分类和特点

根据开关设备对操动机构性能的要求，可以分为断路器操动机构和隔离开关操动机构两大类。负荷开关、接地短路器的操动机构，有的类似于前者，有的类似于后者，因此可归入相应的类别。

断路器的操动机构按其能量来源分可有多种类型，但对配电网络中的断路器的操动机构一般可分为电磁式、弹簧储能式和手动式三种。

断路器操动机构的型号含义如下。

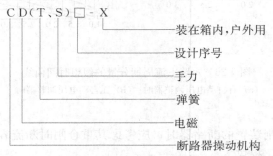

按操动机构电源，可分为直流电磁操动机构和交流电磁操动机构两种，即有直流供电和交流供电两种操动机构。它们均是借助于分、合闸线圈产生的电磁力来驱动操动机构的，其供电电压为 110V 和 220V 两种，可用来在变电站和配电室内作远距离操作。

为了满足断路器能够分、合电路，迅速切除故障电流及快速重合闸等性能要求，断路器操动机构的特点是：①结构较为复杂；②操作功率大；③传动部分运动速度高，动作过程快。而隔离开关本体的传动环节不能承受较大的冲击力，故隔离开关操动机构的特点是：①结构简单；②没有脱扣等环节，操作功率小；③运动速度慢，动作时间较长。

二、CD10 型直流电磁操动机构

CD10 型直流电磁操动机构为户内装置，系供操作 ZN-10 系列和 SN-10 系列断路器之用。这种机构装有电磁脱扣线圈，以保证线路的自动分闸，这种电磁脱扣线圈也可供手动脱扣用。该操动机构可以进行电动合闸、电动分闸和手动分闸，也可以进行自动重合闸。机构合闸、分闸采用直流电源，其控制部分是由外接的 CZO-40$\frac{C}{D}$型低压直流接触器来完成。机构的表面有铁罩封盖，罩的中间有一圆孔，指示"分"、"合"位置。

1. 操动机构的结构

CD10 型电磁操动机构（见图 5-27）是由合闸机构、分闸机构、自由脱扣装置的传动件、铸铁支架和辅助开关等组成。

合闸机构包括合闸线圈 4、合闸铁芯及顶杆 8 及手力合闸装置 11。

分闸机构包括分闸线圈 6、分闸铁芯 12 及螺栓 9。

自由脱扣装置及传动件包括主轴 7、自由脱扣装置的传动件 5、滚轮 3 及掣子 10。

电磁系统位于操动机构的中部，铸铁支架下面的板和底座的上部分别构成磁路的上下部分，方形磁轭作为磁路的外围部分，为使合闸线圈内表面不被合闸铁芯擦伤，在合闸线圈与合闸铁芯之间装有一个黄铜圆筒。磁系统的活动部分是由圆柱形铁芯和旋入铁芯内部的顶杆组成，顶杆穿过支架下部的孔来推动操动机构的滚轮进行合闸。为避免电动合闸时，铁芯上升至顶部后，因剩磁作用与支架下面的板黏着不能落下，故在板的下面垫一块黄铜板，并在顶杆上套一压缩弹簧。

自由脱扣机构安装在机构上部的铸铁支架上，是由几对连板组成的四连杆机构，铸铁支架下面的板构成合闸电磁铁磁路的一部分，其右面装有脱扣电磁铁，动铁芯露在外面可用于手力脱扣。铸铁支架的左面和右上侧装有辅助开关，在铸铁支架的前面装有接线板，整个自由脱扣机构、辅助开关及接

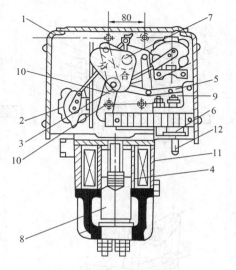

图 5-27　CD10 型电磁操动机构结构图

1—支架；2—辅助开关；3—滚轮；4—合闸线圈；5—自由脱扣装置的传动件；6—分闸线圈；7—主轴；8—合闸铁芯及顶杆；9—螺栓；10—掣子；11—手力合闸装置；12—分闸铁芯

线板用一个可拆卸的外壳罩住，外壳正面有一个窗孔可以观察表示操动机构位置的指示牌。

底座是一个铸铁件，位于操动机构的下部，它用 4 根螺杆同方形铁轭一起装在操动机构的铸铁支架上，底座内部的下面装有橡皮垫，用以缓和合闸后铁芯落下时的冲击，底座下部装有手力合闸曲柄，可供人力进行合闸操作。

2. 操动机构的动作原理

图 5-28 所示为操动机构的动作原理图。操作系统由主轴 1、摇臂（拐臂和连杆）2、连板 3、7 和 12、滚轮 5、掣子 4、连板 10 和 11、顶杆 6、脱扣铁芯 9 及螺栓 8 等组成。

合闸时，电磁合闸线圈（见图 5-27）接通电源，动铁芯被吸起，铁芯顶杆 6 顶着滚轮 5 向上运动，在此过程中，轴 O_1 不动，连板 7 绕 O_1 旋转，摇臂 2 由于连板 3 的作用使机构主轴 1 沿顺时针方向旋转［见图 5-28（b）］。掣子 4 沿滚轴 O_2 表面滑动并向左转动，在完全合闸后，滚轮 5 即滑至掣子的上端，并与掣子端面暂时构成少许间隙（约在 1～2.5mm 范围内），合闸后，掣子顶住滚轮，维持合闸状态，如图 5-28（c）所示。合闸后螺栓 8 阻止连板 10 和 11 向下移动，此时合闸线路的电路因 F4-2Ⅱ/W 型辅助开关作用而断开，合闸铁芯就落到底座的橡皮垫上，如图 5-28（d）所示。

分闸时，脱扣线圈通电，脱扣铁芯 9 被吸起，其上端冲击连板 10，于是连板 10 和 11 离开死点，暂时固定的轴 O_1 失去平衡，向右运动，摇臂 2 和连板 3、7 和 12 开始移动，从此操动机构在断路器分闸弹簧的作用下分闸。操动机构在分闸过程［见图 5-28（e）］中，轴 O_2 离开掣子 4 顶端向下降落，直到掣子的凹口中时止。这时脱扣线圈电路立即被 F4-2Ⅱ/W 型辅助开关切断，脱扣铁芯下落，并使连板 10 和 11 在扭簧的作用下回到原来位置，机构复位，如图 5-28（a）所示。

在断路器分闸过程中，轴 O_2 自支肘上脱开并向下冲至支肘的内凹缺口中，回到原来的

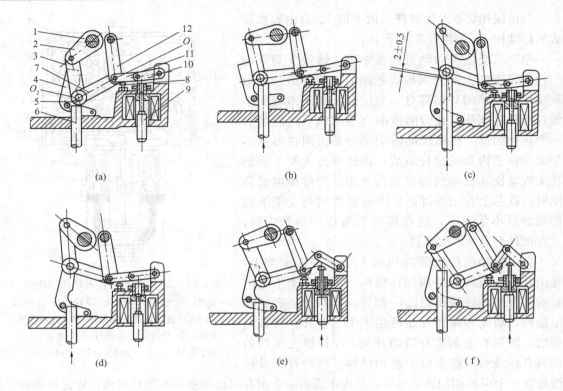

图 5-28 CD10 型操动机构的动作原理图

(a) 准备合闸前的分闸位置；(b) 合闸过程；(c) 合闸位置（铁芯未落下）；

(d) 已合闸位置；(e) 合闸过程中；(f) 自由脱扣状态

1—主轴；2—摇臂；3、7、10、11、12—连板；4—掣子；5—滚轮；6—顶杆；8—螺栓；9—脱扣铁芯

位置。当轴 O_2 尚未到达指示器"分"的位置，由于支肘的机械特性，不能作合闸动作。只有当机构完全停留在"分"的位置时，才能作第二次合闸动作。

如果合闸时电网处于短路状态，则当顶杆 6 还在上面位置时，也会发生自动断开的作用，因为当脱扣铁芯 9 的冲击杆作用在连板 10 和 11 上，使轴 O_1 向右移动，滚轮 5 从顶杆 6 的顶部落下，因此保证了操动机构运动部分的可动性，实现了自由脱扣的作用，自由脱扣使断路器在接通短路时能迅速分闸。

采用手动合闸时，用套在手力合闸装置 11（见图 5-27）上的管子转动操作柄，与此同时使合闸铁芯 1 上升，于是断路器合闸。一般情况下该操动机构不使用手力合闸装置，只有在安装或检修时，对操动机构和断路器做试验和调整的情况下，才采用手力合闸装置。而运行中用手力使断路器合闸接通是绝对不允许的。

3. 操动机构的控制回路

图 5-29 为 CD10 型电磁操动机构控制回路实际接线图，其原理接线图如图 5-30 所示。电路由直流电源经电缆接至控制回路。接线图上各元件为油断路器处于合闸位置。

控制回路是通过 F2 型辅助开关进行分、合闸的，当完成动作后，自动停止供给合闸及分闸电磁铁的电源。信号设备回路是通过 F2 型辅助开关在断路器合闸时，一个触点闭合，另一个触点断开。这样操动机构本身需要有 4 根连接辅助开关的电路，其余的电路根据需要

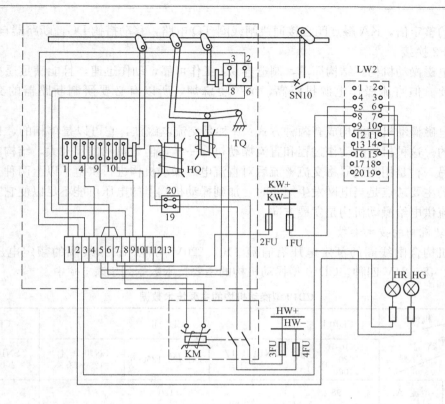

图 5-29　CD10 型操动机构控制回路实际接线图

SN10—断路器；LW2—万能转换开关；HQ—合闸电磁铁；

TQ—跳闸电磁铁；HR—红色指示灯；HG—绿色指示灯；

KM—接触器；KW—控制小母线；HW—合闸母线

选用。

远距离合闸时，按下合闸按钮 SB1，使接触器 KM 线圈电路接通，KM 的触点经过端子排 11、14 接通合闸线圈 HQ 的电路，于是断路器合闸，辅助开关 F2 换接：触点 1、4 断开，触点 2、3 接通。与此同时，接触器 KM 的线圈电路和合闸线圈 HQ 的电路被断开，此时红灯亮，绿灯熄灭，表示合闸。

远距离跳闸时，按下跳闸按钮 SB2，跳闸线圈 TQ 电路接通，使搭钩 DG 移动，断路器 QF 在其跳

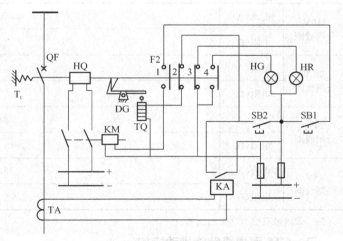

图 5-30　CD10 型操动机构控制回路的工作原理图

闸弹簧 T_t 的作用下断开。此时辅助开关 F2 换接：触点 2、3 断开，触点 1、4 接通。与此同时，跳闸线圈 TQ 电路断开，绿灯亮，红灯熄灭，表示跳闸。

断路器在合闸位置时，电网内突然发生短路，电流互感器 TA 的二次侧电流超过电流继

电器 KA 的整定值，KA 触点闭合接通跳闸线圈 TQ 电路，移动搭钩 DG，断路器自动跳闸，辅助开关 F2 换接。

直流电磁操动机构，结构简单，制造容易，工作可靠，动作迅速，且能满足遥控和自动重合闸需要。但直流操作电源投资高，维护也麻烦，所以有必要研制断路器的交流操动机构。

交流电磁操动机构的构成有两种方式：一种是交流电磁铁，它可以是单相的，也可以是三相联动的。这种机构的动作过程和直流操动机构一样，但是机构的尺寸大，结构复杂，费用较高。另一种是用整流器将交流整流后对直流电磁操动机构进行供电。以上两种交流供电操动机构的主要缺点是当电网发生短路时，加到操动机构上的电压可能不足以使它工作，所以利用交流供电给操动机构是发展方向。

4. 操动机构的技术参数

操动机构合闸线圈的额定电压有直流 110、220V 两种。脱扣线圈的额定电压有直流 220、110、48、24V 四种。CD10 型操动机构的主要技术数据列于表 5-6 中。

表 5-6　　　　　　　　　　　CD10 型操动机构的主要技术数据

项　目	机构型号 所配断路器型号	CD10 Ⅰ SN10-10 Ⅰ/ 630 1000 -16	CD10 Ⅱ SN10-10 Ⅱ/ 1000-31.5	SN10-35/1250-16	SN10-10 Ⅲ/ 1250-43.3	CD10 Ⅲ SN10-10 Ⅲ/ 3000-43.3
220V 合闸线圈	电流(A)	98	120			147
	电阻(Ω)	2.22±0.18	1.82±0.15			1.5±0.12
110V 合闸线圈	电流(A)	196	240			294
	电阻(Ω)	0.56±0.05	0.46±0.04			0.38±0.03
110V 分闸线圈	电流(A)	5				
	电阻(Ω)	22±1.1				
220V 分闸线圈	电流(A)	2.5				
	电阻(Ω)	88±4.4				
24V 分闸线圈	电流(A)	37				
	电阻(Ω)	0.65±0.03				
48V 分闸线圈	电流(A)	18.5				
	电阻(Ω)	2.6±0.13				

注　表内电阻均为 20℃时的值。

三、CT8 型弹簧储能操动机构

CT8 型弹簧储能式操动机构是户内型电动机或人力储能弹簧机构，系供操作 ZN-10 系列 SN-10 系列断路器用，CT8 Ⅰ型和 CT8 Ⅲ型是具有电动机储能和人力储能的机构，CT8 Ⅱ型是只有人力储能的机构。

CT8 型弹簧储能式操动机构同时具有手动按钮和电动（电磁铁）合闸操作两种方式。

在分闸操作中它具有：①用手动按钮操作和用独立电源供电的分闸电磁铁操作；②用手动按钮操作和用过电流脱扣器操作；③用手动按钮操作与过电流脱扣器操作和独立电源供电的分闸电磁铁操作；④用手动按钮操作及过电流脱扣器操作和欠电压脱扣器操作等4种方式。

CT8型弹簧储能式操动机构是由储能、合闸、分闸三部分组成。图5-31为CT8Ⅲ型弹簧储能式操动机构的结构图。

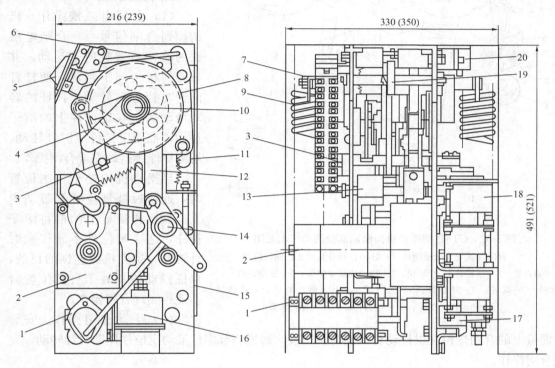

图 5-31 CT8Ⅲ型弹簧储能操动机构结构图

1—辅助开关；2—储能电机；3—半轴；4—驱动棘爪；5—按钮；6—定位件；7—接线端子；8—保持棘爪；9—合闸弹簧；10—储能轴；11—合闸连锁板；12—连杆；13—分、合指示牌；14—输出轴；15—角钢；16—合闸电磁铁；17—欠电压脱扣器；18—过电流脱扣器及分闸电磁铁；19—储能指示；20—行程开关

1. 储能部分的动作原理

图 5-32CT8Ⅲ型操动机构储能部分的动作示意图。由电动机或人力储能手柄带动偏心轮1顺时针转动，通过紧靠在偏心轮上的滚轮2推动操作块3做左右摆动，从而带动驱动棘爪5上下摆动，推动棘轮7按顺时针方向转动。由于棘轮与储能轴11是空套的，因此储能开始由电动机只带动棘轮作空转，当转到固定在棘轮上的销12与固定在储能轴11上的驱动板10靠着后，棘轮就通过驱动板带动储能轴作顺时针方向转动。挂簧拐臂14与储能轴是键连接，储能轴的转动带动挂簧、拐臂也作顺时针方向转动，将合闸弹簧拉长储能。

当合闸弹簧拉到最长位置再向前转一点（约3°），固定在与储能轴键连接的凸轮上的滚轮13就靠紧在定位件8上，将合闸弹簧的储能状态维持住，储能动作就到此结束。

当合闸弹簧拉到最长位置的同时，一方面挂簧拐臂推动行程开关切断储能电动机的电源，另一方面驱动板通过驱动棘爪上的靠板6，将驱动棘爪抬起，保证驱动棘爪与棘轮可靠脱离。

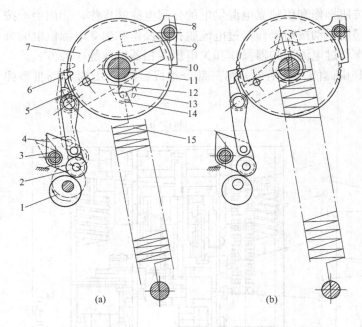

图 5-32 CT8Ⅲ型操动机构储能部分的动作示意图

(a) 合闸弹簧处于未储能位置；(b) 合闸弹簧处于已储能位置

1—偏心轮；2—滚轮；3—操动块；4—操动块复位弹簧；5—驱动棘爪；6—靠板；7—棘轮；8—定位件；9—保持棘爪；10—驱动板；11—储能轴；12—销；13—滚轮；14—挂簧拐臂；15—合闸弹簧

2. 合闸操作部分的动作原理

图 5-33 是为 CT8Ⅲ型操动机构合闸操作的动作示意图。合闸操作过程如下：

(1) 合闸电磁铁操作。机构接到合闸信号后，合闸电磁铁的动铁芯被吸向下运动，并拉着导板也向下运动，使杠杆向逆时针方向转动，杠杆的转动带动固定在定位件上的滚子运动，推动定位件顺时针转动，解除储能维持，完成合闸操作。

当操动机构处于合闸位置时，连锁板被复位弹簧带动向上运动，连锁板上的槽将滚子挡住，这样定位件不能作顺时针转动，达到机械连锁的目的，保证操动机构处于合闸位置时不能再实现合闸操作。

(2) 手动按钮操作。安装在面板上的合闸按钮往里按动时，推动脱扣板，通过调节螺杆推动定位件作顺时针转动，完成合闸操作。

(3) 凸轮连杆机构的合闸动作，如图 5-34 所示。当操动机构处于分闸并合闸弹簧已储能的位置时[见图 5-32(b)]，凸轮连杆机构的扇形板由复位弹簧拉动，复位到图示位置，半轴由本身复位弹簧带动复位到图示位置，这时凸轮连杆机构完成了合闸的全部准备动作，一旦接到合闸信号，定位件抬起，解除储能维持，凸轮在合闸弹簧带动下向顺时针方向转动，推动滚子向右下方运动，同时滚子通过连板带动扇形板作顺时针转动，直到扇形板与半轴扣住为止。这时 O_1' 受约束不能运动，O_1'、A、B、O_2 成为四连杆机构，从动臂 O_2B 在凸轮推动下向逆时针方向转动，通过操动机构与断路器连杆，使断路器合闸，当凸轮转到等圆面上时，便完成了合闸动作，如图 5-34(c)所示。

(4) 凸轮连杆机构的重合闸动作。操动机构完成合闸动作后，凸轮连杆机构处于如图 5-34(c) 所示的位置，这时机构可以进行储能操作。因凸轮和滚子相连触于凸轮等圆面上，所以在整个储能过程中，输出轴始终处于图 5-34 (c) 所示的位置，对断路器合闸位置毫无影响。

储能结束后，凸轮连杆机构处于如图 5-34 (d) 所示的位置。这时如果接到分闸信号并完成分闸动作，凸轮连杆机构便恢复到图 5-34 (b) 所示的位置，只要接到合闸信号，便立即完成合闸动作，实现一次自动重合闸操作。

3. 分闸操作部分的动作原理

图 5-35 为 CT8Ⅲ型操动机构手分按钮分闸操作示意图。手分按钮分闸操作过程如下：

图 5-35 中扇形板与半轴的位置是处于合闸状态；当用手分按钮推动手分脱扣板时，半轴向顺时针方向转动；当半轴转动到一定位置时，扇形板与半轴的扣接触解除，扇形板向顺时针方向转动，完成分闸动作。

图 5-36 为过电流脱扣器和欠电压脱扣器分闸操作示意图，其分闸电磁铁是由独立电源供电。

（1）过电流脱扣器分闸操作。过电流脱扣器（或过电流脱扣电磁铁、由独立电源供电的分闸电磁铁）进行分闸操作过程如下：在图 5-36（a）中，半轴的位置为操动机构处于合闸状态时的位置，当半轴下方的脱扣器（过电流脱扣器或过电流脱扣电磁铁、由独立电源供电的分闸电磁铁）中任何一个线圈接到分闸信号时，该脱扣器的动铁芯就被吸合向上运动，推动顶杆，并通过脱扣板使锁扣向逆时针方向转动，解除锁扣与锁扣的扣接，这样锁扣在弹簧的带动下向逆时针方向转动〔见图 5-36（b）〕，解除了半轴对扇形板的约束，完成了分闸动作。

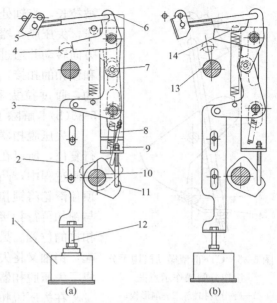

图 5-33　CT8Ⅲ型操动机构合闸操作动作示意图
（a）机构处于分闸并已储能状态；
（b）表示操作系统实行"合闸操作状态"
1—合闸电磁铁；2—导板；3—杠杆；4—凸轮上的滚轮；5—脱扣板；6—定位件；7—滚子；8—连锁板；9—复位弹簧；10—输出轴；11—拉杆；12—螺栓；13—凸轮；14—合闸弹簧

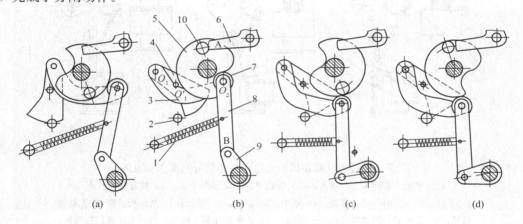

图 5-34　凸轮连杆机构合闸动作示意图
（a）处于分闸并合闸弹簧未储能位置；（b）处于分闸并合闸弹簧已储能位置；
（c）处于合闸并合闸弹簧已储能位置；（d）处于合闸并合闸弹簧未储能位置
1—复位弹簧；2—半轴；3—连板；4—扇形板；5—凸轮；6—定位件；
7—滚子；8—连板；9—输出轴；10—滚轮

（2）失压脱扣器分闸操作。失压脱扣器进行分闸操作过程如下：图 5-36（a）为操动机构处于合闸位置，失压脱扣器处于吸合状态时的情况，这时锁扣和锁扣在扣接处扣住，弹簧

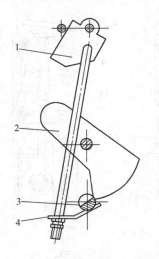

图 5-35　CT8Ⅲ型操动机构手分
按钮分闸操作示意图
1—手分脱扣板；2—扇形板；
3—半轴；4—脱扣板

被拉长，半轴处于合闸位置。一旦失压脱扣器线圈失压或欠压，失压脱扣器动铁芯就被失压脱扣器弹簧拉动，向顺时针方向转动并通过拉杆带动锁扣向逆时针方向转动，解除锁扣和锁扣的扣接，这样锁扣就在弹簧的带动下向逆时针方向转动，通过拉板和脱扣板使半轴向顺时针方向转动［见图5-36(b)］，解除了半轴对扇形板的约束，完成了分闸动作。

失压脱扣器的动铁芯和弹簧在完成了分闸操作后不能自行复位，所以在操动机构输出轴上装了一块凸轮板。在机构分闸过程中，凸轮板向顺时针方向转动，一方面凸轮板上面顶住滚轮将锁扣抬起，使弹簧再拉长，并将锁扣复位到可以与锁扣再行扣接的位置，这时锁扣由其复位弹簧带动到自行扣接的位置。另一方面凸轮板通过失压复位弹簧将销轴拉起，销轴又将失压脱扣器动铁芯恢复到吸合状态，这样就完成了失压脱扣器动铁芯的复位，如图5-36（c）所示。

在失压脱扣器线圈端头无电压时进行合闸操作，在合闸过程中，凸轮板向逆时针方向转动，销轴向下移动离开动铁

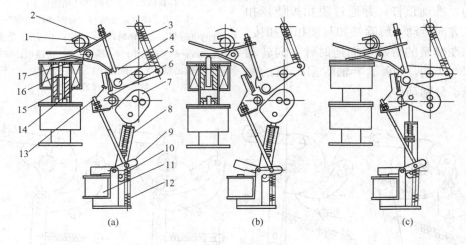

图 5-36　过电流脱扣器和欠电压脱扣器分闸操作示意图
(a) 半轴位置处于合闸状态；(b) 解除半轴对扇形板约束；(c) 恢复吸合状态
1—半轴；2—脱扣板；3—弹簧；4—锁扣；5—滚轮；6—锁扣；7—凸轮板；8—失压复位
弹簧；9—失压脱扣器动铁芯；10—销轴；11—失压脱扣器电磁铁；12—失压脱扣器弹簧；
13—锁扣复位弹簧；14—脱扣器线圈；15—动铁芯；16—顶杆；17—脱扣板

芯，失压脱扣器即重复分闸动作，机构实现自由脱扣。

（3）凸轮连杆机构的分闸动作。合闸动作完成后，一旦接到分闸信号半轴（见图5-34）在脱扣力的作用下，向顺时针方向转动，半轴对扇形板的约束解除，扇形板在断路器分闸弹簧力的作用下，也向顺时针方向转动，完成分闸动作。

如果在合闸过程中接到分闸信号，半轴和扇形板也同样向顺时针方向转动，这时 O'_1 不再受约束，四连杆 O'_1、A、B、O_2 变成五连杆 O_1、O'_1、A、B、O_2。由于五连杆的主动臂

和从动臂之间没有确定的运动特性，所以尽管这时凸轮仍在转动，但从动臂 O_2B 不再受凸轮影响，而在断路器分闸弹簧力的作用下完成分闸动作，即实现自由脱扣。

4. 操动机构的辅助开关

操动机构的辅助开关采用由机构输出轴直接带动的传动方式，传动关系见图 5-35。辅助开关选用 F4-12Ⅲ型，有 6 对常开触点和 6 对常闭触点。

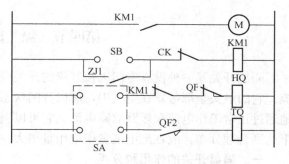

图 5-37　控制回路电气原理接线图

5. 操动机构的控制回路

操动机构控制回路的电气原理见图 5-37。当机构处于未储能状态时，行程开关 CK 常闭触点接通，这时如果组合开关 SB 闭合，中间继电器 KM1 线圈接通，KM1 的常开触点闭合，电动机接通电源，合闸弹簧开始储能。储能完成后，行程开关 CK 的常闭触点打开，切断中间继电器 KM1 的线圈电源，从而切断电机电源，使电机停转。行程开关 CK 还装有常开触点，可接储能信号指示用。

合闸弹簧储能结束后，中间继电器 KM1 常闭触点接通，这时机构如果处于分闸位置，只要控制开关 SA 投向合的位置，合闸电磁铁线圈 HQ 通电，机构进行合闸操作。在合闸过程中辅助开关常闭触点断开，切断合闸电磁铁电源。在合闸弹簧储能过程中，中间继电器 KM1 的常闭触点打开，这时即使控制开关 SA 投向合的位置，合闸电磁铁线圈 HQ 也不能通电，以避免误操作。操动机构辅助开关 QF2 的另一对常开触点可供合闸信号指示用。

操动机构合闸后，辅助开关 QF 的常开触点闭合，这时如果控制开关 SA 投向分的位置，分闸电磁铁线圈 TQ 通电，机构进行分闸操作。分闸完成后，辅助开关常开触点打开，切断分闸电磁铁线圈电源。机构辅助开关的另一组常闭触点可供分闸信号指示用。

6. 操动机构的技术参数

(1) 储能电机：一般采用单相交流、直流两用串激电动机。

(2) 人力储能操作力：CT8Ⅱ型操动机构采用 300mm 长的储能手柄时，最大操作力小于 200N。

CT8Ⅲ型机构采用 350mm 长的储能手柄时，最大操作力小于 300N。

(3) 合闸电磁铁。采用螺旋管式电磁铁。

CT12 型弹簧储能式操动机构，用于 LN2 系列户内 SF_6 断路器进行分、合闸操作。机构合闸弹簧储能方式有电动机储能和手力储能两种。CT12Ⅰ型配合 LN2-10 型 SF_6 断路器。CT12Ⅱ型配合 LN2-35 型 SF_6 断路器。

操动机构的合闸操作方式有合闸电磁铁和手动按钮两种；分闸操动机构除手动按钮外，还具有分闸电磁铁（分励脱扣器）、瞬时过流脱扣器及失电压脱扣器，各种脱扣器可根据具体要求选用。

CT12 型弹簧储能操动机构的结构，除合闸弹簧为一根外，CT12Ⅱ型无失压脱扣器，其余的均与 CT8 型操动机构相同。

第四节 隔 离 开 关

隔离开关是一种没有专门灭弧装置的开关设备，所以它不能用来开断负荷电流和短路电流。它的触头全部敞露在空气中，所以分闸状态有明显可见的断口。在合闸状态时，能可靠地通过正常工作电流和短路故障电流。它可以满足配电装置在不同接线方式和不同场地条件下达到合理分布，故在配电装置中应用量很大。

一、隔离开关的作用和分类

（一）隔离开关的作用

1. 隔离电源

利用隔离开关断口的可靠绝缘能力，使需要检修的高压设备或线路与带电的设备或线路隔开，造成一个明显的断开点以保证工作人员安全。如图 5-38 所示，如果要检修线路，应将断路器 QF 断开，检修线路虽然与母线脱离，但没有明显的断开标志（断路器的触头在油箱里面），这就需要断开隔离开关 QS1 和 QS2，才能得到明显的断开点，使检修线路与母线隔离。

2. 倒换母线

隔离开关断开点两端接近等电位的条件下，可以在不断开负荷的情况下进行分、合闸。图 5-39 所示为某些变电所或配电室采用双母线接线，在正常运行时，Ⅰ母线工作，Ⅱ母线备用。工作母线Ⅰ和备用母线Ⅱ利用母线联络断路器 QFw 连接，QFw 平时是断开的。当工作母线Ⅰ需要检修时，必须将全部电源和引出线转移到备用母线Ⅱ上工作，这一操作过程称为倒闸操作。在倒闸操作过程中，就利用隔离开关为操作电器，其步骤如下。

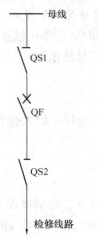

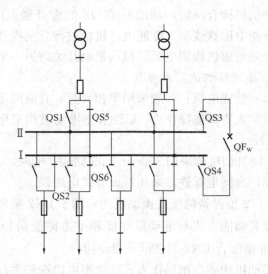

图5-38 具有隔离
开关的接线图

图 5-39 双母线接线

（1）合上隔离开关 QS3、QS4，再合上母线联络断路器 QFw，这时备用母线Ⅱ带电。

（2）依次合上各回路中备用母线侧的母线隔离开关 QS1、QS2，再依次断开各回路中工作母线侧的隔离开关 QS5、QS6 等。因为当接通母线联络断路器后，两组母线的电压相同，隔离开关的闸刀和固定触头的电位相等，并不切断电流，所以不会产生电弧，这样操作就没有任何危险。

（3）将母线联络断路器 QFw 断开，随之断开母线联络断路器两侧的隔离开关 QS3、QS4，则工作母线I便退出工作，备用母线II投入运行。由此可见，隔离开关起了倒换母线的作用。

3. 分、合空载线路

利用隔离开关的断口在分开时将电弧拉长熄灭的原理，可分合一定长度的电缆线路或架空线路的电容电流，也可分、合一定容量的变压器空载励磁电流；还可分、合电压互感器和阀型避雷器。对于用隔离开关分、合三相空载变压器的规定是：①电压 3kV，容量在 180kVA 以下；②电压 10kV，容量在 320kVA 以下。对于 10kV 以下高压电容器的分、合容量限制，根据经验不应超过 30kvar；对于分、合电缆线路的分、合容量具体规定数据见表 5-7。

表 5-7　　　　　　　　　　　10kV 隔离开关分合空载电缆线路长度

长度（m）　截面（mm²）　开关类型	3×35	3×50	3×70	3×95	3×120	3×150	3×185	3×240
室外单相隔离开关	4400	3900	3400	3000	2800	2500	2200	1900
室内三相隔离开关	1500	1500	1200	1200	1000	1000	800	

（二）隔离开关的分类

（1）根据安装地点不同，隔离开关分为户内式和户外式两种；

（2）根据极数和相数不同，隔离开关分为单极和三极，单相和三相；

（3）根据使用的特性不同，隔离开关分为母线型和穿墙套管型两种。

二、隔离开关与断路器的连锁装置

因为隔离开关不能带负荷进行分合闸操作，因此必须利用带连锁装置的机构来保证隔离开关的操作按正确步骤进行。连锁装置的类型很多，这里仅介绍几种较典型、常用的连锁装置。

（一）机械连锁装置

为保证断路器与隔离开关按正确顺序操作，可以在操动机构上加装机械连锁装置。如图 5-40 所示，断路器的操动机构 A 与隔离开关的操动机构 B、C 之间借杠杆 2 的机械联系起连锁作用，即断路器在合闸位置时，断路器操动机构 A 的手柄 4 抵住杠杆 2 的下端，使与杠杆 2 上端连接的挡块 3 凸起。由于在操动机构 B、C 的固定部分各有一销钉 8 借弹簧的作用插入操动机构手柄的孔中，在操作隔离开关前，必须将销钉 8 自孔中拔出才行。而在断路器处于合闸位置时，挡块 3 凸起，阻止了销钉从孔中拔出，所以隔离开关手柄 1 不能在断路器分闸前拉开，而只有在断路器分闸后，挡块 3 缩回，才能把销钉 8 拔出，将隔离开关拉开。

此外，为了防止不拆除临时接地线而把隔离开关合闸，发生短路故障。可利用在隔离开关操动机构上加装自行车锁的方法，把隔离开关锁在分闸位置上，并把钥匙放在不拆除临时接地线就无法取出的地方，这种简易方法如认真执行，效果较好。

（二）电磁连锁装置

在一些变电所和配电室中，应用电钥匙和电磁锁（即为电磁连锁装置）进行闭锁操作。电磁连锁装置的原理如图 5-41 所示，电钥匙的结构包括铁芯 1、线圈 2、插头 3 和按钮 4。

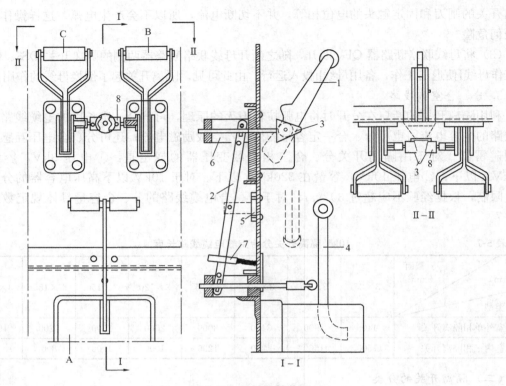

图 5-40　机械连锁装置

1—隔离开关手柄；2—杠杆；3—挡块；4—断路器操动机构手柄；5—杠杆支点基座；
6—杠杆座；7—隔离开关合闸弹簧；8—销钉

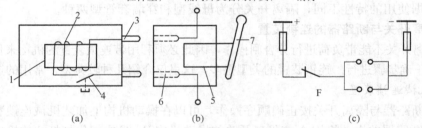

图 5-41　电磁连锁装置的原理图

(a) 电钥匙；(b) 电磁锁；(c) 控制回路

1—铁芯；2—线圈；3—插头；4—按钮；5—锁销；6—插孔；7—操作柄

电钥匙不固定在任何地方，而电磁锁固定在隔离开关的操动机构上，锁销 5 插在隔离开关操作柄 7 的孔中，从而限制了隔离开关的操作。电磁锁的插孔串联于隔离开关的连锁控制回路中，控制回路的常闭触点 F 是由断路器的位置决定的，当断路器处于跳闸位置时，常闭触点 F 接通。在将电钥匙插在电磁锁插孔 6 之后，若断路器处于跳闸位置，显然将电流流过电钥匙的线圈 2，于是铁芯 1 产生的电磁吸力将锁销 5 吸出，隔离开关的操作手柄可以操作；若是断路器处于合闸位置，则由于触点 F 是断开的，所以线圈 2 里无电流，锁销不能拔出，隔离开关也就无法操作，因而起到了连锁作用。这种电磁连锁装置除了结构简单外，它比起机械连锁有着极大的灵活性，因此应用较为广泛。

三、隔离开关选择

（一）隔离开关型号

隔离开关的型号含义如下：

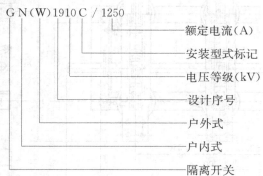

GN(W)1910C / 1250

- 额定电流（A）
- 安装型式标记
- 电压等级（kV）
- 设计序号
- 户外式
- 户内式
- 隔离开关

国产 GW1 系列户外隔离开关有 GW1-6/200 型、GW1-6/400 型、GW1-10/200 型、GW1-10/400 型和 GW1-10/600 型五种，都是三极联动，手动操作。由于这种隔离开关的闸刀（动触头）不长，所以没有专门的破冰结构。图 5-42 是 GW1-6/200 型户外隔离开关的一极示意图，它的结构是由支架 1、固定绝缘子 2、活动绝缘子 3、定触头 4、动触头（闸刀）5、传动轴 6 和弧角 7 组成，弧角 7 可起着防止开断小电流时烧损主闸刀的作用。

在国产 GN 系列隔离开关中，其中 GN6 型为母线式，GN8 型为穿墙套管式，额定电流有 200、400、600A 三种。

GN19 系列隔离开关是 10kV 户内式。额定电流有 1000 和 1250A 两种，其结构特点是每相导电部分通过两个支柱绝缘子固定在底架上，三相平行安装。每相动触头中间均有拉杆绝缘子，拉

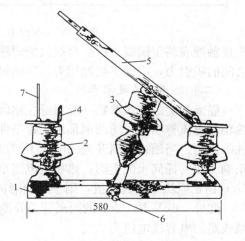

图 5-42　GW1-6/200 型户外隔离开关的
一极示意图

1—支架；2—固定绝缘子；3—活动绝缘子；
4—定触头；5—动触头；6—传动轴；7—弧角

杆绝缘子与底架上的主轴相连。主轴通过拐臂与连杆及 CS6-1T 操动机构连接，以对隔离开关进行操作。图 5-43 为 GN19-10/1000、1250 型隔离开关外形图。

导电部分主要是由动触头与静触头组成，静触头装在两端的支柱绝缘子上，每相动触头由两片槽形铜片组成，这种动触头不仅增大了动触头的散热面积，有利于降低温升，而且提高了动触头的机械强度和开关的动稳定性。动触头的一端通过轴销（螺栓）安装在静触头上，转动动触头的另一端与静触头成可分连接，而闸刀与静触头的接触压力靠两端接触弹簧来维持。

GN19-10 型隔离开关为平装型；GN19-10C 型为穿墙套管型；GN19-10C1 型隔离开关为动触头转动侧装套管绝缘子；GN19-10C2 型隔离开关为静触头侧装套管绝缘子；GN19-10C3 型隔离开关为动触头转动侧与静触头侧都装套管绝缘子。

GN19-10/1000、1250 型（见图 5-43）及 GN19-10C/1000、1250 型，在动触头与静触

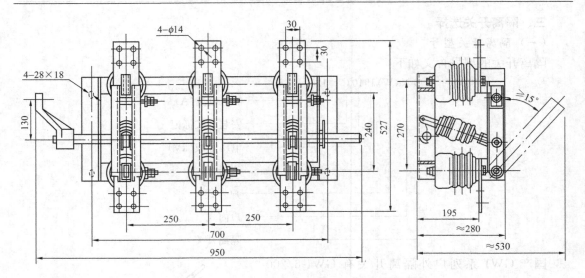

图 5-43　GN19-10/1000、1250 型隔离开关外形图

头接触处安装了磁锁压板。当很大的短路电流通过动触头时，磁锁压板加强了槽形两片触刀之间的吸引力，增加了接触压力，因而提高了开关的动、热稳定性。

（二）隔离开关技术参数

隔离开关的技术参数一般都标在铭牌上，它包括额定电压、额定电流、极限通过电流和热稳定电流等项目。前两项是按正常条件选择的数据，极限通过电流是校核隔离开关动稳定性的依据。当通过隔离开关的电流不超过此值时，在隔离开关的结构上不会产生影响其继续正确工作的任何永久变形；热稳定电流是用来校验隔离开关的热稳定性，即通过隔离开关的 5s 热稳定电流不超过此值，则不致使隔离开关各部分过热。

此外，6kV 和 10kV 的隔离开关开断空载变压器的电感性激磁电流大约为 4A，开断空载线路的电容性电流为 2A。

四、GN8-10 型隔离开关和 CS6-1T 型操动机构的动作原理及安装

（一）GN8-10 型隔离开关的结构和动作原理

1. 结构

一般常用的隔离开关为 GN_{8-10}^{6-6}H 型三极闸刀式、三极联动的结构。这种隔离开关的动触头（闸刀）方向与支持绝缘子的轴垂直，并且大多数为线触头。

图 5-44 为 GN8-10H/200（400、600）-Ⅰ型隔离开关的结构图，隔离开关每相（极）导电部分通过支持绝缘子 6 和瓷套管 7 固定在底架 8 上。隔离开关的动触头 1 是靠拉杆绝缘子 2 转动的，拉杆绝缘子 2 与动触头 1 及轴 4 上的杆 3 铰接。三相隔离开关有专门联动的操动机构，它是通过一些铰接的连杆与隔离开关轴 4 上的传动杆 5 连接，对隔离开关进行操作。

2. 动作原理

当传动杆 5 围绕轴 4 转动时，轴 4 也随之转动，并带动与轴 4 铰接的拉杆绝缘子 2 进行升降，从而使动触头 1 进行分闸或合闸。

（二）CS6-1T 操动机构的动作原理

1. 连杆机构的结构

如图 5-45 所示，机构的前轴承轴 O_1 上装着操作手柄 1，手柄的下部有连杆 7，机构后

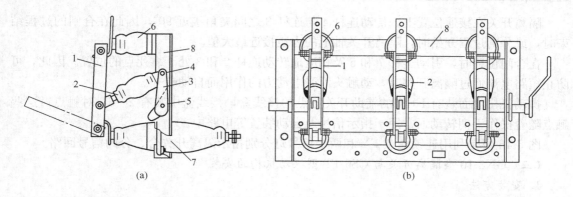

图 5-44　GN8-10H/200（400、600）-Ⅰ型隔离开关的结构图

(a) 单相图；(b) 三相图

1—闸刀；2—拉杆绝缘子；3—杆；4—轴；5—传动杆；6—支持绝缘子；7—瓷套管；8—底架

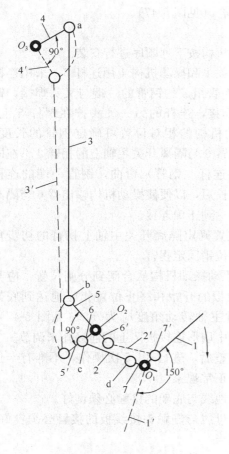

图 5-45　连杆机构动作原理

1—操作手柄；2～7—连杆；1′—操作手柄（分闸位置）；2′～7′—连杆（分闸位置）

轴承 O_2 上，装着彼此硬性连接的连杆 5 和连杆 6。连杆 6 及连杆 7 在 c、d 绞接点处与连杆 2 绞接。连杆 5 和轴 O_3 上的连杆 4 都在 a、b 绞接点处与连杆 3 绞接。

在连杆系统 7—2—6 中，连杆 7 是引动的，连杆 2 是传动的，而连杆 4 是被动的环节。

2. 操动机构的动作原理

图 5-45 中的实线表示隔离开关合闸时的位置，虚线表示隔离开关分闸时的位置，箭头表示隔离开关分闸时操动手柄的转动方向。由于连杆传动，当操作手柄 1 向下转过 150°时，连杆 7 也转过 150°，但连杆 5 随扇形连杆 6 只转过 90°，传动连杆 4 也只转过 90°。

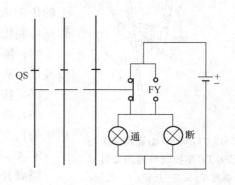

图 5-46　指示隔离开关的信号回路

　　隔离开关在接通位置上，传动连杆4与连杆3之间夹角接近90°，因此在合闸的过程结束时，或分闸过程开始时，隔离开关轴上的力矩接近最大值。

　　在合闸位置时，引动连杆7和5及相应地转动连杆2和3处于靠死点的位置。因此，可防止短路电流通过隔离开关时，动触头因受电动力的作用而自动断开。

　　操动机构上面装有F1型的辅助开关触点的接线盒，接线盒中装有2～12对触点，这些触点随着操作手柄转动通常用于指示信号及自动装置等电路中。

　　图5-46便是利用连锁触点FY和两个信号灯分别指示隔离开关合、分的信号回路。

（三）GN8-10型隔离开关与CS6-1T型操动机构的安装

1. 安装方法

一般将隔离开关垂直、水平或倾斜地安装在高压开关柜内或墙上，并在安装前将所有导电部分涂上工业凡士林油。

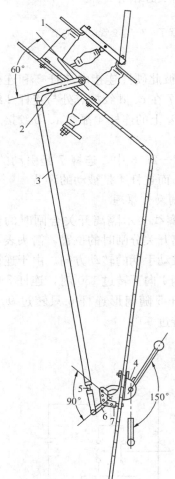

图5-47　GN8-10型隔离开关与
CS6-1T型操动机构的安装

1—隔离开关；2—拐臂；3—连杆；
4—操动机构；5—连杆叉头螺杆；6—
操动机构输出臂；7—扇形连接板

　　CS6-1T型操动机构垂直安装于高压开关柜面板或墙上时，操动机构手柄的转动角度应与隔离开关"分"、"合"时主轴转动角度相配合（见图5-47）。

2. 安装步骤

隔离开关与操动机构按下列顺序进行安装。

（1）连接隔离开关1和操动机构4用连杆3，采用连杆叉头螺杆5和$\phi3/4''$钢管组成。钢管的一端与叉头焊接，钢管的另一端与螺杆焊接，连杆的另一叉头拧在螺杆5上。根据隔离开关和操动机构的相对位置可确定钢管的长度，如果操动机构的输出臂6与隔离开关主轴上的拐臂2不在同一平面上时，可以将连杆（钢管）弯曲，钢管一端的连杆叉头可由螺杆5调节长短，以便使操动机构输出臂6与隔离开关主轴上的拐臂2达到正确连接。

（2）根据安装位置确定隔离开关主轴上拐臂的初步角度，然后钻孔打入定位销固定拐臂。

（3）CS6-1T型手动操动机构从合闸到分闸位置，应与隔离开关主轴上限位板的开始和终止位置相应地达到底架上的角钢面上。此时主轴转动角度应为60°（见图5-47），否则可利用操动机构中扇形连接板7上的连接孔来调节。

（4）隔离开关调整后，进行3～5次操作，不准有卡住或其他妨碍动作的不正常现象。

（5）接上地线，地线与底架的接触必须良好。

（6）接上母线，母线与静触头接线板的接触必须良好，引线的长度要配置适当。

3. 安装后的检查

隔离开关在安装调整完毕后，还须进行下列检查，方可投入运行。

（1）应将隔离开关和操动机构的导电接触部分及传动

摩擦部分涂上工业凡士林油。

（2）检查各部件的机械连接是否牢固，接地是否安全可靠。

（3）在安装过程中出现的损坏是否修理好。

（4）F1 型辅助开关触点连锁信号指示是否正确。

第五节 负 荷 开 关

负荷开关是一种结构比较简单，具有一定开断或关合能力的高压开关设备。对于额定电压为 10kV 的负荷开关，其额定电流一般在 400A 以下。这种开关多用于容量较小，供电要求不太高的配电网络中。由于负荷开关造价较低、使用方便，因此应用很广。在容量较小的配电网络中，也可将负荷开关与熔断器串联，以代替断路器使用。

一、负荷开关的用途和结构特点

（一）负荷开关的用途

通常将负荷开关用来开断和关合电网的负荷电流，因此它具有简单的灭弧装置。但是它不能开断电网的短路电流，这是负荷开关和一般断路器的主要区别，用负荷开关开断电容器组特别有效。

（二）负荷开关的结构特点

负荷开关的结构比较简单，相当于隔离开关和简单灭弧装置的结合。具有比隔离开关大得多的开断能力。图5-48 所示为 FN2-10 型户内式高压负荷开关的外形图。

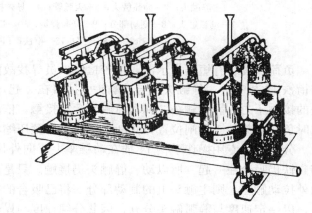

图 5-48 FN2-10 型户内式高压负荷开关外形图

虽然负荷开关不能用来开断短路电流，但如果将它和高压熔断器串联成一体（如 FN2-10R 型），用负荷开关开断负荷电流，用高压熔断器作为过载和短路保护，即可代替断路器工作。这种综合负荷开关开断能力较好，即使在大容量的配电网络中有时也可应用。此外在配电网络中，也常用负荷开关来开断小电流，如变压器的激磁电流、供电线路对地电容电流等。在以上这些方面，负荷开关比隔离开关优越，不会因灭弧问题而引起故障。

二、MFF-10 型全绝缘负荷开关

MFF-10 型全绝缘负荷开关是由负荷开关和熔断器（特殊需要时也可以加装避雷器）组合而成。它适用于额定电流为 200A 的 10kV 交流配电网络，作为主回路关合与开断之用，尤其是它适用于环形网络及多回路配电网络等。

MFF-10 型全绝缘负荷开关借助专用绝缘操作手柄进行操作。

（一）MFF-10 型全绝缘负荷开关的结构与原理

负荷开关除引出线部分外，所有带电部分均用环氧树脂封闭。负荷开关与熔断器之间还装有机械连锁，即只有操作人员开断负荷开关后，熔断器在不带电的情况下才能检查或更换。

负荷开关静触座中有一永久磁铁，分、合闸操作时，用一专用合闸手柄，手柄内装有合闸弹簧，此弹簧力与永久磁铁的吸力不大于 294N。分、合闸时只要操作力大于此值就能保证了分、合闸速度。负荷开关处于开断位置时，有明显的可见断口，图 5-49 为触头部分结构示意图。

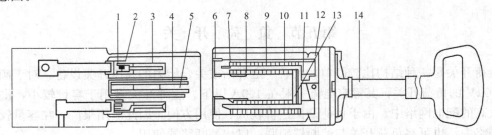

图 5-49　负荷开关触头部分结构示意图

1—静触头；2—静弧触头；3—灭弧管；4—导磁板；5—永久磁铁；6—动触头；
7—动弧触头；8—制动部分；9—开断弹簧；10—弧触头压缩弹簧；11—软连接线；
12—动触头座；13—衔铁；14—操作手柄

负荷开关装有短路指示器，便于检修人员寻找故障点。当负荷开关合闸时，永久磁铁 5 与衔铁 13 相吸合，静触头 1 与动触头 6 插接在一起，依靠动主触头上的弹簧维持动静主触头的接触压力，静弧触头 2 和动弧触头 7 相接触，依靠弧触头的压缩弹簧 10 维持接触压力，此时负荷开关处于合闸位置，开断弹簧 9 处于预压缩状态。

分闸时，专用操作手柄 14 插在动触座上。向外拉出动触座时，主触头先分离，而衔铁与磁铁仍吸合在一起，所以动、静触头仍接触。只是当开断弹簧 9 被压缩至极限位置，继续向外拉动触座，则主触头上的制动部分 8 将已吸合的衔铁拉开。动弧触头在开断弹簧的作用下，以一定速度与静弧触头分开，因此分闸速度与操作者无关。动、静触头分离时，其间出现电弧，灭弧管中的电弧热量使灭弧管分解出大量的气体，这股气体沿灭弧管冲击，使电弧熄灭，负荷开关分闸。动触座与操作手柄一起移开静止部分出现一明显的断口。

图 5-50 是用操作手柄合闸示意图。合闸时，把动触座左侧的弹簧片 2 放在静触头座的槽内，沿箭头方向推操作手柄，弹簧片碰到静触座上的凸起部分 1 而使动触座停止运动。继续推操作手柄，使合闸弹簧 3 受压储能，当推力使弹簧片压缩到凸起部分不能继续阻止动触

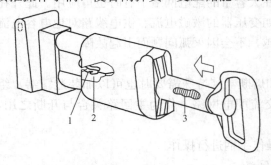

图 5-50　操作手柄合闸过程示意图

1—静触座上的凸起部分；2—动触座的左侧
的弹簧片；3—合闸弹簧

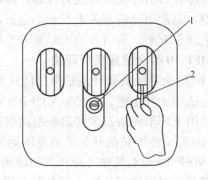

图 5-51　短路指示器复位示意图

1—指示器；2—永久磁铁

座运动时，动触座便在合闸弹簧力作用下，以一定速度合闸。合闸时主触头比弧触头先接触，这样就保证了当关合短路电流时，主触头承受短路电流。合闸速度也与操作者无关。

图 5-51 是短路指示器复位示意图。指示器 1 上有一小块永久磁铁和一个红色标牌，当短路电流通过主回路时，短路电流产生的磁场与指示器中的小磁铁相互作用，使红色标牌旋转成水平位置（从动触座端部的孔中可看到红色标牌），短路指示器可帮助维修人员判明故障点。若要标牌复位，可用复位的永久磁铁 2 使指示器中的标牌复位。

检修、测试或试验电缆时，应安装接地保护装置，其方法是先断开电源，拿掉负荷开关的动触头，用接地操作杆将接有接地线的接地动触头合在负荷开关的静触座上，用接地条将三相接地动触头短路。

（二）MFF-10 型全绝缘负荷开关的技术参数及接线方案

MFF-10 型全绝缘负荷开关的技术参数和接线方案分别见表 5-8 和表 5-9。

表 5-8　　　　　　　　　　　　MFF-10 型全绝缘负荷开关的技术参数

额定电压（kV）	最高工作电压（kV）	额定电流（A）	额定开断电流 $\cos\varphi=0.7$（A）	2s 热稳定电流（kA）	动稳定电流（峰值，kA）	关合短路电流（峰值，kA）	熔断器极限断流容量（MVA）	最大电缆截面（mm²）	质量（kg）
10	11.5	200	400	12.5	31.5	31.5	200	3×120	150

表 5-9　　　　　　　　　　　　MFF-10 型负荷开关接线方案

编号	1	2	3	4	5
接线图					

编号	6	7	8
接线图			

第六节　熔　断　器

熔断器是一种最简单的保护电器，通常用于保护功率较小和保护性能要求不高的场所。用在低压配电时，熔断器与闸刀配合可代替自动开关；用在高压配电时，可以与负荷开关配合代替高压断路器。因此，熔断器被广泛地应用在高、低压配电网络中，本节主要着重讨论高、低压熔断器的用途、工作原理、结构和选择。

一、熔断器的用途及工作原理

（一）熔断器的用途

熔断器是一种结构简单、制造容易的保护电器，在配电网络中用它来保护配电线路和配电设备，即当网络发生过载或短路故障时，熔断器能单独地自动断开电路，从而达到保护电气设备的目的。

随着电力工业的不断发展，由于配电网络的容量在不断地增加，因此要求熔断器的额定电流和开断能力也应相应增大。

在电力工业中，很早就使用熔断器作为高、低压配电线路和电气设备的保护。由于熔断器的安装和维护简单，体积小，价格低廉，断流能力较大，并且有些特殊结构的熔断器还具有切断时间短和限流效应大等优点，因此至今在保护性能要求不高的地方仍广泛用来作为过载和短路保护的电器。

（二）熔断器的工作原理

熔断器能自动断开电路的工作原理是：利用熔点较低的金属丝（或金属片），即称为熔体的导体，串联在被保护的电路中，当电路或电路中的设备发生过载或短路故障时，低熔点的金属丝（片）被灼热而熔化，从而切断电路。熔体在切断电路的过程中，往往产生强烈的电弧，同时使灼热的金属蒸气向四周喷溅和发生爆炸声。为了安全和有效地熄灭电弧，所以将金属丝（片）装在一个封闭的盒子或管子内组成一个整体。

熔断器的工作过程大致可分为：①熔断器的熔体因过载或短路加热到熔化温度；②熔体开始熔化和气化；③间隙的击穿并产生电弧；④电弧熄灭，电路被开断。熔断器的动作时间即为上述这些过程所用时间的总和。显然，熔断器的断流能力决定熄灭电弧能力的大小。

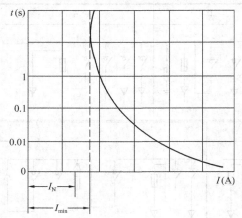

图 5-52　熔断器熔体的安秒特性曲线
I_N—额定电流；I_{min}—最小熔化电流

1. 安秒特性

通常将熔断器的动作时间 t 与通过熔断器熔体电流 I 的关系，称为安秒特性。如图 5-52 所示，该特性曲线表明了熔断器重要的特性，随着负荷性质的不同，对熔断器的要求也不同。

根据安秒特性选择熔体，就可以得到熔断器动作的选择性。如图 5-53 所示，在线路中，熔断器 1 作为熔断器 2 的后备保护，要使熔断器 1 的动作时间大于熔断器 2，只要选择熔断器 1 的安秒特性高于熔断器 2 即可。

在理论上，当最小熔化电流 I_{min} 通过熔体时，动作的时间为无限大。若将最小熔化电流 I_{min} 选择得仅仅比熔体额定电流 I_N 稍大一点，则当负荷稍有变动时就可能造成不必要的熔断，反之选择太大时又会失去应有的保护作用。一般取 I_{min} 为额定电流 I_N 的 1.2～1.5 倍，即 $I_{min} = 1.25 I_N$。

熔体的最小熔化电流 I_{min} 与熔体的截面、材料、结构以及散热条件等许多因素有关，对于熔体可用下列公式进行计算。

（1）在具有空气的盒内或纤维管中，有

$$I_{min} = 52 d^{1.2} \quad (A) \tag{5-9}$$

（2）在填有石英砂的管中，有

$$I_{min} = 78 d^{1.2} \quad (A) \tag{5-10}$$

上两式中　d——熔体直径（mm）。

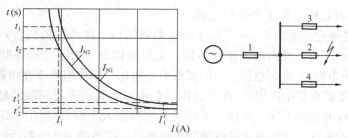

图 5-53　熔断器对线路保护的安秒特性配合

I_{N1}—熔断器 1 熔体的额定电流；I_{N2}—熔断器 2 熔体的额定电流

应用式（5-10）计算时，均以铜为熔体。若熔体是银时，还需乘以系数 0.5。

2. 熔体的熔化

当通过熔体的电流很大时，由于熔体熔断后形成不导电的间隙，使电路的电阻迅速增加，而电流被迫下降，于是在开断点的两端形成过电压（由于线路中的电感造成的）。当通过熔体电流很大时，熔体将全长迅速熔化；当通过熔体电流很小时，熔体只能在某几段逐渐熔化。熔化的部位便产生电弧，金属在弧道中因受高温而气化。因为这些金属蒸气的游离电压比空气低，所以对灭弧是很不利的。因此，在高压熔断器（跌落式熔断器）中，均避免使用低熔点高电阻系数的材料（如铅、锌）。因为在同样的额定电流下，由铅、锌制成的熔体要比用高熔点低电阻系数的材料（如铜、银）制成的熔体截面大，而且熔断时金属蒸气也多，对灭弧不利。

但在使用高熔点的金属作为熔体的高压熔断器中，过载时因其熔化温度很高，所以熔断时间要长，并且可能使熔断器其他部分过热。因此，通常在银丝或铜丝上焊有小锡球，这样就解决了熔体开断时熔断器过热的问题。

在低压熔断器中，电弧问题不严重，故常用低熔点高电阻系数的铅、锌一类材料。

3. 限流和不限流

熔断器是由熔体、熔管或外壳和接触零件等组成，其额定电流是根据设计要求所规定的，但熔体的额定电流不能超过熔断器的额定电流。

按开断电流的性质，熔断器可分为限流和不限流两种，所谓限流熔断器是指当短路电流还未达到最大值 I_{Kmax} 时，已完成气化、击穿，以及间隙产生电弧和熄灭电弧的全过程，并将电流 i 突然下降到零；所谓不限流熔断器是指电路中电流 i 不断上升，如果在直流电路中，当电流达到接近短路电流的稳定状态后，待电弧拉长到不足以维持才熄灭；如果在交流电路中，短路电流将持续到第一次电流过零瞬间熄灭电弧，有时甚至继续延到经过第二次或第三次电流过零瞬间才熄灭电弧。

二、熔断器结构

（一）高压熔断器

在高压配电网络中，通常采用 RN1、RN2 系列户内高压熔断器和 RW3、RW4 系列户外跌落式熔断器作为过电流保护和短路保护。

1. RN1、RN2 型熔断器

图 5-54 是 RN1 型熔断器结构。图 5-54（a）是熔断器的总体结构，底板 4 上装置有支持绝缘子 3，支持绝缘子 3 上装有触头座 2 和接线座 5，熔管 1 被卡在两端触头座 2 内，当

管内熔体熔断后，可将熔管取下并加以更换。

　　图 5-54（b）是额定电流为 7.5A 及以下的熔断器结构，这种结构的特点是熔体绕在陶瓷芯上。瓷管用黄铜罩罩上，管内放入工作熔体，工作熔体由一根或几根并联的镀银铜丝制成（RN2 型熔断器均为单根），在每根铜丝中间都焊有小锡球。工作熔体绕在陶瓷芯上（因为它们很细，没有陶瓷芯很难在管中固定）。在熔管内还装入具有瓷质火花间隙的辅助熔体，在火花间隙两侧的辅助熔体的截面不等（一边截面比另一边截面大 1 倍）。当工作熔体熔断时产生的过电压将此火花间隙击穿，电流则全部由辅助熔体通过，使辅助熔体向两边逐渐地熔化，最后电路被切断，因而降低了过电压的数值。

　　图 5-54（c）是额定电流为 10A 以上的熔断器结构，这种结构的特点是具有螺旋形熔体。熔体是由几段截面不同的铜丝绞接成，在绞接处焊有小锡球。用不同截面的目的也是为了降低过电压的数值，因为短路时，熔体首先在截面积最小的一段熔断，过电压将该段气隙击穿后产生电弧，然后逐段将熔体熔化，避免电路立即开断，以使过电压数值得到降低。

　　在熔管中还装有指示熔体，其一端与指示小衔铁连接。当短路或过负荷时，工作熔体先熔化，然后辅助熔体和指示熔体熔断；指示熔体熔断后，指示小衔铁在弹簧作用下弹出外面，指示出此熔断器已熔断。

　　用来保护电压互感器的 RN2 型熔断器无指示装置，但可从电压互感器二次回路仪表中的读数发现熔断器是否熔断。RN2 型熔断器的熔体额定电流均为 0.5A。

　　在 RN1 型和 RN2 型熔断器的熔管中，除了装有上述熔体外，还充满石英砂，当短路电流通过时，由于电压击穿间隙而引起电弧，此时电弧产生在石英砂的填料中，电弧受到石英砂颗粒间狭沟的限制，弧柱直径很小，同时电弧还受到很高的气体压力作用和填料对它的强烈冷却，所以在电流还未达到短路电流的稳定值以前，就将电弧熄灭，因此这种熔断器具有限流作用。

　　当过负荷电流通过这种熔断器时，熔体先在焊有小锡球处熔断，随之电弧使熔体沿全长熔化，电弧在电流某次过零时最后熄灭。

　　2. RW3、RW4 型跌落式熔断器

　　跌落式熔断器或称跌落式开关是广泛应用在户外 3～10kV 的配电网络中，作为过电流保护和短路保护的一种开关电器。

　　图 5-55 是 RW3-10G 型户外跌落式熔断器的外形图。这种熔断器由瓷质绝缘支柱 4 和层卷纸板制成的开口熔管 14 两个主要部分构成。在熔管端部有铜帽 17，熔管内衬以石棉套管 12。支柱 4 借助前抱箍 1、后抱箍

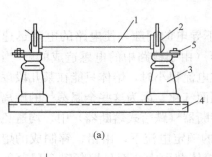

(a)

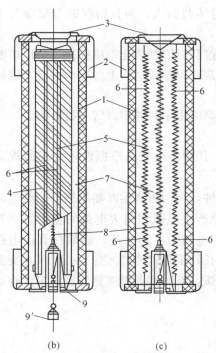

(b)　　　　(c)

图 5-54　RN1 型熔断器结构

（a）总体结构；（b）7.5A 及以下熔断器结构；
（c）10A 及以上熔断器结构

1—瓷管；2—黄铜罩；3—端盖；4—陶瓷芯；
5—工作熔体；6—小锡球；7—石英砂；8—指示熔体；9—小衔铁；9'—小衔铁指示熔断位置

2 和抱箍衬垫 3 固定在支架上。为了便于跌落，在支架安装时要使熔管的轴线与铅垂线成一倾角，熔管的两端设有上弹性触片 8 和下弹性触片 15，熔体 11 穿过熔管后一端固定在下触头 16 上，另一端拉紧固定在上触头压板 10 上，利用这两个触头将熔管固定在金属支承座 18 和鸭嘴罩 7 之间，瓷质绝缘支柱两端设有上接线螺丝 5。正常操作利用耳环 13 进行。当熔体熔断后，压板 10 在弹簧作用下顺时针转动，于是上动触头 9 从鸭嘴罩 7 的抵舌上滑脱，熔管靠其本身的重力绕轴跌落，将线路开断。

熔断器配用的带有规定尺寸的纽扣式熔体，其额定电流有 2、3、5、7.5、10、15、20、30、40、50、75、100、150A 和 200A 等。

熔断器的装设高度应便于地面操作。熔断器距离变压器台面的高度不宜低于 2.3m。各相熔断器间的水平距离，不应小于 0.5m。

跌落式熔断器的结构简单、价格便宜，在一定条件下和负荷开关配合使用可替代断路器。此外，为了提高供电可靠性，防止线路暂时性故障停电，目前可采用双熔管一次重合闸的跌落式熔断器。

3. RW10-10F/100 型熔断器

RW10-10F/100A 型熔断器适用于 10kV 的配电线路和配电变压器的过负荷保护和短路保护及分、合额定负荷电流之用。

图 5-56 为 RW10-10F/100A 型熔断器的外形图。熔断器由基座和消弧装置两大部分组成。工作触头 3 设计为桥形结构，灭弧管 1 的下端装有能转动的弹簧支架 2，始终使熔体处于

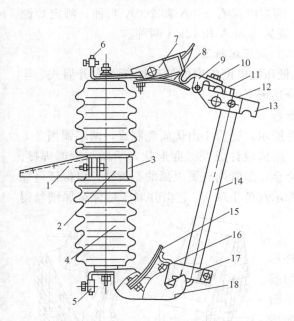

图 5-55　RW3-10G 型户外跌落式熔断器的外形图
1—前抱箍；2—后抱箍；3—抱箍衬垫；4—支柱；5—下接线螺丝；6—上接线螺丝；7—鸭嘴罩；8—上弹性触片；9—上动触头；10—压板；11—熔体；12—石棉套管；13—耳环；14—开口熔管；15—下弹性触片；16—下触头；17—铜帽；18—金属支承座

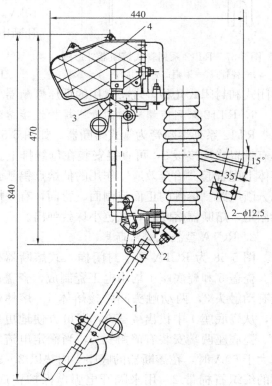

图 5-56　RW10-10F/100A 型熔断器的外形图
1—灭弧管；2—弹簧支架；3—工作触头；4—灭弧室

紧张状态，以保证灭弧管在合闸位置时自锁。当线路和变压器过载或短路时，熔体熔断，弹簧支架在扭簧的作用下，迅速将熔体从灭弧管中抽出，以减少燃弧时间和灭弧材料的消耗。灭弧管设计为逐级排气式，开断小电流时产生的气体由下端排气孔排出。当开断大电流时，气体冲开上端帽盖实现上下端的排气口同时排气，以解决在同一熔断器上开断大小电流的矛盾。

熔断器装有灭弧室和弧触头，可分、合额定负荷电流，起到负荷开关的作用。在分、合操作时使电弧在弧触头上产生，在灭弧室内熄灭，以保护工作触头不受电弧烧伤。灭弧室是采用新型工程塑料压制而成的。

RW10-10F 型为普通型产品。RW10-10F（W）型为防污型产品。

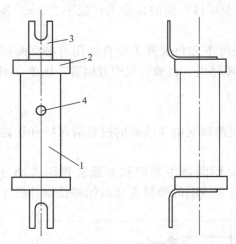

图 5-57　RT12 系列管式熔断器外形图

1—瓷管；2—铜帽；3—连接板；4—小珠

4. 复合绝缘高压跌落式熔断器

HRW11 系列复合绝缘跌落式熔断器是新型防污有机复合绝缘高压跌落式熔断器。绝缘体采用了硅橡胶有机复合绝缘体，取代了传统的瓷质绝缘体，具有防污性能好、免维护、质量轻、机械强度高、抗老化等特点。尤其适用于环境条件恶劣的污秽地区，可避免瓷质绝缘体受温度变化和操作拉力而产生的断裂和爆炸等事故发生，同时给运输、安装维护带来极大的方便。

HRW11 系列跌落式熔断器，额定电压为 10kV，额定电流有 100A 和 200A 两种，额定短路开断电流为 6.3kA 和 12kA 两种。

（二）低压熔断器

在低压配电网络中的低压熔断器有开启式、半封闭式和封闭式几种，现将常用的低压熔断器分述于下。

1. RT12 系列有填料封闭管式螺栓连接熔断器

RT12 系列熔断管为管式熔断器。如图 5-57 所示，瓷管 1 由优质瓷制成，两端铜帽 2 上焊有偏置式连接板 3，可直接安装在母线排上。熔体设计成变截面形状，两端与铜帽焊接。熔体上配置起"冶金效应"作用的低熔点钨基合金，熔管内充满灭弧的石英砂，以保证可靠地分断电路。熔管的正面或侧面、背面，有一标示红色小珠 4，它由并联于熔体金属细丝得以固定，熔断器熔断时，红色小珠就弹出。

2. RC1A 型插入式熔断器

图 5-58 为 RC1A 型半封闭插入式熔断器外形图。瓷盖 5 和瓷底座 1 均用电工瓷制成，瓷盖两端装有动触头 3，两动触头间跨接熔体 4。熔体熔断后，从瓷底座 1 中拔出瓷盖 5，即可方便地更换熔体。瓷底座两端安装有静触头 6，当额定电流等于或大于 60A 时，在熔断器的底座 1 内垫以 2～3mm厚的编织石棉带 2，用来隔开电弧，保护瓷底座，并有助于灭弧。

RC1A 型熔断器是在原 RC1 型熔断器的基础上

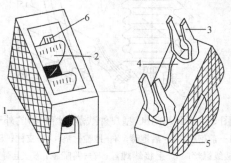

图 5-58　RC1A 型插入式熔断器的外形图

1—瓷底座；2—编织石棉带；3—动触头；

4—熔体；5—瓷盖；6—静触头

改进的，其外形尺寸虽然未变，但性能上有很大改进。例如 60A 的 RC1 型熔断器的极限分断电流只有 1500A，而 60A 的 RC1A 型熔断器的极限分断电流可达到 3000A（均在 380V 的交流电压条件下）。RC1A 型熔断器的额定电压为 380V，额定电流为 5、10、15、30、60、100、200A 七个等级。

这种熔断器的特点是结构简单，更换熔体方便，但在开断过程中容易产生声光和熔化特性不稳定等缺点。RC1A 型熔断器的安秒特性曲线，如图 5-59 所示。熔断器的熔体可以根据用户要求选用铜丝或铅丝（或市场所供应的铅合金熔丝，但当额定电流大于 20A 时，不宜选用铅合金熔丝）。

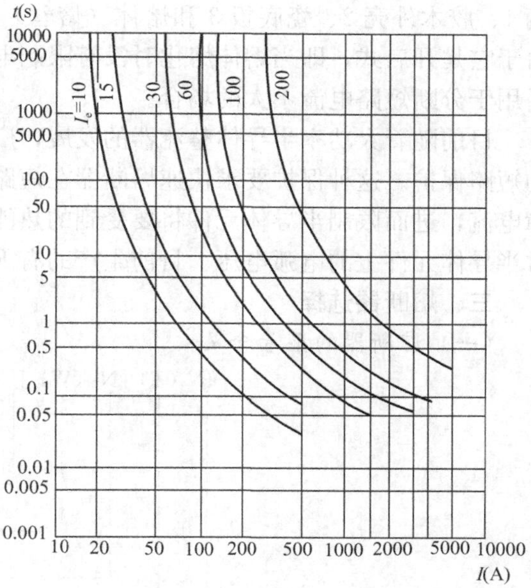

图 5-59 RC1A 型熔断器的安秒特性曲线图

3. RL1 型螺旋式熔断器

图 5-60 为 RL1-100 型封闭螺旋式熔断器的外形图。这种熔断器的额定电压是 500V，额定电流是 15～200A，开断能力为 20～50kA。它是由瓷帽 1、熔管 2、瓷保护圈 3、瓷底座 4 和熔断指示器 5 组成。在熔断管内装有一根或数根熔体，并填充石英砂以加强灭弧能力。熔断指示器 5 装于熔管 2 的上盖中，当熔体熔断后，指示器跳出，可由观察孔监视。在熔体熔断后，可旋下瓷帽 1 更换新熔管。

这种熔断器具有较高的分断能力，并且结构简单，安装尺寸小，能切断一定的短路电流，所以它常被用于照明线路和中小型电动机保护。

4. 刀熔开关中的开启式熔断器

这种熔断器往往不单独使用，而是与闸刀组合应用。图 5-61 为目前常用的刀熔开关外形示意图。它是由闸刀手

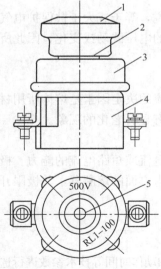

图 5-60 RL1-100 型封闭螺旋式
熔断器的外形图

1—瓷帽；2—熔管；3—瓷保护圈；
4—瓷底座；5—熔断指示器

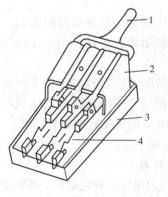

图 5-61 带有熔体装置的
刀熔开关外形示意图

1—闸刀手柄；2—胶木外壳；
3—瓷底板；4—熔体

柄1、胶木外壳2、瓷底板3和熔体（熔丝）4组成。这种熔断器结构简单，使用方便，但由于它是开启式，即当熔体熔化时没有限制电弧火焰和金属熔化后粒子喷出的装置，因此仅适用于分断短路电流不大的场合。

目前随着大功率半导体整流器的发展，广泛采用快速熔断器作为硅整流器及其成套装置的短路保护。这种保护要求快速熔断器在短路故障时，必须在极短时间内安全分断并消除故障电流，进而限制半导体元件将要受到的热能，并限制通过半导体元件的电流峰值和加至正常半导体元件上的电弧电压。目前生产的有 RS 系列快速熔断器。

三、熔断器选择

（一）熔断器的型号含义

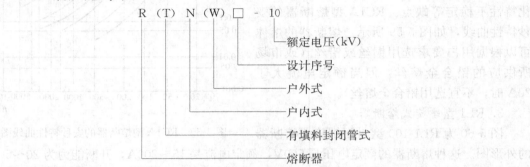

熔断器如需表明熔断器的额定电流值时，可将额定电流值置于型号的末尾，并用分数线隔开。如 RW4-10/50 型，即熔体的额定电流为 50A。

（二）主要技术参数

熔断器的主要额定参数说明如下。

1. 额定电压

额定电压是指熔断器开断后能长期承受的电压，一般来说，等于或大于被保护电气设备或线路的电压。根据国家标准的规定，允许熔断器有 ±10% 的电压波动或变化，因此所有的熔断器均应承受比额定电压高 10% 的耐压能力。

2. 额定电流

额定电流是指熔断器能长期通过的电流。确定其额定电流的决定因素是熔体所用材料的温升。它的要求是使熔体在通过长期工作电流后不致使材料有显著老化的现象。

3. 开断能力

开断能力是指熔断器能在故障条件下可靠地开断过负荷电流或短路电流的能力。极限开断能力，是指熔断器能开断的最大短路电流的能力，用于电力方面的熔断器，其极限开断能力有 2、5、20、25kA 和 50kA 等 5 个等级。

（三）熔断器选择

1. 熔断器的选择原则

熔断器应根据额定电压、额定电流、开断能力、安秒特性和动作时间等技术参数进行选择。

（1）额定电压选择。一般熔断器的额定电压可按电网的额定电压或高于电网的额定电压进行选择，但对于限流式高压熔断器不宜使用在比它的额定电压低的电网中，这是因为较低的电压会使熔断时间加长，从而产生过电压使网络中其他设备遭受损坏。

（2）额定电流选择。熔断器熔管的额定电流应大于或等于熔体的额定电流。熔体的额定电流应按熔断器保护的安秒特性（见图 5-52）来选择。为了正确选择熔体，图 5-62 给出了 6～35kV 熔体（丝）熔化的安秒特性曲线，其中额定电流为 3A 和 5A 的熔体，由于本身分散性较大，多用于配电线路的末端或作配电变压器高压侧的保护，因此 3A 和 5A 两种熔体之间不存在相互配合的问题，而且这两种熔体额定电流的允许误差范围可以宽一些，约为 ±15%；但对其他额定电流的熔体，其允许误差范围规定为 ±10%。

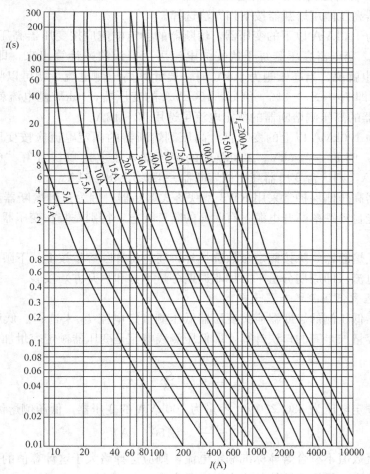

图 5-62　6～35kV 熔体（丝）熔化的安秒特性曲线图

（3）动作具有选择性。熔断器的熔体在满足可靠性前提下，首先要满足前后两级熔断器之间或熔断器熔体与继电保护动作时间的选择性。

（4）熔断时间要短。当在本段保护范围内发生短路时，应能在最短的时间内切除本段故障，以防止熔断时间过长而加剧被保护设备的损坏。

此外，保护电压互感器的熔断器，只需根据额定电压和开断容量进行选择即可。

对于配电变压器用高压熔断器熔体的选择应注意：①当熔体通过最大工作电流时不应熔断；②当熔体通过激磁涌流时不应熔断；③当熔体通过保护范围以外的短路电流及电动机自启动引起的冲击电流时不应熔断。

当高压熔断器的断流容量不能满足被保护回路短路容量要求时，可在被保护回路中装设限流电阻等措施以限制短路电流。

低压熔断器熔体的额定电流要大于电路中的工作电流，为避免熔体在电动机启动时间 t 内的启动过程中被熔断，所以在选择熔体时，对启动时间 t 内所通过的电流，应为熔体额定电流的 1 倍左右。

2. 配电变压器高压侧熔断器的选择

配电变压器高压侧用熔断器按下列方法选择。

（1）容量为 100kVA 以下的变压器，熔断器的额定电流应按变压器高压侧额定电流 I_{1N} 的 2～3 倍选择。变压器高压侧每千伏安的电流可用口诀快速计算出来，即 "10kV 百 6"；"6kV 百 10"，也就说，当高压侧为 10kV 时，要计算高压侧电流，就可以将变压器的额定容量乘以 6%，即 $I_{1N}=S_N\times 6\%$。例如，100kVA 的变压器，10kV 侧电流就是 $100\times 6\%=6A$，则该变压器的高压侧熔断器的额定电流可选用 12～18A。

（2）容量为 100kVA 以上的变压器，高压侧熔断器的额定电流应按变压器额定电流的 1.5～2 倍选择。例如一台 6kV、320kVA 的变压器，按上述口诀计算 "6kV 百 10"，即 $320\times 10\%=32A$，则这台变压器高压侧熔断器一般选用 48～64A。

配电变压器高压侧保护常采用 RW3 型跌落式熔断器。因为这种熔断器当熔体（指高压熔丝）熔断后能自动跌落断开电源，有明显的断开标志，特别是装在变压器台上，便于运行人员发现。

选用跌落式熔断器，除按额定参数选择外，还应将开断容量按上、下限值校验，开断电流应以短路全电流（即周期分量平方加非周期分量平方和再开方）校验。

3. 配电变压器低压侧熔断器选择

配电变压器低压侧的熔断器应按变压器低压侧额定电流 I_{2N} 来选择。低压侧额定电流也可以用 "额定容量加半" 的口诀计算，即低压侧线电流是变压器额定容量加上额定容量的一半，也即

$$I_{2N} = S_N + \frac{S_N}{2} \quad (A)$$

例如，低压侧额定电压为 380/220V，容量为 100kVA 的变压器，低压侧熔体电流为

$$100 + \frac{100}{2} = 150 \quad (A)$$

若计算出的电流数值不符合熔体标准额定电流，则应选择略大于这计算值的熔体。

配电变压器高、低压侧熔体的额定电流可由表 5-10 选得。

表 5-10　　　　　　　　　　　配电变压器高、低压侧熔体的选择

相　别	容　量 (kVA)	熔体额定电流（A）		备　　注
		高压侧	低压侧	
单　相	5	5	30	（1）高压侧熔体额定电流为 $2\sim 3I_{1N}$；
	7.5	5	30	（2）低压侧熔体额定电流为 I_{2N}；
	10	5	50	（3）目前，高压熔体规格为 5～100A（熔体采用铜银合金）；
	15	5	75	（4）高压侧熔体额定电流：100kVA 及以下容量的为 $2\sim 3I_{1N}$；100kVA 以上容量的为 $1.5\sim 2I_{1N}$；
	20	5	100	
	25	5	100	
	30	7.5	150	（5）低压侧熔体同（2）；
	40	10	200	（6）凡变压器新容量等级一律按上述要求选择熔体的额定电流
	50	10	250	
	75	20	300	
	100	25	500	

续表

相 别	容 量 (kVA)	熔体额定电流（A）		备 注
		高压侧	低压侧	
三 相	10	5	20	（1）高压侧熔体额定电流为 $2\sim 3I_{1N}$；
	20	5	30	（2）低压侧熔体额定电流为 I_{2N}；
	30	5	50	（3）目前，高压熔体规格为 5～100A（熔体采用铜银合金）；
	40	5	75	（4）高压侧熔体额定电流：100kVA 及以下容量的为 2～
	50	10	75	$3I_{1N}$；100kVA 以上容量的为 $1.5\sim 2I_{1N}$；
	70	10	100	（5）低压侧熔体同（2）；
	80	15	125	（6）凡变压器新容量等级一律按上述要求选择熔体的额定
	100	15	150	电流
	135	15	250	
	180	20	300	
	200	20	300	
	240	25	350	
	320	40	500	
	420	40	600	
	560	50～60	—	

4. 配电线路熔断器选择

架空和电缆线路的熔断器按下列原则来选择。

（1）装在架空分支线路上的熔断器，按分支线路中的最大负荷电流来选择；

（2）装在保护电缆线路的熔断器，按电缆长期允许电流来选择。

5. 保护电动机用的熔断器选择

（1）对于不经常启动及加速时间不长（如一般切削机床等）的情况，熔体额定电流为

$$I_{RN} = I_{st}/(2.5\sim 3) \quad (A) \tag{5-11}$$

式中 I_{st}——电动机启动电流。

（2）对于经常启动或启动时间较长（如吊车上用的电动机等）的情况，熔体的额定电流为

$$I_{RN} = I_{st}/(1.6\sim 2.0) \quad (A) \tag{5-12}$$

【例 5-1】 图 5-68 为额定电压为 380/220V 的三相四线制低压配电网络，并向某工业企业供电。图 5-68 中电动机及其运行特性如表 5-11 所示。问如何选择配电网络中的熔断器保护？

已知：1 号照明线路的功率为 20kW；2 号照明线路的功率为 30kW，低压配电网络中的电动机及其运行特性见表 5-11。

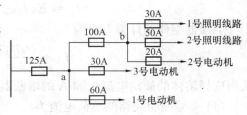

图 5-63 ［例 5-1］低压配电网络图

表 5-11 低压配电网络中电动机及其运行特性

电动机号	1 号	2 号	3 号
功率 P（kW）	10	10	5
型 式	鼠笼式	电阻启动式	鼠笼式
启动电流倍数 N	7.5	2	6.0
满载时效率 η	0.87	0.87	0.85
功率因数 $\cos\varphi$	0.86	0.87	0.8
负荷系数 K_L	0.9	1.0	0.8

解　(1) 1号电动机的熔断器选择。

电动机的额定电流 I_{NM} 为

$$I_{NM} = \frac{P}{\sqrt{3}U\eta\cos\varphi} = \frac{10}{\sqrt{3} \times 0.38 \times 0.87 \times 0.87} = 20(A)$$

电动机实际负荷电流为

$$I_L = K_L I_{NM} = 0.9 \times 20 = 18(A)$$

熔断器熔体的计算电流为

$$I_{cR} = \frac{NI_{NM}}{2.5} = \frac{7.5 \times 20}{2.5} = 60(A)$$

从而选择熔体的额定电流为 60A 的熔断器。

(2) 2号电动机的熔断器选择。

电动机的额定电流 I_{NM} 为

$$I_{NM} = \frac{P}{\sqrt{3}U\eta\cos\varphi} = \frac{10}{\sqrt{3} \times 0.38 \times 0.87 \times 0.87} = 20(A)$$

电动机实际负荷电流为

$$I_L = K_L I_{NM} = 1.0 \times 20 = 20(A)$$

熔断器熔体的计算电流为

$$I_{cR} = \frac{NI_{eD}}{2.5} = \frac{2 \times 20}{2.5} = 16(A)$$

从而选择熔体的额定电流为 20A 的熔断器。

(3) 3号电动机的熔断器选择。

电动机的额定电流 I_{NM} 为

$$I_{NM} = \frac{P}{\sqrt{3}U\eta\cos\varphi} = \frac{5}{\sqrt{3} \times 0.38 \times 0.85 \times 0.8} = 11(A)$$

电动机的实际负荷电流为

$$I_L = K_{fz} I_{NM} = 0.8 \times 11 = 8.8(A)$$

熔断器熔体的计算电流为

$$I_{cR} = \frac{NI_{NM}}{2.5} = \frac{6 \times 11}{2.5} = 26(A)$$

从而选择熔体的额定电流为 30A 的熔断器。

(4) 1号照明线路的负荷电流为

$$I_{1L} = \frac{P}{\sqrt{3}U} = \frac{20}{\sqrt{3} \times 0.38} = 30(A)$$

从而选择熔体的额定电流为 30A 的熔断器。

(5) 2号照明线路的负荷电流为

$$I_{2L} = \frac{P}{\sqrt{3}U} = \frac{30}{\sqrt{3} \times 0.38} = 45(A)$$

从而选择熔体的额定电流为 50A 的熔断器。

(6) 支路 ab 段线路上的熔断器选择。

支路 ab 段的负荷电流为

$$I_L = 30 + 45 + 20 = 95(A)$$

从而选择熔体的额定电流为 100A 的熔断器。

（7）主线路上的熔断器选择。

计算主线路上的负荷电流为

$$I_L = 95 + 8.8 + 18 = 121.8(A)$$

从而选择熔体的额定电流为 125A 的熔断器。

6. FN2-10R 型综合式开关上熔断器选择

这种开关是由 FN2-10 型负荷开关和 RN1 型熔断器组合而成。其熔断器的额定电流通常可选择 20、50A 和 100A 三种。

第七节　自　动　开　关

自动开关又称为自动空气开关，是低压配电网络中重要的控制和保护电器之一，当电路发生短路，严重过负荷以及电压过低等故障时，它能自动切断电路。

第六节讨论的熔断器，虽然具备结构简单、制造容易、价格便宜和能得到可靠的保护等优点，但它只能反映短路和过负荷电流，不能反应电流的方向和电压的高低。此外，熔体每次熔断后，需要重新装入新熔体或更换新熔管，使用不便。而自动开关动作后不需要更换新元件，动作电流值可随时整定。这种开关具有工作可靠、运行安全、开断能力大、安装和使用方便等特点，目前在低压配电网络中日益得到广泛地应用。

一、自动开关的用途和分类

（一）自动开关的用途与特点

在 500V 以下的交流网络和更高电压的直流网络中，常用这种开关作不频繁的合、分电路。当电路中发生过负荷、短路、电压消失或降低并改变直流方向时，能自动切断电路，其基本特点如下。

（1）关合和开断的能力大。自动开关能关合和开断的电流最大可达 50kA，基本上能开断各种接线方式（包括某些环形并联运行方式）的低压配电网络中可能出现的短路电流，并能确保网络安全、可靠的运行。

（2）保护特性好。自动开关有多种脱扣器，如特大短路瞬时动作脱扣器、过载延时脱扣器、短路延时脱扣器、欠压脱扣器和分励脱扣器等。每台开关可装设其中的几种或全部。合理地选择和正确调整就能有选择地、可靠地保护低压配电线路和用电设备，以防止事故扩大和提高供电的可靠性，以满足不同保护和控制方案的需要。

（3）供电恢复好。在排除事故以后，能迅速恢复供电。

（4）操作方便。除用手动操作外，还可供远距离操作用的电动（电动机或电磁铁）操动机构。

（5）维护方便，使用安全。在规定的使用寿命期间，除进行一般维护工作外，无需调换任何零件，性能比较稳定。装置式自动开关的整个导电部分完全密封在塑料外壳内，结构紧凑，体积小，使用安全。

（二）自动开关分类

（1）根据自动开关的制造和使用习惯可分为装置式（或称塑料外壳式）自动开关（见图

5-64)、万能式（或称框架式）自动开关（见图 5-65）、快速式自动开关和限流式自动开关等几种。

（2）根据自动开关的极数可分为单、双极自动开关和三极自动开关三种。单、双极自动开关应用较少，故不在此介绍。

装置式自动开关和万能式自动开关的开断时间一般为 0.1～0.3s，所以被列为普通开断速度的自动开关。

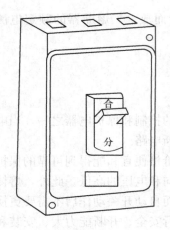

图 5-64　DZ-10 型装置式
自动开关的外形图

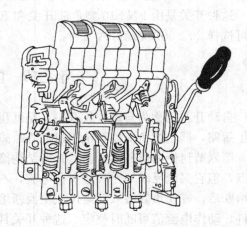

图 5-65　DW-10 型万能式自动开关的外形图

快速式自动开关的开断时间小于 0.02s，主要用作整流器的过流保护和逆流保护，而且只限用于直流。

限流式自动开关的特点是动作迅速，能将电流限制在第一个半波的峰值以内。它的动作时间一般在 1ms 以下。它是应用在交流低压网络的一种快速自动开关。

二、自动开关的工作原理和结构

（一）自动开关的工作原理

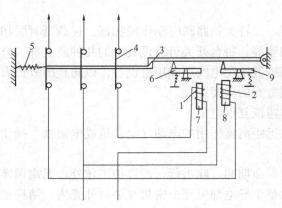

图 5-66　自动开关工作原理示意图
1—过载脱扣器；2—失压脱扣器；3—锁钩；4—触头；
5—弹簧；6—顶杆；7、8—衔铁；9—顶杆

图 5-66 为自动开关工作原理示意图。在正常负荷情况下，脱扣器的顶杆 6 被弹簧向下拉，锁钩 3 不脱扣，因而触点 4 保持在闭合位置。当电流过大时，过载脱扣器 1 过流使衔铁 7 向下吸引顶杆 6，顶开锁钩 3，触点在弹簧 5 的作用下打开。在正常电压时，衔铁 8 吸合释放顶杆 9，锁钩 3 不脱扣。在失压的情况下，失压脱扣器 2 失压使衔铁 8 没有吸力，释放顶杆 9 的弹簧迫使它的顶杆顶开锁钩 3，触点 4 打开，将电路断开。

（二）自动开关的结构

1. 触点装置

自动开关的触点装置和其他有触点的电

器一样，触点是一个很重要的组成部分，并依靠
它实现电路的关合和开断。触点在工作时要受到
机械撞击和电弧的破坏作用，很容易损坏。大容
量的自动开关的每一极，一般由 3 个并联的触点
组成（见图 7-67 中的主触点 1、副触点 2 和弧触
点 3）。在关合位置时，主触点负担通过额定电
流，所以主触点要具有足够的电动稳定性和热稳
定性。在开断时，首先主触点 1 与静触点 4 分开，
接着是副触点 2 与其分开，最后是弧触点 3 与其
分开，这时产生的电弧被灭弧装置熄灭。关合时
的动作过程与开断时相反。

图 5-67　自动开关的触点装置
1—主触点；2—副触点；3—弧触点

（1）弧触点是专门用来保护主触点免受电弧
的破坏作用，因为无论是关合或是开断，电弧总
是发生在弧触点上，所以弧触点一般采用耐弧材
料制作。

（2）副触点是用来保护主触点可靠工作的。
在弧触点损坏时，由副触点来承受电弧的作用。

（3）主触点要求具有较小的接触电阻和较大的散热表面。万能式自动开关的主触点采用
块状，即在接触部分镶上银块。装置式自动开关的主触点采用粉末冶金触点（如用银钨合
金、银镍合金等），以达到上述目的。

图 5-68 为 $DW10\text{-}\dfrac{1000}{1500}$ 触点系统示意图。灭弧动触点 1 是用黄铜制成并可以更换，灭弧
静触点 2 是用陶冶合金制成。在关合过程中，弹簧 4 受压力，把动触点 5 和静触点 6 紧紧压
在一起，保证接触良好。

2. 灭弧室

灭弧室的作用是熄灭电弧和防止极间电弧飞越。自动开关所采取的灭弧措施是：①将电
弧拉长，使电源电压不足维持电弧燃烧，从而使电弧熄灭；②有足够的冷却表面，使电弧能与整个冷却表面接触迅速冷却；③将电弧分成多段，使之成为短弧，每段短弧有一定的电压降，这样电弧上总的压降增加，电源电压不足以维持电弧燃烧，电弧便熄灭；④限制电弧火花喷出的距离，以免造成相间飞弧。触点在开断电流时所产生的电弧，由于电动力和磁场力的作用，进入由钢片组成的灭弧栅中。当电弧进入灭弧栅后，就被灭弧栅分割为一段段短弧而很快熄灭。为了限制电弧火花的飞溅距离，有时往往在灭弧室的出口处装

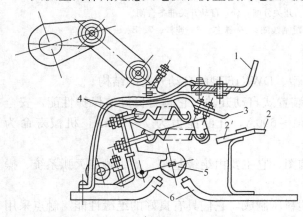

图 5-68　$DW10\text{-}\dfrac{1000}{1500}$ 触点系统示意图

1—灭弧动触点；2—灭弧静触点；3、$2'$—副触点；
4—弹簧；5—工作动触点；6—工作静触点

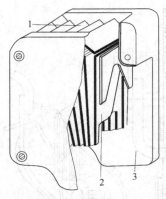

图 5-69　自动开关灭弧室示意图
1—灭焰栅片；2—灭弧栅片；
3—灭弧室

置许多金属片（见图 5-69），也称为灭焰栅片。灭焰栅片能有效地冷却喷出的气体，并限制电弧和弧焰的溅出。由于这种灭弧室具有迷宫式的灭弧作用，因此有助于断流容量的提高。另外，灭弧室的外壳，一般采用绝缘及耐热材料制成。

3. 自由脱扣机构

自由脱扣机构是与触点装置、保护装置相连接的机构，通过它的作用可以使触点关合或开断。自由脱扣机构常制或如图 5-70 所示的四连杆机构。当自动开关在合闸位置［见图 5-70 (a)］时，绞链 9 稍低于绞链 7 和 8 的连接直线。当自动开关在分闸位置［见图 5-70 (b)］时，跳闸线圈 4 的铁芯 5 向上顶动连杆系统 6，使绞链 9 的位置移向绞链 7 和 8 的连接直线之上，连杆机构向上曲折，此时不论手柄 1 的位置如何，自动开关都能断开。要使自动开关再关合时，必须将手柄顺时针转动到对应于开关断开的位置［见图 5-70 (c)］，绞链 9 又处于绞链 7 和 8 的直线之下，即可进行合闸操作，使动触点 3 与静触点 2 接触，电路关合。

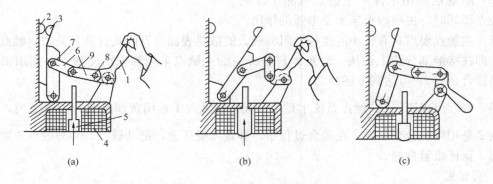

(a)　　　　　　　　　　(b)　　　　　　　　　　(c)

图 5-70　自动开关自由脱扣机构工作原理图
(a) 自动开关合闸；(b) 自动开关分闸；(c) 自动开关准备合闸
1—手柄；2—静触点；3—动触点；4—跳闸线圈；5—铁芯；6—连杆；7、8、9—绞链

4. 典型结构

在这里主要讨论 3 种 DZ10 型、DW10 型、DWX15 型的自动开关的结构。

(1) DZ10 型自动开关是一种塑料外壳装置式自动开关，它具有良好的保护性能，安全可靠和轻巧美观的优点。其额定电流为 10～600A，开断能力为 7～50kA，机械寿命为 7000～20000 次，电寿命为 2000～10000 次。

图 5-71 为 DZ10 型装置式自动开关结构图，它主要由绝缘基座、盖、触点灭弧系统、操动机构和脱扣器等几部分组成。

自动开关的绝缘基座和盖采用热固性塑料压制成，它们具有良好的绝缘性能。触点采用陶冶合金制造，在通过大电流时不发生熔焊现象，并且具有抗腐蚀和耐磨等特点。灭弧室采用去离子栅片灭弧，室壁由反白纸板制成。

自动开关的操动机构为四连杆式，操作是瞬时关合与瞬时断开，与操作速度无关，故能

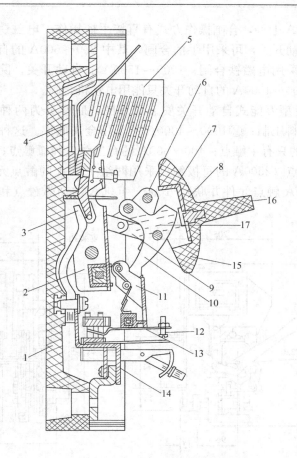

图 5-71　DZ10 型装置式自动开关结构图

1—基座；2—支架；3—动触点；4—静触点；5—灭弧室；6—夹板；
7—杠杆；8—手柄；9—连杆；10—跳扣；11—锁扣；12—调整螺钉；13—牵引杆；
14—脱扣器；15—断开位置；16—合闸位置；17—自由脱扣位置

承受较大的关合电流与开断电流。

脱扣器分为复式、电磁式和热脱扣三种。

1）复式脱扣器，装有过负荷和短路保护的元件；

2）电磁式脱扣器，装有短路保护元件；

3）热脱扣器，装有过负荷保护元件。

自动开关的脱扣器，可按各种不同的额定电流来进行调换，但也可以不装脱扣器作闸刀使用。自动开关还配备有分励脱扣、辅助触点和失压脱扣装置，供远距离分断和自动开关本身控制回路用，并保证维持在一定电压范围内运行。

自动开关分板前和板后两种接线，除板前接线引出的接线头露出外，其余部分均装于硬质塑料或胶木壳内。

自动开关的动作分再扣、合闸、分闸和自由脱扣四部分。

（2）DW10 型万能式自动开关是一种框架式自动开关，它是目前生产的自动开关典型产品，其额定电压有交流 380V 和直流 440V 两种，额定电流等级有 200、400、600、1000、

1500、2500A 和 4000A 七种，合闸操作方式有直接手柄操作、电磁铁操作和电动机操作三种。1500A 以下的自动开关，可采用手柄合闸，其中 200～600A 的自动开关，除手柄操作外，还可以根据需要采用电磁铁合闸；1000～1500A 的自动开关，除手柄操作外，还可以采用电动机合闸；2500～4000A 的自动开关只能用电动机合闸。

图 5-72 为 DW10 型万能式自动开关安装尺寸图，底座分为两种形式：①额定电流为 200～400A 的采用塑料压制；②1000～4000A 的采用金属底架。这种自动开关也有两极或三极的，其中 200A 的只有主触点；400～600A 的有主触点和弧触点；1000～4000A 的有主触点、副触点和弧触点（2500A 的每极触点采用两组 1500A 的触点元件并联，4000A 的每极触点采用三组 1500A 触点元件并联）。1000～4000A 的动弧触点和动副触点采用黄铜制

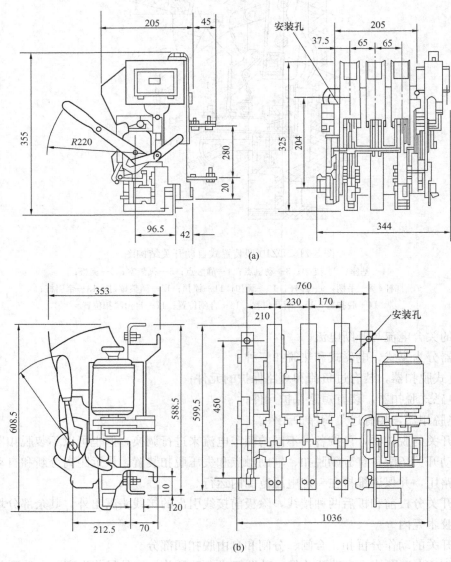

(a)

(b)

图 5-72　DW10 型万能式自动开关安装尺寸图
(a) 额定电流为 200A 的自动开关；(b) 额定电流为 400A 的自动开关

成，静触点采用紫铜制成，其余触点均采用陶冶合金制成。

自动开关的传动部分是由四连杆及自由脱扣机构组成。自由脱扣机构能保证自动开关自由脱扣和瞬时动作。

自动开关的灭弧系统具有去离子栅片的陶土灭弧罩。

自动开关的过电流脱扣器为电磁元件，它能完成瞬时和延时动作（延时由钟表机构完成）。分励脱扣器和失压脱扣器也为电磁元件。

这种自动开关的关合速度与操作速度有关，故在手动操作时，必须由熟练工人操作。对额定电流为 200～600A 的自动开关常采用螺管式电磁铁操作，其操作电压具有交流和直流两种。图 5-73 为交直流电磁铁合闸操作电路图。当利用电磁铁 DC 作远距离合闸时，按下合闸按钮 SB，合闸接触器线圈 KM 通电（电源 1→SB→连锁触点 ZK→线圈 KM→KT 常闭触点→电源 2），接触器 KM 的主触点闭合，使合闸电磁铁线圈 DC 通电，在合闸电磁铁线圈 DC 所产生的电磁力作用下，使自动开关合闸。由于合闸电磁铁的线圈 DC 是按短时通电工作设计的，允许通电时间不超过 1s，所以自动开关合闸以后，就必须立即使合闸电磁铁线圈 DC 断电，这一要求靠时间继电器 KT 来实现。在按下合闸按钮 SB 时，不仅使接触器 KM 通电，而且使时间继电器 KT 的线圈同时通电（电源 1→SB→ZK→KT 线圈→电源 2）。这时与合闸按钮 SB 并联的接触器 KM 的常开触点瞬时闭合，自保持 KM 和 KT 的线圈通电，直到自动开关合闸为止。而 KT 的常闭延时断开触点延时不到 1s 后断开，从而切断了接触器 KM 的线圈电路，保证了合闸电磁铁线圈 DC 通电时间不超过 1s。自动开关的连锁触点 ZK，是在自动开关合闸后，用来保证电磁铁操动机构不再动作的。时间继电器 KT 的常开触点是用来防止自动开关在按钮 SB 的触点被粘住时，多次闭合于存在着短路的电路上，也即防止自动开关触点"跳跃"用的。若按钮 SB 被粘住，而自动开关闭合于短路的电路上时，其过电流脱扣器瞬时动作，自动开关跳闸，但由于时间继电器的常开触点一直处于闭合状态，其线圈也一直通电，其延时断开触点是保持断开的，所以接触器 KM 的线圈不会通电，自动开关也不会再次合闸。

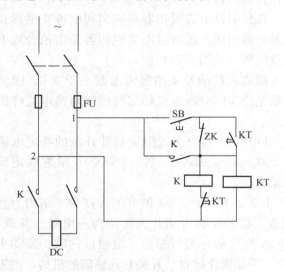

图 5-73 DW10 型自动开关交直流
电磁铁合闸操作回路

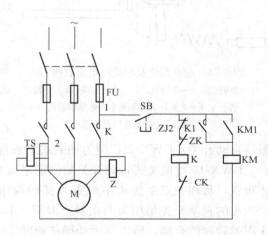

图 5-74 DW10-1000～4000 交流
电动机操作原理接线图

　　图 5-74 为 DW10-1000～4000 交流电动机操作原理接线图，当利用电动机 M 操作时，按下合闸按钮 SB，合闸接触器 K 线圈通电，使接触器 K 的触点关合，电动机开始启动。在电动机的电动力作用下，自动开关进行合闸。自动开关的触点关合正常后，行程开关 CK 的触点断开，交流接触器 K 线圈失电并触点打开，使交流电动机失电而停止运行，自动开关合闸完毕。当交流接触器 K 的触点 K1 关合时，中间继电器 KM 的线圈通电，常开触点 KM1 闭合，常闭触点 KM2 打开，以防止在合闸中途，电动机的传动电路发生故障时，因失压脱扣器 TS 欠压使自动开关脱扣，而形成自动重合闸。自动开关的辅助触点 ZK 是用以保证电动机传动机构在自动开关合闸后不再动作。制动器 Z 是保证电动机的制动作用。

　　(3) DWX15 型万能式限流自动开关一般用在 380～660V 配电网络中，也可用作对线路不频繁的转换和 320kW 及以下电动机的直接启动。它具有过负荷、欠压和短路的保护作用。限流自动开关还具有限流特性，在特大短路电流的电路中用作短路保护。

　　限流式自动开关为立体布置形式，它由触点系统、灭弧系统、操动机构、快速脱扣器、欠电压脱扣器、过载长延时脱扣器和绝缘底板等组成，其结构为积木式立体结构，进出线方式为板后进出线方式。

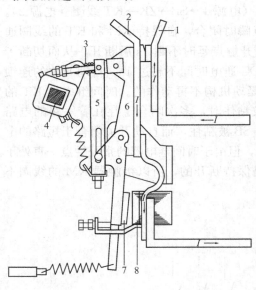

图 5-75　触点系统及瞬动过电流脱扣器
1—静触点；2—动触点；3—触点弹簧；4—主轴；
5—连杆；6—支架；7—瞬动过电流脱扣器衔铁；
8—瞬动过电流脱扣器铁芯

　　触点系统（见图 5-75）是由静触点支架 6、连杆 5、杠杆软连接组成。静触点 1 和动触点 2 为两根较长的平行载流导体。当存在短路电流时，动、静触点之间产生很大的电动斥力，将触点迅速断开，并把产生的电弧极快地引入灭弧室，并以极快的速度把可能出现的短路电流限制在一较小的数值，并同时把电路切断。

　　该限流式自动开关采用储能操动机构，闭合速度与操作力无关。操作类型分为直接传动和电磁铁传动两种。

　　长延时过电流脱扣器是速饱和电流互感器和热继电器组成。瞬时过电流脱扣器是由拍合式电磁铁组成（见图 5-75）。

　　限流式自动开关的限流系数小于 0.6。限流系数是指实际分断电流峰值与预期短路电流峰值之比。

　　DWX-15 型万能式限流自动开关的额定电流有 200、400、630A 三种。DWX-15 型为固定式限流自动开关；DWX-15C 型为抽屉式限流自动开关。

　　DWX-15 型框架式自动开关的额定电流有 1000、1500、2500 和 4000A 四种。结构为立体布置，每相触点系统由主触点和弧触点组成。1500A 的自动开关每相为一组触点并联，2500A 的自动开关每相为两组触点并联，4000A 的自动开关每相为三组触点并联。操动机构用弹簧储能合闸，所以与手动操作速度无关。手动操作的自动开关有预储能的机构，则先操作手柄至储能位置后，再按面板上"合"字按钮，自动开关即闭合。背后杠杆操作的自动开关，因仅生产无预储能机构，故将手柄推至合闸位置，开关即闭合。电动操作的自动开关，则控制电动机，由电动机操作弹簧储能，当储能结束后，可远距离操作释能电磁铁，使自动开关合闸。在无电源情况下，可用检修手柄来操作自动开关。

三、自动开关的选择、安装与维护

（一）自动开关的选择

1. 自动开关的型号含义

为了便于选择自动开关，首先应正确掌握自动开关的型号含义。

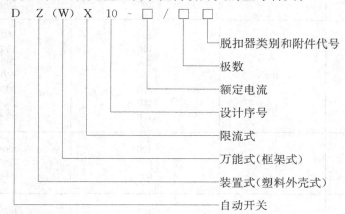

2. 自动开关的技术参数

DZ10、DW10 和 DWX-15 系列自动开关的技术数据，分别见表 5-12～表 5-14。

表 5-12　　　　　　　　　　　DZ10 系列装置式自动开关技术数据

型　　　号	脱扣器额定电流（A）	极限开断电流（A）		
		直流 220V	交流 380V	交流 500V
DZ10-100	15 20	7000	7000	6000
	25 30 40	9000	9000	7000
	50 60 80 100	20000	30000	25000
DZ10-250	100 120 140 170 200 250	20000	30000	25000
DZ10-600	200 250 300 350 400 500 600	25000	50000	40000

表 5-13 DW10 系列万能式自动开关技术数据

型 号	额定电流 (A)	过电流脱扣器额定电流 (A)	过电流瞬时脱扣器整定电流范围 (A)
DW10-200/2 DW10-200/3	200	60 100 150 200	60～90～180 100～150～300 150～225～450 200～300～600
DW10-400/2 DW10-400/3	400	100 150 200 250 300 350 400	100～150～300 150～225～450 200～300～600 250～375～750 300～450～900 350～525～1050 400～600～1200
DW10-600/2 DW10-600/3	600	400 500 600	400～600～1200 500～750～1500 600～900～1800
DW10-1000/2 DW10-1000/3	1000	400 500 600 800 1000	400～600～1200 500～750～1500 600～900～1800 800～1200～2400 1000～1500～3000
DW10-1500/2 DW10-1500/3	1500	1000 1500	1000～1500～3000 1500～2250～4500
DW10-2500/2 DW10-2500/3	2500	1000 1500 2000 2500	1000～1500～3000 1500～2250～4500 2000～3000～6000 2500～3750～7500
DW10-4000/2 DW10-4000/3	4000	2000 2500 3000 4000	2000～3000～6000 2500～3750～7500 3000～4500～9000 4000～6000～12000

表 5-14 DWX-15 系列自动开关技术数据

型 号	额定电流 (A)	额定短路分断电流（有效值，kA）		全分断时间 (ms)
		380V	660V	
DWX 15-200	100、160、200	50	20	10
DWX 15-200	100、160、200	50	20	10
DWX 15-400	200、315、400	50	25	10
DWX 15C-400	200、315、400	50	25	10
DWX 15-630	315、400、630	70	25	10
DWX 15C-630	315、400、630	50	25	10

3. 自动开关的选择

现将自动开关选择按配电网络的正常、启动和短路情况分述于下。

（1）按回路正常运行条件选择时，应使被选择的自动开关的额定电压大于配电网络的额定线电压；额定电流大于网络回路的负荷电流，即

$$U_{NQ} \geqslant U_N \quad (V) \tag{5-13}$$

$$I_{NQ} \geqslant I_L \quad (A) \tag{5-14}$$

式中　U_{NQ}——自动开关的额定电压，V；

　　　　U_N——网络的额定线电压，V；

　　　　I_{NQ}——自动开关的额定电流，A；

　　　　I_L——网络回路的计算或实际负荷电流，A。

（2）按回路启动情况校验脱扣器的额定电流，并按自动开关的额定电流 I_{NQ} 选择过电流脱扣器时，为保证自动开关的瞬时或短延时过电流脱扣器在正常启动情况下不发生误动作，要求该脱扣器的整定电流大于启动回路可能产生的最大启动电流 I_{stmax}。

1）单独电动机回路，这种情况要求为

$$I_{TQ} \geqslant K_1 I_{stmax} \tag{5-15}$$

式中　I_{TQ}——脱扣器瞬时动作电流，A；

　　　　K_1——考虑到脱扣器动作电流的误差及启动电流的允许变化而设的可靠系数，其值与自动开关结构形式有关，对于 DW 型可取 1.35，对于 DZ 型可取 1.5～1.7；

　　　I_{stmax}——电动机回路的最大启动电流，A。

2）供电干线回路，这种情况要求如下。

当不考虑电动机自启动时

$$I_{TQ} \geqslant K_2[I_{st} + I_{c(n-1)}] \tag{5-16}$$

式中　K_2——安全系数，可取 1.25～1.3；

　　　　I_{st}——网络回路中最大一台电动机的启动电流，A；

　　$I_{c(n-1)}$——不考虑最大一台电动机启动电流时的干线计算电流，A。

当考虑电动机自启动时

$$I_{TQ} \geqslant K_2 I_{stn} \tag{5-17}$$

式中　I_{stn}——需要考虑自启动影响的所有电动机启动电流的总和，A。

（3）按回路短路电流校验自动开关的断流能力。

1）对于 DZ 系列自动开关或用峰值表示其极限断流能力的开关，应要求

$$I_{DL} \geqslant I_l \tag{5-18}$$

式中　I_{DL}——自动开关的极限开断电流周期分量有效值，若制造厂所提供的数据是峰值电流，则按峰值校验，kA；

　　　　I_l——短路冲击电流的有效值，kA。

2）对于 DW 系列自动开关或用有效值表示其极限断流能力的开关，应要求

$$I_{DL} \geqslant I_K \tag{5-19}$$

式中　I_K——回路短路电流周期分量有效值，kA。

4. 自动开关的电气接线

自动开关的电气接线方式通常有下列几种方式（见图 5-76）。

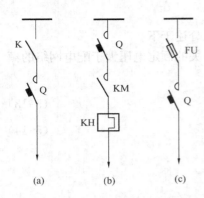

图 5-76 自动开关接线方式
(a) 自动开关与刀开关配合；(b) 自动
开关与接触器配合；(c) 自动开关与熔断
器式开关配合
Q—自动开关；KM—接触器；KH—热
继电器；FU—熔断器式开关

（1）自动开关与刀开关配合的方式，如图 5-76（a）所示。这种接线方式适用于自变压器二次侧引出的低压配电干线电路，或单独的非频繁操作的电动机电路。其中低压配电干线主回路中的自动开关 Q 作为短路保护，而电源侧的隔离开关 K 是用作检修时断开电路，使之有一明显的断开点，从而保证人身安全。

（2）自动开关与接触器相配合的方式，如图 5-76（b）所示。这是最常用的接线方式，目前制造厂生产的成套配电屏（柜）多采用这种接线方式。其中接触器 KM 或磁力启动器用作回路的操作电器，热继电器 KH 用作过载保护，而自动开关 Q 用作短路保护。这种接线方式适用于操作频繁的场所。

（3）自动开关与熔断器式开关配合的方式，如图 5-76（c）所示。这种接线方式适用于仅带热脱扣装置的自动开关。这种接线中的自动开关作为过流保护（如 DZ 型），而熔断器式开关作为短路保护。

（二）自动开关的安装与维护

1. 自动开关的安装

因为这种开关多安装在成套配电屏上，这里主要讲开关的接线和安装前后的注意事项。

（1）安装前先以 500V 摇表检查自动开关的绝缘电阻，并要求其绝缘电阻值在周围介质温度为 20±5℃ 和相对湿度为 50％～70％ 时，不小于 10MΩ。如果绝缘电阻值过低时，需要进行烘干处理。

（2）自动开关的静触点（上进线端）应与由电源引进的导线或母线连接；而用户的导线或母线应接在下出线端上。

（3）检查电磁操作的自动开关是否能在规定的电压范围内使自动开关可靠关合。

（4）检查自动开关在失压时分励及过电流脱扣器是否能在规定的动作范围内使开关断开。

（5）安装完毕后，应用手柄或其他传动装置检查自动开关的工作准确性及可靠性。

2. 自动开关的使用与维护

（1）使用前，将磁铁工作极面的防锈油抹净。

（2）机构的各个摩擦部分必须定期涂以润滑油。

（3）自动开关在断开短路电流后，应检查触点（必须将电源切除），并将自动开关触点上的烟痕抹净。在检查自动开关触点时必须注意到以下两点。

1）如果在触点表面形成小的金属微粒时，必须加以清除，并保持触点原有的形状；

2）如果触点的厚度小于 1mm（银钨合金的厚度），则必须更换或重新调整。

（4）在触点检查及调整完毕后，应对自动开关的其他部分（如过电流脱扣器等）进行检查。

（5）当灭弧罩损坏时，尽管只有一个灭弧罩被碰坏或裂损，均不允许再通电使用，必须更换新的自动开关。

第八节　热　继　电　器

一、热继电器的用途和分类

（一）热继电器的用途

热继电器是一种应用比较广泛的电器，通常用它来作为交流三相异步电动机或线路过载和欠压保护，反映被控制设备和发热状态。将它与交流接触器组成磁力启动器，便可以作为电动机的启动控制设备。

（二）热继电器的分类

热继电器按动作方式可分为：①双金属片式，利用具有不同线膨胀系数（金属线膨胀系数，是指温度每升高1℃时，单位长度的金属所膨胀的长度）的两种金属片受热弯曲的原理去推动操动机构而动作；②易熔合金式，利用过负荷或短路发热，达到某温度时使易熔合金熔化而动作；③利用材料磁导率或电阻值随温度变化而变化的特性原理制成的热继电器。在这3种热继电器中，目前应用较广泛是双金属片热继电器，因为这种热继电器具有结构简单、体积小和成本较低，另外这种热继电器的热元件还具有良好的反时限特性。因此，下面就重点讲述双金属片式热继电器。

二、热继电器的工作原理和特性

（一）热继电器的工作原理

双金属片式热继电器是利用双金属片受热后发生弯曲的特性来断开触点的。如图5-77（a）所示，将两种线膨胀系数不同的金属片牢固地轧焊在一起，如果左侧金属片的膨胀得多，右侧金属片膨胀得少，那么双金属片就向右弯曲，即向膨胀系数小的金属片侧弯曲，如图5-77（b）所示。热继电器就是利用双金属片这个特性制成的。

图5-78为双金属片热继电器的工作原理图，加热元件2经常通过负荷电流，并加热双金属片1，双金属片受热后发生弯曲，但是弯曲的程度比较小，触点仍保持闭合。当加热元件2中的电流增加到一定数值时，双金属元件因温度升高而弯曲加大，片端离开了触点3，触点被弹簧4拉开，使主电路得到保护。若使触点重新闭合，须经过一定的冷却时间，待双

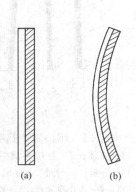

图 5-77　双金属片对温度的反应

（a）受热前；（b）受热后

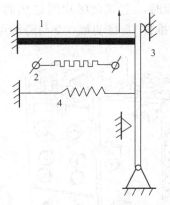

图 5-78　热继电器工作原理图

1—双金属片；2—加热元件；

3—触点；4—弹簧

金属片温度降低后，通过复位装置才能使触点闭合。

目前生产的双金属片，其主动层材料（弯曲大的）为铁镍铬合金，被动层（弯曲度小的）的材料为铁镍合金，由于这两种金属膨胀系数相差较大，因此这种双金属片在受热时能产生较大的变形。

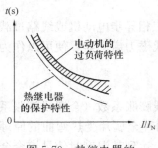

图 5-79　热继电器的
安秒特性

（二）热继电器的特性

热继电器的基本特性是电流—时间特性（也称安秒特性），它表示热继电器动作时间和通过热继电器电流与被保护设备额定电流之比的关系，如图 5-79 所示，热继电器的电流—时间特性为反时限的，即电流倍数 I/I_N 越大，动作时间 t 越短。

热继电器主要用作电动机的过负荷保护。电动机短时过负荷，在电力传动中会经常遇到的，因此只要电动机绕组不超过允许温升，这种短时过负荷是允许的。但当电动机绕组超过允许温升时，电动机过热会加速绝缘老化，这样就会缩短电动机的使用年限，严重时会使电动机的绕组烧坏，因此保护电动机的办法最好是用热继电器，热继电器应与电动机的特性相配合（见图 5-79）。对热继电器的电流—时间特性必须满足以下几点要求：①热继电器动作时间内，被保护电动机的过负荷不应超过允许值；②为了充分利用电动机的过负荷能力，热继电器的动作时间不应过分小于电动机允许过负荷发热的时间，也就是要求热继电器的电流—时间特性要与电动机的热过负荷特性接近重合；③能够使交流感应电动机直接启动。

三、热继电器的结构

图 5-80 为 JR15 系列热继电器外形图。这种热继电器为两相式结构，并具有一个温度补偿机构，因而保证热继电器在不同介质温度时，其刻度电流值几乎不变。它具有一个动作机构与触点系统，触点的动作是跳跃式的瞬时动作，动作后又能自动复位。

图 5-81 为 JR15 系列热继电器的结构图。主双金属片 2 与加热元件 3 采用联合加热法一起接入主电路内。当线路过负荷时，主双金属片因过热而弯曲，推动导板 4，并通过推杆 16 将动触点 9 与静触点 6 分开，控制

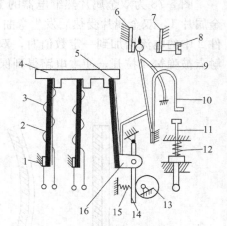

图 5-81　JR15 系列热继电器结构原理
1—壳体；2—主双金属片；3—加热元件；4—导板；5—补偿双金属片；6—常闭静触点；7—常开静触点；8—复位调节螺栓；9—动触点；10—再扣弹簧；11—再扣按钮；12—再扣复位弹簧；13—凸轮；14—支持件；15—弹簧；16—推杆

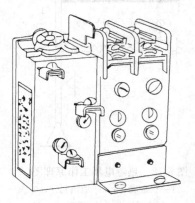

图 5-80　JR15 系列热继电器外形图

回路随即断电，因而保护了电气设备。

转动偏心结构的调整电流旋钮凸轮 13，可以改变推杆 16 的位置来调节过负荷保护电流的大小。

热继电器动作后，待主双金属片冷却，即可手动按下再扣复位按钮 12，推动再扣按钮 11 和再扣弹簧 10，使动触点 9 与常闭静触点 6 分开并与常开静触点 7 合上，使继电器恢复原状。此外调节复位调节螺钉 8 也可以达到自动复位的目的。

JR15 系列热继电器按额定电流分为 10、40、100A 和 150A 四种，可制成两极和三极的。在电压为 500V 以下、电流达 150A 的配电网络中可用这种热继电器，作为交流电动机的过负荷保护，也常将它与交流接触器配合组成磁力启动器使用。

第 六 章

母线、绝缘子及其他设备

第一节 母 线

在配电装置中，从电源送来的电流首先都集中汇集到母线（或称汇流排）上，然后从母线将电流分配到各条线路上，供用户使用。由于母线是汇总和分配电流的导体，所以在配电装置中占有很重要的地位。

母线在运行中，有较大的电流通过，在短路故障发生时，要承受很大的热效应和电动效应，所以对配电装置的母线，必须经过计算、分析和技术比较后，才能合理地选用母线材料、截面形状和截面积，从而符合安全、经济运行的要求。

一、母线的分类与结构

（一）母线的分类

通常将母线按截面形状分为圆形软母线和矩形硬母线两类。圆形软母线通常采用圆形铝绞线；矩形硬母线通常采用铜排或铝排。

在 35kV 以上的户外配电装置中，为了防止产生电晕，大多数采用圆形截面母线，这也有利于母线的冷却。此外，当交流电流通过母线时，由于趋肤效应的影响，矩形截面电阻要比相同面积圆形截面小一些。所以，在相同的截面积和相同的允许温度下，矩形截面母线要比圆形截面母线的允许工作电流大，也即在同一允许工作电流下，矩形截面母线的截面积要比圆形截面母线的截面积小。因此，矩形截面母线要比圆形截面母线消耗的金属少。

为了改善冷却条件和减少趋肤效应的影响，最好采用厚度比较小的矩形截面母线。根据这一点，并考虑母线的机械强度，通常要求矩形截面母线的两个边长之比为 $\frac{1}{5} \sim \frac{1}{12}$。矩形截面母线最大的截面积为 $10 \times 125 = 1250 \text{mm}^2$。如果截面积的大小不能满足需要时，可用几条并列的矩形截面母线组成。

（二）母线的结构选择及使用场合

（1）在配电装置中，通常是采用没有绝缘包层的裸母线，并把它们支承在绝缘子上。这是因为裸母线具有散热较好、允许电流大、节省材料和便于安装等优点，但是由于它没有绝缘包层，这就会造成安装间隔大，占据空间多等缺点，所以，在空间狭小的场所，不能维持裸母线之间必要的距离时，必须采用绝缘包层的母线。

（2）对于容量较大的母线，因为它的工作电流较大，有时单条矩形母线无法满足需要，这时每相需用多条矩形截面母线并列来增加载流量或采用槽形母线（见图 6-1）。但每相用多条矩形截面母线并列时，由于母线冷却条件变差以及交流邻近效应的影响，其允许电流并不与条数成正比的增大。例如每相有 3 条母线时，两边母线中的电流各占相电流的 40%，而中间一条只占 20%，结果使金属利用率降低。因此在交流装置中，一般母线的条数不宜多于 2 条，3 条及以上的母线可采用槽形母线代替。

（3）矩形、实心圆梗形或管形母线，一般均安装在室内。在降压变电站或配电室内，普遍将母线敷设在配电屏（柜）的支架绝缘子上。在屋外配电装置中，一般采用多股裸绞线作为母线，这种母线的结构柔软，故称为软母线。

二、母线截面选择

（一）母线截面选择方法

配电装置的母线截面，通常是按经济电流密度或按正常工作时的最大长期负荷电流进行选择，并按短路条件校验其热稳定度和机械强度。

1. 按经济电流密度选择母线截面积

当负荷电流通过母线时，在母线中将引起电能损耗，这电能损耗与负荷电流和母线的截面（或母线的电阻）有关。在相同的负荷电流情况下，母线截面积越大，其电能损耗就越小，电能损耗的费用也越小，见图 6-2 中的曲线 1。另一方面，母线截面增大，使母线的投资费用增加，母线的修理费也因此而增加，见图 6-2 中的曲线 2。

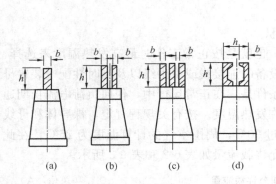

图 6-1　母线结构图

（a）每相 1 条母线；（b）每相 2 条母线；

（c）每相 3 条母线；（d）每相 2 条槽形母线

b—母线的宽度；h—母线的高度

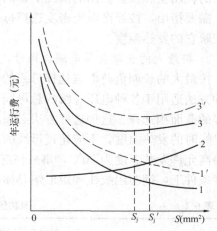

图 6-2　年运行费用与母线截面
的关系曲线图

将曲线 1 和曲线 2 的纵坐标相加得曲线 3，它表明母线结构的年运行费与母线截面的关系。由图 6-2 可见，当母线为某一截面时，年运行费用为最低，这个截面就称为经济截面 S_j。

随着母线全年平均负荷的增大，在同一截面下，母线的全年电能损耗就增大，全年的电能损耗费用也因此而增大，见图 6-2 中的曲线 $1'$。曲线 $1'$ 和曲线 2 相加即得到曲线 $3'$，此时，母线的经济截面将为另一个较大的截面 S_j'。如图 6-2 所示，在相应于经济截面 S_j 附近曲线 3 是比较平稳的，即当母线截面比 S_j' 稍大或稍小一些时，年运行费用增加不多。但是，若选用较 S_j 稍小一些的截面时，就可以使母线投资费用减少很多，有色金属的耗用量也减少，总的来看，选用比 S_j 稍小一些的截面还是比较合适的。

根据经济截面的分析，规定的裸导体和母线的经济电流密度 I_j 的数值，如表 6-1 所示。

利用经济电流密度 I_j 可由下式决定各种配电装置中导体和母线的截面积，即

$$S = \frac{I_{fmax}}{I_j} \tag{6-1}$$

式中　I_{fmax}——正常工作情况下电路中最大的长期负荷电流，A。

表 6-1　　　　　　　　　　　　导体的经济电流密度 I_j　　　　　　　单位：A/mm²

导 体 材 料	最大负荷利用小时		
	3000h 以下	3000~5000h	5000h 以上
裸铝导体	1.65	1.15	0.9
裸铜导体	3.0	2.25	1.75
铝芯电缆	1.92	1.73	1.54
铜芯电缆	2.5	2.25	2.0

　　所选母线的截面积应最接近于上述计算的截面积。当无合适规格的母线时，允许选择小于经济电流密度的计算截面积。按这种方法选择的母线截面积，是考虑在最大可能节省有色金属的耗用量和投资费用的情况下，同时还能足够保证母线的经济运行。

　　需要指出，按经济电流密度选择母线截面积时，还必须按正常工作时的最大长期负荷电流校验它的发热温度。

　　2. 按最大的长期负荷电流选择母线的截面积

　　按最大的长期负荷电流选择母线的截面积，也就是按正常工作时最高发热温度来选择，这种方法适用于各种电压等级的总母线、电气设备的连接线或引出线以及临时性配电装置母线等的截面积选择。这种选择方法必须满足的条件是：在正常运行中，任何负荷电流长期通过母线时的发热温度，不应超过母线的最高允许发热温度。按有关规程规定，裸导体和母线的最高允许发热温度为 70℃，事故情况下不超过 90℃，周围空气的计算温度为 25℃。在此温度条件下，钢芯铝绞线和矩形铝导体的长期允许载流量如表 6-2 和表 6-3 所示。

表 6-2　　　　　　　　　　钢芯铝绞线长期允许载流量　　　　　　　　单位：A

导线型号	最高允许温度（℃）		导线型号	最高允许温度（℃）	
	+70	+80		+70	+80
LGJ-10		86	LGJ-70	265	280
LGJ-16	105	108	LGJ-95	330	352
LGJ-25	130	138	LGJ-120	380	401
LGJ-35	175	183	LGJ-150	445	452
LGJ-50	210	215	LGJ-185	510	531

　　注　表内所列数值是仅与 3~35kV 配电装置有关的数值。

表 6-3　　　　　　　　　　矩形铝导体长期允许载流量　　　　　　　　单位：A

导体尺寸 (h×b, mm²)	单 条		双 条		导体尺寸 (h×b, mm²)	单 条		双 条	
	平 放	竖 放	平 放	竖 放		平 放	竖 放	平 放	竖 放
25×4	292	308			80×6.3	1100	1193	1517	1649
25×5	332	350			80×8	1249	1358	1858	2020
40×4	456	480	631	655	80×10	1411	1535	2185	2375
40×5	515	543	719	756	100×6.3	1363	1481	1840	2000
50×4	565	594	779	820	100×8	1547	1682	2259	2455
50×5	637	671	884	930	100×10	1663	1807	2613	2840
63×6.3	872	949	1211	1319	125×6.3	1693	1840	2276	2474
63×8	995	1082	1511	1644	125×8	1920	2087	2670	2900
63×10	1129	1227	1800	1954	125×10	2063	2242	3152	3426

当按最大的长期负荷电流选择母线截面积时，必须满足下式条件

$$I_{yx} \geqslant I_{Lmax} \tag{6-2}$$

式中 I_{yx}——母线长期允许负荷电流；

I_{Lmax}——该母线所在电路中的最大长期负荷电流。

必须指出，按经济电流密度选择母线截面积时，务必用式（6-2）进行校验。

在按式（6-2）考虑最大长期负荷电流 I_{Lmax} 时，应计及电路可能长期过负荷的情况，所以在考虑母线正常运行情况时，应包括母线长期允许过负荷的情况，如配电变压器的电路，在决定它的最大长期负荷电流 I_{Lmax} 时，应考虑到一般电力变压器可能在超载约 30% 的情况下运行 2h 左右的因素。

在计算配电装置总母线的 I_{Lmax} 时，应考虑在正常运行中，各种不同运行方式时可能通过母线的最大长期负荷电流。例如，在正常运行时一组母线上的变压器被切除，负荷全部移到另一组母线上运行，就应考虑这种情况。

裸母线用于直流时，其允许电流比交流时大一些，这是因为直流电流没有趋肤效应的影响。此外，当矩形截面母线在水平布置并平放在支柱绝缘子上时[见图 6-3(b)]，因这种排列方式散热较差，母线的允许电流应小一些。随着大母线截面的继续增大，允许电流密度将减少，这是因为大截面的母线冷却条件较差，并且通过交流电流时，趋肤效应的影响也大。例如截面积 $S=40\times5=200\text{mm}^2$ 的铝母线，母线长期允许负荷电流 $I_{yx}=540\text{A}$，所以允许电流密度 $I_{jym}=\dfrac{540}{200}=2.7$（A/mm²），而截面积 $S=100\times10=1000\text{mm}^2$ 的铝母线，母线长期允许负荷电流 $I_{yx}=1820\text{A}$，所以允许电流密度 $I_{jym}=\dfrac{1820}{1000}=1.82$（A/mm²）。由此可见，大截面母线的金属利用率较低，所以不宜采用大截面的母线。

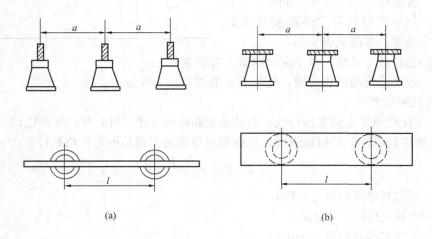

图 6-3 矩形截面母线的两种放置形式

(a) 竖放；(b) 平放

如果周围空气温度高于或低于 25℃ 时，则母线长期允许负荷电流应按表 6-4 所列系数 K_t 加以修正。

表 6-4 电力电缆、母线、裸导线和绝缘导线，考虑到土壤和空气的实际温度时，其长期允许负荷电流的修正系数 K_t 值

介质极限温度（℃）	导体标准温度（℃）	实际介质温度下的修正系数 K_t											
		−5	0	+5	+10	+15	+20	+25	+30	+35	+40	+45	+50
15	80	1.14	1.11	1.08	1.04	1.00	0.96	0.92	0.88	0.83	0.78	0.73	0.68
25		1.24	1.20	1.17	1.13	1.09	1.04	1.00	0.95	0.90	0.85	0.80	0.78
25	70	1.29	1.24	1.20	1.15	1.11	1.05	1.00	0.94	0.88	0.81	0.74	0.67
15	65	1.18	1.41	1.10	1.05	1.00	0.95	0.89	0.84	0.77	0.71	0.63	0.55
25		1.32	1.27	1.22	1.17	1.12	1.06	1.00	0.94	0.87	0.79	0.71	0.61
15	60	1.20	1.15	1.12	1.06	1.00	0.94	0.88	0.82	0.75	0.67	0.57	0.47
25		1.36	1.31	1.25	1.20	1.13	1.07	1.00	0.93	0.85	0.76	0.66	0.54
15	55	1.22	1.17	1.12	1.07	1.00	0.93	0.86	0.79	0.71	0.61	0.50	0.36
25		1.41	1.35	1.29	1.23	1.15	1.08	1.00	0.91	0.82	0.71	0.58	0.41
15	50	1.25	1.20	1.14	1.07	1.00	0.93	0.84	0.76	0.66	0.54	0.37	—
25		1.48	1.40	1.34	1.26	1.18	1.09	1.00	0.89	0.78	0.63	0.45	—

（二）母线的校验

1. 母线热稳定度校验

对于所选择的母线，应用三相稳态短路电流 I_∞ 来校验母线短路时的热稳定度。校验矩形、槽形和管形硬母线的计算公式为

$$S \geqslant \frac{I_\infty}{c}\sqrt{t_j K_f} \qquad (6-3)$$

表 6-5 系 数 c 值

母线材料	最大允许温度（℃）	c 值
铜	320	175
铝	220	97

式中　S——所选母线的截面积，mm^2；

c——与导线材料及发热温度有关的系数，其值见表 6-5；

K_f——趋肤效应系数，对于配电网络一般取 $K_f = 1$；

t_j——短路电流的假想时间，见第五章第二节有关内容，s。

2. 母线机械强度校验

固定在支柱绝缘子上的矩形母线，当冲击短路电流 i_i 通过时，所产生的电动力将使母线发生弯曲，所以校验母线的机械强度，也就是对母线的弯曲情况进行机械计算，一般要求为

$$\sigma_{yx} \geqslant \sigma \quad 或 \quad \sigma_{yx} \geqslant \frac{F^{(3)}}{S} \qquad (6-4)$$

式中　σ——短路时母线的应力，Pa；

σ_{yx}——母线允许应力，Pa；

S——母线实际截面积，mm^2；

$F^{(3)}$——三相短路母线承受的最大电动力。

当三相母线布置在同一平面内，并校验每相只有一条母线的机械强度时，母线发生三相短路所受的最大电动力可由下式计算

$$F^{(3)} = 0.176 i_i^2 \frac{l}{a} \qquad (6-5)$$

式中　i_l——三相短路时的冲击电流，kA；

　　　l——支柱绝缘子顺母线方向的跨距长度，cm；

　　　a——相间距离，如图 6-3 所示，cm。

母线的发热温度是随着通过它的电流和周围空气温度的大小而变动的，根据金属热胀冷缩的特性，母线发热温度的改变将引起母线长度的改变。当母线通过短路电流时，母线的发热最严重，因而母线伸长也最多。显然，如果母线是硬性地固定在每一个支柱绝缘子上，则当母线伸长时，就要发生变形（弯曲），并使支柱绝缘子受到很大弯矩。为了避免这种现象，在实际中通常采取以下措施。

（1）母线不要硬性地固定在每一个支柱绝缘子上，这样当母线由于发热温度改变而长度随之改变时，可以自由伸缩。

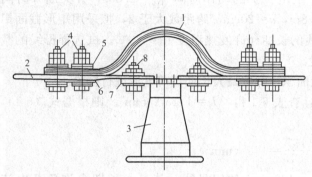

图 6-4　半圆形母线的伸缩接头

1—接头；2—母线；3—支柱绝缘子；4、8—螺栓；

5—垫圈；6—衬垫；7—盖板

（2）在母线上适当地装设母线伸缩接头或称补偿器，如图 6-4 所示。伸缩接头是由许多与母线材料相同的、厚度为 0.2～0.5mm 的薄片叠成。一般采用薄铜片为宜，薄铜片的数量应与母线的截面相适应。当母线的厚度在 8mm 以下时，也可以用母线本身弯曲的办法，使母线得以自由伸缩。

配电装置中的母线与电气设备的接线端子连接，一般是采用硬性连接，所谓硬性连接，就是将连接处接死。当母线上装有补偿器时，则仅在处于两个补偿器中间的支柱绝缘子上作硬性连接。

根据以上分析，在讨论母线的机械计算时，可以将母线看作是受均匀荷重的多跨梁，此梁仅在一端固定，并自由地放在其他支柱上。在这种情况下，作用在母线上的最大弯矩 M，可按下列公式决定。

（1）当只有一个或两个跨距时

$$M = \frac{F^{(3)} l}{8} \tag{6-6}$$

（2）当跨距数大于 2 时

$$M = \frac{F^{(3)} l}{10} \tag{6-7}$$

母线材料的计算弯曲应力，可按下式决定

$$\sigma_c = \frac{M}{W} \quad (\text{Pa}) \tag{6-8}$$

式中　W——母线截面的抗弯矩，m^3。

当矩形母线竖放在支柱绝缘子上［见图 6-3（a）］时，其抗弯矩 $W = \dfrac{b^2 h}{6}$；当矩形母线平放在支柱绝缘子上［见图 6-3（b）］时，其抗弯矩为 $W = \dfrac{b h^2}{6}$。

计算所得的弯曲应力 σ_c 值，应满足下列条件

$$\sigma_c \leqslant \sigma_{yx} \tag{6-9}$$

式中　σ_{yx}——母线材料的允许应力，Pa，对于硬铜 $\sigma_{yx} = 1374 \times 10^5$ Pa；硬铝 $\sigma_{yx} = 490 \times 10^5$
　　　　$\sim 686 \times 10^5$ Pa；钢 $\sigma_{yx} = 1570 \times 10^5$ Pa。

如果计算值不能满足式（6-9）时，就必须减少 σ_c。减少 σ_c 的方法有：①减少短路电流；②将竖放的矩形母线改为平放；③增大母线的相间距离 a；④减小支柱绝缘子之间的跨距距离 l；⑤增大母线的截面积 S 等。

【例 6-1】 某变电所 10kV 配电装置母线上正常时的负荷电流 $I_f = 167$A，母线上最大长期负荷电流 $I_{fmax} = 334$A，最大负荷的利用时间 $t_{max} = 4000$h。当 10kV 引出线始端短路时，次暂态短路电流 $I'' = 20$kA，$I_\infty = 15$kA，继电保护的动作时间 $t_{DZ} = 1.35$s，开关断开时间 $t_{DK} = 0.15$s。若母线是竖直安装的，$l = 0.8$m，$a = 20$cm，跨距数大于 2，拟采用矩形截面铝母线。已知周围空气温度 $t_{zw} = 25$℃，母线的长期允许发热温度 $t_{yx} = 70$℃。试选择母线的截面积，并校验母线的热稳定度和机械强度。

解　（1）按经济电流密度选择母线截面积，并按最大长期负荷电流进行校验。

由已知 $I_f = 167$A，并由 $t_{max} = 4000$h，查表 6-1 得：$I_j = 1.15$A/mm^2。则根据式（6-1），母线计算截面为

$$S = \frac{I_f}{I_j} = \frac{167}{1.15} = 146 \ (\text{mm}^2)$$

所以，由表 6-3 可选用单条竖放 $40 \times 4 = 160$mm^2 的铝母线，其最大长期允许负荷电流 $I_{yx} = 456$A。

由于最大长期负荷电流 $I_{fmax} = 334$A，故 $I_{yx} > I_{fmax}$，所选母线的发热温度不会超过 $t_{yx} = 70$℃。

（2）校验母线的热稳定度。

首先计算在短路时保证母线热稳定度的最小截面积。短路电流的实际作用时间为

$$t = t_{DZ} + t_{DK} = 1.35 + 0.15 = 1.5 \ (\text{s})$$

当 $t > 1$s 时，短路电流的非周期分量可不考虑，故由

$$\beta'' = \frac{I''}{I_\infty} = \frac{20}{15} \approx 1.33$$

便可从图 5-26(a)中曲线查得：$t_{jz} = 1.42$s。再由表 6-5 查得：$c = 97$。

所以按热稳定计算的母线最小截面积为

$$S_{min} = \frac{I_\infty}{c}\sqrt{t_{jz}K_f} = \frac{15000}{97} \times \sqrt{1.42} = 184 \ (\text{mm}^2)$$

因为上述初选截面 $S < S_{min}$，所以热稳定不能满足要求。改选为 $S = 40 \times 5 = 200$mm^2 的铝母线，使铝排截面 $S > S_{min}$，即 200mm$^2 >$ 184mm^2，可满足热稳定的要求。

（3）校验母线的机械强度。

先计算冲击短路电流为

$$i_l = 1.8\sqrt{2}I'' = 2.55 \times 20 = 51 \ (\text{kA})$$

由式（6-5）和式（6-7）决定母线最大弯矩为

$$M=\frac{F^{(3)}l}{10}=\frac{1420\times0.8}{10}=113.6$$

母线截面的抗弯矩为

$$W=\frac{bh^2}{6}=\frac{0.005\times0.04^2}{6}\approx1.33\times10^{-6}\ (\text{m}^3)$$

由式（6-8）可得母线的计算弯曲应力为

$$\sigma_c=\frac{M}{W}=\frac{113.6}{1.33\times10^{-6}}\approx854\times10^5\ (\text{Pa})$$

铝母线的容许应力 $\sigma_{yx}=686\times10^5\text{Pa}<\sigma_c$，所以母线的机械强度不能满足。

如果按配电装置的结构条件，不能变动 l 和 a 的数值时，只有选用较大截面的母线，所以应再改选为 50mm×5mm 的铝母线。改选后母线截面的抗弯矩为

$$W=\frac{bh^2}{6}=\frac{0.005\times0.05^2}{6}\approx2.08\times10^{-6}\ (\text{m}^3)$$

则

$$\sigma_c=\frac{M}{W}=\frac{113.6}{2.08\times10^{-6}}\approx546\times10^5\ (\text{Pa})$$

此时因为 $\sigma_c<\sigma_{yx}$，故 50mm×5mm 的铝母线即为所选截面。

三、硬母线安装

（一）母线加工工艺

在加工以前应了解母线的规格、材料是否符合设计要求，并检查待装母线有无机械损伤及破裂的地方，然后按下列工序进行。

1. 平直

少量母线用手工平直时，应把母线放在平坦的钢板上，用木槌锤平。如用铁锤时，须用平直的硬木或金属垫板衬垫，决不能用铁锤直接打在母线上，以免出现铁锤印或使母线变形。如遇到大量母线或大截面母线，靠手工平直有一定困难，可以用母线矫正机进行平直（见图 6-5），这种方法操作简便，节省人力。矫正时，将母线的不平整部分放在矫正机的平台上，然后转动操作圆盘，利用丝杠压力将母线矫正。

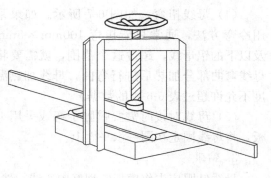

图 6-5　母线矫正机

2. 弯曲

母线弯曲是母线施工工艺要求较高的一个环节，通常有平弯、立弯和扭弯（俗称麻花弯）三种形式。

（1）一般先做好模型（常用 8 号铁线做出弯曲样板），在母线需要弯曲的地方用铅笔划上记号，以提高弯曲精确度。用手工弯曲时，可采用乙炔气、煤气和汽油喷灯加热。为使铝排的加热温度和弯曲符合要求，可在弯曲处表面涂上黑漆，加热至母线表面有红色即可，其最高允许加热温度见表 6-6。

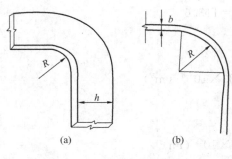

图 6-6　矩形母线弯曲图
(a) 立弯；(b) 平弯

表 6-6　母线的最高允许加热温度

母线材料	铜	铝
加热温度（℃）	350	250

（2）弯曲生铝母线时，加热时不可移动，待冷却后才可以弯曲，以免母线脆裂。

（3）母线弯曲 90°时应弯成圆角（见图 6-6），母线弯曲处不得有裂纹及显著的折皱，弯曲半径不得小于表 6-7 中所列的数据，弯曲部分的长度不应小于母线宽度 h 的 2.5 倍。

表 6-7　　　　　　　　　硬母线弯曲半径最小允许值

弯曲种类	母线截面	最小弯曲半径	
		铜	铝
立　弯	50mm×5mm 及以下	$1h$	$1.5h$
	120mm×10mm 及以下	$1.5h$	$2h$
平　弯	50mm×5mm 及以下	26mm	26mm
	100mm×10mm 及以下	26mm	$2.5h$
圆　棒	直径 16mm 及以下	50mm	70mm
	直径 30mm 及以下	100mm	150mm

（4）母线扭弯，如图 6-7 所示。如果采用冷弯方法，通常只能扭弯 100mm×8mm 及以下的铝母线，超过这个范围，就需要将母线弯曲部分加热后进行弯曲，母线加热温度不允许超过表 6-6 中的数据。

（5）母线对接时需要鸭脖子弯或另用夹板，将母线固定在同一水平面上。

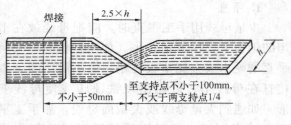

图 6-7　矩形母线扭弯图

3. 钻眼

母线钻眼应先作模板并划好中心线，然后用钢冲冲一凹形，再用电钻或在钻床上打眼，钻头不可太粗，一般比螺栓外径大 0.5~1mm 即可。

4. 锉平

母线的连接面应用锉刀锉平或用砂布消除尘污及氧化层，使母线接触面平整。但对铝母线不能用砂布来消除，以免砂布上的玻璃屑和砂子嵌入金属内，增大接触电阻。铜母线连接面锉平磨光后，应立即涂上焊锡膏，进行搪锡。处理好的连接面，如暂时不连接，应包上蜡纸保护。需要注意，用锉刀锉平或用其他加工手段弄平的连接面，其截面的减小不应超出允许值，即铜母线不应超过原截面的 3%，铝母线不应超过原截面的 5%。

5. 焊接

母线的焊接加工，主要是母线间的对焊工艺。

（1）先将两片母线端的平面切成 45°角，焊接时片间留出 2～3mm 间隙，加高温使熔料和金属本身熔接，冷却后应比较牢固；

（2）如果母线截面积过大时，可用预温法，一般采用氧气、乙炔龙头预温或用炉子预温，预温后再熔焊；

（3）铝母线熔焊接好后，焊接处应用清水洗净，以免焊料腐蚀；

（4）母线的熔接或焊接，必须牢固，不得有砂眼或裂纹，焊好后的母线需保持一直线，不得有歪曲现象。

6. 搭接

在机械张力较大地方的母线和设备之间的连接母线，或者是母线与分支线连接等，一般都应用螺栓或方型夹子进行搭接，以便检修和拆换。

（1）母线搭接螺栓、螺帽、垫圈均应有防锈层（镀锌或烤蓝）。垫圈的厚度不应小于 3mm。当母线电流大于 2000A 时，应用铜质螺栓搭接。

（2）母线搭接螺栓应逐个拧紧，不应过紧或过松，螺栓长度应露出螺帽 2～5 个丝扣。

（3）母线搭接时，接触面应锉光并应垫光垫圈与弹簧垫圈。紧固时要求在低温场所拧松一点，在高温场所拧紧一点，但拧紧后的垫圈应凸出在母线外面，不得嵌入母线内，同时不准用毛垫圈，以免损伤母线。

（4）用铁质方形夹子搭接母线时，必须注意不允许四角同时用铁螺栓，应在方型夹子的一边用两个铜螺栓，以减少涡流损失。

（5）多片母线搭接时，应使每片母线的接头错开，不可堆在一起。

（6）铜与铁母线搭接处的表面应予镀锡。铁与铝或铜与铝的搭接，可用薄铜片镀锡作衬垫，以防两种不同金属接触后，因化学作用而受腐蚀。

（二）母线的安装

安装母线前，应将母线支架固定牢固和放平找正，然后用螺栓将母线绝缘子（或称母线瓷瓶）固定在支架上，最后将母线固定在绝缘子上。

1. 单母线安装

单片的母线如直接用螺栓固定平装在绝缘子上时，母线上的孔眼应钻成椭圆形，椭圆形孔的长轴必须顺母线方向。安装时注意防止母线弯曲。

2. 装置伸缩接头

母线应按设计规定装置伸缩接头，如设计无规定时，一般应每隔 20m 左右安装一个。伸缩接头可用薄铜片或薄铝片（用于铝母线）制作，制作伸缩接头的薄片不得有裂纹和折皱。同时应仔细除去铜或铝片间的氧化层，并将铜片镀锡，铝片涂以中性凡士林油，然后进行安装。此外，伸缩接头的总截面不应小于原母线截面。

3. 母线安装方法

安装母线用石棉水泥板作衬垫或垫圈时，必须将其烘干后放入变压器油中处理或用 70%白蜡加 30%松香处理，以防潮气浸入。在绝缘子上用母线卡板固定和安装母线的情况见图 6-8，在绝缘子上利用扁铁夹板固定和安装母线的情况见图 6-9。用母线卡板固定的方法，只要把母线放入卡板的卡子内，再将卡子扭转一角度卡住母线即可。用扁铁夹板固定母线时，只要把母线穿过夹板，两边用螺栓固定即可。

母线卡板规格见表 6-8，扁铁夹板规格见表 6-9。

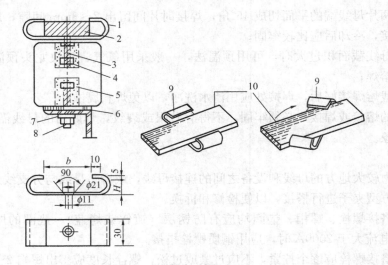

图 6-8　用母线卡板固定和安装母线的示意图

1—母线卡板；2—母线；3—沉头螺栓；4—螺母；5—水泥砂浆；6—橡皮

或石棉纸垫圈；7—弹簧垫圈；8—螺栓；9—卡板；10—母线；

b、H—母线卡板尺寸，见表 6-8

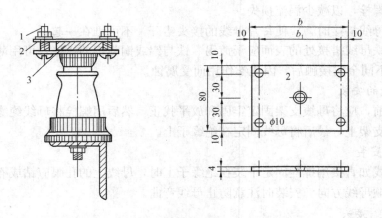

图 6-9　用扁铁夹板固定和安装母线的示意图

1—螺栓；2—扁铁夹板；3—母线；b、b_1—扁铁夹板尺寸，见表 6-9

表 6-8	母线卡板规格		单位：mm
母线截面积（mm²）	40×5	80×6 100×6	100×8
b	55	105	105
H	8	8	12
全　长	130	180	190

表 6-9	扁铁夹板规格	单位：mm
母线宽度	40～80	100
b	120	140
b_t	100	120

4．母线的排列

母线的排列应按设计规定，如设计无规定时，应按下述要求排列。

（1）垂直布置的母线：交流 A、B、C 三相排列由上向下；直流正、负的排列由上向下。

（2）水平布置的母线：交流 A、B、C 三相的排列由内向外（面对母线）；直流正、负的排列由内向外。

（3）引下线的排列：交流 A、B、C 三相的排列自左至右（面对母线）；直流正、负的排列自左至右。

（4）各种不同电压配电装置的母线，其相位的配置应相互一致。

5. 拉紧装置的装设

装在配电室或用户的低压硬母线，通常是沿墙，跨柱、梁或屋架敷设，母线一般较长，支架间的距离较大，因此在母线终端及中间段，应分别采用终端及中间拉紧装置，如图 6-10 所示。

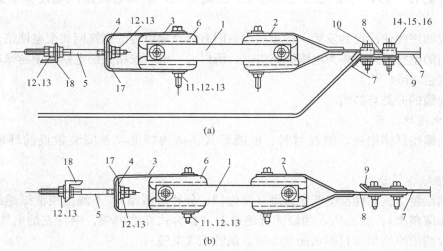

图 6-10　母线拉紧装置
（a）母线中间拉紧装置；（b）母线终端拉紧装置
1—拉板；2、3、4—夹板；5—双头螺栓；6—拉紧绝缘子；7—母线；8—连接板；9—止退垫片；
10、11、14—螺栓；12、15—螺母；13、16—垫圈；17—焊接处；18—支架

6. 母线刷漆

母线安装完毕后，均要刷漆。在刷漆之前应将漆调好，不可过稀或过稠，以便涂刷得均匀和美观。刷漆的目的是为了便于识别三相相序、防止腐蚀、提高母线表面散热系数等。母线应按下列规定刷漆：

（1）三相交流高压（10kV 及以上）母线：A 相刷黄色，B 相刷绿色，C 相刷红色；由三相高压交流母线引出的单相母线，应与引出相的颜色相同。

（2）三相交流低压（500V 以下）母线：A、B、C 三相均刷黑色，在母线醒目处，作相色标志，如用黄、绿、红圆形不干胶标志出 A、B、C 相。

（3）直流母线：正极刷赭色；负极刷蓝色。

（4）交流中性线汇流母线和直流均压汇流母线：不接地者刷白色；接地者刷紫色并带黑色横条。

（5）单片母线所有的各个侧面，多片母线所有可见到的表面，钢母线则不论其所装的片数和电流种类，均应刷漆。

（6）母线的螺栓连接处或母线夹持（如卡板或扁铁夹板）连接处，以及连接焊缝处不应刷漆。母线与电器的连接处，以及距所有连接处不小于 10mm 以内的地方不应刷漆。刷有

测温涂料的地方也不应刷漆。

（7）供携带型接地线连接的接触面上，其不刷漆的长度等于母线的宽度或直径，但不应小于 50mm，并应以宽度为 10mm 的黑边与母线刷漆部分隔开。

第二节　电　　缆

在电能的传输和分配过程中，往往由于受空间位置的限制，需用一种既安全可靠，又节省空间位置的传导体，即常用的电力电缆。由此可见，电力电缆是配电设备中重要设备之一。

随着我国现代化建设的发展，逐步在改造旧有的影响市容的蜘蛛网式配电网络。这就需要将城市内的架空线路改换为电缆线路供电，所以说，电缆线路在配电网络中越来越多，电缆的应用也越来越广泛。

一、电缆的分类与结构

（一）电缆的分类

电力电缆按具体用途、绝缘材料、电能形式、结构特征以及安装敷设的环境等进行分类。

1. 按绝缘材料分类

（1）油纸绝缘。黏性浸渍纸绝缘型（统包型、分相屏蔽型）；不滴流浸渍纸绝缘型（统包型、分相屏蔽型）；有油压，油浸渍纸绝缘型（自容式充油电缆、钢管充油电缆）；有气压，黏性浸渍纸绝缘型（自容式充气电缆、钢管充气电缆）。

（2）塑料绝缘。聚氯乙烯绝缘型；聚乙烯绝缘型；交联聚乙烯绝缘型。

（3）橡胶绝缘。天然橡胶绝缘型；乙丙橡胶绝缘型。

2. 按传输电能形式分类

按传输电能形式分类，电缆分为交流电缆和直流电缆两种。

3. 按结构特征分类

（1）统包型电缆，即缆芯成缆后，在外面包有统包绝缘，并置于同一护套内。

（2）分相型电缆，主要是分相屏蔽，一般在 10～35kV，有油纸绝缘和塑料绝缘两种。

（3）钢管型电缆，在电缆绝缘外面有钢管护套，又分为钢管充油、充气电缆和钢管油压、气压电缆。

（4）扁平型电缆，即三芯电缆的外形呈扁平状，一般用于长距离海底电缆。

（5）自容型电缆，这种电缆的护套内部有压力，又分为自容式充电电缆和自容式充气电缆。

后三种电缆专用性较强，只作特殊需要之用。

4. 按敷设环境条件分类

电缆按敷设环境条件，可分为：①地下直埋型电缆；②地下管道型电缆；③空气型电缆；④水底型电缆；⑤矿用型电缆；⑥高海拔型电缆；⑦大高差型电缆；⑧多移动型电缆；⑨盐雾区型电缆；⑩潮热区型电缆等。一般环境因素对电缆护层结构的影响较大，有的要求机械保护，有的要求提高防腐能力，还有的要求提高柔软度等。

除电力电缆外，还分有操作控制电缆和高频电缆。根据电缆芯数可分为单芯电缆、三芯电缆和多芯电缆。

（二）电力电缆的型号

1. 电缆型号编制原则

（1）电缆的线芯材料、绝缘层与内护层材料，通常用汉语拼音的第一个大写字母表示。例如纸用 Z 表示，铝用 L 表示，铅用 Q 表示。某些电缆结构特点，也相应用汉语拼音字母表示，如分相铅包型电缆用 F 表示。

（2）电缆外护层的结构，是以外护层结构的数字编号来表示，没有外护层的则以数字后加"0"，作为电缆型号组成的部分。对于阻燃护套，在电缆型号前加"ZR"表示。

用来表示加固和护层特征的数字含义如下：

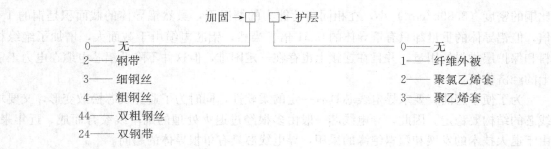

2. 电缆型号的表示方法

电缆的型号代号，由材料特征、结构特征、护套特征三部分组成。为了清晰起见，对浸渍纸绝缘电缆、塑料电缆、充油电缆分别进行介绍。其代号都按绝缘、导体、金属套、外护层顺序表达。

（1）浸渍纸绝缘电缆。代号标记为：纸绝缘（Z），铜导体（T 可省略），铝导体（L），铅套（Q），铝套（L），分相电缆（F），不滴流（D）。

例如：ZQ32-6/10-3×150 型。表示铜芯粘性油浸纸绝缘铅套细钢丝铠装聚氯乙烯护套电缆，电压为 6 或 10kV，三芯，标称截面为 150mm²。

ZLQFD43 型，表示铝芯不滴流油浸纸绝缘分相铅套粗钢丝铠装聚乙烯护套电缆。

ZQD22 型，表示铜芯不滴流油浸纸绝缘铅套钢带铠装聚氯乙烯护套电缆。

（2）塑料电缆。代号标记为：聚氯乙烯绝缘（V），聚乙烯绝缘（Y），交联聚乙烯绝缘（YJ），铜导体（T 可省略），铝导体（L）。

例如：VV22 型，表示铜芯聚氯乙烯绝缘钢带铠装聚氯乙烯护套电缆。

VLV23 型，表示铝芯聚氯乙烯绝缘钢带铠装聚氯乙烯护套电缆。

YJLV22 型，表示铝芯交联聚乙烯绝缘钢带铠装聚氯乙烯护套电缆。

（3）充油电缆。由于充油电缆做成单芯，不能用钢带铠装，所以护层代号与前面不同，各种代号标记为：铜导体（T 可省略），纸绝缘（Z），铅套（Q），充油（Y），低油压（D）。

外护层代号：加强层，2—径向铜带加固；3—径向和纵向铜带加固。外被层，1—麻被；2—聚氯乙烯套。

例如：ZQYD22 型，表示铜芯纸绝缘铅套铜带径向加强聚氯乙烯护套低油压充油电缆。

ZQYD32 型，表示铜芯纸绝缘铅套铜带径向和纵向加强聚氯乙烯护套低油压充油电缆。

（三）电力电缆结构

电力电缆是由导电线芯、绝缘层和保护层三部分组成。导电线芯用来引导电能的传输方向；绝缘层则使导电线芯之间以及导电线芯与大地之间在电气上绝缘，以保证导电线芯传输电能成为可能；保护层的作用，简单说就是保护绝缘层。

1. 导电线芯

在导电线芯中通过电流，就不可能避免引起电压降落和电能损耗，而它们都是与导电线芯的电阻成正比。可见导电线芯应用低电阻率的金属制成。

电解铜是制造导电线芯用量最大的金属，因为它的电阻率低，易于加工，但由于铜的用途很广，因此以铝代铜就成了电线、电缆制造和应用部门应考虑的问题。

电解铝的导电性能仅次于铜，其电导率约为铜的 62%。但由于铝的密度（2.7g/cm³）比铜的密度（8.89g/cm³）小，在相同负荷能力的情况下，虽然铝导体的截面积是铜的 1.5 倍，但铝导体的重量却只有铜导体的 0.51 倍。当然，铝芯电缆由于截面大，增加了绝缘材料和保护层材料的用量，并且在连接上也存在一定困难，但这并不降低铝芯电缆在电力工业上的经济价值。

为了便于弯曲，要求导电线芯具有一定的柔软性，同时为了避免线芯松散变形，又要求线芯的结构要稳定。因此，导电线芯一般由多根经过退火处理的细单线绞合而成。近年来，由于退火技术的发展和塑料绝缘的采用，导电线芯具有单根导体的趋向。

2. 绝缘层

三相供电系统中，三芯电缆的每两芯之间，都承受着线电压，而电缆的结构又不允许导电线芯之间存在像架空线那样大的距离。因此，空气绝缘已不能满足要求，必须应用绝缘好的绝缘材料加以绝缘，这就是绝缘层。由此可见，绝缘层在电力电缆的安全供电方面，起着保证绝缘的作用。当前使用的电力电缆的绝缘层有下列三种类型。

（1）油浸纸绝缘。油浸纸绝缘电缆包括黏性浸渍纸绝缘、不滴流浸渍纸绝缘、贫油浸渍干绝缘和充油纸绝缘等几种。黏性浸渍纸绝缘是在导电线芯上绕包电缆纸，将电缆纸干燥处理后再浸以矿物油与松香复合的电缆油，因为这种电缆油在常温时黏度很大，故称为黏性浸渍绝缘。

10kV 及以下电压等级的黏性浸渍电力电缆，为了缩小电缆截面起见，采用近似扇形结构的导电线芯，如图 6-11 所示。导电线芯之间根据线电压的要求加以绝缘，即在每根导电线芯上包有能承受 1/2 以上线电压的绝缘层，这就是相间绝缘。在中性点接地的网络中，导电线芯和接地的护层之间作用着相电压，因此根据相电压的要求，还绕包一层统包绝缘（束带绝缘），如图 6-12 所示。这种电缆要注意水分的危害，因为电缆纸很容易吸水，在通常湿度下，电缆纸中含有 6%～9% 的水分，这些水分大大影响了电缆纸的绝缘性能。为了防止绝缘层存在气隙的危害，在将电缆纸中的水分排出之后，必须用电缆油浸渍，以免水分再次浸入和在绝缘层中出现气隙。实际上往往在浸渍十分完备的电缆绝缘中也总要有气隙，它成为油浸纸绝缘在运行中逐渐老化的主要根源。根据有关资料介绍，这种电缆常在秋天晚上被击穿，其原因是纸绝缘的外层保护当负荷增加或气温变热时，电缆的各部分都要发生体积膨胀。而当负荷降低或气温变冷时，电缆各部分都发生体积收缩。由于各部分膨胀、收缩的系数不同，而且有些部分会发生塑性变形，结果在电缆绝缘内部出现气体间隙，所以在这种情况下容易发生绝缘击穿。

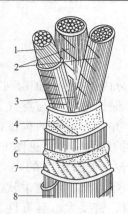

图 6-11 有扇形芯线的 ZQ 型电缆

1—线芯；2—电缆纸；3—黄麻填料；
4—束带绝缘；5—铝包皮；6—麻沥青
纸衬垫；7—浸沥青的麻包层；8—铠装

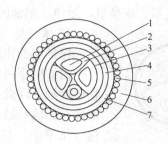

图 6-12 具有中性线的
ZQ(ZLQ)型电缆

1—扇形紧压线芯；2—纸绝缘；
3—纸带绕包（统包）；4—铅包；
5—钢纸铠装；6—麻沥青；
7—塑料代纸麻沥青衬垫

黏性浸渍纸绝缘电力电缆在温度较高、敷设落差较大的情况下，浸渍剂会从电缆的上部向下流动，使电缆绝缘层内产生气隙，绝缘电气性能下降。而下部绝缘层中浸渍剂增加，压力增高，以致电缆下部的金属护套破裂或浸渍剂沿接头盒的不紧密处溢出，最后导致电缆发生故障。

不滴流电缆的结构与黏性浸渍纸绝缘电力电缆完全相同，它的特点是浸渍剂在浸渍温度下，具有足够低的黏度以保证充分浸渍，但在电缆工作温度范围内不流动，成为塑性固体，所以不滴流电缆的敷设落差可不受限制。

35kV 电缆均采用径向型的分相铅包结构，在这种结构的电缆中，线芯表面是一等位面，铅套是另一等位面，因此电场方向均垂直于纸带表面，消除了沿纸带表面的分量，提高了电缆的击穿强度。

（2）塑料绝缘。这种绝缘电缆包括聚氯乙烯绝缘、聚乙烯绝缘和交链聚乙烯绝缘三种。

1）聚氯乙烯绝缘。这种绝缘电缆用于低压电力电缆是可靠的。缺点是在遇到短路时，由于电流大会产生热变形。此外，由于这种电缆的介电常数和介质损耗角的正切值（即 tgδ）较大，所以多应用在 6kV 及以下的电压范围；有些农村将这种电缆用于 10kV 电压作地埋线；对 10kV 以上电压等级尚不适用。

2）聚乙烯绝缘。这种绝缘电缆的优点是它的介质损耗角的正切值和介电常数较低，热阻系数较小；缺点是耐游离放电性能差，短路时易软化，在应力作用下易于开裂。

3）交链聚乙烯绝缘。这种绝缘电缆克服了聚乙烯耐热性能差的弱点，工作温度可达 80~90℃，短路温度达 230℃。其耐气候性和抗裂性也有所提高，工作电压可达 35kV 及以下，目前已成为新型电力电缆的绝缘材料。选择电缆时，优先选用这种电缆。

（3）橡胶绝缘。这种绝缘电缆包括天然橡胶绝缘型和乙丙橡胶绝缘型两种。

橡胶绝缘电缆具有以下特点：

1）柔软性好，易弯曲，在很大温差范围内具有弹性，适宜多次拆装的电缆线路；

2）耐寒性能好，适用于低寒地区；

3）具有较好的电气性能、机械性能和化学稳定性能；

4）对气体、潮气、水的渗透性较好；

5）耐电晕、耐臭氧、耐热、耐油的性能较差。

3. 保护层

保护层的作用是保护绝缘层，分内护层和外护层两部分。

内护层直接挤包在绝缘层上，保护绝缘不与空气、水分或其他物体接触，因此包裹得紧密无缝，并且有一定的机械强度，能承受电缆在运输和敷设时的机械力。内护层分铅包（见图 6-13 的 5）、铝包（见图 6-14 的 4）和聚氯乙烯挤包（见图 6-15 的 2）三种。铅包的优点是防潮、防水、耐腐蚀性好、熔点低、质地柔软、对电缆的弯曲影响较小；铅包的缺点是价格贵、密度大、有毒性、原料来源不丰富、机械强度低、有再结晶趋向等。目前铅包最好的代用材料是铝，铝护层的主要优点是密度小、原料来源丰富、机械强度比铅高 2～3 倍，有简化外护层的可能性；铝护层的主要缺点是耐腐蚀性差、熔点高、铝包工艺较复杂。聚氯乙烯挤包由于密封性尚不及金属，目前仅在 1kV 及以下电缆上采用。

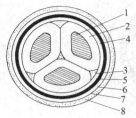

图 6-13　三相统包绝缘
铠装电缆

1—线芯；2—相绝缘；3—相间填料；4—统包绝缘；5—铅包；6—内黄麻衬垫；7—钢带铠装；8—外黄麻衬垫层

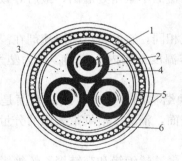

图 6-14　分相铝包电缆

1—线芯；2—纸绝缘；3—相间填料；4—铝包；5—黄麻层；6—钢丝铠甲

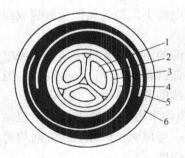

图 6-15　聚氯乙烯绝缘聚氯
乙烯护套电缆

1—线芯；2—聚氯乙烯挤包；3—塑料带绕包；4—塑料内护套；5—钢带铠装；6—塑料外护套

电缆外护层的作用是保护内护层不受外界机械损伤和化学腐蚀，见表 6-10。外护层一般是由铅防腐层、内衬垫层、铠甲层和外被层组成。铅防腐层是由两层重叠绕包的预浸渍电缆纸和沥青涂料组成；内衬垫层是保护内护层不受铠甲损坏，由一层预浸电缆麻和沥青涂层组成；铠甲层是保护电缆不受机械损伤，按照电缆敷设的条件不同，铠甲层的差别很大；外被层是保护铠甲不受腐蚀，由预浸电缆麻和沥青组成。为防止电缆间或电缆与其他接触物粘在一起，最外层涂上滑石粉。外护层类型及编号见表 6-10。

表 6-10　　　　　　　　　　　　电缆外护层的类型及编号

编号	名　　称	主　要　用　途
1	麻皮护层	用于敷设在室内、沟道中及管子内的电缆，对电缆无机械损伤
2	钢带铠装护层	用于敷设在土壤内的电缆，能承受机械损伤，但不能承受很大拉力
20	裸钢带铠装护层	用于敷设在室内、沟道中及管子内的电缆，能承受机械损伤，但不能承受大拉力
3	细钢丝铠装护层	用于敷设在土壤内的电缆，能承受机械损伤，并能承受相当的拉力

续表

编号	名　　称	主　要　用　途
30	裸细钢丝铠装护层	用于敷设在室内、矿井中的电缆，能承受机械损伤，并能承受相当的拉力
5	单层粗圆钢丝铠装护层	用于敷设在水中的电缆，能承受较大拉力
50	裸单层粗圆钢丝铠装护层	用于敷设在矿井中的电缆，能承受机械外力作用，且承受较大拉力
6	双层粗圆钢丝铠装护层	用于敷设在水中的电缆，能承受较大的拉力
60	裸双层粗圆钢丝铠装护层	用于敷设在矿井中的电缆，能承受较大的拉力

二、电缆最大允许电流

（一）电缆最大允许电流的确定

在根据工作电压和敷设条件选定电缆的类型后，正确地确定电缆的最大允许电流，这对保证电缆工作的安全和电缆使用寿命是很重要的一项工作。电缆的最大允许电流，一般是根据电缆的温升来确定的。

电缆在运行过程中，由于电缆线芯导体发热和绝缘介质的损耗等因素的影响，使电缆温度升高。电缆所产生的热量向周围介质（如土壤、空气和水等）散发，当每秒钟导体内所产生的热量与导体周围介质所散发的热量相等时，导体的温度即达到稳定温度而不再上升。

图 6-16 为导体的温升曲线图，其中曲线的斜线部分说明，导体开始通过电流以后，由于导体温度与周围介质温差较小，向周围介质散发的热量也较少，随着通电时间的增加，导体温度上升较快，直至上升到稳定温度。导体达到稳定温度的大小，完全由导体中通过的电流大小来决定。当通过导体的电流 $I_3 > I_2 > I_1$ 时，相应的稳定温度会高低不同。因此，导体中通过的电流越大，它具备的稳定温度也越高。但是导体的温升是有一定极限的，这个极限值就是导体的最高允许温度，因为超过这一温度就会导致导体绝缘的损坏。不同结构的电缆，就有不同的最高允许温度，因此，必须根据电缆的最高允许温度来确定电缆的最大允许电流值。

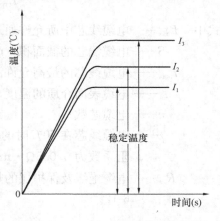

图 6-16　导体的温升曲线图

在油浸纸绝缘电缆中，限制导体温度的目的，主要为了防止电缆绝缘中的浸渍剂黏度下降而引起膨胀，造成铅包的过分伸展，使电缆产生空隙。因为在电场作用下，易使绝缘材料空隙中气体分子游离而破坏绝缘材料的性能。如果电缆的额定电压越高，电场强度则越大，绝缘越厚，散热就越困难，所以电缆的最高允许温度也就必须相应地降低。

电缆导体的长期允许工作温度，一般不应超过表 6-11 中所列的最高允许温度值。如果表 6-11 中所列的数值与制造厂规定有出入时，应以制造厂规定数值为准。

表 6-11　　　　　　　　　　　　　　　　电缆导体最高允许温度值　　　　　　　　　　　　　　　　单位：℃

额定电压	电　缆　种　类				
（kV）	天然橡胶绝缘	黏性纸绝缘	聚氯乙烯绝缘	聚乙烯绝缘	交联聚乙烯绝缘
3 及以下	65	80	65		90
6	65	65	65	70	90
10		80		70	90

导体的最高允许温度虽然已有规定，但它也不能单独确定电缆中的最大允许电流（最大允许载流量）。因为电缆和一般架空线路不同，导体周围的绝缘层较厚（绝缘层不仅有阻止电流的泄漏作用，而且也是不良的热导体），并且经常埋敷在地下，只能依靠传导方式来进行散热。因此，在导体的最高允许温度已经确定的情况下，电缆中的最大允许电流值，还必须根据散热的条件来加以考虑，即根据电缆周围介质的热导率以及周围介质的具体情况来确定。例如，周围介质具有良好的导热性能，而且温度很低，那么散热的速度就快一些，电缆的负荷就可以大一些。反之，如果周围介质的导热性能很差，而且温度较高，散热的速度就慢，那么负荷电流就必须降低一些。

（二）最大允许电流的计算

为了使设计和运行部门选择电缆的截面和计算不同温度下的最大允许电流（最大允许负荷），制造厂均按假定的周围温度来计算。例如，埋在地下和敷设在水底的电缆，按土壤和水底的温度为15℃来计算；装在隧管、隧道或沟内以及暴露在空气中的电缆，则按空气温度25℃来计算。电缆线芯所通过的最大允许电流为

$$I_{\max} = \sqrt{\frac{100S(t_{\max} - t_0)}{n \rho R_{\mathrm{re}}}} \tag{6-10}$$

式中 $I_{\max}$——电缆线芯中所允许通过的最大电流，A；

     S——电缆线芯的截面积，mm^2；

     $t_{\max}$——电缆线芯的最高允许温度，℃；

     t_0——电缆表面介质的温度，℃；

     n——电缆芯数；

     ρ——电缆线芯在50℃时的电阻系数，铜的电阻系数为 $0.0206\Omega \cdot mm^2/m$，铝的电阻系数为 $0.035\Omega \cdot mm^2/m$；

     R_{re}——电缆绝缘及保护层的热阻，Ω/cm，三相圆形、扇形和保护层的热阻数值见表 6-12。

表 6-12   **三相电缆绝缘层及保护层热阻数值**

热阻 (Ω/cm) 名称	截面积(mm²)	10	16	25	35	50	70	95	120	150	185	240
圆形导体	1kV	36	31	26	24	20	18	17	16	15	14	13
	3kV	50	46	37	34	30	28	24	23	22	19	17
	6kV	60	52	47	44	41	37	33	31	28	27	25
	10kV	63	62	55	52	47	44	40	37	35	33	30
扇形导体	1kV	26	21	16	14	12	10	9	9	9	8	7
	3kV	44	37	28	25	21	19	16	14	13	12	10
	6kV	53	46	40	35	32	28	23	20	18	17	17
	10kV	58	55	49	45	40	36	31	28	26	24	20
保护层	1kV	22	21	20	18	16	16	14	12	11	11	9
	3kV	20	19	18	17	15	14	12	11	11	10	9
	6kV	18	17	16	14	13	12	11	10	10	10	9
	10kV	16	14	13	11	10	10	10	9	9	9	9

对于铜导体三芯电缆，$n=3$、$\rho=0.0206\Omega \cdot mm^2/m$，代入式（6-10）后化简得

$$I_{max}=\sqrt{\frac{100^2 S(t_{max}-t_0)}{6.18R_{re}}} \qquad (6-11)$$

对于铝导体三芯电缆，$n=3$、$\rho=0.035\Omega \cdot mm^2/m$，代入式（6-10）后化简得

$$I_{max}=\sqrt{\frac{100^2 S(t_{max}-t_0)}{10.5R_{re}}} \qquad (6-12)$$

根据式（6-11）、式（6-12）的最大允许电流和导电缆芯截面、电缆线芯的最高允许温度、电缆绝缘层和保护层热阻各物理量之间的关系，可求出任何一个物理量。表 6-13 为铝芯、油浸纸绝缘或不滴流油浸纸绝缘，铅包或铝包电力电缆，架空敷设与直接埋入地下两种情况的长期允许载流量。

表 6-13　　　　　铝芯、油浸纸绝缘或不滴流油浸纸绝缘，铅包或铝包电力电缆，

架空敷设与直接埋入地下两种情况的长期允许载流量

电缆线芯的截面积（mm²）	长 期 允 许 载 流 量 （A）					
	1kV			三芯统包型电缆		
	单芯电缆	双芯电缆	四芯电缆	3kV 及以下	6kV	10kV
2.5	31(—)	26(29.7)	24(28)	24(28)	—(—)	—(—)
4	48(53)	34(39)	32(37)	32(37)	—(—)	—(—)
6	60(68)	44(50)	40(46)	40(46)	—(—)	—(—)
10	80(90)	60(66)	55(60)	55(60)	48(55)	—(—)
16	100(120)	80(86)	70(80)	70(80)	60(70)	60(65)
25	140(155)	105(112)	95(105)	95(105)	85(95)	80(90)
35	175(190)	128(135)	115(130)	115(130)	100(110)	95(105)
50	215(235)	160(168)	145(160)	145(160)	125(135)	120(130)
70	270(285)	197(204)	180(190)	180(190)	155(165)	145(150)
95	325(340)	235(243)	220(230)	220(230)	190(205)	180(185)
120	375(390)	270(275)	255(265)	255(265)	220(230)	205(215)
150	435(440)	307(316)	300(300)	300(300)	255(260)	235(245)
185	495(500)	—(—)	345(340)	345(340)	295(295)	270(275)
240	580(580)	—(—)	410(400)	410(400)	345(345)	320(325)

注　表中括号内数据为电缆直接埋入地下时的长期允许载流量。

根据电缆的发热情况来计算最大允许负荷电流，用这种方法选择的电缆，从过热方面考虑是合适的，但在经济运行方面并不一定合算。如果单纯按照长时间的最大允许负荷电流来选择电缆截面，那么电缆上的电能损失可能过大，因而增加了电路的损失，从而增加了电能生产的成本。因此，在正常运行情况下，根据最大负荷的利用小时数，按经济电流密度 I_j（见表 6-1）来选择电缆截面。

应当指出，当电缆负荷按经济电流密度计算而电缆线芯的温度超过允许值时，则必须按最高允许温度来确定其最大允许负荷电流。

电缆在运行中，如果经常是满负荷，而且导体已经达到最高允许温度，那么过负荷就会造成过热，使电缆损坏，在这种情况下过负荷是不允许的。但是，电缆在一昼夜里，满负荷运行往往只有几个小时，大部分时间是处在低于最大允许电流下运行。此外，导体温度升高

不是瞬时的，它必须经过一定时间的热平衡过程才能达到稳定，因此我们可以利用导体尚未达到最高允许温度以前的一段时间，对电缆加上短时过负荷。要决定电缆可以过负荷多少，首先必须知道电缆的温升特性（温升曲线）以及在过负荷以前的运行情况。如缺乏温升特性曲线时，可以按下列规定进行过负荷运行。

（1）在紧急事故时，3kV 及以下的电缆在过负荷 10% 的情况下只允许连续运行 2h；6～10kV 的电缆在过负荷 15% 的情况下只允许连续运行 2h。

（2）在正常运行时，10kV 及以下电缆，如果在过负荷以前 5h 内的负荷率不超过表 6-14 的规定值，那么过负荷可按表 6-13 中规定的允许载流量执行。

表 6-14　　　　　　　　　10kV 及以下电缆正常运行时过负荷规定倍数

过负荷要求的条件 电缆线芯截面积（mm²）　　过负荷倍数	过负荷前 5h 内负荷率为 0		过负荷前 5h 内负荷率为 50%		过负荷前 5h 内负荷率为 70%
	过负荷时间（h）		过负荷时间（h）		过负荷时间（h）
	1/2	1	1/2	1	1/2
50～95	1.15	—	—	—	—
120～240	1.25	—	1.2	—	1.15
240 以上	1.45	1.2	1.4	1.15	1.3

三、电缆的敷设

（一）路径选择

电缆线路的敷设，首先要确定电缆的走向和路径。确定走向和路径应从节省投资、施工方便和安全运行等方面来考虑。

（1）尽量使电缆不致受到各种损坏，其中包括机械性损坏、振动、化学作用、地下水流、水锈蚀、热影响和蜂蚁、鼠害等；

（2）便于维修；

（3）避开规划中需要施工的地方；

（4）使用电缆较短。

（二）根据敷设条件合理地选择电缆

（1）当选用油浸纸绝缘电缆时，其最高与最低点之间的差值不应超过表 6-15 的规定。超过规定时，可选用适合于高落差的电缆（如干浸纸绝缘、不滴流浸渍纸绝缘、塑料和橡皮绝缘电缆等）。

表 6-15　　　　　　油浸纸绝缘电缆线路的最高与最低点之间的最大允许差值（m）

电压（kV）	类　别	铅　包	铝　包
1～3	有铠装	25	25
	无铠装	20	20
6～10	有铠装及无铠装	15	15

（2）明敷（包括架空、隧道、沟道内等）的电缆，不应有黄麻外护层，一般选用裸钢带铠装和塑料外护层电缆。在易受腐蚀地区（如空气中含盐雾、二氧化硫或硫化氢等化学气体成分较多的地区），应选用塑料外护层电缆。当需使用钢带铠装电缆时，则外护层宜选用防腐外护层。

（3）直接敷于地下时，一般选用钢带铠装电缆。在潮湿或具有腐蚀性质土壤的地区，还应带有塑料外护层。其他地区，也可选用黄麻外护层。如果按过电压保护要求，最外层需有金属外皮时，外护层可采用钢铠外包型，在潮湿地区还需外穿金属管。

（4）在可能发生位移的土壤中（如沼泽地、流砂地层等）直接埋入地下敷设的电缆应选用钢丝铠装型。

（5）在低温严寒地区使用的塑料电缆，其绝缘或护层的材料宜选用聚乙烯或交联聚乙烯。

（6）在用电设备需经常移动的情况下，一般选用重型橡胶套等类电缆。

（三）电缆敷设方法与要求

1. 明敷电缆

明敷电缆包括架空、隧道、沟道内敷设的电缆。一般用在变电所以及工矿企业配电室内的电缆，通常将电缆敷于室内地板下或沿着墙壁的电缆沟里，有时也将电缆挂在墙上或挂在天花板上，如图 6-17（a）所示。

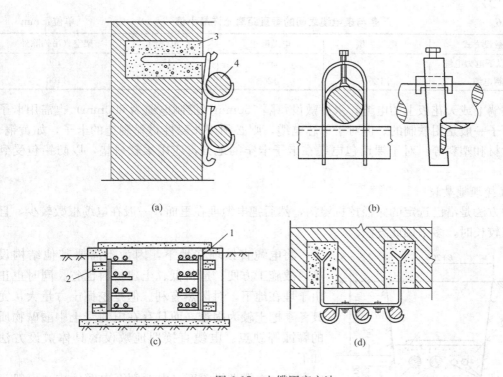

图 6-17　电缆固定方法

（a）墙壁敷设；（b）房屋构架上敷设；（c）电缆沟道内敷设；（d）天花板上敷设

1—接地线；2—底脚螺栓；3—墙壁；4—电缆

在屋内敷设电缆时，如果电缆的最外层是黄麻沥青护层，必须将这种护层剥掉，因为黄麻是一种易燃物质，同时又是一种非常不良的导热体。

敷设电缆的沟道结构，一般是用砖砌或混凝土灌成的。沟顶部和地面齐平的地方，可用薄铁板、水泥盖板和木盖板。如果采用木盖板，则木板的底面必须用耐火材料（如石棉、铁皮等）包住，以防着火。电缆在沟道内可以放在沟底或用支架承托。电缆从沟道内引出的部分，其离地面 2m 的一段必须用铁管或铁皮的盖罩加以保护，以免被外物碰坏。在沟道内的裸铅包电缆，必须注意避免铅包与所灌的水泥或潮湿的混凝土表面接触，否则电缆铅包将会因受酸、碱作用而发生化学腐蚀，以致使电缆受损而被击穿。在这种情况下，可用软土或黄沙衬垫或把电缆装在支架上。另外，电缆沟道内应保持干燥，防止水流入沟道内；为了防止冬天冰冻，在电缆中间接头盒外的生铁或混凝土的保护盒内，应灌注细土保温。

电缆敷设在地沟内时，如两侧有电缆支架，则支架间的水平距离要求分为三种情况：①沟深小于 600mm 时，水平距离应不小于 300mm；②沟深在 600～1000mm 之间时，水平距离应不小于 500mm；③沟深大于 1000mm 时，水平距离应在 600～700mm 之间。如只有一侧有电缆支架时，支架与沟边水平距离要求也分为三种情况：①沟深小于 600mm 时为 300mm；②沟深在 600～1000mm 之间时为 450mm；③沟深大于 1000mm 时为 600mm。另外，要求电力电缆与控制电缆分开排列，当电力电缆与控制电缆敷设在同一侧电缆支架上时，应尽量将控制电缆放置在电力电缆的下面。条与条电缆之间的垂直距离允许最小值，如表 6-16 所示。

表 6-16	条与条电缆之间的垂直距离允许最小值			单位：mm
电缆敷设方式	电缆夹层	电缆隧道	电缆沟	架空（吊钩除外）
10kV 及以下电力电缆	200	200	150	150
控制电缆	120	120	100	100

装在墙上或天花板上的电缆，水平敷设每隔 750mm（控制电缆为 600mm）也需用卡子卡牢。卡子一般是用铁制的。但对于单芯电缆，则必须用非磁性材料制造的卡子，如黄铜、青铜、木材和塑料等。对于裸铅包电缆在卡子卡牢的地方，应用柔软衬垫，以防铅包受到损坏。

2. 直接埋地敷设

这种方法是沿已选定的路径挖掘壕沟，然后把电缆埋在里面，一般在电缆根数较少，且敷设距离较长时，多采用此方法。

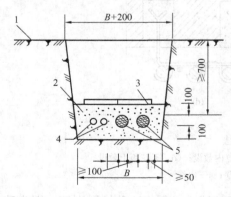

图 6-18　10kV 及以下电缆挖沟
宽度和形状

1—地坪；2—砂或软土；3—保护板；
4—控制电缆；5—10kV 及以下电力电缆

将电缆直接埋在地下，因为不需要其他结构设施，故施工方便、造价低、土建材料也省。同时也正由于埋在地下，对散热有利。但是挖掘土方量大，尤其冬季挖土较为困难，而且存在电缆受土中酸碱物质的腐蚀等缺点。电缆直接埋地敷设的具体敷设方法如下。

（1）电缆埋设深度（由地面至电缆外皮）一般为 700mm，如果穿越农田时，为了以防机械耕作损伤电缆，则埋深应不小于 1000mm。当土壤冻结深度超过以上规定值时，应采取防止电缆受到附加应力而损坏的措施。

（2）10kV 及以下电力电缆之间或其与控制电缆之间为 100mm，如图 6-18 所示。

（3）直埋电缆自沟道引进隧道或竖井等构筑物时，应将电缆穿入管中，并在管口处加以堵塞，防止漏水、渗水。

（4）挖沟的宽度视电缆的根数而定，如图 6-18 所示。

（5）地下直埋电缆，其周围泥土不应含有腐蚀电缆外皮的物质（如烈性的酸碱溶液、石灰、炉渣、腐植质等）。沟底土层必须没有石块、砖瓦、金属等尖硬杂物，否则应铺以 100mm 厚的软土或沙层。电缆上面应铺盖 100mm 厚的软土或沙层，然后覆盖混凝土保护板，盖板宽度应超出电缆两侧各 50mm。

当电缆在室外敷设时，与地下设施之间的水平距离，应不小于图 6-19 所列的数值。

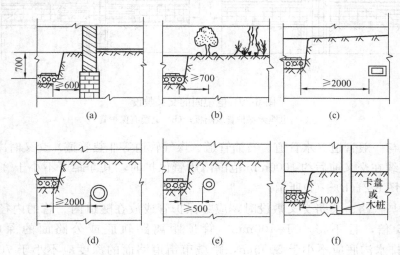

图 6-19　电缆与地下设施间接近时的净距（mm）
(a) 电缆与地下建筑物；(b) 电缆与树干；(c) 电缆与热力沟（管）；
(d) 电缆与石油、煤气管道；(e) 电缆与水道（管）；(f) 电缆与电杆

（1）电缆与建筑物平行，电缆外皮至地下建筑物的基础应不小于 600mm；

（2）电缆与树木主干的距离，一般不宜小于 700mm；

（3）电缆与热力沟（管）平行或接近平行时的净距应不小于 2000mm；

（4）电缆与石油或煤气管道平行或接近时的净距应不小于 2000mm；

（5）电缆与水道（管）平行时净距应不小于 500mm；

（6）电缆与电杆接近时的净距应不小于 1000mm。

此外，严禁将电缆平行敷设在各种管道的上面或下面。

室外电缆的相互交叉或电力电缆与其他部门使用的电缆（包括通信电缆）相互间净距应不小于 500mm，低压电缆应敷设在高压电缆上面（见图 6-20）。如果其中有一条电缆在交叉点前后约 1000mm 范围内，装在管子里或用隔板隔开时，则净距可以减为 250mm。

电缆与地下管道交叉时的距离应不小于图 2-21 所示的数值。

（1）电缆与热力管道交叉时一般应将电缆敷设在热力管下面，净距应不小于 500mm，并在交叉点前后约 1000mm 范围内，先将电缆穿石棉水泥管或采用其他方法保护，后将热力管包扎上玻璃棉瓦或装置隔热板等，使电缆敷设地点的土壤温度不超过附近土壤温度 10℃以上，如图 6-21（a）所示。

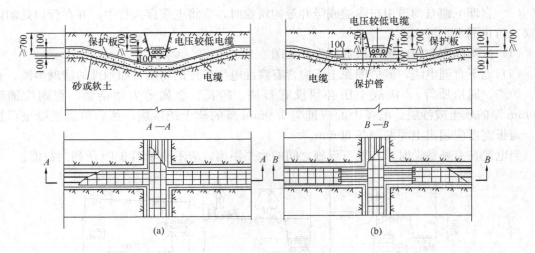

图 6-20 电缆间的交叉敷设

(a) 电缆无保护管或隔板；(b) 电缆有保护管

（2）电缆与一般管道（水管道、石油管道、煤气管道等非热管道）交叉时净距应不小于 500mm。当电缆在交叉前后约 1000mm 范围内用管保护时，其净距可不小于 250mm。具体敷设示意图如图 6-21（b）～（f）所示。

（3）电缆与铁路、公路交叉敷设时，应穿保护管或放在隧道内。管的内径不应小于电缆外径的 1.5 倍，且不得小于 100mm。管顶距离路轨底或公路面的深度应不小于 1000mm，距排水沟底应不小于 500mm，距城市街道路面的深度应不小于 700mm。保护管长度除与跨越公路或轨道的宽度相同外，一般还应在两端各伸出 2000mm，在城市街道，管长应伸出街道的路面，如图 6-22 所示。当电缆与直流电气化铁路交叉时，还应有适当的防腐蚀措施。

电缆由沟道内引至电杆上的敷设（见图 6-23）或引入建筑物内的敷设（见图 6-24），其电缆终端处应留 1000～1500mm 长的电缆余量，距地面上 2000mm 长的一段应用金属管或罩加以保护，管的根部应伸入地下 100mm 左右。电缆的弯曲半径 R 应符合下列规定。

（1）纸绝缘多芯电力电缆（铅包、铠装），应不小于电缆外径的 15 倍；

（2）纸绝缘单芯电力电缆（铅包、铠装或无铠装），应不小于电缆外径的 20 倍。

四、电缆头的制作方法

电缆敷设后，相邻两电缆之间相互连接的连接点，称为电缆的中间头。而电缆线路的始末端，称为电缆的终端头。电缆的中间头和终端头的主要作用是将电缆密封起来，以保证电缆的绝缘水平，使其安全可靠地运行。

（一）电缆中间头的制作

电缆在敷设过程中，由于制造、运输和敷设施工等原因，对一根电缆的长度有所限制，在实际使用时，需要用中间头把两根电缆连接起来。此外，由于电缆两端高度差超过规定值（如电缆敷设在矿井、高塔或山坡上），所以先将电缆的油路分成几段，这种隔断油路的接头，称作中间堵油头。

电缆中间头常用的有交联聚乙烯电缆热缩式、铅套管式、铸铁壳式和环氧树脂浇铸式四

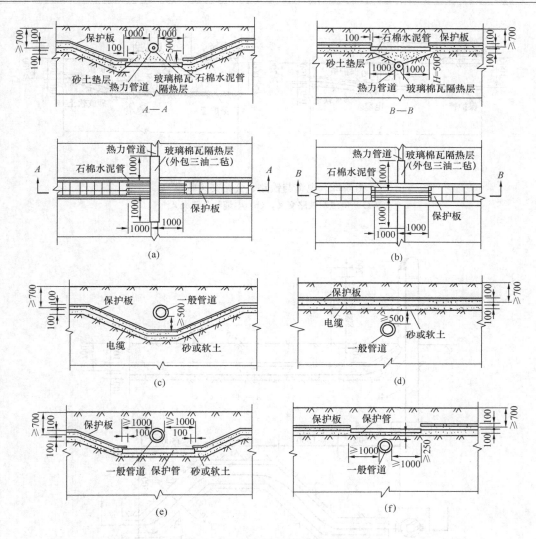

图 6-21 电缆与地下管道交叉敷设

(a) 电缆在热力管道下面通过；(b) 电缆在热力管道上面通过；(c) 电缆无保护管在一般管道下面通过；
(d) 电缆无保护管在一般管道上面通过；(e) 电缆有保护管在一般管道下面通过；
(f) 电缆有保护管在一般管道上面通过

种。这里主要介绍交联聚乙烯电缆热缩式中间头的作法。

10kV 交联聚乙烯电缆热缩式中间头的制作步骤：

(1) 剥切电缆。按图 6-25 尺寸剥去电缆 PVC 护套、铠装钢带、内衬垫及填充物、屏蔽钢带、电缆外半导体层和线芯末端绝缘。剥切时应注意不可伤及内层结构，线芯绝缘表面不可留有半导体残迹。

(2) 将热收缩护套管、密封管和铁皮中间盒套在电缆外护套上，再将屏蔽铜带、绝缘热收缩管分别套在每相电缆上。

(3) 在线芯上套上连接管，接头尺寸见图 6-26，按规定压接。

(4) 包绕电缆连接部分。用酒精或汽油擦净线芯绝缘表面和连接管表面。用半导体带将

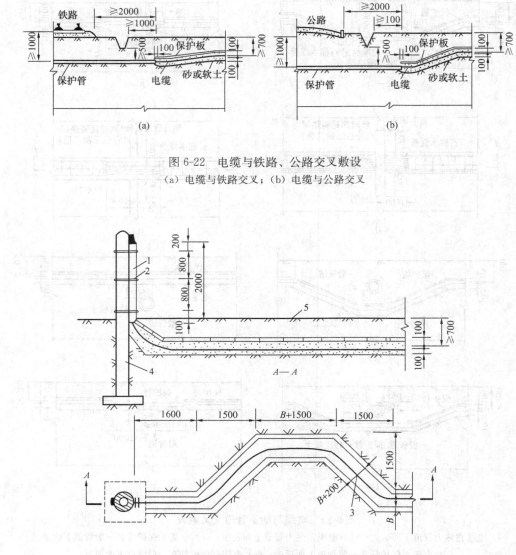

图 6-22　电缆与铁路、公路交叉敷设
(a) 电缆与铁路交叉；(b) 电缆与公路交叉

图 6-23　电缆由沟道内引至电杆上的敷设
1—保护管，2—抱箍；3—电缆弯曲处沟的宽度；4—电杆；5—地坪

连接管压坑填平，然后用乙丙自粘带包绕。

（5）包绕应力控制带。用应力控制带从屏蔽铜带切断处开始向另一端半搭盖式（半叠式）包绕，绕时除去应力控制的隔离层，将银白色一面朝外，拉伸 10%～15%，要求应力带包绕光滑均匀，并包到另一端电缆铜带屏蔽切断处搭接 10mm，再用同样方法反方向包绕至起始点止。在应力控制带与铜带搭盖的一段铜带上半搭盖式包绕一层半导体带。

（6）安装热收缩绝缘保护管。首先在两根电缆的铜带屏蔽末端分别包绕热熔胶带，然后将绝缘保护管套在应力控制带上均匀加热收缩。

（7）安装铜屏蔽丝网。用半导体带从电缆屏蔽末端半搭盖式包绕绝缘保护管，直至包绕到另一端，然后返回包绕至起点。再将铜屏蔽丝网套在绝缘保护管上，铜屏蔽丝网两端紧密

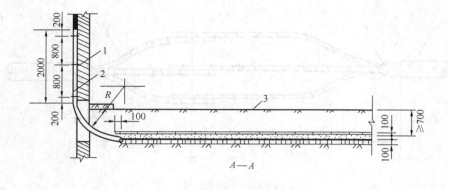

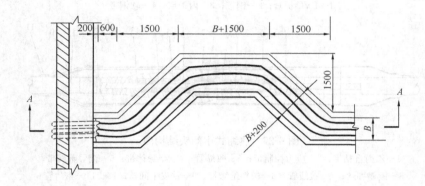

图 6-24　电缆由沟道内引入建筑物的敷设

1—U 形管长；2—保护管；3—室外地坪

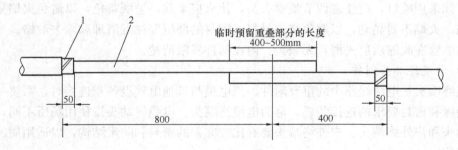

图 6-25　剥去外护套尺寸

1—钢带；2—内护层

连接电缆铜屏蔽层，用铜丝绑扎，并用锡焊牢。

（8）用同样方法安装另外两相。

（9）安装铁皮中间盒。将铁皮中间盒推至接头处，端正安装，将两端铁皮板压向电缆，铠装用绑线扎牢，并用焊锡焊牢。

（10）安装护套管、密封管。首先在电缆接头两端外护层处包绕热熔胶带，然后将护套管推至接头处，并由中间至两头均匀加热收缩，待收缩完毕后将多余部分切掉，最后在护套管与电缆外护套处包绕热熔胶带，套入密封管，加热收缩。

根据以上步骤制作的中间头，如图 6-27 所示。

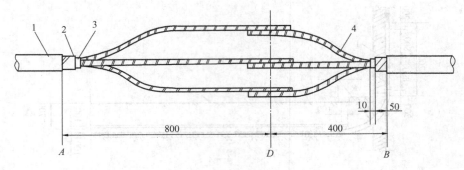

图 6-26　接头尺寸

1—PVC 护套；2—钢带；3—内护层；4—软钢带

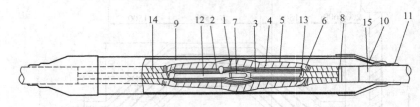

图 6-27　热缩式中间头结构图

1—乙丙自粘带；2—应力控制带；3—收缩管；4—半导体带；5—铜屏蔽网带；
6—镀锡绑丝；7—接线管；8—塑料绝缘带；9—铁皮中间盒；10、11—密封管；
12—电缆本体绝缘；13—缆芯半导体层；14—铜屏蔽带；15—电缆护套

　　在制作交联聚乙烯电缆热缩式中间头过程中，使用的加热器，最好使用丙烷或丁烷煤气加热器。如采用喷灯，应注意调节喷嘴火头，使火焰柔软，呈淡黄色，以避免火焰呈现笔状蓝色火焰。火焰不要晃动，以避免烧焦材料。密封的部位要注意清理和除去油蜡。

　　热收缩管在收缩后应光滑，无皱折，内在部件界限清楚。

　　（二）电缆终端头制作

　　电缆终端头是电缆线路中的重要附件。当电缆与其他电气设备相连接时，需要一个能满足一定绝缘和密封要求的连接装置，称为电缆终端头。电缆终端头按使用场所不同，可分为户内终端头和户外终端头。户外终端头要有比较完善的密封和防水结构，以适用周围环境和气候的变化。

　　1. 10kV 三芯交联聚乙烯电缆热缩终端头制作步骤

　　（1）剥除电缆护层、金属铠装、铜带和绝缘屏蔽。剥切时不得损伤主绝缘，屏蔽端部要平整光滑，不准有毛刺和凸缘。剥除电缆外护层及铠装尺寸，见图 6-28 和表 6-17。

表 6-17　剥除电缆外护层及铠装尺寸

型　号	截面范围（mm²）		
最小长度 L（mm）	1 号 25~50	2 号 70~120	3 号 150~240
户内 NSY	350	400	450
户外 WSY	400	450	500

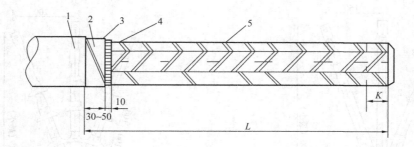

图 6-28　剥除电缆外护层尺寸

1—电缆护套；2—钢铠；3—绑扎；4—内衬层；5—铜带屏蔽

（2）彻底清洁绝缘表面，不得留有碳迹，必要时可用细砂布打磨抛光，最后还得用溶剂清洁擦净。

（3）焊接地线。采用镀锡编织铜线作电缆钢带屏蔽引出接地线。预先将编织线拆开均分成 3 份，重新编织，分别包绕各相，绑牢焊接在铜带上。如有铠装，应将编织线用绑线绑扎后与钢铠焊牢。在密封处的接地线用锡填满，编织线空隙长为 15～20mm，形成防潮段。

（4）填充三叉及绕包密封胶。用电缆填充料填充三芯分支处，使其外观平整。只起保护分支护套被地线或绑线刺破。清洁电缆护套表面，密封胶带应包绕 2 层，长约为 60mm，再将接地线包在其中。

（5）安装热缩附件。首先安装三芯分支护套。在安装时尽量往下，并在护套上作明显标记，以确保密封段约为 60mm 不受损伤。然后在电缆护套端部温度加热达 110～120℃时，开始向下收缩，待完全收缩（收缩率为 30%～40%）后，端部应有适量胶液挤出。最后向上收缩，分支护套收缩完毕。

（6）剥切铜带及绝缘屏蔽。剥切时不准损伤主绝缘，对于残留半导电层，应用细砂布打磨干净。

（7）安装接线端子。首先确定引线长度，按端子孔深加 5mm，剥除端部绝缘。然后在压接端子时，应先用砂布或锉将其不平处锉平，清洁表面，再用填充胶填充绝缘和端子之间的压坑，使胶与绝缘和端子均搭接 5mm 左右，并平滑光洁。

（8）安装绝缘管。首先要清洁绝缘、应力管、分支护套表面，然后安装上绝缘管。注意绝缘管的涂胶部位应和分支护套搭接，从下往上收缩。

（9）安装密封套。先清洁绝缘管端部和接线端子，然后套入密封套收缩于端子和绝缘管之间，如图 6-29 所示。

到此步骤，户内式热缩终端头制作工艺完毕。

对户外式热缩终端头只需继续以下步骤。

（10）安装雨裙。首先清洁绝缘管表面，然后套入三孔雨裙，待自由雨裙下落定位后就进行收缩工艺。其收缩工艺可按图 6-30 推荐的尺寸先安装单孔雨裙，后在端正后进行收缩。

到此步骤，户外式热缩终端头制作工艺完毕。

对于在制作热缩终端头中所使用的加热器，请参考制作中间头的要求。

2. 10kV 三芯交联聚乙烯电缆冷缩式户内外终端头制作步骤

（1）制作时对环境的要求。10kV 电缆冷缩终端头的制作必须在天气晴朗、空气干燥的

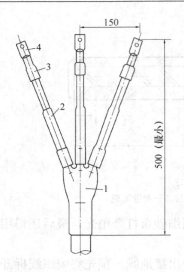

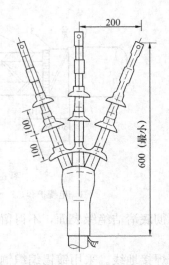

图 6-29　NSY 系列 10kV 三芯交联聚
乙烯电缆热缩终端头结构图

1—分支护套；2—绝缘管；
3—密封套；4—接线端子

图 6-30　WSY 系列 10kV 三芯交联
聚乙烯电缆热缩终端头结构

情况下进行，施工场地应清洁，无飞扬的灰尘或纸屑。

（2）所制作的 10kV 三芯交联聚乙烯电缆外观应整洁无破损，并经绝缘电阻、直流耐压试验完全合格，还需检验电缆无潮气后方可进行。

（3）制作步骤。

1）剥除电缆外护层，金属钢铠和内衬层。剥除尺寸见图 6-31 和表 6-18。

表 6-18　　　　　　　　　　　不同电缆截面的 A 值

户内	截面积（mm²）	25~70	70~240	300~500
	A（mm）	540	660	660
户外	截面积（mm²）	35~70	95~240	300~500
	A（mm）	540	540	590

剥除长度　　　　　　　　　$L = A + E + 30$　（mm）　　　　　　　　（6-13）

式中　E——接线端子孔深，mm。

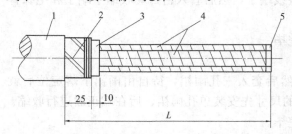

图 6-31　剥除电缆铠装示意图

1—外护层；2—铠装；3—内衬层；4—铜带屏蔽；
5—聚氯乙烯带

2）将电缆固定在便于安装位置，矫直电缆端头，擦净，并用扎丝或 PVC 带缠绕钢铠以防松散。铜带屏蔽端头用 PVC 带缠紧，铜带屏蔽皱褶部位用 PVC 带缠绕，以防划伤冷缩管。

3）固定钢铠地线。将三角垫锥用力塞入电缆分岔处。打光钢铠上的油漆、铁锈，用恒力弹簧将钢铠地线固定在钢铠上。为了牢固，地线要留 10~20mm 的头，恒力弹簧将其绕一圈后，把露出的头反折回来，再用恒力弹簧缠绕。固定铜屏蔽地线也一样。

4）缠填充胶带。自断口以下50mm至整个恒力弹簧、钢铠及内衬层，用填充胶带缠绕两层，三岔口处多缠一层，这样做出的冷缩指套饱满充实。

5）固定铜屏蔽地线。将一端分成三股的地线分别用三个小恒力弹簧固定在三相铜屏蔽带上，缠好后尽量把弹簧往里推，将钢铠地线与铜屏蔽地线分开，两者不要短接。

6）缠自粘带。在填充胶带及小恒力弹簧外缠一层黑色自粘带，目的是方便抽出冷缩指套内的塑料条。

7）固定冷缩指套。先将指端的三个小支撑管稍微拽出一点（对里看和指根对齐），再将指套套入并尽量下压，逆时针先将大口端塑料条抽出，再抽指端塑料条。

8）固定冷缩管。在指套指头往上100mm之内缠绕PVC带，将冷缩管套至指套根部，逆时针抽出塑料条，抽时用手扶着冷缩管末端，定位后松开，不要一直握着未收缩的冷缩管，根据冷缩管端头到接线端子的距离切除或加长冷缩管或切除多余的线芯。

9）剥铜屏蔽、外半导体层。距冷缩管15mm剥去铜屏蔽，记住相色线。距铜屏蔽15mm，剥去外半导体层，按接线端子的深度切除各相绝缘，将外半导体层及绝缘体末端用刀具倒角，按原相色缠绕相角条，将端子插上并压接，按照冷缩终端的长度安装限位线。

10）绕半导体带。在铜屏蔽上绕半导体带（和冷缩管缠平），用砂纸打磨绝缘层表面，并用清洁纸清洁。清洁时，从线芯端头起，撸到半导体层，切不可来回擦，并将硅脂涂在线芯表面多次。

11）固定冷缩终端。慢慢拉动终端内的支撑条，直到和终端口对齐。将终端穿进电缆线芯并和安装限位线对齐，轻轻拉动支撑条，使冷缩管收缩。如果开始收缩时，发现终端和限位线错位，可用手把它纠正过来。

12）固定密封管。用填充胶带将端子压接部位的间隙和

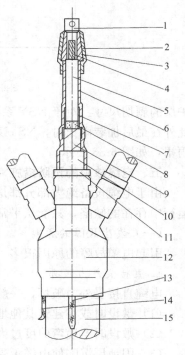

图6-32 10kV三芯交联聚乙烯电缆冷缩式户内终端头局部剖面示意图

1—接线端子；2、3—密封胶带；4—线芯导体；5—主绝缘层；6—冷缩终端套管；7—半导体带；8—外半导体层；9—铜屏蔽带；10—冷缩套管；11—PVC标记带；12—分支套；13—铜屏蔽地线；14—铠装地线；15—外护层

压痕缠平，从最上一个伞裙至整个填充带外缠绕一层密封胶带，终端上的密封胶带外要缠一层PVC带，否则支撑条将和其粘连。这样一是支撑条不易拽出，二是密封管套在此部位收缩。如密封管与端子间有间隙，可把密封管翻卷过来，在端子上缠一些密封胶带后，再把密封管翻过去。

13）密封冷缩指套。将指套大口端连地线一起翻卷过来，用密封胶带将地线连同电缆外护套一起缠绕，然后将指套翻卷回来，用扎线将指套外的地线绑牢，这样整个制作步骤完成。10kV三芯交联聚乙烯电缆冷缩式户内终端头局部剖面示意如图6-32所示。

户外式冷缩终端头的制作步骤和热缩式终端头相同。

35kV交联聚乙烯电缆，通常是单芯的，其制作步骤可参考三芯电缆。不同的是电缆外

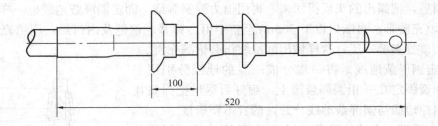

图 6-33　WSY 系列 35kV 户外热缩终端头

护层的剥切尺寸：对于 NSY 系列的电缆应为 700mm；对于 WSY 系列的电缆应为 750mm。此外在最后加装雨裙时，NSY 系列加装 3 个雨裙（裙间距为 100mm）；WSY 系列加装 5 个雨裙，如图 6-33 所示。

五、电缆故障的预防措施

由于电缆设备绝大部分都是埋置在地下或敷设在沟内，因此它的缺陷不易发现，所以在运行中存在的缺陷，只能从平常发生的故障类型来判明。

（一）发生故障的原因

引起电缆故障的原因很多，一般有以下几方面。

1. 直接受外力破坏

电缆直接受外力破坏，一般有以下几种情况：

（1）敷设时或在建筑其他地下管道时，不慎误伤；

（2）敷设时电缆弯曲度过大，而使绝缘介质受到损伤；

（3）因地层沉陷使电缆承受过大压力；

（4）导体被拉断或电缆接头被拉开。

2. 绝缘受潮损坏

由于电缆接头盒或终端盒设计施工不良，制造不合格，铅包上有小孔或裂缝，而且在运行中铅包受化学腐蚀或电解穿洞，使水分侵入，致使绝缘受潮损坏。

3. 绝缘过热而损坏

由于电缆与热力管道过于接近，电缆沟的隧道通风不良，电缆的载流量和过负荷能力超出了电缆的长期允许最高温升等因素，均会造成电缆绝缘的过热而损坏。

此外，电缆在运行中发生的各种故障，也会造成电缆绝缘的损坏，所以要求一旦电缆发生故障，就要及时发现和处理。

（二）电缆故障的预防措施

电缆线路的故障类型，一般有短路、断路、闪络和各种不同电阻值的接地等。发生上述故障虽有各种不同的原因，但只要消除电缆和电缆配件在设计制造与施工、运行中的缺陷，那么电缆的故障是可以预防的。

1. 设计制造方面的预防措施

在设计电缆线路时，必须考虑沿线的电缆散热情况，如果电力电缆持久地过热，那么电缆的绝缘会很快老化。对于单芯电缆，应尽可能地将其三相以紧贴成正三角形的排列方式，使铅包的损失最小，以避免在各线芯周围构成磁力线回路。为了避免电缆受到腐蚀，必须注意沿线土壤的化学成分以及电解腐蚀的可能性，其中含有有机腐烂物以及碱性的物质，如石灰、煤渣等土壤，它们腐蚀电缆铅皮最严重，所以在选电缆线路路径时，必须给予重视。此外，在电缆接头和终端头的设计方面，对绝缘承受的应力、材料的选择、机械强度的计算和防水的可靠性以及运行中可能遭受的冲击过电压和预防性的超压试验等，也应慎重考虑。

2. 施工方面的预防措施

施工人员必须严格遵守现场作业规程，建立健全验收制度，以保证电缆的施工质量。在敷设电缆时，应防止电缆的机械损伤、弯曲过度、填土不实、土沟内有尖石头、埋置深度不够、电缆上面未铺保护板等。敷设电缆的地方，应准确表明其所在位置，以免在掘土时受到破坏。在电缆的接头及终端的地方，必须注意封铅和焊锡质量，特别是对垂直或倾斜部分，浸渍纸绝缘电缆在受热时，浸渍剂变成流动的液体，如果接头处理不当，则易于流出使绝缘干枯，因而降低电缆的耐压强度，或导致绝缘介质的老化。此外，在能否对绝缘材料进行正确热处理，保持缆芯纸绝缘的完整和施工过程中的清洁等方面，也应给予注意。

3. 运行方面的预防措施

许多在设计和施工中造成的缺陷，不会立即暴露出来，但在严格的运行管理制度下，这种缺陷大部分能被发现，并可加以消除。

如果电缆线路发生事故，必须加以彻底消除处理，其处理的步骤如下：

(1) 故障测试；

(2) 故障情况的检查和原因分析；

(3) 对故障电缆进行修理和修理后的试验。

第三节　绝　　缘　　子

一、绝缘子的用途和分类

（一）绝缘子的用途

绝缘子一般是用电瓷材料制成的，所以又称为瓷瓶或瓷套。绝缘子广泛应用于发电厂和变电所的配电装置、变压器和开关等电器中以及输配电线路上，用来固定和支持载流导体，使裸载流导体与地绝缘，并使装置中处于不同电位的载流导体之间绝缘。绝缘子除应具有足够的绝缘强度外，还要具有承受导体的垂直和水平荷重等机械强度、有足够的防化学物质侵蚀的能力和不易受温度急剧的影响与不易侵入水分的特点。

（二）绝缘子分类

一般按绝缘子的作用分为电站绝缘子、电器绝缘子和线路绝缘子三种；按绝缘子的额定电压分为高压绝缘子（用于电压为500V以上的网络中）和低压绝缘子（用于电压为500V以下的网络中）两种。

1. 电站绝缘子

这种绝缘子是用来支持和固定户内外配电装置的母线，并使母线与地绝缘。电站绝缘子又可分为支柱绝缘子［见图6-34（a）］和套管绝缘子［见图6-34（b）］两种。支柱绝缘子主要是支持和固定母线用，套管绝缘子是用来固定和穿过从户内通过墙壁和天花板以及从户内向户外引出的母线或导体并起绝缘作用。为了将绝缘子固定在支架上（如钢结构或水泥结构等）和将母线或电器的载流导体固定在绝缘子上，绝缘子除具有绝缘作用的瓷件

1外，还有具有牢固的固定在瓷件上的金属配件2。金属配件2和瓷件1大多是用水泥胶合剂胶在一起。绝缘瓷件的外表面涂有一层釉（棕色的或白色的），以提高绝缘子的绝缘性能和机械性能。为了防潮的需要，金属配件2和瓷件1胶合处的外表面需涂以防潮剂。其他金属配件也都进行镀锌处理，以防氧化。支柱绝缘子和套管绝缘子的机械强度，应能承受当短路电流通过母线时所产生的最大电动力的作用，并应具有一定的裕度，所以同一电压等级的绝缘子，有些制造尺寸大一些；另一些制造尺寸小一些，这主要是由于所承受的机械强度不同。

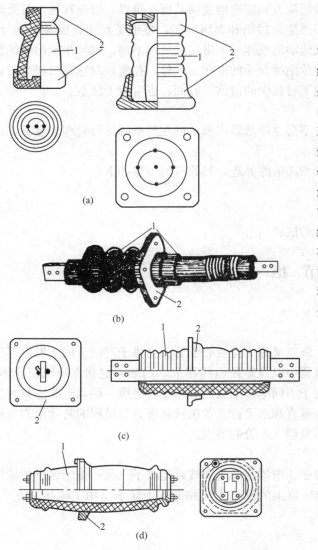

图 6-34　电站用支柱绝缘子和穿墙套管绝缘子的结构图
(a) ZA-6Y 型和 ZLD-10F 型支柱绝缘子；(b) CWLB-10 型户外穿墙套管绝缘子；(c) CLB-10/1000 型穿墙套管绝缘子；(d) CMD-10 型母线型穿墙套管
1—瓷件；2—金属配件

2. 电器绝缘子

电器绝缘子是用来固定电器的载流部分，它也分支柱绝缘子和套管绝缘子两种。套管绝缘子常用于有封闭外壳的电器上，如断路器、变压器等的载流部分引出壳外（见图 6-35）时，就应用这种绝缘子。此外，有些电器绝缘子还需要有特殊式样，如柱形、牵引杆形和杠杆形等特殊形状。电器绝缘子作为电器对地的主绝缘，除应能承受短路时的电动力外，户外用绝缘子一般均有较大的伞裙，以保证在淋雨状态和潮湿状态下保持瓷套表面的绝缘性能。电器用套管绝缘子的品种繁多，按其用途可分为变压器瓷套、开关瓷套、互感器瓷套、电容器瓷套

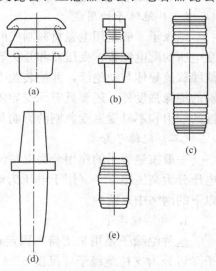

图 6-35　电器用套管绝缘子
(a) 变压器瓷套；(b) 开关瓷套；(c) 互感器瓷套；(d) 电容器瓷套；(e) 电缆瓷套

和电缆瓷套五类绝缘子，见图 6-35。

3. 线路绝缘子

线路绝缘子是用来固定架空输、配电导线和户外配电装置的软母线，并使它们与接地部分绝缘。

线路绝缘子按外形可分为针式（立瓶）绝缘子［见图 6-36（a）］、悬式（悬垂）绝缘子［见图 6-36（b）］和蝴蝶式（茶台）绝缘子［见图 6-36（c）］三种。

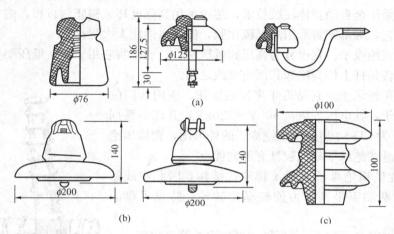

图 6-36　线路用绝缘子的外形结构图
（a）针式；（b）悬式；（c）蝴蝶式

（1）针式绝缘子。它又分为低压针式绝缘子（工作电压为 1kV 及以下）和高压针式绝缘子（工作电压为 3、6、10kV 和 15kV）。绝缘子由瓷件和钢脚组成，瓷件和钢脚由胶合剂连接成整体，用以固定支持导线，并起绝缘作用。

10kV 线路针式复合绝缘子如图 6-37 所示。它是以硅橡胶为主绝缘，其污闪电压较瓷绝缘子提高 1～2 倍，并具有重量轻，不宜破碎，免维护等特点。

（2）悬式绝缘子。它是用于固定高压架空线路和配电装置中的导线或母线，并起绝缘作用。一般悬式绝缘子均串接成绝缘子串，使用在各个电压等级的场所。常用的悬式绝缘子有

图6-37　10kV 线路针式复合绝缘子

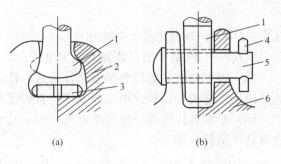

图 6-38　球形和槽形悬式绝缘子连接附件的结构图
（a）球形；（b）槽形
1—钢脚；2、6—铁帽；3—弹性销；4—开口销；5—销钉

图 6-39　FXBW3-10/70 型悬式硅胶
复合绝缘子

新、老两个系列，老系列产品是按 1h 机电负荷分为 3、4.5t 和 7t 三级；新系列产品是按机电破坏负荷分成 4、6、10t 和 16t 四级。

悬式绝缘子按附件连接方式，可分为球形和槽形两种（见图 6-38）。

硅橡胶绝缘悬式复合绝缘子如图 6-39 所示，它的伞裙与护套采用全自动整体注胶技术，芯棒采用高强度环氧树脂到拔棒，端头金具连接采用先进压接工艺，端部密封采用高温硫化胶，使防水性能大大提高。

（3）蝴蝶式绝缘子。它也分为高压和低压两种。通常将它用于高、低压架空配电线路的终端、耐张和转角杆上作为绝缘和固定导线之用。

（4）瓷横担绝缘子。它是近年来发展较快、应用较广的一种新型绝缘子，其电压等级从 400V～220kV，并成一系列产品。图 6-40 为 CD-10 型瓷横担绝缘子的外形图，瓷横担绝缘子与针式、悬式绝缘子相比较具有下列优点：

1）由于瓷横担绝缘子采用了转动式结构，因此在线路断线时，导线两端不平衡张力使瓷横担转动，防止了事故扩大；

2）电气性能好，运行安全可靠，可减少线路事故率；

3）瓷横担具有自洁性能，运行维护简单，可减少线路维护工作；

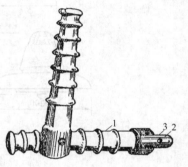

图 6-40　CD-10 型瓷横担绝缘子
的外形图
1—瓷件；2—附件；3—水泥胶合物

4）瓷横担结构较简单，安装和连接方便，可加速施工进度；

5）节省钢材和木材，能降低线路造价。

二、绝缘子选择

（一）线路绝缘子选择

各类线路绝缘子均应根据额定电压、装置种类和容许荷载来选择。

（1）线路绝缘子一般可超过其额定电压 15％运行，所以根据额定电压选择绝缘子时，只需满足下列条件

$$U_{\text{Nj}} \geqslant U_{\text{Nw}} \tag{6-14}$$

式中　U_{Nj}——线路绝缘子的额定电压；

　　U_{Nw}——网络中电气装置的额定电压。

（2）根据电气装置的种类来选择悬式、针式或蝴蝶式绝缘子时，应考虑悬式中选择球形还是槽形的连接件；针式中选择铁横担直脚还是木横担直脚或弯脚等。

（3）根据容许荷载选择线路绝缘子时，应满足绝缘子的抗弯强度不小于 60％绝缘子的抗弯破坏荷载，即

$$F_{\text{cmax}} \leqslant 0.6F_{\text{jw}} \tag{6-15}$$

式中　F_{cmax}——在三相冲击短路电流下，绝缘子所受到的最大计算荷载；

　　F_{jw}——绝缘子的抗弯破坏荷载。

（二）套管绝缘子选择

（1）按额定电压和额定电流选择，即

$$U_{Nj} \geqslant U_{Nw}, \quad I_{Nj} \geqslant I_{NwL} \tag{6-16}$$

式中 U_{Nj}、I_{Nj}——套管绝缘子的额定电压、额定电流；

U_{Nw}、I_{NwL}——网络中电气装置的额定电压、额定线电流。

（2）套管的电气参数应符合表 6-19 所列数据。

表 6-19　　　　　　　套管绝缘子的电气参数

额 定 电 压 (kV)	工频电压（有效值，不小于，kV）			全波冲击耐受电压（幅值，不小于，kV）
	干耐受	湿耐受	击 穿	
6	36	26	58	60
10	47	34	75	80

（3）不同额定电流铝导体的套管绝缘子应能承受 5s 热稳定电流的试验，其电流值应符合表 6-20 中的规定。

表 6-20　　　不同额定电流铝导体的套管绝缘子 5s 热稳定电流的规定值

额定电流（A）	200	400	600	1000	1500	2000	3000
5s 热稳定电流（不小于，kA）	3.8	7.2	12	20	30	40	60

（4）套管绝缘子在三相短路电流的作用下，所受到的荷载应不小于表 6-21 中的规定值。

表 6-21　　　　　　　套管绝缘子抗弯破坏荷载

套 管 型 号	抗弯破坏荷载（不小于）	套 管 型 号	抗弯破坏荷载（不小于）
CL-6/200～600	400	CWL-10/2000、3000	800
CL-10/200～600	400	CM-10-90	400
CWL-10/200～1500	400	CM-10-160	800

第四节　避　雷　器

电力系统中的任何环节一旦遭到雷击，则该环节中的电气设备就会受到损害，造成部分或全部供电区域停电，且雷击损坏的设备不容易修复，因此必然对国民经济造成巨大损失。这种雷击现象，称为大气过电压。对这种大气过电压造成设备绝缘的损坏，应该采用何种措施才能达到防护的目的呢？单纯靠加强电气设备的绝缘去防护大气过电压是很不经济的，最有效的防护措施是在电气设备附近装上合适的避雷器。装上避雷器以后，既能保证电气设备的安全运行，又可以根据避雷器限制后的过电压来决定电气设备的绝缘水平，对避雷器进行性能改进，就可以降低对电气设备的绝缘水平（它的试验电压）要求，从而使电气设备的体积、质量和原材料消耗都相应地减少。

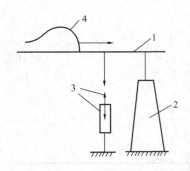

图 6-41　避雷器连接示意图
1—导线；2—被保护物；3—避雷器；
4—雷电波

一、避雷器的用途和分类

1. 避雷器的用途

避雷器的作用是限制大气过电压以保护电气设备。避雷器与被保护的线路和电气设备是并联的，均接在相与地之间，如图 6-41 所示。正常时，避雷器中没有电流通过。一旦雷击过电压波 4 沿线路 1 传来，并危及被保护物 2 的绝缘时，避雷器 3 立即放电，使雷电流经过避雷器 3 的内部泄入大地，从而起到限制过电压和保护设备的作用。可见避雷器的保护作用是靠放电间隙来完成的，这就是避雷器的工作原理。

要求避雷器在出现大气过电压时，必须放电，并将过电压限制到一定数值，以保护电气设备。当过电压消失以后，避雷器应当迅速可靠地灭弧，使电网很快恢复到正常运行。避雷器的放电特性由间隙来决定，而灭弧有时还需要其他措施的配合。

2. 避雷器的分类

目前应用的避雷器种类很多，我国大量生产和应用的有阀型避雷器、管型避雷器、磁吹避雷器和氧化锌避雷器等四种。

二、避雷器的间隙放电特性

1. 冲击放电电压和工频放电电压

由于避雷器的保护作用是靠间隙放电来完成的，所以对间隙放电情况和特性，就需要有进一步的了解，以便弄清避雷器究竟能达到怎样的保护作用。

实验证明，间隙在持续时间很短的大气过电压作用下的放电电压值（称为冲击放电电压）比长时间作用下的放电电压（也即工频放电电压）要高，它们的比值称为间隙冲击系数 β，即

$$\beta = \frac{U_l}{U_{wf}} > 1 \qquad\qquad (6\text{-}17)$$

式中　β——间隙冲击系数，一般大于 1；

　　U_l——间隙的冲击放电电压，kV；

　　U_{wf}——间隙的工频放电电压峰值，kV。

冲击放电电压是指在冲击放电试验时的放电电压。因为大气过电压的持续时间很短（以 μs 计），所以一般将在实验室里模仿大气过电压的试验电压，称为冲击放电电压，产生这种电压的装置，称为"冲击电压发生器"。用这种电压试验避雷器，即称避雷器的冲击放电试验。

工频放电电压是指在做工频放电试验时的放电电压。工频放电试验是用一般工频高压试验变压器进行，详细内容参见第十章有关内容。

2. 伏秒特性曲线

由于放电电压与其作用时间有关。为了全面地说明放电特性，必须用实验的方法求出间隙（或设备绝缘）的伏秒特性曲线，即放电电压与其作用时间的关系曲线。

伏秒特性曲线的测定方法，是将幅值不同的冲击电压（波形不变）加在间隙上，并根据放电电压在示波器中出现和被截断图像的过程来决定放电时间。与这段放电时间所对应的放

电电压：①如果放电发生在冲击波波头部分，则放电电压取放电时以前的电压值，如图 6-42 曲线上点 3 所示；②如果放电电压发生在波尾部分，则放电电压应取波峰值，如图 6-42 曲线上点 1 和 2 所示。因为此时波峰比放电时电压值高，而放电的发展过程又与放电前的整个电压波形有关，所以取整个过程中的电压最大值更为合理。

3. 伏秒特性的配合

由于放电有分散性，所以实际上伏秒特性不是一条曲线，而是一条带形区域。为了使避雷器可靠地保护电气设备，要求避雷器的伏秒特性是在电气设备的伏秒特性下面。这样，无论大气过电压的幅值多大，总是避雷器首先放电，从而达到保护电气设备的目的。图 6-43 为避雷器与变压器伏秒特性相互配合的情况，图 6-43（a）所示为两者配合好的情况；图 6-43（b）所示为两者未配合好的情况，此时当冲击波很陡时，未配合好的避雷器动作以前，变压器的绝缘就已击穿。如果将图 6-43（b）中避雷器间隙缩小，避雷器的伏秒特性就可以移到变压器的伏秒特性下面。

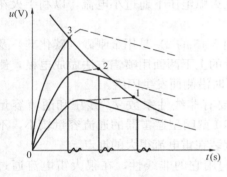

图 6-42 伏秒特性的测定曲线图

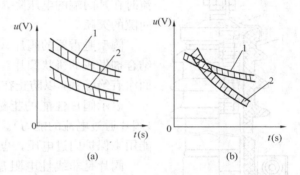

图 6-43 变压器与避雷器伏秒特性相互配合的情况
（a）配合好；（b）未配合好
1—变压器的伏秒特性；2—避雷器的伏秒特性

三、阀型、管型避雷器的结构

（一）阀型避雷器的结构

阀型避雷器主要是由火花间隙、阀片和分路电阻三部分组成。

1. 火花间隙

火花间隙是一种特制间隙，它能保证在一定的电压下放电，并能耐受一定的冲击电流和工频续流通过。同时，它在工频电流第一次通过零值以后，在一定的工频电压下能保证不再放电。

阀型避雷器的火花间隙是由一些单位火花间隙组成的。单位火花间隙的结构如图 6-44（a）所示，它是由上下两个电极 1 和电极间夹以云母片 2 组成。电极 1 由 0.8mm 厚的黄铜片模压而成；云母片 2 厚为 0.5～1mm；工作面 3 的间隙距离为 1mm 左右。图 6-44（b）为 FS 型阀型避雷器

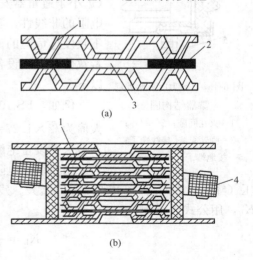

图 6-44 火花间隙结构图
（a）单位火花间隙；（b）火花间隙组
1—电极；2—云母片；3—工作面；4—分路电阻

的火花间隙，它是由几个或十几个单位火花间隙 1 串联组成，火花间隙用圆套筒 5 固定并与分路电阻 4 并联。

阀型避雷器火花间隙的作用是在正常情况下使避雷器的阀片与电力系统隔离，当遇到过电压时则发生击穿，使雷电流泄入大地以降低过电压的幅值。在过电压过去以后，必须在半个周波内（0.01s）将工频续流截断，然后恢复正常状态。工频续流是在电流第一次通过零值时，依靠一连串火花间隙中绝缘的恢复而被切断。由于火花间隙只依靠本身的绝缘恢复，因此在没有外加灭弧装置的情况下，它截断续流的灭弧能力，一般不超过 80A（峰值）。这一数值是根据续流电弧能被火花间隙顺利截断的条件来决定的，而阀片也应能经受长时间通过的 80A（峰值）工频续流。

2. 阀片

阀片，也即工作电阻片，是避雷器的一个重要组成部分。它具有高电压时呈小电阻，而低电压时呈大电阻的非线性特性，从而它能够限制避雷器通过大电流时在其两端的电压降，并在灭弧电压下通过小电流，以利于火花间隙的灭弧。

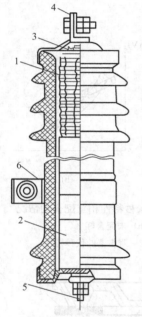

图 6-45　FS-10 型阀型避
雷器结构图

1—火花间隙；2—阀片；
3—弹簧；4—接线端子；
5—接地端子；6—安装卡子

阀型避雷器的阀片（见图 6-45 的 2）是用金刚砂（碳化硅）及结合剂做成的饼状圆片。阀片的上下两面用喷铝方法做成电极，侧面涂有绝缘釉，以防止在高压时沿侧面发生闪络。

表示阀片性能的指标主要有非线性系数 a、残压和通流容量（阀片通过电流的能力）。FS-10 型阀型避雷器的通流容量较小，不能用来保护内过电压，也不宜装在雷电流很大的地点。

阀片是非线性电阻盘，利用它的非线性，在很大雷电流通过时，电阻值很小，因而使阀片两端的残压不高。当雷电流过去以后，在灭弧电压作用下，电阻值又变得很大，因而大大限制了工频续流（远小于避雷器安装处短路电流数值），对灭弧非常有利。利用阀片电阻的非线性，解决了既要降低残压，又要限制续流的矛盾，并且不致发生危险的截波。残压过高，避雷器就可能失去保护作用，或者致使被保护设备的绝缘水平提高，所以要把残压限制在一定数值以下。

例如，FS-10 型阀型避雷器的灭弧电压有效值为 12.7kV，最大值为 $\sqrt{2} \times 1.27 = 18kV$。如果采用线性电阻，残压将为 18kV，要求被保护设备绝缘的冲击耐压水平要高于 18kV，这显然是不行的。当采用非线性电阻时，残压为 U_c 时，电阻 R_c 值减小，而在灭弧电压（峰值）为 U_{mh} 时，电阻 R_{mh} 值增大。残压 U_c 与灭弧电压 U_{mh} 之比，称为避雷器的保护比 K_b，用公式表示为

$$K_b = \frac{U_c}{U_{mh}} = \frac{I_l R_c}{I_{xmax} R_{mh}} \tag{6-18}$$

式中　I_l——残压时的冲击电流；

I_{xmax}——灭弧电压下的最大续流（峰值）。

显然，保护比越小（一般大于 1），意味着避雷器保护性能越好。

图 6-46 为阀片（非线性）电阻的伏安特性，可用公式表示为

$$U = cI^a \qquad (6-19)$$

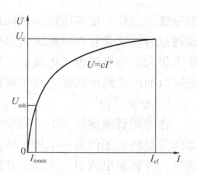

图 6-46 阀片电阻的伏安
特性曲线图

式中 U——阀片上的电压降；

    I——流过阀片的电流；

    c——与阀片的高度、面积、材料有关的常数；

    a——材料的非线性系数，a 值越小，非线性越好，一般为 0.2 左右。

在图 6-59 中，当 I_{xmax} 为避雷器能可靠切断的工频续流，也就是当加到避雷器上的工频电压不超过 U_{mh} 时，火花间隙中的电弧能被熄灭。这个避雷器能可靠灭弧的最大允许工频电压，称为避雷器的灭弧电压。从保证电力系统正常运行和切断续流的原则出发，则应增加串联的火花间隙数和阀片数，以提高避雷器的工频放电电压和灭弧电压。

3. 分路电阻

对性能要求较高的阀形避雷器，还要求装设分路电阻［见图 6-44（b）］。分路电阻在避雷器中与火花间隙并联，能使火花间隙上的工频电压分布均匀，并可以是线性的，也可以是非线性的，目的是为了提高工频放电电压。

用于低压的 FS-0.22～0.5 型阀型避雷器结构，如图 6-47 所示。它主要用于保护 220、380V 和 500V 电压等级的交流电机、电器、电能表或配电变压器低压侧的绝缘，以免遭受雷击损害。它的结构及工作原理与 FS-10 型阀型避雷器大致相同。

（二）管型避雷器的结构

管型避雷器主要用来保护架空线路中的绝缘薄弱环节和变、配电室进线保护的首端以及雷雨季节经常断开而电源侧又带电压的隔离开关或油断路器等。

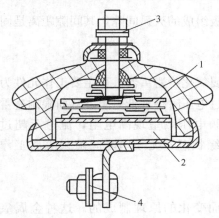

图 6-47 FS-0.22～0.5 型阀型
避雷器结构图

1—火花间隙；2—阀片；3—接线端子；
4—接地端子

管型避雷器的结构如图 6-48 所示，它是由产生气体的纤维管 1（灭弧管）、内部灭弧间隙和外部间隙三部分组成。

1. 灭弧管

灭弧管是由棉花纤维和氧化锌胶液黏合剂制成，外部采用环氧玻璃纤维加强。管子两端用钢套连接，梅花电极间隙 7 紧贴灭弧管 1，棒电极 4 经闭口端用螺纹固定，成为避雷器的内部灭弧间隙（内部间隙），动作指示器 5 设于开口端钢套上。

当线路上遭受大气过电压时，间

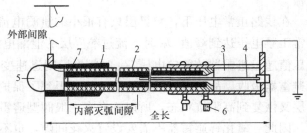

图 6-48 管型避雷器结构图

1—纤维管（灭弧管）；2—纸层；3—吹气室；4—棒电极；
5—指示器；6—支架；7—梅花电极间隙

隙很快被击穿，使雷电流通过接地装置流入大地。随着雷电流而来的是工频续流，当工频续流通过时，灭弧管在电弧的高温作用下，产生大量气体，由于管子内部体积很小，所以气体压力很大。当交流电弧电流通过第一个零值时，管内压力下降，吹气室中气体以较大速度吹向喷口而产生纵向吹弧，使电弧熄灭，管型避雷器也即恢复正常。

2. 外部间隙

在使用管型避雷器时，需要再串一个外部间隙，使电网在正常工作时与避雷器隔开。外部间隙是将管子作为一电极，线路作为另一电极。当线路遭受雷击时，外部和内部间隙均被击穿，并将雷电流引入大地。此时就相当于导线对地短路，如果两相或三相上的避雷器都同时动作，就变成相间短路。雷电流过后，就会通过工频短路电流，在管内产生强烈的电弧，再由灭弧管将电弧熄灭，以消除短路状态。

10kV 的管型避雷器，因为外部间隙较短，所以不能垂直安装，以防止因雨水而使间隙发生短路的可能性。

3. 内部间隙

内部间隙是由管内棒形电极与管内一端梅花环形电极组成的灭弧间隙，其间隙距离是固定的。

四、氧化锌（ZnO）避雷器

氧化锌避雷器又称为氧化锌阀型避雷器，或称为金属氧化物避雷器。其主要工作元件为金属氧化物非线性电阻片，它具有非线性伏安特性，在过电压时呈现低电阻，从而限制避雷器上的残压，对被保护设备起保护作用。而在正常工频电压下呈现高电阻，流过不超过 1mA 的对地泄漏电流，实际上使带电母线对地处于绝缘状态，无须串联间隙来隔离工作电压。

（一）氧化锌避雷器的结构及工作原理

氧化锌避雷器是利用压敏电阻值随所加电压变化而变化的原理制成的。这种金属氧化物压敏电阻器，是由氧化锌、氧化铋等组成的多晶半导体陶瓷非线性元件，其微观结构如图 6-49 所示。基片结构是一片厚约 1mm 的粒界层，层内是由氧化铋等组成并包围着每一颗氧化锌晶粒。氧化锌是低电阻的 N 型半导体。氧化锌避雷器能吸收过电压浪涌是基于氧化锌晶粒之间的粒界层，具有像硅稳压管那样的非线性伏安特性，在正常工作电压下，具有较高的电阻呈绝缘状态。在雷击电压作用下，则呈现低电阻状态，泄放雷电流。

在线路正常电压下，粒界层只有很小的泄漏电流（μA）。由图 6-49（b）可知，当线路正常工频电压达到峰值 U_P 时，流过粒界层的泄漏电流很小。当线路发生过电压浪涌，即过电压值超过避雷器的额定电压 U_N 时粒界层则迅速变为低阻抗，浪涌以放电雷电流 i 的形式为避雷器吸收，故过电压就被抑制，线路得到了保护。浪涌过后，对于线路的正常电压，粒界层又恢复到高阻抗状态，所以不会有一般阀型避雷器的工频续流发生。

因此，氧化锌避雷器不需要设置火花间隙，也不需要进行灭弧。另外，氧化锌避雷器动作迅速、通流量大、残压低、无续流，对大气过电压和内部过电压都能起到保护作用。

氧化锌电阻片具有非线性伏安特性，陡坡响应良好和通流能力强的特点，做到了陡坡冲击残压、雷电冲击残压、操作冲击残压的保护裕度接近一致，大大提高了保护的可靠性。

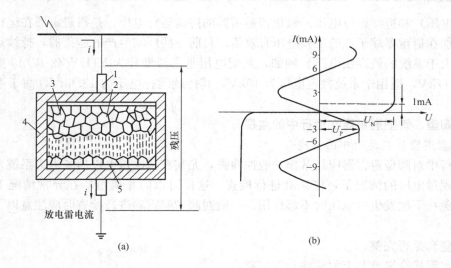

图 6-49　氧化锌避雷器结构及伏安特性

(a) 结构示意图；(b) 伏安特性与回路工频电压波形图

1—引线；2—粒界层；3—氧化锌微结晶粒；4—环氧树脂包封层；5—金属电极

(二) 氧化锌避雷器的型号意义

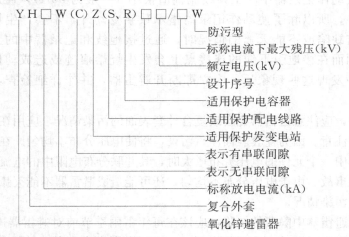

复合外套代表其外绝缘为合成橡胶。

例如，YH5WS3-10/27 型为复合外套无间隙配电线路用第三次设计的氧化锌避雷器，其额定电压为 10kV，标称放电电流为 5kA，标称电压下最大残压为 27kV。

(三) 氧化锌避雷器的使用电压

1. 避雷器的额定电压

氧化锌避雷器的额定电压，是指正常运行时避雷器所承受的最大工频电压有效值。我国避雷器使用导则规定，氧化锌避雷器的额定电压应按照空载长线路引起的工频暂时过电压，以及电网中单相接地时，健全相电压升高等暂态过电压进行选取。因此，氧化锌避雷器的额定电压通常高于系统的额定电压。

2. 系统额定电压（系统标称电压）和持续运行电压

氧化锌避雷器有关使用电压的技术指标有三个，除额定电压外，还有系统标称电压（即系统额定电压)和持续运行电压。氧化锌避雷器的持续运行电压,是指避雷器在运行中允许持久地施加在避雷器端子上的工频电压有效值。目前一些厂家生产的避雷器,持续运行电压实际上已大于系统的最高线电压。例如,某配电用避雷器型号为 YH5WZ2-17/45 型,其额定电压为 17kV,适用于系统额定电压为 10kV,其持续运行电压为 13.6kV,高于系统额定电压 36%。

五、阀型、管型避雷器在运行中的监视

1. 阀型避雷器在运行中的监视

在运行中对阀型避雷器应经常作一般性检查,尤其在每次雷电以后和电力系统发生故障有可能出现过电压的情况下,应认真进行检查。这样可以防止避雷器在异常情况下存在缺陷,以避免在下次发生过电压时不起作用。一般对阀型避雷器进行检查时应注意以下几方面内容。

(1) 瓷套是否完整;

(2) 水泥接合缝及其上面油漆是否完整;

(3) 连接导线和避雷器的接地引下线是否有烧伤痕迹;

(4) 动作记录器的指示次数及记录器本身是否完好。

其中 (3)、(4) 两项检查最容易发现隐藏的缺陷。在正常情况下,避雷器动作以后,通过接地引下线及动作记录器中的工频续流幅值很小(一般为 80A),通过工频续流的时间也很短(0.01s),所以除了使动作记录器指示数字变动外,不会产生烧损痕迹。但在避雷器内部阀片有缺陷或不能灭弧的情况时,通过接地线和记录器中的工频续流幅值和时间均会增加,因而在接地引下线的连接点上会发生烧熔痕迹或造成动作记录器内部烧黑或烧毁。检查中发现这些现象后,应立即断开避雷器,并作详细检查,以免在下次动作时发生事故。

在日常运行中,应注意避雷器瓷套或复合外套表面的污染情况,应用在严重污秽或沿海地区的避雷器更需注意。因为瓷套表面严重污染,将使电压分布不均匀。在有并联分路电阻的避雷器中,当其中一个元件的电压分布增大时,其并联分布电阻中的电流将增大很多,会使电阻烧坏而引起事故。由于电压分布不均匀,还可能造成避雷器不能灭弧,因此在瓷套表面不应存在严重的污染情况。

为了预先发现避雷器中隐藏的缺陷,应该在每年雷雨季节前对避雷器进行预防性试验。根据以往运行经验,避雷器的主要问题是放电电压不稳定或由于密封不好使间隙和阀片受潮。所以运行部门应对阀型避雷器进行绝缘电阻、泄漏电流和工频放电电压等项预防性试验,具体做法和要求见第十章第二节内容。

2. 管型避雷器运行中的监视

管型避雷器每 2~3 年检修 1 次,一般动作 6 次以后,就应拆下避雷器进行下列检查。

(1) 检查避雷器表面漆膜是否严重脱落,绝缘电阻是否合格(用 2500V 摇表测量,绝缘电阻应不低于 900MΩ)。若发现有上述情况,则应重新着漆烘干。

(2) 测量喷口处灭弧管的内径应不大于表 6-22 中的规定数值,否则应更换新的避雷器。

(3) 擦净管腔,清理各种堵塞,必要时更换新的动作指示器。

此外,对于发生在外表面闪络或其他事故的、但未破坏的避雷器,可拆下重新着漆,重新进行工频耐压试验,待合格后可以重新投入运行。

表 6-22　　　　　　　　　　　管型避雷器灭弧室喷口处灭弧管的内径尺寸

型　号	喷口处灭弧管内径 （不大于，mm）	型　号	喷口处灭弧管内径 （不大于，mm）
$GX_2\dfrac{10}{0.8-4}$	19	$GX_2\dfrac{6}{2-8}$	18
$GX_2\dfrac{10}{2-7}$	18	$GX_2\dfrac{6}{0.5-3}$	18

六、避雷器的技术参数与选择

1. 阀型避雷器

为了正确选用阀型避雷器，必须明确阀型避雷器的技术参数，现将其技术参数介绍如下。

（1）额定电压。是指避雷器在电网中安装地点的电压等级，也即指的线电压，而避雷器正常工作电压是相电压，所以选择避雷器时应按与该电网额定电压相符的原则来选择。

（2）灭弧电压（最大允许电压）。它是避雷器中一个极为重要的参数，它说明避雷器在保证灭弧的条件下，允许加在避雷器上的最高工频电压，也就是在不超过这一电压的作用下，能可靠地切断续流。当避雷器安装点上的电压超过这一数值时，由于阀片的非线性特性，即使电压超过的数值不大，但工频续流却增加很大，这样会使间隙及阀片承受不了而引起爆炸。

灭弧电压不等于额定电压，电网电源端的电压一般为额定电压的 1.15 倍。此外，电网还会由于其他原因（操作或故障）出现短时间的工频电压升高。因此，在确定灭弧电压时，这个因素应考虑在内。对于 3、6kV 和 10kV 的避雷器，其灭弧电压应是电力系统最高工作电压的 1.1 倍，是额定电压（线电压）的 $1.15\times1.1=1.27$（倍）。

（3）工频放电电压。在避雷器的技术参数中规定了工频放电电压的上限和下限。规定上限的原因，是因为避雷器的结构一定时，冲击系数 β 就被确定，如果工频放电电压上限不超过这一定值，冲击放电电压也不会超过规定值；这样就可以根据工频放电试验来判定冲击放电电压的情况，而不需要进行复杂的冲击电压试验，所以要规定工频放电电压的上限是必要的。规定冲击放电电压下限的原因有两个，其一是保证避雷器在内部过电压下不动作，避免因动作（持续时间较长）而引起爆炸；其二是保证避雷器能可靠地灭弧。实验证明，当间隙的结构和切断续流值一定时，工频放电电压 U_{gf} 和灭弧电压 U_{mh} 有一定比例关系，即

$$K_c = \frac{U_{gf}}{U_{mh}} \tag{6-20}$$

K_c 值称为切断比（一般应大于 1）。目前生产的避雷器，K_c 值约为 1.8 左右（磁吹避雷器的 K_c 值为 1.5 以下）。在许多间隙串联的情况下，由于恢复电压分布不太均匀，因此应考虑一定裕度，故可以取 $K_c=2$ 左右，也就是工频放电电压的下限应约等于技术参数中规定的灭弧电压的 2 倍。

（4）冲击放电电压。它是在通过大气过电压时，避雷器动作的电压数值。它和残压是说明避雷器保护特性的两个指标。它们越小，被保护设备的绝缘水平可以越低。

（5）残压。它也称为冲击残压，是在避雷器动作以后，通过一定雷电流时的电压降数值，它是避雷器保护特性中的主要指标。一般衡量一个避雷器保护性能的好坏，主要根据残压与灭弧电压的保护比 K_b 来决定，保护比越低，保护性能越好。

　　阀型避雷器的技术参数，见表 6-23。在表 6-23 中的型号说明：FS 是适用于配电网络中的阀型避雷器，FZ 是适用于发电厂和变电站中的阀型避雷器。

表 6-23   阀型避雷器的技术参数

型　号	额定电压（有效值，kV）	最大允许电压（有效值，kV）	灭弧电压（有效值，kV）	工频放电电压（有效值，kV）		冲击放电电压（预放时间为 1.5～20 μs）（峰值，不大于，kV）	残压（波形为 10/20 μs）（峰值，不大于，kV）		
				不小于	不大于		3kA	5kA	10kA
FS-3	3	3.5	3.8	9	11	21	16	17	—
FS-6	6	6.9	7.6	16	19	35	28	30	—
FS-10	10	11.5	12.7	26	31	50	47	50	—
FZ-3	3	3.5	3.8	9	11	20	—	14.5	16
FZ-6	6	6.9	7.6	16	19	30	—	27	30
FZ-10	10	11.5	12.7	26	31	45	—	45	50

　　表 6-23 中所列技术参数是指避雷器的定型设计数据，选择时除了按避雷器的额定电压应符合其安装地点（电网）的额定电压来选择外，还需考虑安装地点的海拔高度。

　　2. 管型避雷器

　　（1）选用管型避雷器时，除了应考虑其额定电压需与安装地点的额定电压相符外，还应按下列要求计算安装地点的最大和最小短路电流。

　　1）计算安装地点最大短路电流的原则为：①系统处于最大运行方式；②计算可能出现的最大非周期分量。

　　2）计算安装地点最小短路电流的原则为：①系统处于最小运行方式；②不计非周期分量。

　　（2）开断电流的上限应大于雷雨季节系统最大运行方式时的计算短路电流，并包括非周期分量第一个半周波短路电流的有效值。开断电流的下限应小于最小短路电流值。随着动作次数的增加，纤维管产气较多，管径逐渐加大，下限电流将升高，故选择下限电流时要留有裕度。

　　（3）管型避雷器的伏秒特性，决定于内外部火花间隙，内部间隙不能随意缩短；外部间隙的长度也不希望缩短。管型避雷器的外部间隙值如表 6-24 所示。在实际使用中，只要被保护物绝缘冲击耐压水平允许，应该尽量选用较大的数值。

表 6-24   10kV 及以下管型避雷器的外部间隙值

额定电压（kV）	外部间隙最小值（mm）	额定电压（kV）	外部间隙最小值（mm）
3	8	10	15
6	10		

管型避雷器的技术参数见表 6-25。

表 6-25   管型避雷器技术参数

规　格	额定电压（kV）	灭弧管间隙（mm）	隔离间隙（mm）	灭弧管内径（mm）	冲击放电电压 1.5/40 μs（kV）				工频耐受电压（kV）		额定断流能力（kA）	
					负极性		正极性		干	湿	上限	下限
					波前	最小	波前	最小				
$GX_2 \dfrac{10}{2-7}$	10	130	$\dfrac{15}{20}$	$\dfrac{10}{10.5}$	76	60	77	75	33	27	7	2

续表

规　格	额定电压 (kV)	灭弧管间隙 (mm)	隔离间隙 (mm)	灭弧管内径 (mm)	冲击放电电压 1.5/40 μs (kV)				工频耐受电压 (kV)		额定断流能力 (kA)	
					负极性		正极性		干	湿	上限	下限
					波前	最小	波前	最小				
$GX_2 \dfrac{10}{0.8-4}$	10	130	$\dfrac{15}{20}$	$\dfrac{8.5}{9}$	74	60	77	75	33	27	4	0.8
$GX_2 \dfrac{6}{2-8}$	6	130	$\dfrac{10}{15}$	$\dfrac{9.5}{10}$	60	55	59	44	20	16	8	2
$GX_2 \dfrac{6}{0.5-3}$	6	130	$\dfrac{10}{15}$	$\dfrac{8}{8.5}$	60	55	59	44	20	16	3	0.5

第五节　电力电容器

在交流电网中所使用的感性负荷，除含有电阻以外，还具有较大的感抗。当它们接到交流电源上时，除了从电源吸收一部分有功功率外，还和电源之间进行能量的交换。这部分交换的功率并不做功，称它为无功功率。如果负荷的功率因数越低，那么负荷所吸收的无功功率就越大。

对在运行中的发电设备来讲，负荷的功率因数越低，则由电源输出并被负荷所吸收的有功功率也越小。这说明发电设备的容量仅有一小部分被有效利用，其余部分只是在电源与负荷之间进行无用的功率交换。这样实质上等于发电设备的潜力未能得到充分地发挥。为了提高发电设备的利用率，必须提高负荷的功率因数。

从供配电线路中的电能损耗来看，即使是负荷的功率和使用的电压相同，如果负荷的功率因数越低，则流过导线的电流也越大，这样供配电线路中消耗的电能也越多。因此，为了减少线路中的电能损耗，也要求负荷的功率因数越高越好。

从减少供配电路中的电压损失，提高供配电网络的电压水平来看，也要求提高负荷的功率因数。因为负荷的功率因数过低时，由于流过线路的电流越大，线路的电压损失也随之加大，而负荷接受的电压也随之降低，这对负荷的运行也会带来不利的影响。

综上所述，为了节约用电，充分利用发电设备容量、减少供配电线路中的电能损耗和提高供配电网络的电压水平，那么改善功率因数就成为工业企业用电中一项极为重要的任务。

一般来说，为了提高网络的功率因数可采用以下几项措施：①应合理选择变压器和电动机容量，使它们在接近满负荷的情况下运行，以免形成"大马拉小车"的情况；②在保证一定转矩、一定出力的情况下，适当降低供给电动机的电网电压；③广泛地采用并联电容来补偿无功功率的损耗，也就是采用在感性负荷的两端并联一组移相电容器等方法来解决。

一、电力电容器的用途、结构和分类

（一）电力电容器的用途

1. 移相电容器

移相电容器主要用于补偿电力系统感性负荷的无功负荷，提高系统的功率因数，改善电压质量，降低线路损耗。

2. 串联电容器

串联电容器主要用来补偿线路的感抗，提高系统的动、静态稳定性，改善线路的电压质量，从而加长输电距离和增大电力输送能力。

3. 耦合电容器

耦合电容器通常用来使高频载波装置在低电压下与高压线路耦合，并应用于控制、测量和保护装置中。

4. 滤波电容器

滤波电容器多用在整流器的滤波装置中。

5. 均压电容器

均压电容器一般并联接于断路器的断口上，使各断口间的电压在开断时分布均匀。

6. 储能电容器

储能电容器在正常运行时，补偿电容器充电储能；在故障时，控制母线电压的消失或下降，保证补偿电容器向继电保护装置和断路器跳闸回路单独放电，使其可靠动作。

(二) 电力电容器结构

在配电网络中常用的电力电容器，绝大多数是移相电容器。这里主要介绍移相电容器的结构。

移相电容器可分为高压（如 1.05、3.15、6.3kV 和 10.5kV）和低压（如 0.23、0.4kV 和 0.525kV）两种，高压移相电容器一般制成单相的；低压移相电容器一般制成三相的。

移相电容器主要是由芯子、外壳和引出线结构三部分组成。芯子通常由若干个元件、绝缘件和紧固元件等经过压装并按规定的串并联法连接而成，国产移相电容器内部元件的连接情况如表 6-26 所示。电容器的元件主要采用卷绕的形式，是用铺有铝箔的电容器纸卷绕而成，先卷成圆柱状卷束，然后压成扁平状元件。电容元件极间介质的厚度一般为 $30\sim80\,\mu m$。由于纸质不均匀和存在导电点，通常极板间纸的层数不少于 3 层。此外，移相电容器的外壳还有金属、瓷套和酚醛绝缘纸筒等几种。目前国产移相电容器，均采用薄钢板制成的金属外壳，采用金属外壳有利于散热，但绝缘性能较差。电容器元件经装配后由金属夹架与外壳固定，引出线由瓷套管引出。引出线结构包括引出线导体和引出线绝缘两部分。引出线导体通常包括金属导杆或软连接线（片）及金属接线法兰和螺栓等。引出线绝缘通常采用绝缘套管，绝缘套管一般有装配式和焊接式两种。

表 6-26　　　　　　　　　　　　国产移相电容器内部元件的连接情况

型　　号	串×并	型　　号	串×并
YY10.5-12-1	13×2	YYW6.3-9-1	8×3
YY10.5-10-1	14×2	YY₃6.3-12-1	8×3
YYW10.5-10-1	14×2	YY3.15-10-1	4×6
YYW10.5-9-1	14×2	YYW3.15-10-1	4×6
YY₃10.5-12-1	13×2	YY3.15-9-1	4×6
YY6.3-10-1	8×3	YY3.15-12-1	4×6
YYW6.3-10-1	8×3		

移相电容器的基本结构，如图 6-50 所示。它主要是由金属矩形外壳 10 和由卷绕压扁元件 4、绝缘件 6 构成的电容器芯子组成。高压移相电容器的芯子中的元件接成串并联；低压移相电容器的芯子中的元件全部接成并联，每个元件都接有熔丝。出线结构中的元件包括出

线套管 1、出线连接片 2 和出线连接片固定板 5。扁形元件 4 之间用元件连接片 3 连接，整个芯子由包封件 7、夹板 8 和紧箍 9 夹合在一起，放置在外壳 10 内，最后由封口盖 11 封口。单台三相电容器的芯子内部一般接成三角形接线。

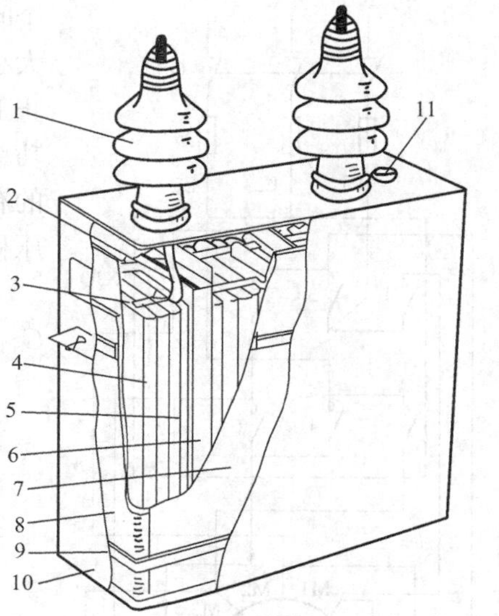

（三）电力电容器分类

从电力电容器的工作条件而言，大致可归纳为以下四大类，它们的特点也表现在下列几方面。

（1）在工频交流电压下，长时间运行的电容器，包括移相、串联和耦合电容器等几类。这类电容器一般电流较大，导电部分按电流密度设计，介质损失也较大，电容器结构决定于散热条件，介质工作的电场强度不能太高。

（2）在直流电压及微小的交流分量下，长时间运行的电容器（包括滤波电容器在内），其通过电流较小，允许介质具有较高的工作电场强度。

（3）在中频（如 150～10000Hz）交流电压下，长时间运行的电容器（主要是电热电容器），其工作电流很大，介质损失及导电部分的损失也很大，需要

图 6-50 移相电容器的基本结构图
1—出线套管；2—出线连接片；3—元件连接片；4—扁形元件；5—固定板；6—绝缘件；7—包封件；8—夹板；9—紧箍；10—外壳；11—封口盖

采取特殊的散热措施，如水冷等，其介质的工作电场强度可根据频率的大小来决定，低于移相电容器。

（4）在短时间冲击电压或振荡电压作用下的电容器（包括脉冲、均压和标准电容器），在一般情况下工作时间很短，功率损失和发热不大，介质的工作电场强度一般也高于上述三类电容器。

二、无功补偿移相电容器的安装

（一）安装地点

为了提高用户的功率因数，减少用电设备、变压器和线路所吸收的无功功率，要求高压用户的功率因数不低于 0.9，而低压用户的功率因数不低于 0.85。经过努力达不到以上规定者，应装设必要的补偿设备。在工矿企业中，通常采用安装移相电容器来补偿无功功率。

根据供电电压的不同，移相电容器分为高压电容器和低压电容器两种。电容器安装的地点，总的原则是应尽量靠近吸取无功功率大的地方，这样不仅可以补偿无功功率，还可以起到改善电压、降低损耗的作用。

1. 低压移相电容器安装

从运行经验证明，低压移相电容器最好分散布置和安装在环境合适的用电处（如车间）或吸取无功功率的用电设备处。因为这样进行分散补偿，效果最佳，可使供、配电线路上流过的无功电流最小，并可减少线路与变压器的能量损耗与电压损耗，从而达到供、配电网络经济运行的目的。不过采用就近安装分散补偿时，需要注意电容器的合理运行问题。第一个问题是移相电容器对电压的要求很严，随着网络电压的升高或降低，应将电容器及时地手动或自动切断或接入，以避免由于电压过高而使电容器过载，造成内部元件的击穿事故。第二

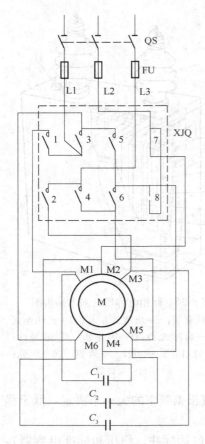

个问题是要求移相电容器组应随着用电设备吸取无功功率的大小给予接通或断开。此外，当吸取无功功率的用电设备停止工作后，若移相电容器仍接在线路上运行，此时会使无功功率倒送入电网中，相应地增加了线路上由无功倒送而带来的有功损耗，这也是不合理的。因此，当条件许可时，对低压移相电容器应采用自动调节装置，以控制其接入量。

图 6-51 是星—三角启动器启动的电动机，采用 $C_1 \sim C_3$ 三台电容器分散补偿的接线图。每台电容器直接并联接

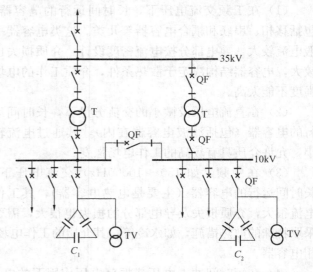

图 6-51　电容器分散补偿接线图
XJQ—星—三角启动器；M—电动机；
QS—隔离开关；FU—熔断器；C_1、C_2、
C_3—电容器

图 6-52　移相电容器集中补偿
C_1、C_2—电容器组；T—变压器；QF—断路器；
TV—放电用电压互感器

在每相绕组的两个端子（M1M4、M2M5、M3M6）上，使电容器的接法总是和绕组的接法相一致。电容器和电动机绕组之间也不需要装设开关设备。

2. 高压移相电容器的安装

为了维护方便，有些地方可采用高压移相电容器并将其装置在变电站或配电室进行集中补偿。集中补偿是按用电单位所需总的无功功率来考虑电容器的容量，并由一组专用的开关控制设备进行控制，这种集中补偿方式对于电容器的利用率较高。图 6-52 所示为移相电容器集中补偿的接线图，采用这种接线能减少电力系统和用户主变压器及供电线路的无功负载。为了保证运行安全起见，一般应将高压移相电容器安装在专门的电容器室内，并通过电缆和开关连接在母线上。

（二）安装条件和控制设备

1. 安装条件

低压移相电容器的安装，应考虑环境的最低和最高温度能否符合规定要求：对 YY 型充油的移相电容器，周围的空气温度应在 $-40 \sim +40℃$ 之间。如遇规定不符，就容易造成鼓肚、渗油等现象。此外，电容器应安装在无腐蚀性蒸汽和气体，且不受雨、雪、灰尘等侵袭

及通风良好的房屋内，并要防止日光直射，屋内相对湿度不应超过 80%。一般企业的配电室均能满足要求。此外，由于低压移相电容器内部每个元件都装有熔断器保护，因此运行比较安全。一般它在运行中只出现一些鼓肚、渗油等现象，尚未发现过爆炸事故。因此，1000V 以下的移相电容器可安装在配电室内，也可直接安装在用电处。

对于 1000V 以上的电容器，当其容量较大时一般为单独集中安装于屋外或屋内。为了保证人身安全，简化布置和节省土建投资，只有在电容器的容量不大的情况下，才允许放在无人值班的高、低压配电室内。

户内移相电容器可以安装在地面上，也可以安装在支架上；可以是两层，也可以是三层，但不宜超过三层；否则对电容器的散热、电气接线、安装和巡视检修等都带来不便。

考虑到电容器散热和便于通风，下层电容器的底部距地面应不低于 0.3m，电容器外壳相邻之间的安装净距一般不应小于 100mm（成套的电容器柜，可以不受此限制，但不应小于 50mm）。电容器组也可做成高压开关柜式的电容器柜，并和高压开关柜并列安装，每柜最多布置 3 层共 15 台电容器，其开关控制设备和测量仪表都安装在柜上，每行电容器装有 RN1 系列熔断器（见图 6-53）。在使用单相电容器组成三相电容器组时，三相容量应调整平衡，其误差应不超过每相平均容量的 5%。电容器外壳和金属支架均应良好接地。

2. 开关控制设备

电容器组的开关控制设备分高压和低压两种。

（1）高压电容器组的开关控制设备。目前国内生产的 10kV 真空断路器是操作 3～10kV 高压电容器组比较理想的开关控制设备。

在农村配电网络中，高压电容器组的容量不超过 1000kvar 时，可采用 FN1-10 型负荷开关进行分合操作。

装于配电线路上小容量的户外式高压电容器组的容量在 200kvar 以下时，可采用跌落式熔断器进行操作，超过 200kvar 时应装柱上真空开关。

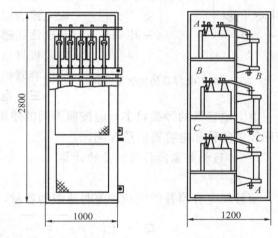

图 6-53　GR-1 型电容器柜

（2）低压电容器组在容量不大时，可使用刀开关或接触器作为开关控制设备，并可使用熔断器作为过电流保护装置。若不采用熔断器保护时，也可采用自动开关作为控制设备。当采用熔断器保护时，其熔体的额定电流应为电容器额定电流的 1.5～2.5 倍；当采用自动开关保护时，其延时动作电流应为电容器额定电流的 1.3 倍，瞬时动作电流应为电容器额定电流的 3 倍。室内安装的低压电容器组，当总容量在 50kvar 以下时，可采用铁壳开关操作。

3. 测量仪表

低压电容器组在运行中需要观察其电流值是否正常，因此一般应安装 3 只电流表，以便同时观察三相电流。电流表的量程应大于电容器组额定电流的 1.3 倍。电容器在运行中的电源电压不应超过最高允许数值（一般为额定电压的 1.1 倍）。否则电容器内部电离现象形成速度将加剧，有功功率损耗显著增加，使电容器介质遭受热力击穿，不仅影响了电容器的使

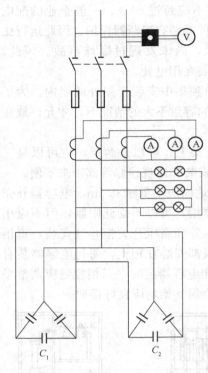

图 6-54　移相电容器的安装接线图

用寿命，而且因内部元件击穿会发生爆炸事故，从而不能保证安全运行。因此，移相电容器对电压的要求是较严的，必须进行监视。为此，在低压母线上必须装设 1 只监视用的电压表，并用转换开关来观察三相电压。此外，电容器附近还应安装有温度表，以便测量环境温度。

　　4. 放电装置

电容器在运行中从电源断开后，需要经过一定时间自行放电。为了能够迅速放电，保证人身安全，必须安装放电装置。低压电容器通常采用 6 只 220V、15～25W 的白炽灯泡，每两个灯泡串联以后连接成三角形和电容器并联在电源上（两者之间不允许有熔断器保护装置），也可以用指示灯泡代替白炽灯。高压电容器，一般是利用互感器和电阻等作为放电设备。

　　图 6-54 为移相电容器的安装接线图，其中三相均装设电流表以便检查电容器的运行情况。其电流表是经 3 只电流互感器接入电路，也可采用 2 只电流互感器。放电监视灯与电容器组 C_1、C_2 并联，用以监视切断电源后电容器组是否放电完毕。

三、电力电容器的选择

　　电力电容器的种类繁多，应按照不同的使用要求进行选择。为此，主要介绍配电网络中应用较多的移相电容器的选择问题。

　　（一）移相电容器补偿容量的计算

　　1. 集中补偿

　　用移相电容器补偿无功功率时所需的容量，可按下式进行计算，也可查表 6-27 得出

$$Q_C = P\left(\sqrt{\frac{1}{\cos^2\varphi_1}-1}-\sqrt{\frac{1}{\cos^2\varphi_2}-1}\right)\quad(\text{kvar})\qquad(6\text{-}21)$$

式中　P——负荷有功功率，kW；

　　$\cos\varphi_1$——补偿前的功率因数；

　　$\cos\varphi_2$——补偿后的功率因数。

表 6-27　　　　　　　　　　　　　移相电容器补偿容量

补偿前 $\cos\varphi_1$	为得到所需 $\cos\varphi_2$ 时每千瓦负荷所需的电容量（kvar）												
	0.70	0.75	0.80	0.82	0.84	0.86	0.88	0.90	0.92	0.94	0.96	0.98	1.00
0.30	2.16	2.3	2.42	2.48	2.53	2.59	2.65	2.70	2.76	2.82	2.89	2.98	3.18
0.35	1.66	1.80	1.93	1.98	2.03	2.08	2.14	2.19	2.25	2.31	2.38	2.47	2.68
0.40	1.27	1.41	1.54	1.60	1.65	1.70	1.76	1.81	1.87	1.93	2.00	2.09	2.29
0.45	0.97	1.11	1.24	1.29	1.34	1.4	1.45	1.50	1.56	1.62	1.69	1.78	1.99
0.50	0.71	0.85	0.98	1.04	1.09	1.14	1.20	1.25	1.31	1.37	1.44	1.53	1.73
0.52	0.62	0.76	0.89	0.95	1.00	1.05	1.11	1.16	1.22	1.28	1.35	1.44	1.64
0.54	0.54	0.68	0.81	0.86	0.92	0.97	1.02	1.08	1.14	1.20	1.27	1.36	1.56

续表

补偿前	为得到所需 $\cos\varphi_2$ 时每千瓦负荷所需的电容量（kvar）												
$\cos\varphi_1$	0.70	0.75	0.80	0.82	0.84	0.86	0.88	0.90	0.92	0.94	0.96	0.98	1.00
0.56	0.46	0.60	0.73	0.78	0.84	0.89	0.94	1.00	1.05	1.12	1.19	1.28	1.48
0.58	0.39	0.52	0.66	0.71	0.76	0.81	0.87	0.92	0.98	1.04	1.11	1.20	1.41
0.60	0.31	0.45	0.58	0.64	0.69	0.74	0.80	0.85	0.91	0.97	1.04	1.13	1.33
0.62	0.25	0.39	0.52	0.57	0.62	0.67	0.73	0.78	0.84	0.90	0.97	1.06	1.27
0.64	0.18	0.32	0.45	0.51	0.56	0.61	0.67	0.72	0.78	0.84	0.91	1.00	1.20
0.66	0.12	0.26	0.39	0.45	0.49	0.55	0.60	0.66	0.71	0.78	0.85	0.94	1.14
0.68	0.06	0.20	0.33	0.38	0.43	0.49	0.54	0.60	0.65	0.72	0.79	0.88	1.08
0.70	—	0.14	0.27	0.33	0.38	0.43	0.49	0.54	0.60	0.66	0.73	0.82	1.02
0.72	—	0.08	0.22	0.27	0.32	0.37	0.43	0.48	0.54	0.60	0.67	0.76	0.97
0.74	—	0.03	0.16	0.21	0.26	0.32	0.37	0.43	0.48	0.55	0.62	0.71	0.91
0.76	—	—	0.11	0.16	0.21	0.26	0.32	0.37	0.43	0.50	0.56	0.65	0.86
0.78	—	—	0.05	0.11	0.16	0.21	0.27	0.32	0.38	0.44	0.51	0.60	0.80
0.80	—	—	—	0.05	0.1	0.16	0.21	0.27	0.33	0.39	0.46	0.55	0.75

【例 6-2】　某工厂用电负荷 $P = 500\text{kW}$，原来的功率因数 $\cos\varphi_1 = 0.7$，如需要提高到 $\cos\varphi_2 = 0.9$，试求所需安装的电容器容量为多少？

解　（1）从查表 6-27 后，可得所需安装的电容器容量为

$$Q_C = 0.54P = 270(\text{kvar})$$

（2）代入式（6-20）可求得

$$Q_C = P\left(\sqrt{\frac{1}{\cos^2\varphi_1} - 1} - \sqrt{\frac{1}{\cos^2\varphi_2} - 1}\right) = P\left(\sqrt{\frac{1}{0.7^2} - 1} - \sqrt{\frac{1}{0.9^2} - 1}\right)$$

$$= (1.04 - 0.48)P = 0.54P = 270(\text{kvar})$$

2. 分散补偿

分散补偿容量的分配计算

某配电网络的无功功率分配，如图 6-68 所示。设 Q_1、Q_2、$\cdots$、Q_n 为补偿前各条辐射线路的平均无功负荷；Q_{C1}、Q_{C2}、$\cdots$、Q_{Cn} 为各条辐射线路安装的移相电容器无功功率；r_1、r_2、$\cdots$、r_n 为各条辐射线路上的计算电阻（其数值为每一支线路的电阻乘以系数 a 而得，a 的平均值：三班工作制为 0.75，两班工作制为 0.55，一班工作制为 0.30）。

$$Q = Q_1 + Q_2 + \cdots + Q_n$$

$$Q_C = Q_{C1} + Q_{C2} + \cdots + Q_{Cn}$$

装设电容器的所有各条辐射线路的等值电阻 r_d 为

$$r_d = \frac{1}{\dfrac{1}{r_1} + \dfrac{1}{r_2} + \cdots + \dfrac{1}{r_n}} \tag{6-22}$$

根据计算结果表明：若计算结果符合下式条件，则电容器的无功补偿效果为最好，即

$$(Q_1 - Q_{C1})r_1 = (Q_2 - Q_{C2})r_2 = \cdots = (Q - Q_C)r_d \tag{6-23}$$

因此，安装于各条辐射线路上电容器的无功功率的最合理分配方案为

$$\left.\begin{array}{l} Q_{C1} = Q_1 - \dfrac{(Q - Q_C)r_d}{r_1} \\[2mm] Q_{C2} = Q_2 - \dfrac{(Q - Q_C)r_d}{r_2} \\[2mm] \vdots \\[2mm] Q_{Cn} = Q_n - \dfrac{(Q - Q_C)r_d}{r_n} \end{array}\right\} \tag{6-24}$$

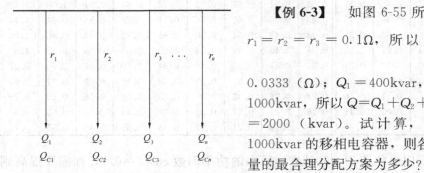

图 6-55　配电网络的无功功率分配示意图

【例 6-3】　如图 6-55 所示的配电网络中，设 $r_1 = r_2 = r_3 = 0.1\Omega$，所以 $r_d = \dfrac{1}{\dfrac{1}{0.1} + \dfrac{1}{0.1} + \dfrac{1}{0.1}} = 0.0333$（$\Omega$）；$Q_1 = 400\text{kvar}$，$Q_2 = 600\text{kvar}$，$Q_3 = 1000\text{kvar}$，所以 $Q = Q_1 + Q_2 + Q_3 = 400 + 600 + 1000 = 2000$（kvar）。试计算，如果安装总容量为 1000kvar 的移相电容器，则各条辐射线路上补偿容量的最合理分配方案为多少？

解　各条辐射线路上补偿容量的最合理分配方案，按式（6-23）计算如下

$$Q_{C1} = 400 - \frac{(2000 - 1000) \times 0.0333}{0.1} = 400 - \frac{1000 \times 0.0333}{0.1} \approx 70\text{(kvar)}$$

$$Q_{C2} = 600 - \frac{(2000 - 1000) \times 0.0333}{0.1} = 600 - \frac{1000 \times 0.0333}{0.1} \approx 270\text{(kvar)}$$

$$Q_{C3} = 1000 - \frac{(2000 - 1000) \times 0.0333}{0.1} = 1000 - \frac{1000 \times 0.0333}{0.1} \approx 660\text{(kvar)}$$

（二）移相电容器型号含义

移相电容器型号含义如下：

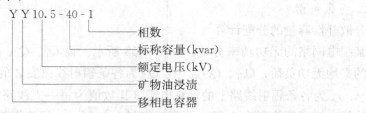

通常厂家将电力电容器的型号、额定电压、标称容量、标称电容和相数接法等均标明在该台电容器的铭牌上。

移相电容器的主要技术参数，见表 6-28。

表 6-28　　　　　　　　　　　　　移相电容器主要技术参数

额定电压 （kV）	标称容量 （kvar）	标称电容 （μF）	额定频率 （Hz）	相　　数
10.5	12	0.346	50	单相
10.5	40	1.15	50	单相
6.3	75	6.02	50	单相
6.3	145	11.63	50	单相
0.4	14	279	50	三相
0.23	5	302	50	单相

四、电力电容器的维护

为了确保电容器的正常运行和使用寿命，必须根据电力电容器的技术特性，注意做好以下几方面的维护工作。

（1）对运行中的电容器组应定期进行外观检查，如发现箱壳膨胀和内部有响声，应立即停止使用，以防爆炸。

（2）装设电容器地点的环境温度不得超过＋40℃；24h 内的平均温度不得超过＋30℃；一年内的平均温度不得超过＋20℃。如发现超过上述要求时，应采用人工冷却或将电容器组与电网断开。安装地点的温度检查，一般是通过水银温度计进行的，在检查时还需做好温度记录。

（3）电容器只能在额定电压下运行，如暂时不可能，可允许在超过额定电压 5％ 的范围内继续运行和在 1.1 倍额定电压下短期运行。若对长时间出现过电压的情况，应将电容器撤出运行。此外应避免电容器同时在最高电压和最高温度下运行，以确保电容器的使用寿命。

（4）应将电容器维持在三相平衡的额定电流下进行工作。如暂不可能，可允许在不超过 1.3 倍额定电流下（由于电压过高或由于高次谐波引起）继续工作，但应尽量设法消除线路中长期出现的过电压和高次谐波的影响，以确保电容器的使用寿命。

（5）停电清扫套管表面、电容器外壳、电器和铁架上的灰尘或其他脏东西，一般每三月清扫 1 次。

（6）由于在电容器线路上某一接触处出现故障，甚至螺帽松动，都可能使电容器早期损坏和使整个设备发生事故。因此对电容器线路上所有接触点均必须定期仔细检查其接触情况。

（7）一般每个月应对保护电容器的熔丝进行 1 次检查，目的是检查电容器的使用情况，确保电容器在额定电压下正常运行。如发现有烧坏的熔丝应立即更换，更换时应根据电容器或电容器组的电流来决定熔丝的规格。

（8）由于继电保护动作而使电容器组的断路器自动跳闸时，在未找出跳闸原因之前，不得重新合上断路器。

（9）在用耐油橡胶做密封垫圈的装配式套管上，有微量的渗油是允许的，也不会影响电容器的正常工作。但在运行中有发现电容器外壳漏油时，应立即用锡铅焊料补焊或用粘接剂修补。

（10）电容器室应有人经常巡视，并做好运行情况的记录。

（11）如果电容器在运行中需要进行耐压试验，其交流耐压试验电压值可按表 10-11 来选取；要进行直流耐压试验时的试验电压数据为交流耐压的 2 倍。它们的试验方法及接线参见第十章有关内容。

第七章

常用电工仪表与测量

第一节　常用电工仪表的基本知识

用来测量电气参数（如电压、电流、功率、电阻、相位角和频率等）的指示仪表，称为电气测量指示仪表（俗称电工仪表）。它除了可以直接测量电量以外，还可以经过转换间接地测量多种非电量（如磁通、温度、压力等）。所以它是工农业生产、国防建设以及科学实验中常用的电工仪表。

电工仪表的工作原理是直接将被测电量转换为可动部分的偏转角位移，并且通过指示器在标尺上示出被测量（如电流、电压、功率、频率、电阻等）的大小。

一、常用电工仪表的作用和误差

（一）电工仪表的组成

电工仪表是由测量机构和测量线路两部分组成。测量机构主要是接受被测电路或经过测量线路转换后的电磁能量，使可动部分产生偏转，并将此偏转反映在指示器标尺上，即可指示出被测量的大小。测量机构（也即表头）是指示仪表的核心部分，仪表的偏转角位移是依靠它来实现的。

测量线路的作用是将被测量 x（如电流、电压、功率等）变换成为测量机构可以直接测量的电磁量。在测量电路中，电压表的附加电阻、电流表的分流器等都属测量线路部分。电工仪表的测量线路图，如图 7-1 所示。

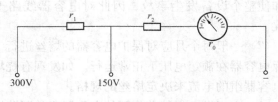

图 7-1　电工仪表的测量线路图

r_1、r_2—附加电阻；r_0—表头电阻

电工仪表的测量机构可分为可动和固定两个部分。用以指示被测值的指针或光标指示器就装在可动部分上。

（二）电工仪表测量机构的作用

1. 产生转动力矩

要使电工仪表的指针转动，在测量的机构内必须有转动力矩作用在仪表的可动部分上。转动力矩一般是由磁场与电流（或铁磁材料）的相互作用产生的（静电系仪表则由电场力形成）。磁场的建立可以利用永久磁铁，也可以利用通有电流的线圈。

2. 产生反作用力矩

如果一个仪表仅有转动力矩作用在可动部分上，则不管被测量值大小，可动部分都会偏转到满刻度位置，直到不能再转动为止，因而无法指示出被测量的大小。因此，在指示仪表的测量机构内也必须有"反作用力矩"作用在仪表的可动部分上，反作用力矩的方向与转动力矩相反，而大小与仪表活动部分偏转角位移 a 有着函数关系，即

$$M_a = f(a) \tag{7-1}$$

当测量被测量时，转动力矩 M 作用在可动部分上，使它发生偏转。同时反作用力矩 M_a

也作用在活动部分上，且随着偏转角的增大而增大，当转动力矩与反作用力矩相等时，指针就停止下来，指示出被测量的数值。

在电工仪表中有以下几种产生反作用力矩的方法。

（1）利用机械力。利用"游丝"在变形后所具有的恢复原状的弹力产生反作用力矩，在仪表中用得很多；此外，还可以利用悬丝或张丝的扭力产生反作用力矩。

（2）利用电磁力。这种方法和利用电磁力产生转动力矩一样，产生反作用力矩。

3. 产生阻尼力矩

由于电工仪表可动部分具有惯性，所以仪表指针在某一平衡位置时不能立即静止下来。阻尼的作用是使仪表指针很快地静止在最后的平衡位置上。产生阻尼力矩的装置，称为阻尼器。在电工仪表中，常用的阻尼器有以下几种。

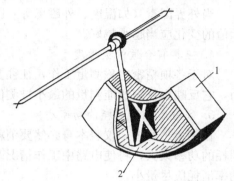

图 7-2　空气阻尼器
1—阻尼盒；2—阻尼片

（1）空气阻尼器。如图 7-2 所示，空气阻尼器具有一个封闭小盒，即称阻尼盒 1，固定在仪表转轴上的阻尼片 2 能在阻尼盒中运动。当可动部分偏转时，由于盒中阻尼片两侧空气的压力差而形成了阻尼力矩。也即一边的空气受到压缩，另一边的空气则变稀薄。压力差与翼片运动方向相反，并与运动速度成正比，即运动速度越快，阻尼力矩越大。因此，对电工仪表可动部分的振动应具有阻尼作用。这种阻尼器多用于精密仪表上。

（2）磁感应式阻尼器。如图 7-3 所示，磁感应阻尼器是利用装在仪表转轴 2 上的阻尼片 1（铝片），在永久磁铁 3 的磁场内运动时产生的涡流与磁场的相互作用后产生了阻尼力矩，从而使仪表可动部分的振动受到阻尼。

总的来说，测量机构的转动力矩和反作用力矩的相互作用，决定了仪表的稳定偏转位置，而转动力矩产生的方法和结构型式各有不同，因此就构成了不同类型的电工仪表。

（三）电工仪表的误差

任何电工仪表在测量时都有误差，它说明仪表的指示值和被测量实际值之间的差异程度。而仪表的准确度则相反，它是说明仪表指示值与被测量实际值相符合的程度。误差越小，准确度就越高。

按标准规定，电工仪表的准确度级别根据误差的大小分为 0.1、0.2、0.5、1.0、1.5、2.5 和 5.0 七级。通常将 0.1 和 0.2 级仪表作为标准表，0.5～1.5 级仪表多用于实验，1.5～5.0 级仪表多用于工程测量。

要保证测量结果的准确可靠，就必须对测量仪表提出以下质量要求。

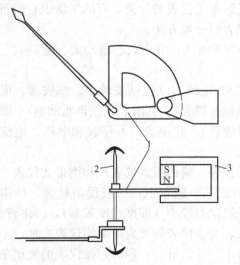

图 7-3　磁感应阻尼器
1—铝片；2—转轴；3—永久磁铁

1. 有足够的准确度

电工仪表的基本误差应与该仪表所标明的准确度等级相符合。

2. 变差小

在外界条件不变的情况下，电工仪表的重复测量平均指示值与被测量实际值之间的差值，称为变差。对一般电工仪表来说，升降变差不应超过仪表基本误差的绝对值。

3. 受外界因素影响小

当外界因素（如温度、外磁场等）影响量的变化超过仪表规定条件时，所引起的仪表指示值的变化应当越小越好。

4. 应具有合适的灵敏度

对于各项精密电磁测量工作，往往要求仪表灵敏度较高。灵敏度表示对被测量的反应能力，它反映出仪表所能测量的最小被测值。

5. 仪表本身所消耗的功率小

在测量过程中，仪表本身必然要消耗一部分能量。当被测电路的功率很小时，若仪表所消耗的功率太大，将使电路中工作情况改变，从而造成不允许的测量误差，因此仪表本身的功率消耗应尽量小。

6. 应有良好的读数装置

在测量工作中，一般希望标度尺的分度均匀，便于读数。

7. 有足够的绝缘电阻、耐压能力和过载能力

为了保证使用安全，仪表应有足够高的绝缘电阻和耐压能力。仪表的绝缘电阻是指仪表及其附件中的所有线路与它的外壳间的绝缘电阻。仪表的耐压能力是指这一绝缘电阻所能耐受的试验电压数值。仪表的过负荷能力是指外加电压或电流之值超过仪表的额定电压或额定电流值时，一般仪表均应能承受短时间的过负荷。仪表过负荷能力的要求，可参照有关标准规定执行。

二、常用电工仪表的分类

电工仪表的种类繁多，分类的方法也很多。了解电工仪表的分类，有助于认识它们所具有的特性，以便使用。下面介绍几种常见的电工仪表的分类方法。

（1）根据电工仪表的工作原理，电工仪表可分为磁电式、电磁式、电动式、感应式、整流式、静电式、热电式和电子式等多种。

（2）根据被测量名称（或单位），电工仪表可分为电流表（包括安培表、毫安表、微安表）、电压表（包括伏特表、毫伏表）、功率表（或称瓦特表）、高阻表（或称兆欧表）、欧姆表、电能表（或称瓦时表）、相位表（或称功率因数表）、频率表、万用表和电压、电流表（或称伏安表）等，后两种表属于多种用途的仪表。

（3）根据使用方式，电工仪表可分为开关板式仪表（简称板式仪表）和携带式仪表。如图7-4所示，开关板式仪表通常固定安装在开关板或某一装置上，一般误差较大，价格较低。携带式仪表通常做成可携带形式，这种仪表一般误差较小（即准确度较高），价格较贵。

（4）根据仪表工作电流的性质可分为直流仪表、交流仪表和交直流两用仪表三种。

此外，根据仪表对电、磁场的防御能力可分为Ⅰ、Ⅱ、Ⅲ、Ⅳ四级；按仪表的使用条件可分为A、B、C三组。

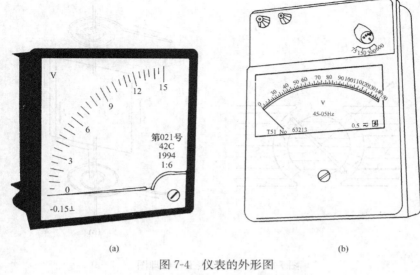

图 7-4　仪表的外形图

(a) 开关板式仪表；(b) 携带式仪表

第二节　电工仪表的结构及工作原理

一、磁电式仪表的结构和工作原理

(一) 磁电式仪表的结构

磁电式仪表在电工仪表中占有极其重要的地位，应用很广泛。它常用于直流电路中测量电流和电压；当加上整流器后，可以测量交流电流和电压；当加上变换器后，可以用于多种非电量的测量，如磁通量、温度和压力等；当采用特殊结构（如构成检流计）后，就可用来测量极其微小的电流（如 10^{-10} A）。

如图 7-5 所示，磁电式仪表主要是靠永久磁铁 3 的极掌 1 间的磁场与载流线圈 2（可动线圈）相互作用的原理而制成的。测量机构的固定磁路是由永久磁铁 3 用钢条 4 与极掌 1 连接在一起。在钢制的圆柱 5 与极掌的空气隙 6 内，有辐射状的均匀磁场。在空气隙内有绕在铝框 10 上的矩形可动线圈 2，这线圈固定着一个轴 7，在轴 7 的另一端固定着指针 8 和螺旋弹簧（游丝）9，电流经过一个螺旋弹簧流入线圈，并从另一个螺旋弹簧流出，形成电流回路，如图 7-6（b）所示。

(二) 磁电式仪表工作原理

如图 7-6 所示，当电流通过线圈时，由于磁场的相互作用，产生量值相等和方向相反的两个力 F，于是就产生了转矩 M 为

$$M = K_1 I \qquad (7-2)$$

这时线圈的转矩与弹簧产生的反作用力矩相平衡。

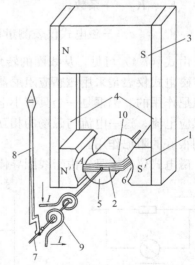

图 7-5　磁电式仪表的测量机构示意图

1—极掌；2—可动线圈；3—永久磁铁；
4—钢条；5—圆柱；6—空气隙；
7—轴；8—指针；9—螺旋弹簧；
10—铝框

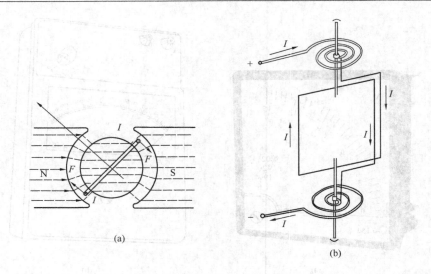

图 7-6　磁电式仪表工作原理图

(a) 转矩原理；(b) 电流回路

因为弹簧产生的反作用力矩与偏转角度成正比，即

$$M_a = K_2 a \qquad (7\text{-}3)$$

所以线圈中电流越大，作用于线圈的转角也就越大。当线圈转到 $M = M_a$ 时，则有

$$K_1 I = K_2 a$$

$$a = \frac{K_1}{K_2} I = cI \qquad (7\text{-}4)$$

式中　K_1、K_2——系数；

　　　　c——磁电式仪表测量机构的灵敏度，是一常数，$c = \dfrac{K_1}{K_2}$。

　　由式（7-4）可见，从线圈的转角 a，可求出电流或与电流有关的被测值大小。

　　磁电式仪表是采用磁感应阻尼器原理，它是靠可动线圈 2 中的铝框 10（见图 7-5）来产生阻尼作用的。铝框是一个具有小电阻的闭合回路，当可动线圈转动时，铝框切割磁通而产生感应电流；这一电流与磁场的相互作用力，就产生了制止可动线圈摆动的制动力矩，使其得到很好的阻尼作用。

　　磁电式仪表本身，由于线圈导体和游丝的截面积都很小，所以只能测量小电流（μA 或 mA）和小电压（mV）。当测量较大电流时，必须在测量机构的两端并联分流电阻 r_{se} 来分走部分的被测电流〔见图7-7（a）〕。并联的分流电阻也即分流器用 r_{se} 表示。磁电式电流表和大量程的直流毫安表就是由磁电式测量机构与并联的分流器组成的。

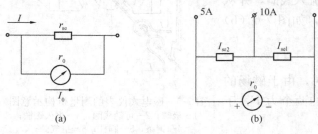

图 7-7　测量机构并联分流器的接线图

（a）单量程接线；（b）双量程接线

接入分流器以后，通过仪表测量机构的电流 I_0 只是被测电流 I 的一部分，根据两个电阻并联的电流分配关系，I_0 应按下式计算

$$I_0 = \frac{r_{se}}{r_0 + r_{se}}I = \frac{I}{\frac{r_0 + r_{se}}{r_{se}}} = \frac{I}{n} \tag{7-5}$$

式中，n 称为分流系数，它表示被测电流比可动线圈电流大 n 倍。对一定的仪表而言，由于分流系数是定值，因此通过测量机构的电流 I_0 与被测电流 I 成正比，从而测量机构的偏转也与被测电流成正比，即

$$a = cI_0 = \frac{c}{n}I \tag{7-6}$$

所以仪表可以直接用被测电流的单位刻度进行直接读数。

同一个磁电式仪表的测量机构，并联不同电阻的分流器，可制成不同量程的电流表。量程越大，分流器电阻 r_{se} 也越小，它与测量机构的电阻（即电流表的内阻 r_0）的并联等效电阻也就越小。

为了使测量仪表获得多个量程，这时可将其测量机构与双量程分流器组合构成双量程电流表［见图 7-7（b）］。同理，也可以构成多量程电流表。

在测量较大电压时，必须在测量机构上串联一个附加电阻 r_{at}，如图 7-8（a）所示。当被测电压加到电压表上时，就有电流 I_0 通过测量机构，其值为

$$I_0 = \frac{U}{r_{at} + r_0} \tag{7-7}$$

当 $r_{at}=0$ 时 $U=U_0$，则

$$I_0 = \frac{U_0}{r_0}$$

而仪表的偏转角为

$$a = cI_0 = \frac{c}{r_{at} + r_0}U \tag{7-8}$$

当 $\dfrac{U}{U_0} = \dfrac{r_0 + r_{at}}{r_0} = m$（$m$ 是一常数，表示电压量程的扩大倍数）为定值时，仪表的偏转将与被测电压 U 成正比，故标尺可直接按被测电压进行刻度。

磁电式仪表的测量机构与多个附加电阻组合，可制成多量程电压表。双量程电压表的电路图，见图 7-8（b）。

磁电式仪表的测量机构，除老式的外磁铁机构外，为了缩小测量机构，目前采用磁铁置

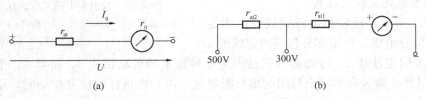

图 7-8　测量机构串联附加电阻的接线图

（a）单量程接线；（b）双量程接线

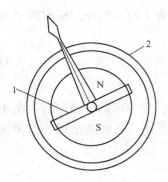

图 7-9　内磁式仪表结构图
1—活动线圈；2—软铁圆筒

于动框里面（代替铁芯位置）的内磁铁式仪表，如图 7-9 所示。其中 N 和 S 极是由铝镍合金制成的永久磁铁，1 是活动线圈，2 是由软铁制成的圆筒作为磁通的回路，用以屏蔽外磁场。

（三）磁电式仪表的特点

1. 标尺均匀

磁电式仪表的标尺均匀，是因为偏转角与通入线圈的电流成正比的缘故。

2. 有极性

当电流方向改变时，由于永久磁铁的磁场方向固定不变，因此仪表的指针将反转，故在使用磁电式仪表时应注意测量仪表接线柱上的极性"＋"、"－"，以防指针反转。

3. 适用于直流测量

将这种仪表测量机构接入交流电路时，由于电流的方向作周期改变，而转矩方向也随着改变，又由于仪表活动部分具有较大惯性，追随不上力矩的方向改变，于是可动部分将停止不动，因此磁电式仪表只适用于直流测量。

4. 可作电流、电压和电阻测量

由于这种仪表的偏转角度与电流有关，故可以用它测量电流；另外根据欧姆定律 $I_0 = \dfrac{U}{r}$ 可知，当仪表的内阻一定时，这种仪表可以用来测量电压；而当加在仪表上的电压一定时，也可以用来测量电阻。

二、电磁式仪表的结构及工作原理

（一）电磁式仪表的结构

电磁式仪表的结构有两种：①吸引型结构；②排斥型结构。

1. 吸引型电磁式仪表结构

如图 7-10 所示，吸引型电磁式仪表的结构是由固定线圈 1 和装在转轴上的偏心铁片 2 所组成。仪表的转动部分，除含有铁片 2 外，还有指针 3、磁感应阻尼器的扇形铝片 4 及产生反作用力矩的游丝 5。铝片 4 可以在作阻尼用的永久磁铁 6 的空气隙中转动。为了防止固定线圈 1 受到永久磁铁 6 的影响，在磁铁前还装有钢质的磁屏 7。

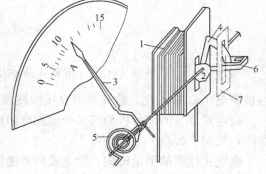

图 7-10　吸引型电磁式仪表结构图
1—固定线圈；2—偏心铁片；3—指针；4—扇形铝片；
5—游丝；6—永久磁铁；7—磁屏

2. 排斥型电磁式仪表结构

如图 7-11 所示，排斥型电磁式仪表由固定部分和可动部分组成。固定部分包括固定线圈 1 和线圈内侧的固定铁片 2；可动部分包括固定在转轴上的可动铁片 3、游丝 4、指针 5 和阻尼片 6。阻尼片 6 放置在不完全封闭的扇形阻尼盒 7 内。当指针的位置摆动时，阻尼片 6 也随着在阻尼盒内摆动，由于盒内空气对阻尼片的摆动起阻碍作用会使摆动停止进而起到阻尼作用。

（二）电磁式仪表的工作原理

1. 吸引型电磁式仪表

吸引型电磁式仪表的工作原理图，如图 7-12 所示，当电流通入固定线圈时，该线圈的附近就有磁场存在（磁场的方向由右手螺旋定则确定），固定线圈的两端就呈现磁性，并将可动铁片被磁化产生吸引力，从而产生转矩，引起指针发生偏转。当转矩与游丝产生的反作用力矩相平衡时，指针便稳定在某一位置上，从而指示出被测电流（或电压）的数值来。由此可见，吸引型电磁式仪表是利用通有电流的线圈和铁片之间的吸引力来产生转矩的。当固定线圈中电流方向改变时，它所产生的磁场的极性和被磁化的铁片极性也随着改变［见图 7-12 （b）］。因此，它们之间的作用力仍然是吸引的，即可动部分转动力矩的方向仍保持原来的方向，所以指针偏转的方向和图 7-12 （a）的一样，可见这种吸引型电磁式仪表可用于测量交流电流和电压等。

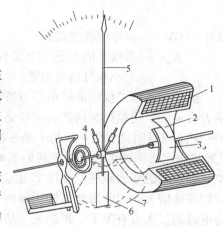

图 7-11　排斥型电磁式仪表结构图

1—固定线圈；2—固定铁片；3—可动铁片；4—游丝；5—指针；6—阻尼片；7—阻尼盒

2. 排斥型电磁式仪表

排斥型电磁式仪表的工作原理图，如图 7-13 所示，当固定线圈通入电流时，电流的磁场使得固定铁片 1 和可动铁片 2 同时磁化，这两个铁片的同一侧是同性的磁极［见图 7-13 （a）］。同性磁极间相互排斥，使可动部分转动。当转动力矩与反作用力矩相等时，指针就停止在某一平衡位置上，并指示出被测量的数值。当通过固定线圈的电流方向改变时，它所建立的磁场方向也随着改变，因此磁化的铁片仍然互相排斥，转动力矩的方向保持不变，如图 7-13 （b）所示。也就是说，仪表可动部分的偏转方向不随电流方向的改变而改变。因此，它同样可用于测量交流电流和电压等。

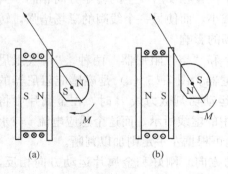

图 7-12　吸引型电磁式仪表的工作原理

（a）电流为一种方向；（b）电流改变方向

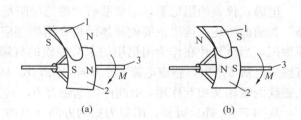

图 7-13　排斥型电磁式仪表工作原理

（a）电流为一种方向；（b）电流改变方向

1—固定铁片；2—可动铁片；3—转轴

无论是吸引型或是排斥型的电磁式仪表，当通过固定线圈的电流增大时，作用于可动部分的转矩也会增大。由此通过数学分析可以证明，当直流电流 I 通过固定线圈时，电磁式测量机构的转矩 M 是与电流 I 的平方有关的，即

$$M = K_a(IW)^2 \tag{7-9}$$

式中　IW——固定线圈安匝数；

K_a——系数，但不是一个常数，它与偏转角 a 有关，并决定于线圈、铁片的形状、大小和材料等因素。

为什么磁电式仪表的转矩是与被测电流 I 的一次方有关，而电磁式仪表则是与电流 I 的平方有关呢？这是因为前者的磁场是由永久磁铁产生的，所以是恒定的，因此由电磁力公式 $F=BLI$ 便可明显看出，F 与 I 是一次方的比例关系。而电磁式仪表的磁场则是由被测电流 I 通过固定线圈产生的，如果我们忽略铁磁物质的影响，则可以认为，当电流增大 1 倍时，空间各点的磁场的磁感应强度 B 也会增大 1 倍。我们不难想象，此时被磁化的铁片磁性也会相应地增大，因此磁场与铁片间相互作用的电磁力，并不是与电流 I 的一次方有关，而是与电流的二次方有关了。根据这一结论可见，电磁式仪表刻度特性是不均匀的，标度尺的刻度（见图 7-10）前密后疏，以致读数比较困难。

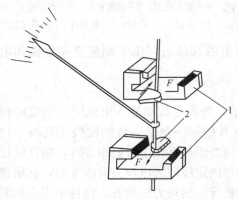

图 7-14　无定位电磁式仪表结构图
1—固定线圈；2—可动铁片

电磁式仪表的优点是结构简单，过负荷能力大，而且交、直流两用。这里应当指出，电磁式板型仪表用于直流时，其铁芯的磁滞将引起很大误差。因此，这种仪表在原理上虽然能交、直流两用，但在实际上只用于交流测量。此外，电磁式仪表本身的磁场较弱，读数易受外磁场影响，为了减少外磁场影响的误差，仪表采用了磁屏蔽或无定位测量机构。所谓磁屏蔽，就是用铁磁材料制成的磁屏蔽罩将测量机构包围起来，这样可使透过屏蔽进入测量机构的磁场强度大大减弱。关于无定位测量，其测量机构如图 7-14 所示，它具有两个固定线圈 1 和两个可动铁片 2。两个固定线圈反向串联，电流方向相反，所产生的磁场方向相反；两个铁片由于位置相反所产生的转矩方向相同。当外磁场侵入时，将使一个线圈的磁场减弱，因而转矩减小，而使另一个线圈的磁场增强，转矩加大，因而仪表的总转矩保持不变，几乎不受外磁场的影响。

电磁式仪表的阻尼器，通常装有"磁感应阻尼器"和"空气阻尼器"两种。"空气阻尼器"如前面所述。这里主要就具体结构介绍磁感应阻尼器。图 7-15（a）是磁感应阻尼器的原理图，当金属片在作为阻尼用的永久磁铁的气隙中运动切割磁力线 B 时，在金属片中将有感应电流 i 产生，感应电流 i 的方向如图 7-15（a）中的虚线所示。而这个感应电流 i 与永久磁铁的磁场又相互作用，由此产生电磁力 F，其方向可根据左手定则加以判断。

从图 7-15（b）可知，阻尼力矩的方向（电磁力的方向）刚好和金属片运动方向相反，因此起到了阻尼作用。

三、电动式仪表的结构及工作原理

（一）电动式仪表的结构

图 7-16 为电动式仪表的结构图。这种仪表是由固定线圈 1 和可动线圈 2 两部分组成。可动线圈 2 与转轴 7 连接在一起，转轴 7 上装有指针 3。固定线圈 1 分为两部分，彼此平行排列，这样可使两个线圈之间的磁场比较均匀。反作用力矩是由游丝 4 产生的。利用空气阻

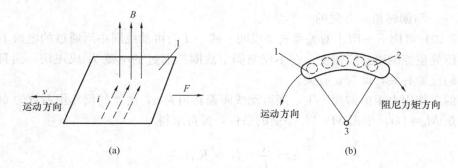

图 7-15　磁感应阻尼器

(a) 原理图；(b) 结构示意图

1—金属片；2—磁极；3—转轴

尼器产生阻尼力矩，空气阻尼器是由阻尼盒 6 和阻尼片 5 组成。

（二）电动式仪表的工作原理

当固定线圈 1 通过电流 I_1 时，则在固定线圈中就建立了磁场（磁感应强度 B_1）。在可动线圈 2 中通以电流 I_2 时，则将在固定线圈磁场中受到电磁力 F 的作用而产生转矩［见图 7-17（a）］，使得仪表的可动部分发生偏转，直到转矩与游丝所产生的反作用力矩互相平衡时由指针指出读数。

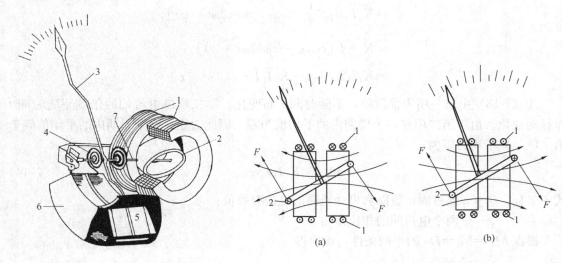

图 7-16　电动式仪表结构图

1—固定线圈；2—可动线圈；3—指针；4—游丝；

5—阻尼片；6—阻尼盒；7—转轴

图 7-17　电动式仪表的工作原理图

(a) I_1、I_2 为一种方向；(b) I_1、I_2 同时改变方向

1—固定线圈；2—可动线圈

如果电流 I_1 的方向和电流 I_2 的方向同时改变［见图 7-17（b）］，则电磁力 F 的方向也不会改变。也就是说，可动线圈所受到转动力矩的方向不会改变，因此电动式仪表能够用于测量交流电流和电压。

当电动式仪表连接在直流电路中时，在没有铁磁物质存在的情况下，作用在仪表可动部分的力矩 M 与相互作用的两个线圈中的电流乘积有关，即

$$M = K_a I_1 I_2 \qquad (7\text{-}10)$$

式中　K_a——与偏转角 a 有关的一个系数。

式 (7-10) 可用 $F=BLI$ 的关系式来说明。式中 I 为可动线圈中所通过的电流 I_2，B 为可动线圈所处位置的磁感应强度，它不仅与固定线圈所通过的电流 I_1 成正比，而且与可动线圈所处的位置有关，即与 a 有关。

仪表的反作用力矩由游丝产生，当可动线圈偏转角为 a，游丝的反作用系数为 D 时，则反作用力矩 $M_a=Da$，根据 $M=M_a$ 平衡的条件，便可求得

$$a = \frac{K_a}{D}I_1 I_2 = K'_a I_1 I_2 \tag{7-11}$$

当电动式仪表接在交流电路时，作用在可动部分的力矩，将随电流的改变而发生变化。力矩的瞬时值为

$$M_t = K_a i_1 i_2 \tag{7-12}$$

由于仪表的可动部分具有惯性，它来不及跟随力矩的瞬时值改变而变化。因此，它的偏转角 a 的大小决定于瞬时转动力矩在一个周期内的平均值。

当电流为正弦交流时，并设 $i_1=I_{1m}\sin\omega t$，$i_2=I_{2m}\sin(\omega t-\varphi)$，并将其代入式(7-12)得

$$M_t = K_a I_{1m}\sin\omega t \, I_{2m}\sin(\omega t - \varphi)$$

$$= K_a I_{1m} I_{2m} \frac{1}{2}[\cos\varphi - \cos(2\omega t - \varphi)]$$

$$= K_a I_1 I_2 [\cos\varphi - \cos(2\omega t - \varphi)]$$

$$= K_a I_1 I_2 \cos\varphi - K_a I_1 I_2 \cos(2\omega t - \varphi) \tag{7-13}$$

式 (7-13) 中第一项为常数项，不随时间 t 而变化。第二项以电流的两倍频率随时间 t 作脉动变化。由于第二项在一个周期内的平均值为零，因此力矩在一个周期内的平均值等于第一项，即平均力矩为

$$M_{av} = K_a I_1 I_2 \cos\varphi \tag{7-14}$$

式中　I_1、I_2——通过固定线圈和可动线圈的电流有效值；

　　　　φ——两个电流间的相位差角。

根据 $M_{av}=M_a=Da$ 的平衡条件，可求得

$$a = \frac{K_a}{D}I_1 I_2 \cos\varphi = K'_a I_1 I_2 \cos\varphi \tag{7-15}$$

综上所述，当电动式仪表在测量交流电路时，其可动部分的偏转角 a 不仅与通过两线圈的电流有关，而且与两电流之间的相位差角的余弦值成正比。

电动式仪表只有当可动线圈和固定线圈中流过相同频率电流时（不管波形是否畸变），才能正确地指示被测量的有效值（包括谐波分量）。如果两线圈中流过的电流频率不一致，例如有一个线圈通以正弦电流，另一个线圈通以含有谐波分量的电流时，仪表仅反映基波成分的有效值。当一个线圈通以直流电流，另一个线圈通以无直流成分的交流电流时，仪表将指示为零。

当电动式仪表中的某一个线圈中的电流方向改变时，则仪表将反转，这说明在使用电动式功率表时必须注意极性。为了区别线圈的"起端"和"终端"分明极性，在电动式功率表中，两线圈的"起端"常用符号"＊"或"正"、"负"号表示，称它为线圈的电源端钮，如图 7-18 所示。由图 7-18 中可见，利用电动式功率表测量负荷的交流功率时，为了使功率表能够正确的偏转，功率表串联电路的电源端钮和并联电路的电源端钮，必须接到电源的同一极（线）上，极性如果接得不对，仪表将指示错误的读数。

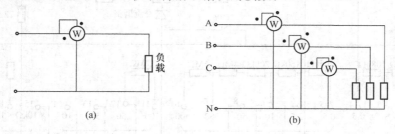

图 7-18　电动式功率表接线图

（a）单相电动式功率表接线；（b）三相电动式功率表接线

第三节　万　用　表

万用表是一种能测量多种电量的可携式仪表，通常用它来检查电机及各种电气设备的故障，也是电工电信工作人员的常备调整测试工具，准确度等级一般在 1.0 级以下。

一、万用表的结构和原理

（一）万用表结构

万用表主要是由磁电式测量机构的表头、测量线路和转换开关三部分组成，其外形如图 7-19 所示。

1. 表头

万用表表头的满刻度偏转电流一般为几微安到几百微安。表头的全偏转电流越小，其灵敏度也越高，该表头的特性就越好。在表头的表盘上有对应各种测量所需要的多条标度尺，用以表明量值的大小。

2. 测量线路

万用表的测量线路，实质上就是多量程的直流电流表、多量程的直流电压表、多量程的整流式交流电压表以及多量程欧姆表等几种线路组合而成。MF-9 型万用表的电路原理如图 7-20 所示，这种仪表是应用 MF-9 型转换开关来选择量程的（见图 7-21），开关的静触点1～18 与其测量线路所对应的量程是：静触点 1～4 为测量直流电流档；5～10 为测量直流电压档；11～14 为测量交流电压档；15～18 为测量电阻档。

测量线路中的元件绝大部分是各种类型和各种数值的

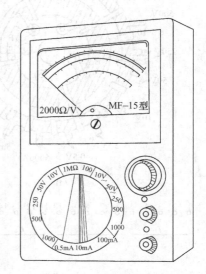

图 7-19　MF-15 型万用表外形图

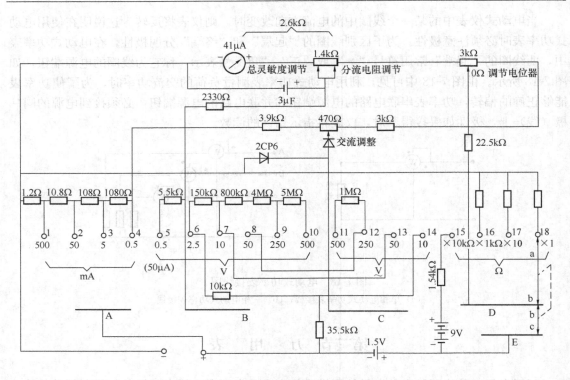

图 7-20　MF-9 型万用表的电路原理图

电阻元件，如线绕电阻、碳膜电阻和电位器等，此外在测量交流电压的线路中还有整流元件。

3. 转换开关

万用表的各种测量及量程选择是靠转换开关来实现的。转换开关里面有静触点和动触点，当静触点和动触点闭合时，便接通电路。动触点通常称"刀"，静触点通常称"掷"。在万用表中所用的通常是多刀和几十个掷的转换开关，各刀之间是相互同步联动的，旋转"刀"的位置即可与相应的静触点闭合，从而接通所要求的测量线路。图 7-21 为 MF-9 型转换开关结构示意图，它具有单层 3 刀 18 掷的转换开关。在转换开关印刷板的外缘有 18 个静触点〔见图 7-21（a）〕，并用序号 1～18 表示。在开关中间有两排圆弧状的固定连接片，并用 A、B、C、D、E 表示。在转换开关的转轴上装有 1 块一端分为 3 片的动触点，图 7-21（a）中用 a、b、c 标出，它就是相当于 3 片刀

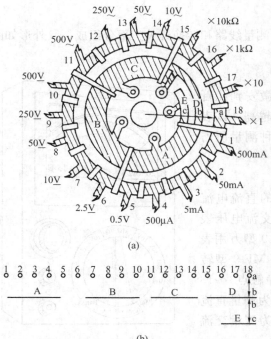

(a)

(b)

图 7-21　MF-9 型转换开关的结构示意图
（a）转换开关印刷板；（b）转换开关平面展开图

的作用。

（二）万用表的工作原理

万用表的工作原理主要是测量电路的工作原理，现分述如下。

1. 直流电流档

万用表的直流电流档相当于一个多量程的直流电流表。如前所述，应用分流器与磁电式测量机构相并联，可以达到扩大量程的目的，分流电阻值越小，所扩大的电流范围越大，所以配以不同电阻值进行分流，就可以得到不同的测量范围。

2. 直流电压档

万用表的直流电压档，相当于一个多量程的直流电压表。可见应用附加电阻与磁电式测量机构串联，即可达到扩大电压量程的目的。附加电阻的电阻值越大，所扩大量程的范围也越大，所以配合不同电阻值的附加电阻，就可以得到不同的测量范围，多量程的直流电压表就是根据这种原理制成的。

3. 整流式交流电压档

万用表的交流电压档，实质上就是一个多量程整流式交流电压表。万用表的表头是一个磁电式测量机构，它只适用于直接测量直流。若将磁电式测量机构通过交流，表头的指针是不可能偏转的。所以，如果测量交流，必须使表头通过（整流）电路将交流变成直流才能实现。由磁电式测量机构与整流电路所组成的仪表，称为整流式仪表。在整流式仪表中，常用的整流电路有半波整流和全波整流两种。在这种电路中，整流后的电流被电阻分流而不是全部通过表头，故要求表头的灵敏度更高。通过整流电路到表头的电流都是单向脉动地流过，因此作用在表头可动部分上的转矩也是一个方向不变，而数值随时间变化的力矩。但由于表头可动部分的惯性，使得它不可能随瞬时力矩的变化而变化，所以指针最后的位置决定于一个周期内的瞬时力矩的平均值（称为平均力矩 M_{av}），即

$$a \propto M_{av} \tag{7-16}$$

而平均力矩 M_{av} 的数值是与交流电流的平均值 I_{av} 有关。所以表头可动部分的偏转角位移正比于交流电流的平均值 I_{av}，即

$$a \propto I_{av} \tag{7-17}$$

4. 电阻档

万用表电阻档实质上就是一个多量程的欧姆表。欧姆表测量电阻的简单电路原理如图 7-22 所示，其中电源为干电池，其端电压为 U，电源与表头（内阻为 r_0）以及固定电阻 r 相串联，从 a、b 两个端钮可以接入被测电阻 r_x。

若选择固定电阻 r 使 $r_x = 0$ 时（相当于 a、b 两点短路）表头指针有满刻度偏转，此时电路中的电流 $I_0 = \dfrac{U}{r_0 + r} = I_m$，$I_m$ 即为表头满刻度偏转电流。在接入被测电阻 r_x 后，电路中的工作电流 I 为

$$I = \frac{U}{r_0 + r + r_x} \tag{7-18}$$

由式（7-18）可见，当干电池电压 U 保持不变时，在电路

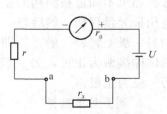

图 7-22 欧姆表测量电阻的
简单电路原理图

中接入被测电阻 r_x，电路中就有一个相应的电流，表头的指针就会有一确定偏转；当被测电阻 r_x 改变时，电流 I 也变化，表头指针的位置也会有相应的变化，因此表头指针的偏转角 a 大小与被测电阻的大小是相互对应的。如果表头的标度尺预先按电阻刻度，那么就可以直接用来测量电阻了。当被测电阻 r_x 越大，电路中的工作电流 I 越小，表头指针偏转也小。当 r_x 为无穷大时（相当于 a、b 两点开路），$I = 0$，这时表头指针指在零位。可见，当被测电阻在 $0 \sim \infty$ 之间变化时，表头指针则在满刻度和零位之间变化，所以欧姆标度尺为反向刻度，与其他电流、电压档的标度尺的刻度方向是相反的。此外由于工作电流 I 与被测电阻 r_x 不成正比关系，所以测量电阻的标度尺的分度是不均匀的。另外，欧姆表由于使用久了或存放时间过长，其干电池的端电压 U 就会下降，这时如 $r_x = 0$，表头的指针就不可能再达到满刻度偏转，即使再用此欧姆表测量其他数值的被测电阻 r_x，则测量结果同样也是不准确的。

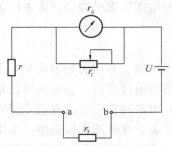

图 7-23　零欧姆调节器的接线图

因此干电池电压 U 的变化会给测量结果带来很大误差。为了消除这种误差，可以在表头的两端并联一个可调电阻 r_t（一般采用电位器），如图 7-23 所示。若干电池电压 U 的变化，使得当 $r_x = 0$ 而表头指针不指在满刻度偏转位置时，可以调节 r_t 的分流作用，使表头指针达到满刻度偏转，即指在欧姆标度尺的零位，因此我们称 r_t，为零欧姆调节器。

为了扩大测量电阻的倍率，通常采用改变测量电路中的分流电阻值。如果在端电压 U 不变的情况下，被测电阻 r_x 增加，则通过表头的电流必然减少，这时相应加大表头的分流电阻值，这样就可以得到不同的几个倍率档，如 $R \times 1$、$R \times 10$、$R \times 100$ 和 $R \times 1000$ 等，因此这种倍率就可从转换开关的相应位置来得到。

二、万用表的使用

万用表的结构形式有多种多样，表面上的旋钮、开关布局也各有不同。因此，在使用万用表以前，必须仔细了解和熟悉各部件的作用，同时应分清表盘上各条标度尺所表示的分度量。

为了正确使用万用表，必须特别注意以下几点。

1. 插孔（接线柱）的选择

万用表在进行测量以前，首先检查测试棒接在什么位置。红色测试棒的连线应接到标有"＋"号的插孔内或红色接线柱上；黑色测试棒的连线应接到标有"－"的插孔内或黑色接线柱上。在测量直流电压时，仪表应并联接入；在测量直流电流时，仪表应串联接入。在测直流电参数时，要使红色测试棒接被测物的正极，黑色测试棒接被测物的负极。如果不知道被测物的正负极性，则可以这样来进行判断：即先将转换开关置于直流电压最大量程档，然后将一测试棒接于被测物的任何一极上，再将另一测试棒在被测物的另一极上轻轻一触，立即拿开，观察指针的偏转方向，若指针往正方向偏转，则红色测试棒接触为正极，另一极为负极；若指针往反方向偏转，则红色测试棒接触为负极，另一极为正极。

2. 测量种类选择

根据被测量的对象，将转换开关旋至需要的位置。例如，当测量交流电压时，应将转换开关旋至标有"V"的区间，其余类推。

有的万用表的盘面板上有两个旋钮，一个是测量种类选择旋钮，一个是量程变换旋钮。在使用旋钮时，应先将测量种类选择旋钮旋至所需要的被测量所对应的档，然后将量程变换旋钮旋至相应的种类档及适当的量程。在进行测量种类档选择时，要特别细心，否则稍有不慎，就有可能带来严重后果。例如，若需要测量电压，而误选了测量电流或测量电阻档，则在测量时将使表头遭受严重的损伤，甚至被烧毁。所以，在选择被测种类档以后，要仔细核对一下是否正确。

3. 量程选择

根据被测量的大致范围，将转换开关旋至该种类区间的适当量程上。例如，测量 220V 的交流电压，就可以选用"V"区间 250V 的量程档。在测量电流或电压时，最好使指针指示在满刻度的 $\frac{1}{2}$ 或 $\frac{2}{3}$ 以上，这样测量的结果较准确，读数也比较容易。如果被测量的大致范围不能预先知道，则在测量时应将转换开关旋至该区间最大量程档进行测试，若读数太小，再逐步减小量程。在测量电子电路电压时，往往选择高电压量程档测量较好，如果用低电压量程档测量时，则受到仪表内阻的影响较大。

4. 正确读数

在万用表的标度盘上有很多条标度尺，如图 7-24 所示。它们分别在测量不同的被测量时使用，因此在测量时要在相应的标度尺上去读数。例如，直流电流和直流电压共用一条标度尺，刻度是均匀的，标度尺的一端或两端标明是直流（DC）。交流电压与直流电压的量程一般相同，交流电压的标度尺多半是红色，并在一端标有"AC"字样，它的读数一般仍利用直流标度尺的读数。不过由于氧化铜整流器的内阻在不同电压下不一样，因此交流电压的刻度是不均匀的，在合用时就得使用一些斜短线和直流标度尺连起来，读数时要特别注意。有些万用表有专门测量交流低压的标度尺，在测量低压时比较准确。

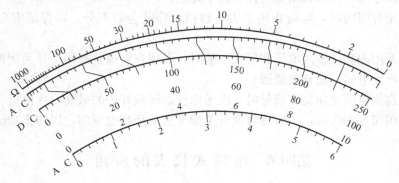

图 7-24　万用表的标度尺

5. 欧姆档的正确使用

使用万用表欧姆档测量电阻时，应注意以下几点。

（1）为了读数准确，在使用欧姆表测量电阻时应选择好适当的倍率档，使指针指示在刻度较稀部分。测量仪表的指针越接近中心点，读数越准确，越往左，读数的准确度越差。如果测量一只 100Ω 左右的电阻，应当用"$R\times10$"的一档来测量。

（2）调零。在测量电阻以前，首先应当将两测试棒"短接"（即碰在一起），并同时旋动

"欧姆调零旋钮"，使指针刚好指在"Ω"标度尺的零位上，这一步骤称为欧姆档"调零"。如果指针达不到零位，说明干电池的电压太低，已不符合要求，应调换新电池。

（3）不准带电测量。测量电阻的欧姆档是由仪表内部的干电池供电的，因此在测量电阻时，决不准带电测量。带电测量相当于接入一个外加电压，不但使测量结果无效，而且有可能烧坏表头，这一点应予以特别注意。

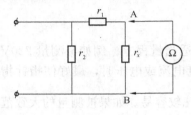

图 7-25 被测电阻有并联支路

（4）被测对象不应有并联支路。如果被测对象有并联支路存在时，则所得电阻值将不是被测电阻的真实阻值，而是某一等效电阻值。例如用万用表欧姆档去测量图 7-25 中的电阻 r_x 时，若直接将万用表的测试棒触到 r_x 两端的 A、B 两点，则这时的读数并不是 r_x 值的大小，而是 r_1 与 r_2 串联后再与 r_x 并联的等效电阻值。所以，在电气设备上测量某电阻值时，必须将该电阻元件接线断开，单独测量阻值。

（5）在测量晶体管参数时，应用 $R×100$、$R×1000$ 高倍率档测量。这是因为晶体管所能承受的电压较低，容许通过的电流较小，所以选择低压电池的高倍率档（电池电压为 1.5V）。又由于万用表的低倍率档电流较大，如 $R×1$ 档的电流可达 100mA 上下，$R×10$ 档的电流也可达 10mA 上下，因此这些倍率档不能用来测量晶体管参数。

（6）必须防止用万用表的欧姆档去直接测量微安表头、检流计、标准电池等类的仪表电器。

（7）应注意在万用表内附干电池的负极和表盘上的"＋"接线柱（或插孔）相连，而干电池的正极是和盘面"－"接线柱（或插孔）相连，在更换电池时要注意。

6. 注意操作安全

从安全方面考虑，使用万用表应注意以下几点。

（1）在使用万用表时，要防止用手去接触测试棒的金属部分，以保证安全和测量的准确度；

（2）在用万用表测试较高电压和较大电流时，必须在断电状态转动开关旋钮，以免在转动开关触点上产生电弧，使开关烧毁；

（3）测量直流电压叠加交流信号时，应考虑仪表转换开关的最高耐压值；

（4）在使用完万用表后，一般将转换开关旋至交流最高电压档，以防止测试棒短路。

第四节　电磁式仪表的应用

目前在电力系统中，广泛采用电磁式仪表来测量交流电流和电压。由于这种仪表结构简单，可动部分不通入电流，所以结构比较牢固稳定，便于制造。此外，电磁式仪表的功率消耗虽然比磁电式仪表多，但比电动式仪表少。电磁测量机构多用于制成电流表和电压表，也可制成比率表，用于测量电容的相位和频率。这种仪表的准确度等级为 0.1～5 级；测量电流范围为 1mA～100A；测量电压范围为 1～1000V；频率可达千赫兹。

一、电磁式仪表的测量接线

1. 电流测量接线

要用电流表测量某一负荷电流，必须使被测电流通过电流表，因此电流表要和负荷串联，如图 7-26（a）所示。电流表串联接入电路后，不应因此而改变所测电路的工作情况。所以电流表的内电阻，要比和它串联的用电器具的负荷电阻要小得多。

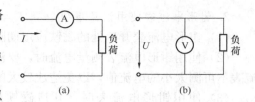

图 7-26　电流表和电压表的测量接线图
(a) 电流表测量接线；(b) 电压表测量接线

如果被测电流超过电流表的额定值，则可以在直流电路中采用附加分流器，在交流电路中采用配置电流互感器的方法来扩大其电流测量范围。有的电流表可直接用来测量 200～300A 的电流。

由于电流表的内阻必须很小，因此电磁式电流表的固定线圈采用匝数较少的粗导线绕制成。

2. 电压测量接线

要用电压表测量负荷电压，就必须将电压表与负荷并联，如图 7-26（b）所示。为了使得加在仪表两端的电压等于负荷电压，并避免并联接入仪表后影响被测量值的准确性，电压表的内电阻必须远大于和它相并联的负荷（用电器）的电阻（阻抗）。

由于电压表的内阻必须很大，所以电磁式电压表的固定线圈除常用匝数较多的细导线绕制以外，还要串联一个电阻系数大，而电阻温度系数小的锰铜无感附加电阻。无感附加电阻可用来改变电压表的量程和补偿仪表的温度及频率误差。在交流电路中，若电压大于 500V 时，就要用电压互感器来扩大量程。

二、钳形电流表

一般在测量电流时，需切断电路，把电流表或者电流互感器的一次侧绕组串联进去，这是很不方便或甚至做不到的。而使用钳形电流表（一种特殊的携带式仪表），就可以在不切断电路的情况下测量电流，但这种仪表的准确度不高。

1. 钳形电流表的结构

如图 7-27 所示，钳形电流表是由电流互感器和电磁式测量机构组成。电流互感器的铁芯 2，在握紧扳手 7 时便可张开，这样被测电流通过的导线 1 不必切断就可以穿过铁芯的缺口，然后放松扳手 7 使铁芯 2 闭合。此时通过电流的导线就相当于电流互感器的一次（单匝）线圈 1，二次线圈 3 中便将出现感应电流，和二次线圈 3 相连的电流表测量机构中的指针 4 便发生偏转，从而在表盘 5 上指示出被测电流的数值。这种钳形电流表使用很方便，并可以利用量程转换开关 6，改变测量范围。

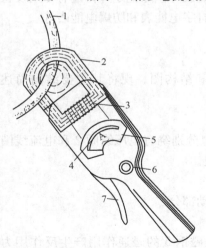

图 7-27　钳形电流表结构
1—导线；2—铁芯；3—二次线圈；4—指针；
5—表盘；6—量程转换开关；7—扳手

钳形表的种类和形式很多，其中有用来测量交流电流的 T-301 型钳形电流表，有测量交流电流、交流电压的 T-302 型钳形电流表，还有采用整流式机构 MG21、MG22 型的交直流两用的钳形电流表等。在进行测量时，应根据被测对象的不同，选择不同型式的钳形电流表。若使用其他形式的钳形电流表时，应根据测量的对象，将转换开关拨到需要的位置。

2. 钳形电流表使用注意事项

（1）钳形电流表开口处的磁铁应定期除锈；

（2）使用钳形电流表测量电流时，要注意钳形电流表的测量量程范围，量程大的钳形电流表不可测太小的电流值，以免造成较大的测量误差；

（3）使用钳形电流表时，开口磁铁应与所测电流的导线相互垂直，以免引起测量误差；

（4）每次测量后，要把调节电流量程的切换开关放在最高档位，以免下次使用时，因未经选择量程就进行测量而损坏仪表；

（5）进行测量时，应注意操作人员对带电部分的安全距离，以免发生触电危险。

第五节 感应式电能表及电能测量

一、感应式电能表的用途和分类

（一）感应式电能表的用途

感应式电能表（俗称电能表）在电工仪表品种中是生产和使用数量最多的一种仪表，凡是用电的地方几乎都有电能表，它是工农业生产以及日常生活中必不可少的一种电表。

电能表就是用来测量某一段时间内发电机发出的电能或负荷消耗电能的仪表。电能表一般采用感应式测量机构，感应式测量机构均可将功率和时间（即 kW×h）积累起来，因此，感应式电能表属于积算式仪表。

高压供电用户原则上应装高压的计费电能表，用电变压器的容量为 400kVA 以下的可装低压电能表，但电费计算应将变压器的铜损耗、铁损耗计算在内。

（二）感应式电能表的分类

感应式电能表大致分为：民用及工农业生产用电能表、单相及三相电能表、有功电能表、无功电能表和标准电能表以及铁损耗、路耗、遥测电能表等。除此之外，还有专用及特殊用途的电能表，如最大需量电能表、自动记录电能表、打字电能表和防爆电能表等。

二、感应式电能表的结构及工作原理

（一）感应式电能表的结构

图 7-28 和图 7-29 分别为单相感应式电能表的外形和结构图。现将其主要结构简述如下。

1. 电磁元件

电磁元件包括电压铁芯 1 和电流铁芯 8，铁芯 1 和 8 上分别绕有电压线圈 2 和电流线圈 9，铁芯均由硅钢片叠成，并用以产生电压磁通和电流磁通。

2. 铝圆盘

装在电磁铁气隙之间的铝圆盘 6 为感应式电能表的可动部分。

3. 磁钢

当铝圆盘转动时，切割磁力线产生涡流，涡流与永久磁钢 5 的磁通作用产生反作用力矩，使铝圆盘匀速转动。

4. 计量机构

计量机构通常称为计度器，用以计算铝圆盘的旋转圈数，它和被测电能成正比。

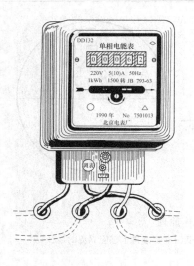

图 7-28 单相电能表外形图

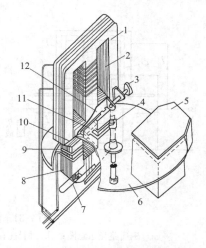

图 7-29 单相感应式电能表的结构图

1—电压铁芯；2—电压线圈；3—轻载调整机构；
4—蜗杆；5—永久磁钢；6—铝圆盘；7—相位
调整机构；8—电流铁芯；9—电流线圈；10—温
度补偿片；11—回磁极；12—滞角框片

5. 其他部分

电能表还有支座、轴框和轴承等部件。

此外，还有与计量器啮合的蜗杆 4 和补偿误差用的各种调整机构，如轻载调整机构 3、相位调整机构 7、温度补偿片 10、回磁极 11 和滞角框片 12 等。

（二）感应式电能表的工作原理

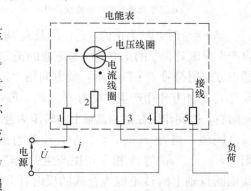

图 7-30 单相电能表原理接线图

如图 7-30 所示，当电能表接入电路，即电压线圈接入电网电压 $\dot{U}$，电流线圈接通负荷电流 $\dot{I}$。若负荷是感性，则 $\dot{I}$ 滞后于 $\dot{U}$ 为 φ。当电流 $\dot{I}$ 流过电流线圈时，在铁芯中产生磁通 $\dot{\Phi}_I$，若忽略铁芯中损耗，则 $\dot{\Phi}_I$ 与 $\dot{I}$ 同相。当电压线圈中流过电流 $\dot{I}_U$ 时，若忽略线圈电阻，则 $\dot{I}_U$ 滞后于 $\dot{U}$ 90°。$\dot{I}_U$ 在电压铁芯中产生磁通 $\dot{\Phi}_U$，若也忽略铁芯中的损耗，则 $\dot{\Phi}_U$ 也与 $\dot{I}_U$ 同相［见图 7-31（a）］。交变磁通 $\dot{\Phi}_I$ 与 $\dot{\Phi}_U$ 穿过铝圆盘时，在铝圆盘中分别感应出滞后于它们相位为 90° 的电动势 $\dot{E}_I$ 和 $\dot{E}_U$，$\dot{E}_I$ 和 $\dot{E}_U$ 在铝圆盘中产生涡流 $\dot{i}_i'$ 和 $\dot{i}_u'$，它们之间的相量关系如图 7-31（b）所示。图 7-31（a）$\dot{\Phi}_f$ 称为非工作磁通，它不穿过铝圆盘，向空间分开，经过两旁铁芯，再回到中间支路。上述穿过铝圆盘的磁通及相应铝圆盘中感应涡流的途径如图 7-31（c）所示。

铝圆盘为什么会转动呢？为了说明铝圆盘为什么能转动，应分析各个时刻铝圆盘所受电磁力的情况，如图 7-32 所示。图 7-32（a）表示 ϕ_I、ϕ_U、i_i' 及 i_u' 随时间 t 变化的曲线。如任意选择 t_1 和 t_2 两个时刻，并分析铝圆盘所受磁力的情况。

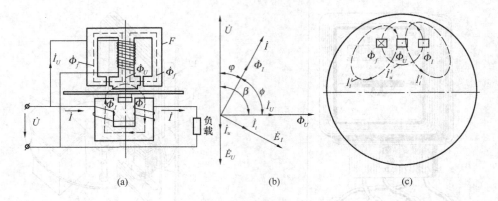

图 7-31 感应式电能表工作原理

(a) 磁通路径示意图；(b) 相量图；(c) 三个磁通交变时在铝圆盘上感应涡流的途径

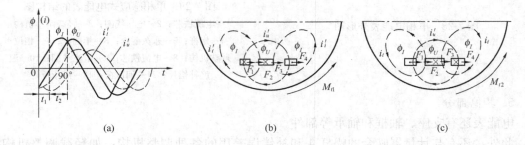

图 7-32 铝圆盘受电磁力的情况

(a) 磁通及涡流瞬时值曲线；(b) $t=t_1$ 时铝圆盘受力的情况；(c) $t=t_2$ 时铝圆盘受力的情况

当 $t=t_1$ 时，ϕ_I 为正值，ϕ_U、i'_i 及 i'_u 均为负值，当 ϕ_I、ϕ_u 在不同的位置穿过铝圆盘时，其各自产生涡流 i'_i、i'_u 的正方向应为磁通的正方向符合右手螺旋定则。如图 7-32 (b) 所示，图中磁通正方向用符号"·"表示，负方向用"×"表示。ϕ_I 与 i'_i 相互作用产生电磁力 F_1，ϕ_U 与 i'_i、ϕ_I 与 i'_u 等相互作用产生电磁力 F_2、F_3、F_4，根据左手定则，可决定 F_1、F_2、F_3 和 F_4 的方向都是向右，因而作用在铝圆盘轴上的转矩为合成的反时针方向的转矩 M_{t1}。

同理，当 $t=t_2$ 时，ϕ_I、ϕ_U、i'_i 均为正值，i'_u 为负值，如图 7-32 (c) 所示。根据左手定则，ϕ_I、i'_u、ϕ_U 与 i'_i 相互作用产生的电磁力 F_1、F_2、F_3、F_4 的方向也均为向右，因此作用在铝圆盘轴上的转矩也为合成的反时针方向的转矩 M_{t2}，可见该 t_2 瞬时的转矩 M_{t2} 与 t_1 瞬时的转矩 M_{t1} 的方向是一致的。以此类推，其他时刻合成的转矩方向与以上分析相同，始终为同一个方向。

因此，铝圆盘的瞬时转动力矩 M_t 为

$$M_t = K_1 \phi_U \phi_I \sin\psi = KUI \sin\psi \tag{7-19}$$

式中 K_1、K——系数。

由图 7-31 (b) 可得出：$\psi=90°-\varphi$，再由式 (7-19) 得

$$M_t = KUI \sin(90°-\varphi) = KUI \cos\varphi = KP \tag{7-20}$$

式中 P——负荷功率。

由式（7-20）可知，电能表的转矩与负荷功率成正比。

当电能表转矩达到平衡时，其铝圆盘能保持稳定的转速，并不断地旋转。而且在某段时间内的转数，则反映了这段时间内负荷消耗的电能，即

$$A_{\mathrm{L}} = cn \tag{7-21}$$

式中　A_{L}——负荷消耗的电能；

　　　　c——比例系数；

　　　　n——圆盘的转数。

比例系数 c 的倒数用 N 表示，即

$$N = \frac{1}{c} = \frac{n}{A_0} \quad (\mathrm{r/kWh}) \tag{7-22}$$

式中，N 为电能表常数，标在电能表的表盘上，表示电能表每计量 1kWh 电能时的圆盘转数。

三相电能表分为三相两元件和三相三元件两大类。三相两元件用于三相三线制电路，如图 7-33（a）所示；三相三元件用于三相四线制及三相无功电能表，如图 7-33（b）所示。三相交流电能表三组驱动力矩作用在两个圆盘（三相两元件）或三个圆盘（三相三元件）上。

三、单相和三相电能表接线

在电能表接线中，常用相量来分析接线及其误差。在各种接线中，要求电能表能正确计

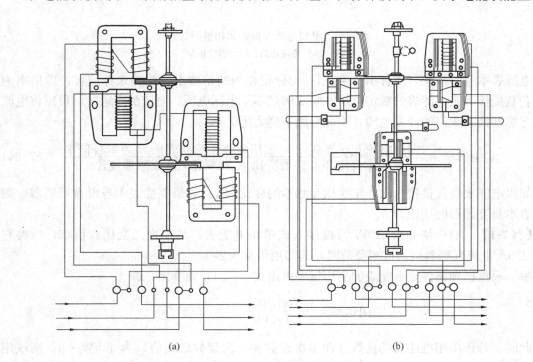

(a)　　　　　　　　　　　　　(b)

图 7-33　三相电能表结构图

（a）三相两元件；（b）三相三元件

量电能，防止过计电能或漏计电能的两种错误接线。

（一）单相电能表的接线方式

图 7-34 为单相电能表的接线方式和相量图，负荷电流 I（相量 $\dot{I}$）无遗漏地完全通过电流线圈，负荷电压 U（相量 $\dot{U}$）完全跨在电压线圈上，这种接线方式可计量单相两线有功电能量。当接入异步电动机、电焊机等感性负荷时，$\dot{I}$ 滞后 $\dot{U}$ 为 φ［见图 7-34（b）］。当接入电容器等容性负荷时，$\dot{I}$ 超前 $\dot{U}$ 为 φ［见图 7-34（c）］。当功率因数 $\cos\varphi=1$ 时（如白炽灯），$\dot{I}$ 与 $\dot{U}$ 近似同相位，则 $\varphi=0$。在一般情况下，$0<\cos\varphi<1$，单相电能表应正转而不应该反转。如果单相负荷电力的千瓦数用 P 表示，用电时间小时数用 T 表示，则单相两线负荷消耗的有功电能 A_L 用式（7-23）表示

$$A_L = PT \tag{7-23}$$

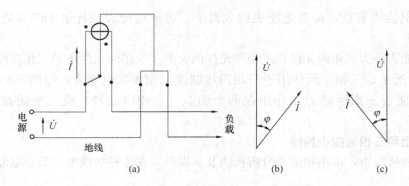

图 7-34　单相电能表接线和相量图
(a) 接线；(b) 感性负荷；(c) 容性负荷

电能表本身的倍率（或称本身乘数），均标记在表的铭牌上（铭牌未标记者，即倍率为 1）。若直接接入式电能表的额定电压、电流满足不了电网电压、电流的要求时，可以将电能表经互感器接入线路的计算电能，因此引用下列实用倍率

$$实用倍率 = \frac{实用电压互感器变比 \times 实用电流互感器变比 \times 表本身倍率}{表本身电压互感器变比 \times 表本身电流互感器变比} \tag{7-24}$$

如果电能表是直接接入式，则实用互感器的变比为 1；如果电能表本身没有互感器，则电能表本身互感器的变比为 1。

【例 7-1】　有一块 5A、220V 直接接入式单相电能表，其本身无变比和倍率，当将它经 100/5A 电流互感器接入被测负荷时，其实用倍率为多少？

解　根据已知条件，电能表的实用倍率可由式（7-24）计算出，即

$$实用倍率 = \frac{1 \times 100/5 \times 1}{1 \times 1} = 20 \text{（倍）}$$

此时，若该单相电能表的读数（即本次读数和上次读数之差值）为 40kW・h，则该用户的实际用电量应为

$$A_L = 20 \times 40 = 800 (\text{kW・h})$$

1. 单相电能表的正确接线

如图 7-35 所示，单相电能表的正确接线有三种方式，图 7-35（a）为电压线圈的同极性端（用 * 号表示）与电流线圈同极性端（用 * 号表示）公用一接线端子；图 7-35（b）为电压线圈与电流线圈分开接线；图 7-35（c）为电压线圈和电流线圈都反接。以上三种接线均可使铝圆盘正转，而且没有计量上的误差，所以称为正确接线。如果接线中经互感器计量，实用倍率按式（7-24）计算。

为了简化接线图，图 7-36 中电压互感器一次侧熔断器没有画出，通常电压互感器的一次侧均装有熔断器保护。作为电能表接线，由于二次侧接线很容易接触不良，致使电能表计量电量不准，所以二次侧一般不装熔断器。

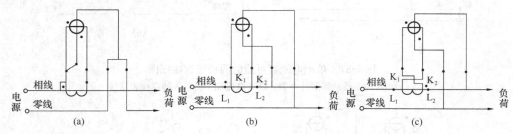

图 7-35　单相电能表计量单相两线有功电量的正确接线图
（a）电压、电流同极性端公用一接线端子的正确接线；（b）电压、电流线圈分开的正确接线；
（c）电压、电流线圈均反接的正确接线

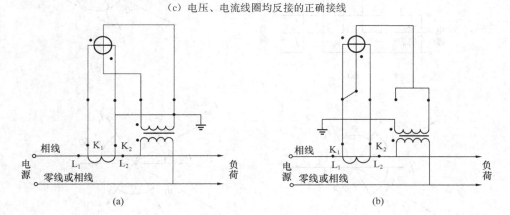

图 7-36　单相电能表经电流、电压互感器接线
（a）电压线与电流线分开方式；（b）电压线与电流线公用方式

2. 单相电能表的错误接线

图 7-37 为两种常见的单相电能表错误接线。在图 7-37（a）中，因相线与零线颠倒，当电源、负荷两侧同时接地（例如电源侧零线接地），而用户可能将自己的电灯和家用电器等接到相线与暖气、自来水管之间时，则电流不经过或少经过电能表电流线圈而流经大地，致使电能表少计或不计电量。这样在负荷大于 50% 时电能表计量尚较准确；当流经电能表的电流为表的额定电流 10% 左右时，则电能表反转能产生 −10% 左右的误差。

图 7-37（b）中电流接线端钮入、出线反接，这就会使电流磁场改变方向，所以电能表反转。

（二）三相三线有功电能表接线

如图 7-38 所示，当三相负荷平衡时，线电压 $U_{AB}=U_{BC}=U_{CA}=U$，相电压 $U_A=U_B=U_C$，相电流 $I_A=I_B=I_C=I$，相应相电流与相电压的相位差为 φ。

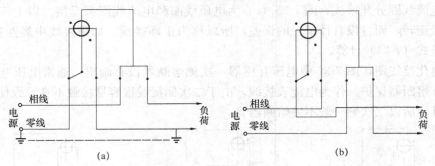

图 7-37　单相电能表可能的两种错误接线图
（a）相线与零线颠倒漏计电能；（b）电流端子出、入线反接表反转

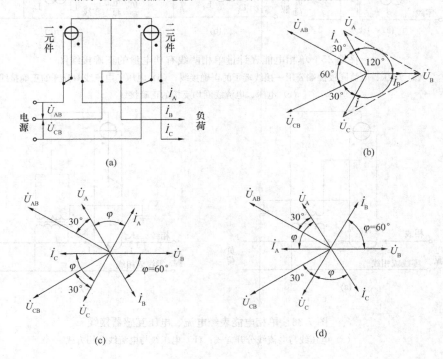

图 7-38　三相三线有功电能表接线方式
（a）接线图；（b）$\cos\varphi=1$；（c）感性负荷 $\cos\varphi=0.5$；（d）容性负荷 $\cos\varphi=0.5$

在感性平衡负荷时，一元件功率 $P_1=U_{AB}I_A\cos(30°+\varphi)$，二元件功率 $P_2=U_{CB}I_C\cos(30°-\varphi)$，两个元件功率之和 $P_1+P_2=\sqrt{3}UI\cos\varphi$，正好是三相三线有功功率，将此功率乘以用电时间，即为三相三线有功电量。当功率因数 $\cos\varphi=1$ 时，此时 $\varphi=0°$〔见图 7-38（b）〕，则 $P_1=P_2=UI\cos30°=\dfrac{\sqrt{3}}{2}UI$；当功率因数 $\cos\varphi=0.5$ 时，此时 $\varphi=60°$〔见图 7-38

(c)]，则 $P_1=UI\cos90°=0$，$P_2=UI\cos30°=\dfrac{\sqrt{3}}{2}UI$；当功率因数 $\cos\varphi=0$ 时，此时 $\varphi=90°$，则 $P_1=UI\cos120°=-\dfrac{1}{2}UI$，$P_2=UI\cos60°=\dfrac{1}{2}UI$。

若负荷为容性［见图 7-38（d）］时，则 $P_1=U_{AB}I_A\cos（30°-\varphi）$，$P_2=U_{BC}I_C\cos$ （30°+φ）。因为三相三线有功电能表的转速与其元件功率成正比，所以在实际工作中，常用交换或断开相应电压的方法，观测电能表转速的快慢，从而判断其接线是否正确。

采用图 7-38 的接线方式，不论负荷是感性或是容性，也不论负荷是否平衡，均能准确计量。在计量过程中，电能表应该正转而不应该反转。

用两元件电能表计量三相三线有功电量和用两块单相功率表测三相三线有功功率的结果相同，这一结论可用下面数学式进行理论分析。

如果用 u_A、u_B、u_C 分别表示三相相电压的瞬时值，用 i_A、i_B、i_C 分别表示三相相电流的瞬时值，则三相电力系统的瞬时有功功率 p 为

$$p = u_Ai_A + u_Bi_B + u_Ci_C \tag{7-25}$$

在三相三线电路中，不论三相电流是否对称都有 $i_A+i_B+i_C=0$，所以 $i_B=-（i_A+i_C）$，并将 i_B 代入式（7-25）得

$$p = (u_A - u_B)i_A + (u_C - u_B)i_C \tag{7-26}$$

因为两个相电压之差等于相应线电压，所以

$$p = u_{AB}i_A + u_{CB}i_C = p_1 + p_2 \tag{7-27}$$

另外，三相电路的平均功率 p 也将等于功率测量机构所测得的功率 P_1 和 P_2 之和，即

$$P = P_1 + P_2 = U_{AB}I_A\cos\varphi_1 + U_{CB}I_C\cos\varphi_2 \tag{7-28}$$

根据以上分析，实际上常将两个单相功率测量机构用于测量三线制对称或不对称的三相功率。

同理推知，三相三线有功电能表（或功率表）计量三相三线有功电量（或有功功率），正确接线方式为：一元件接入线电压 U_{AB}（或 U_{BC}、U_{CA}）和相电流 I_A（或 I_B、I_C）；二元件接入 U_{BC}、U_{AC} 和 I_B、I_A 或 U_{AB}、U_{CB} 和 I_A、I_C 或 U_{BA}、U_{CA} 和 I_B、I_C 接线方式。但是在 B 相接地的三相三线电力系统（即两线一地的配电方式）中，为了防止漏计电量，通常只采用图 7-38 的接线方式。

用 PW1 和 PW2 两只单相电能表代替三相三线有功电能表的接线如图 7-39 所示，在感性负荷 $\cos\varphi\approx0.5$ 或 $\cos\varphi<0.5$ 时，PW2 转矩较小，计量误差较大。在容性负荷时，PW1 也可能有类似情形。两只单相电能表代替三相电能表的主要优点是：

（1）雷雨频繁地区，单相电能表因电压端子距离较大受雷害较少；

（2）电压线如断开，单相电能表不转，所以容易被发现，而三相电能表断一相电压线，仍能正转，不易察觉。

图 7-40 是三相三线有功电能表经互感器的接线图，其电压互感器接成 Yyn0，电流互感器接成 V 形，实用倍率按式（7-24）计算。电压互感器可采用一台三相或采用三台单相的。

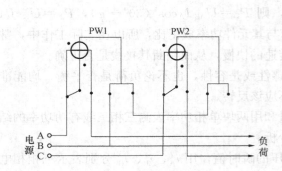

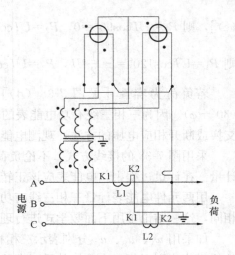

图 7-39 两只单相电能表代替三相
三线有功电能表接线图

图 7-40 三相三线有功电能
表经互感器接线图

（三）三相四线有功电能表接线

三相四线有功电能表的标准接线如图 7-41（a）所示，电流 $\dot{I}_A$、$\dot{I}_B$、$\dot{I}_C$ 分别通过一元件、二元件和三元件的电流线圈，电压 $\dot{U}_A$、$\dot{U}_B$ 和 $\dot{U}_C$ 分别并接于一元件、二元件和三元件的电压线圈上，采用这种接线方式的电能表（如 DT1 型、DT2 型、DT8 型和 DT10 型三相四线制有功电能表），最适用于中性点直接接地三相四线电路中计量有功电能，不论三相电压、电流是否对称，均能准确计量。从图 7-41（b）可知，一元件电压 $\dot{U}_A$ 与电流 $\dot{I}_A$ 夹角、二元件电压 $\dot{U}_B$ 与电流 $\dot{I}_B$ 夹角和三元件电压 $\dot{U}_C$ 与电流 $\dot{I}_C$ 夹角均为 φ，因此图 7-41（a）三相四线制有功电能表接线的功率表达式为

$$P = U_A I_A \cos\varphi + U_B I_B \cos\varphi + U_C I_C \cos\varphi \tag{7-29}$$

在三相功率对称时，因为 $U_A = U_B = U_C = U_{ph}$，$I_A = I_B = I_C = I$，所以 $P = 3U_{ph}I\cos\varphi$。

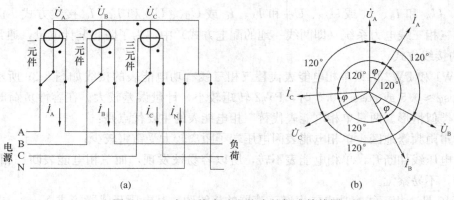

(a)   (b)

图 7-41 三相四线有功电能表的标准接线图

(a) 接线图；(b) 相量图

采用图 7-41（a）接线方式时，应注意以下事项。

（1）应按正相序（A、B、C 三相）接线。反相序（C、B、A）接线电能表虽然不反转，但由于表的结构和校表方法等原因，将产生附加误差（例如 DT1 型三个铝圆盘的电能表反相序接线时可能产生±0.5%左右的附加误差，DT2 型单铝圆盘的电能表反相序接线时可能产生±1%左右的附加误差）。

（2）N 线（即中性线）与 A、B、C 相线不要颠倒，以免错计电量或使其中的两个元件的电压线圈承受的相电压升至线电压，致使电压线圈烧毁。

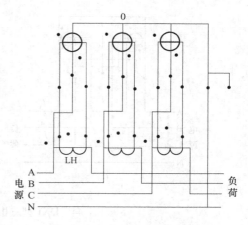

图 7-42　三相四线有功电能表经电流互感器接线

（3）当配有互感器接线（见图 7-42）时，应特别注意 N 线与对应端钮 0 的连接接触良好，若 0 线断了，电能表的 0 线端钮与电源中性线（即 N 线）间会产生 10V 左右的电压差，因而会引起较大的计量误差。

图 7-43 为三相四线有功电能表经互感器接线，用以计量中性点直接接地的高压三相系统有功电量的接线图。实用倍率也按式（7-24）计算，这种实用倍率的计算方法不受流过中性点电流 I_N 的影响。

（四）三相四线无功电能表接线

图 7-44 为 DX1 型无功电能表计量三相四线无功电量的接线图。在电压对称的三相电力系统中，其无功功率的瞬时值

$$q = \frac{1}{\sqrt{3}}(u_{BC}i_A + u_{CA}i_B + u_{AB}i_C) \tag{7-30}$$

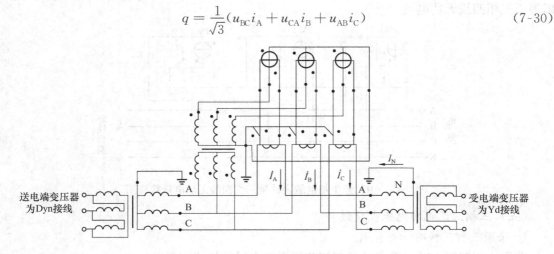

图 7-43　三相四线电能表经互感器的正确接线

将 $u_{CA} = -(u_{AB}+u_{BC})$ 代入式（7-35）得

$$q = \frac{1}{\sqrt{3}}(u_{BC}i_{AB} + u_{AB}i_{CB}) \tag{7-31}$$

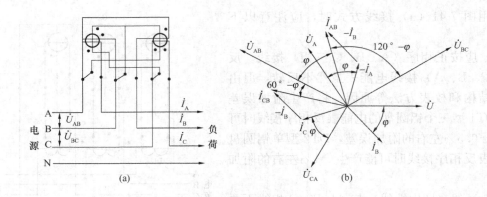

图 7-44　DX1 型三相无功电能表接线方式和相量图

(a) 接线方式；(b) 相量图

根据式（7-36）一元件采用电压 U_{BC} 和电流（$\dot{I}_A - \dot{I}_B$），二元件采用电压 $\dot{U}_{AB}$ 和电流（$\dot{I}_C -$ $\dot{I}_B$）。在感性三相负荷对称时，$\dot{I}_A - \dot{I}_B$（即 $\dot{I}_{AB}$）与 $\dot{U}_{BC}$ 的相位差为 $120° - \varphi$，$\dot{I}_C - \dot{I}_B$（即 $\dot{I}_{CB}$）与 $\dot{U}_{AB}$ 的相位差为 $60° - \varphi$。DX1 型无功电能表适用于电压近似对称的三相电力系统。例如三相线电压差别小于 10%，不论三相四线的负荷是否对称，用这种接线均可准确计量其无功电量。DX1 型无功电能表将四个电流线圈的每个线圈的匝数调整为近似等于相应三相三线有功电能表电流线圈匝数的 $\dfrac{1}{\sqrt{3}}$，因此它能直接计量三相四线和三相三线的无功电量。

图 7-45 为用三只单相电能表计量三相四线无功电量的接线图，用其计量的总和再乘 $\dfrac{1}{\sqrt{3}}$，即等于三相四线无功电量。

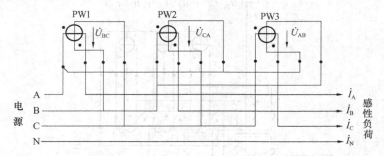

图 7-45　用三只单相电能表计量三相四线无功电量接线图

（五）三相三线无功电能表接线

1. 采用三相三线有功电能表

采用三相三线有功电能表计量三相三线无功电量的接线有两种。

（1）用三相三线有功电能表附加与其相同铁芯的电压线圈 D，并经两只电流互感器计量三相三线无功电量的接线，如图 7-46 所示。其实用倍率按式（7-24）计算，无功电量按表计数乘 $\sqrt{3}$ 计算。这种电能表接线的电压线圈承受相电压，是线电压的 $\dfrac{1}{\sqrt{3}}$，应用时必须在相应的相电压下校准。

（2）三相三线有功电能表经两只电流互感器和三相电压互感器计量三相三线无功电量的接线，如图 7-47 所示。也就是，将三相三线有功电能表，一元件接电压$-\dot{U}_C$和电流 $\dot{I}_A$（或电压$\dot{U}_C$和电流$-\dot{I}_A$），二元件接电压$\dot{U}_A$和电流$\dot{I}_C$，其计量值乘$\sqrt{3}$，就等于三相三线无功电量，其工作原理和（1）相同，实用倍率也按式（7-24）再乘$\sqrt{3}$计算。

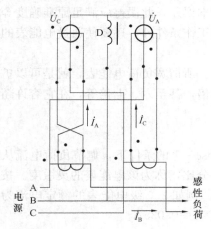

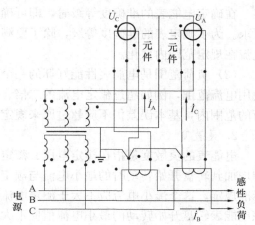

图 7-46　三相三线有功电能表附加带铁芯　　　图 7-47　三相三线有功电能表经互感器
　　　线圈计量三相三线无功电量接线图　　　　　　　计量三相三线无功电量接线图

2. 采用 DX1 型无功电能表

如前所述用 DX1 型无功电能表可以直接计量三相四线无功电量。也可以用它来计量三相三线无功电量，其接线图如 7-48 所示。不论三相三线负荷是否对称，它均能直接准确地计量其无功电量。

由于各种原因，使用电能表计量三相三线无功电量，可能产生较多的错误接线，这样就需要注意以下几个问题。

（1）在一般情况下，所有三相四线无功电能表的接线方式，不宜用于三相三线电路中，否则计量不准确；

（2）分析判断电能表接线是否正确的基本方式，是根据实际接线写出功率的表达式，然后用实际接线的功率瞬时值表达式与正确接线的功率瞬时值表达式相比较，从而可以得出实际接线是否正确的判断。

四、感应式电能表的技术特性和使用要求

（一）感应式电能表的技术特性

1. 准确度等级与负荷范围

电能表的准确度等级和负荷范围两个技术特性一般均有明确规定，现分述如下。

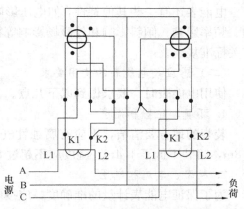

图 7-48　DX₁ 型三相无功电能表经电流
互感器计量三相三线无功电量接线图

（1）准确度等级，有关规程规定：在发电厂和变电所内装设的电能表，用作计量有功电能时，其准确度等级不宜低于 1.0 级；用作计量无功电能时，其准确度等级一般为 2.0 级。装在发电机上的电能表应采用准确度不低于 0.5 级的电压互感器，还应尽量采用实际准确度不低于 0.2 级的电流互感器。

通常规定在额定电压、额定电流、额定频率及 $\cos\varphi=1$ 的条件下，1.0 级的三相电能表工作 5000h，其他电能表工作 3000h 后，其基本误差仍应满足原准确度等级的要求。

在确定电能表的准确度等级时，即可确定它的基本误差，此误差应满足原准确度等级的要求。为了确定表的准确度等级，除了要满足一定的工作条件外，还要使通过电能表的负荷电流在规定范围内变化。

（2）负荷范围是电能表性能好坏的一个重要指标。所谓宽负荷电能表，就是可以扩大其使用电流范围，例如超过额定电流的二倍、三倍、四倍，甚至六、七倍等，在它容许超过负荷的范围内，基本误差仍不应超过原来规定的数值。

2. 灵敏度

电能表的灵敏度是指在额定电压、额定频率及 $\cos\varphi=1$ 的条件下，调节负荷电流从零均匀增加到转盘开始转动时的最小电流与额定电流的百分比，称为该电能表的灵敏度。按有关标准规定，这个最小电流应不大于额定电流的 0.5%。例如 2.0 级电能表的额定电流为 5A，该电能表转盘开始转动的最小电流值应不大于 $0.005\times5=0.025$A。

3. 潜动

当负荷等于零时，电能表圆盘仍稍有转动，这种现象称为"无载自转"或称"潜动"。按照规定，当电能表的电流回路中无电流，而加于电压回路上电压为电能表额定电压的 80%~110% 时，电能表圆盘的转动不应超过一整转。如果仪表圆盘继续旋转，说明并联电路磁化的铁片将吸不住装在转轴上的铁针，因而使电能表不能停止旋转，此时应设法消除潜动。

4. 功率消耗

电能表一般在额定电压及额定频率下，当电能表电流回路中无电流时，其电压回路中所消耗的功率不应超过表 7-1 的规定值。

5. 其他

电能表还有一些其他特性，如电压影响、温度影响、频率影响、倾斜影响和外磁场影响等特性，详见有关标准规定。

（二）感应式电能表的使用要求

使用电能表时，要求做到以下几点。

表 7-1　　　电能表电压回路消耗的功率

电能表类型	等级	电压回路功率消耗（W）
有功电能表	2.0	≤1.5
有功电能表	1.0	≤3.0
无功电能表	3.0	≤1.5
无功电能表	2.0	≤3.0

1. 环境、位置和温度

装表的地方要清洁，不应有腐蚀性气体，也不应有剧烈振动。距地面高度明装不低于 1.8m，暗装不低于 1.4m。湿度应不超过 85%，温度应在 0~40℃ 的范围内。

2. 频率、电流和电压

为了保证电能表计量的准确度，应按电能表的额定频率、电流和电压进行工作，其使用频率允许较铭牌额定值改变 ±5%；使用电压允许较铭牌额定值改变 ±10%；当功率因数不低于 0.5 时，使用电流允许从铭牌额定电流到额定最大电流值之间变化，例如铭牌规定

5（10）A,5A 是额定电流，括弧内中的 10A 是额定最大电流，即可从 5～10A 之间变化。对直接接入式的电能表，当铭牌上只有额定电流值时，其额定最大电流可按额定电流的 1.5 倍计算。

另外，经互感器接入的电能表，其铭牌上的电压和电流应分别与电压互感器的二次侧额定电压和电流互感器的二次侧额定电流相等。

3. 准确度

安装的电能表应符合技术特性中规定准确度等级的要求。

4. 电能表的读数

如果电能表不经互感器直接接入线路，可以从电能表直接读得实际电量数。若当电能表利用电压互感器和电流互感器扩大量程时，则应考虑电流互感器和电压互感器的电流变比 K_N 和电压变比 K_N。本身带有互感器的电能表上并标有"10×kWh"、"100×kWh"字样，表示应将电能表读数乘上 10 或 100 才能求得实际电量数。

第六节　兆　欧　表

绝缘电阻是绝缘材料性能的标志。电气设备的绝缘材料常因为发热、受潮、污染、老化等原因使其绝缘电阻值下降，造成漏电或发生短路事故。因此，必须定期对电气设备或配电线路的绝缘电阻进行检查。绝缘电阻越大，绝缘性能越好。兆欧表（或称摇表）就是用来测量绝缘电阻的指示仪表（见图 7-49）。

一、兆欧表的结构及工作原理

用兆欧表所测的绝缘电阻值，以兆欧（MΩ）为单位，这就需要一个便于携带而又有很高电压的电源，同时又希望电压的波动不影响测量的结果。

（一）兆欧表的结构

兆欧表的结构主要是由一台手摇发电机和一个磁电式比率表组成。磁电式比率表是一种特殊形式的磁电式测量机构，它的形式有多种，但是它们的基本结构和工作原理是相似的，现介绍其中一种。图 7-50 是磁电式比率表结构，它有两个可动线圈 1 和 2，但没有产生反作用力矩的游丝。可动线圈的电流是由柔软的细金属丝引入的，简称"导丝"。此外，由于可动线圈内圆柱铁芯 5 上开有缺口，所以仪表磁路系统的空气隙内的磁场是不均匀的，这是它和一般磁电式仪表不同的地方。两个可动线圈彼此间相交成一固定的角度 a 并连同指针 6 固接在同一轴上，整个机构放置在永久磁铁 3 的极掌 4 之中。

手摇直流发电机的容量很小，而电压却很高。兆欧表的分类就以发电机能发出的最高电压（或用交流发电机整流后的最高电压）来决定，电压越高，能测量的绝缘电阻值也就越大。

（二）兆欧表的工作原理

兆欧表的原理电路如图 7-51 所示，虚线框内为表的内部电路。被测绝缘电阻 R_j 接于兆欧表的"线"与"地"端钮之间。"线"端钮的外圆有一个铜质圆环，又称为屏蔽接地端钮（见图

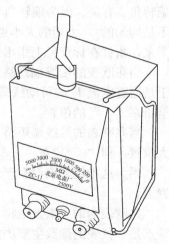

图 7-49　兆欧表（摇表）
外形图

7-51 中的虚线），它直接与发电机的"一"极相连。当用手转动手摇发电机的手柄时，发电机发出的电流在 P 点分成两路：一路电流 I_1 经过被测电阻 R_j 和可动线圈 1（内阻为 R_{01}）构成一分路；另一路电流 I_2 经过附加电阻 R_{at} 和可动线圈 2（内阻为 R_{02}）构成另一分路。如果发电机端电压为 U，则

$$I_1 = \frac{U}{R_j + R_{01}} \tag{7-32}$$

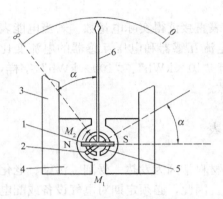

图 7-50　磁电式比率表结构图

1、2—可动线圈；3—永久磁铁；4—极掌；

5—圆柱铁芯；6—指针

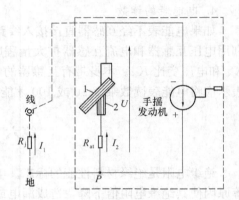

图 7-51　兆欧表的原理电路图

1、2—可动线圈

$$I_2 = \frac{U}{R_{at} + R_{02}} \tag{7-33}$$

可见电流 I_1 的大小与被测电阻大小有关，而 I_2 与被测电阻 R_j 无关。

当电流 I_1 和 I_2 分别通过两个可动线圈时，均会受到永久磁铁磁场的电磁力作用。不过由于两个可动线圈的绕向相反，所以所产生的两个力矩是反向的，M_1 是转动力矩，M_2 是反作用力矩（见图 7-50）。力矩 M_1 和 M_2 的大小不仅和电流有关，而且与比率表可动部分偏转角 α 有关。因为偏转角不同时，可动线圈所在的位置的气隙不一样（铁芯缺口造成磁场不是均匀的），力矩的大小也就不同。当可动线圈偏转到 $M_1 = M_2$ 角度时，可动部分就静止下来，指针在标度尺上指出被测电阻值的大小。

当兆欧表的接线端开路（相当于 $R_j = \infty$）时，转动手摇发电机，电流 $I_1 = 0$，而 $I_2 \neq 0$，于是通有电流 I_2 的可动线圈在力矩 M_2 的作用下转到铁芯的缺口处（见图 7-50），这时指针就指在"∞"的位置。

当兆欧表的接线端短路（相当于 $R_j = 0$）时，$I_1 > I_2$（而且 I_1 最大）指针向右偏转到最大位置，即"0"位置。

因为这种比率表没有产生反作用力矩的游丝，所以使用前指针可能停留在标尺的任意位置上。

兆欧表内的手摇发电机发出的电压是不稳定的，它与手摇速度快慢有关，但是比率表的特点是：仪表的读数主要决定于两个可动线圈内流过电流的比率，当电压低时，两可动线圈中流过的电流也降低，但只要被测电阻不变，不管电压如何变化，两个可动线圈的电流比率总是不变，因此相应的偏转角 α 也是一定的。值得注意的是，在兆欧表中将电流引入可动线

圈的"导丝"或多或少存在一点残余力矩，若手摇发电机的电压过低，使力矩变小时，将导致"导丝"的残余力矩会对测量结果带来一定影响。同时绝缘材料的电阻也与加在它上面的电压有关，因此使用兆欧表时，手摇发电机的转速不宜太快或太慢。在有些兆欧表内部装有手摇发电机的离心调速装置，使转子以恒定速度转动，以保持输出电压的稳定。

二、兆欧表的调整和校验

（一）兆欧表的调整

兆欧表调整前应注意兆欧表内两个测量线圈以及指针和线圈间的相对位置是否正确。如果仪表内部测量机构和电机部分没有问题，则兆欧表可根据下列几种情况分别进行调整（参见图 7-50）。

（1）当兆欧表不接任何导线或仅接一根地线时，转动兆欧表发电机手柄，观察指针能否在"∞"位置。如果不到"∞"位置时，则应减少电压支路的电阻 R_{at}；如果超过"∞"，则应增大 R_{at}。有的兆欧表与 R_{at} 串联有电位器（即"∞"调节器）或调节磁通的"磁路分片"。调节时，可调节"∞"调节器，也可以改变磁分路片的位置。

（2）短接"线"及"地"两接线柱，转动兆欧表发电机手柄，观察指针是否指到"0"位。如果不到"0"位，则应减少可动线圈 1 中电流回路的电阻值；如果超出"0"位，则应增大可动线圈 1 中电流回路的电阻值。

（3）如果指针稍许不到"0"或超过"0"位时，可用镊子拨动指针进行调整。如果指针稍许不到"∞"位置，可用镊子拨动一下导丝，利用残余力矩使指针指在"∞"位置。

（4）当兆欧表"0"和"∞"都已调好，而前半段或后半段误差较大时，可将导丝重新焊接，稍许伸长或缩短导丝，利用导丝的残余力矩来改变前半段或后半段的刻度特性。

（5）如果兆欧表刻度特性改变并产生较大误差时，则可能的产生原因是指针与可动线圈夹角或两可动线圈夹角 α 改变，也可能是底座位置和可动线圈位置不正。因此，经过检查调整，可将误差消除或减少。

（6）当"0"和"∞"两点或其附近的刻度点都已调好，但中间部分误差较大，又无法调好时，只好重新刻度和重新校准。

（二）兆欧表的校验

校验兆欧表，最简单的方法是采用标准电阻进行校验，即直接用标准电阻作为被测值 R_j 与兆欧表的刻度值校对。当没有精密的兆欧电阻箱时，一般也可以自制电阻箱作为兆欧表校验刻度用。自制电阻箱的测量范围，通常从 $500\Omega \sim 500M\Omega$。

如果仅仅要求检查兆欧表能否可以使用，则不一定要制作电阻箱，只要将若干炭质电阻加以串并联组合，便可进行粗略校验，这样更为简便。

第七节　接地电阻的测量

在电气装置中，为了保证安全可靠地运行，对电气设备必须采用接地，其接地电阻不应超过允许值。接地电阻的测试方法有以下几种。

一、用电流表及电压表法测量接地电阻

带电导体（线）接地时的接地电阻，可采用电压表及电流表法来测量。

这种方法是利用一只高内阻电压表（整流式电压表或电子管式电压表）和一只电流表，

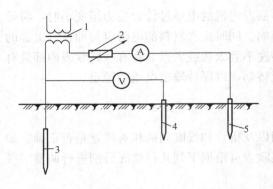

图 7-52　电压表及电流表法测量接地
电阻的接线图
1—变压器；2—变阻器；3—被测接地极；
4—接地棒；5—辅助接地体

一只行灯变压器及一个变阻器（通常采用水电阻），并以交流电源作为测量用电源。

测量接线如图 7-52 所示，测量时为了使通过被测接地极 3 的电流有一个回路，应在被测接地极 40m 以外的地方设置一个辅助接地体 5（可用长 2.5～3m），直径 25～50mm 的钢管或 50×50×5 的角钢，打入地下深度 2m 左右。此外，为了测量出电流经过被测接地极 3 时所产生的电压降，在零电位处（离接地体 20m 以外）再设置一根接地棒 4（可用长 0.7～3m，直径 25mm 的圆钢），电压表就跨接在被测接地极 3 与接地棒 4 之间。

当电源接通后，电流便沿变阻器 2、电流表、辅助接地体 5 和被测接地极 3 而形成回路。此时调节变阻器 2，使电流保持一个适当的数值，由电流表读出，然后从电压表上读出被测接地极的电压降值。

根据回路中电压表与电流表的读数 U 和 I，即可按下式计算出被测接地极的接地电阻 r_x，即

$$r_x = \frac{U}{I}$$

如果没有变压器 1，也可直接采用 220V 交流电源进行测量，但此时要特别注意安全，测量时必须戴绝缘手套，穿绝缘鞋，以防触电。

二、接地电阻测定器的结构及工作原理

1. 接地电阻测定器的结构

ZC-8 型接地电阻测定器（或称为接地电阻测量仪）如图 7-53 所示。主要是用于直接测量各种接地装置的接地电阻和土壤的电阻率。接地电阻测定器的型式很多，使用方法也有所不同，但基本结构原理是一样的。常用的接地电阻测定器有国产 ZC-8 型和 ZC-29 型等几种。

ZC-8 型接地电阻测定器是由手摇发电机、电流互感器、滑线电阻和一只磁电式检流计（是灵敏度很高并用来检查电路中有无电流通过的仪表）等组成。各部件全部装于铝合金铸造的携带式外壳内。此外，还有接地探测针及连接导线等附件。

2. 接地电阻测定器的工作原理

图 7-54 为接地电阻测定器的工作原理电路图。当手摇发电机的摇把以 120r/min 以上的速度转动时，便产生 110～115Hz 的交流电流。

仪表的接地端钮 E（或 C_2、P_2）连接于接地极 E′（见图 7-55），另外两端钮 P 和 C（或 P_1 和 C_1）连接于相应的接地探测针（电位探测针 P′ 和电流探测针 C′）。这两个接地探测针应沿接地极 E′ 按适当的距离插入土壤中。

电流 I_1 从发电机经过电流互感器 TA 的一次绕组、接地极 E、大地和电流探测针 C 而回到发电机（见图

图 7-53　ZC-8 型接地电阻
测定器外形图

7-54)。并由电流互感器 TA 的二次绕组将电流 I_2 接入电位器 RP。

　　当检流计指针偏转时，借助调节电位器 RP 的接触点 B，使其达到平衡。在 E 和 P（或 C_2 和 P_1）之间的电位差与电位器 RP 的 0 和 B 之间的电位差是相等的。

　　因此，如果标度盘刻度为 10，读数为 N，即有下列方程式

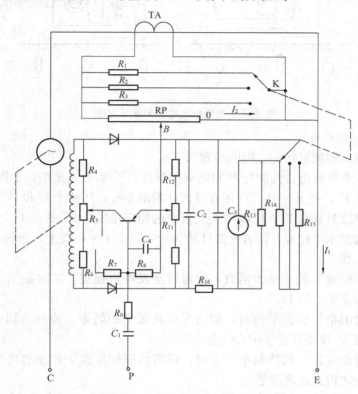

图 7-54　ZC-8 型接地电阻测定器原理电路图

$$I_1 r_\mathrm{x} = I_2 RP \frac{N}{10} \text{ 或 } r_\mathrm{x} = \frac{I_2}{I_1} \frac{RPN}{10}$$

　　由此可知：

如果　　　　　　　　$I_2 = I_1$　　即　　$r_\mathrm{x} = RP \dfrac{N}{10}$

如果　　　　　　　　$I_2 = \dfrac{I_1}{10}$　　即　　$r_\mathrm{x} = RP \dfrac{N}{100}$　　　　　　（7-34）

如果　　　　　　　　$I_2 = \dfrac{I_1}{100}$　　即　　$r_\mathrm{x} = RP \dfrac{N}{1000}$

　　按式（7-34）说明，量程按 1/10 的比例递减，借助开关 K 改变 I_2，可得到三种不同的量程，即 0～1000Ω、0～100Ω、0～10Ω 或 0～100Ω、0～10Ω 和 0～1Ω。

　　为使接地电阻测定器测量准确，在检流计电路中接入电容器以防止在测量时土壤电解电流的影响，并可采用相敏整流以避免交流电的杂散电流干扰。

三、接地电阻测定器的使用方法

（一）接地电阻测量

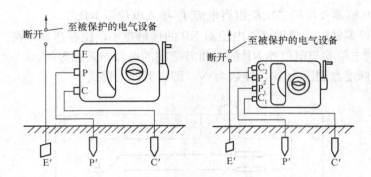

图 7-55　测量接地电阻的接线方法

1. 接地电阻测量步骤

用接地电阻测定器测量接地电阻的步骤如下。

（1）测量前，首先将电位探测针 P' 和电流探测针 C' 分别插入地中，如图 7-55 所示，其距离沿被测接地极 E'，使 E'、P'、C' 依直线彼此相距 20m，P' 插于 E' 和 C' 之间。

（2）用专用导线分别将 E'、P' 和 C' 接到仪表的相应接线柱 E、P 和 C 上。

（3）将仪表放置水平位置，检查检流计的指针是否指于中心线上，否则可用零位调整器将其调整指于中心线上。

（4）将"倍率标度"置于最大倍数，慢慢转动发电机摇把，同时旋动"测量标度盘"，使检流计的指针指于中心线上。

（5）当检流计的指针接近平衡时，加快发电机摇把的转速，使其达到 120r/min 以上，调整"测量标度盘"，使指针指于中心线上。

（6）如"测量标度盘"的读数小于 1 时，应将倍率标度置于较小的倍数，再重新调整"测量标度盘"，使之得到正确读数。

（7）用"测量标度盘"的读数乘以倍率标度的倍数，即为所测得接地电阻值。

2. 注意事项

测量接地电阻时应注意以下事项。

（1）当测量接地装置的接地电阻时，应在拆开接地装置以后，其装置采用临时辅助接地。

（2）当检流计的灵敏度过高时，可将电位探测针 P' 插浅一点；当检流计灵敏度不够时，可沿电位探测针 P' 和电流探测针 C' 注水使其湿润。

（3）当接地极 E' 和电流探测针 C' 之间的距离大于 20m 时，且电位探测针 P' 的位置插在离开 E' 和 C' 之间的直线垂直方向几米以外时，其测量时的误差可以不计。但 E' 和 C' 之间的距离小于 20m 时，则必须将电位探测针 P' 插于 E' 和 C' 的直线中间，以免引起较大的测量误差。

（4）当用 0～1/10/100Ω 规格的仪表测量小于 1Ω 的接地电阻时，应将 C_2、P_2 间连接片打开，分别用导线连接到被测接地体上，以消除测量时连接导线电阻的附加误差，如图 7-56 所示。

（二）土壤电阻率的测量

具有 4 个端钮（C_1、P_1、P_2、C_2）的接地电阻测定器（0～1/10/100Ω）可用来测量土

壤电阻率。

如图 7-57 所示，在被测区沿直线埋下 4 根棒，并使其彼此相距 a（cm）、棒的埋入深度不应超过 $a/20$。

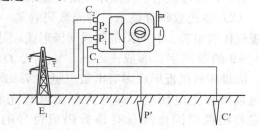 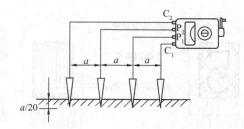

图 7-56　测量小于 1Ω 的接地电阻时的接线图　　　图 7-57　土壤电阻率测量图

打开 C_2 和 P_2 间的连接片，用 4 根导线按图 7-57 的接线将端钮 C_2、P_2、C_1、P_1 连到相应的探测棒上，其测量方法与接地电阻的测量方法相同。

所测的土壤电阻率计算如下

$$\rho = 2\pi aR \tag{7-35}$$

式中　R——接地电阻测定器的读数，Ω；

　　　a——棒与棒间距离，mm；

　　　ρ——该地区土壤电阻率，$\Omega \cdot mm^2/m$。

用以上所测得土壤电阻率，可近似认为是被埋入棒之间区域内的平均土壤电阻率。

第八节　数　字　仪　表

利用电子技术实现电工测量的设备，称为电子仪器。它包括测量电流、电压、功率等基本电量的仪表，称为数字仪表。

一、数字仪表的特点

数字仪表是以离散数字显示被测量，因而消除了视差和减少某些人为的误差，自动地将被测量用数字形式直接显示出来。此外，许多数字仪表还具有供自动记录的输出。常用的数字仪表有数字电压表、电流表、频率表、相位表及功率表等。

与电工指示仪表相比，数字仪表有以下优点：

（1）读数方便，不存在读数误差或视差；

（2）准确度高，数字仪表内没有机械转动部分，没有摩擦，可以达到很高的准确度；

（3）测量速度快，有的数字仪表测量速度可达每秒几万次，这对实现生产过程的自动控制，是十分必要的；

（4）输入阻抗高、仪表功耗小，通常数字电压表的输入阻抗可达 $25000M\Omega$，而消耗的功率仅为 $4\times10^{-11}W$；

（5）灵敏度高，数字电压表的分辨率可达 $1\mu V$；

（6）便于输送，数字仪表的测量结果可以远距离输送，数字信号在输送中不易受到干扰，精度也不受损失。

数字仪表的缺点是：由于采用了大量的电子元件，结构比较复杂，价格比电工指示仪表高，可靠性也较低。

二、数字仪表的显示方式

（1）机械圆盘显示。即在圆盘上刻、印上数字，通过机电系统操作在窗口显示。

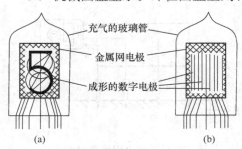

图 7-58　辉光数码管
(a) 正视图；(b) 侧视图

（2）辉光数码管显示。辉光数码管是一种冷阴极气体放电管。它的阳极制成网栅形式，阴极制成 0～9 的数码字，形成＋、－、V、A、Ω 等符号，阴极相对极板形成多对电极（见图 7-58），某一电极被加上电压后，即产生橙黄色辉光放电，在它的阴极周围出现具有该数码或符号的明亮形状。

这种器件的特点是放电电压较高，一般为 170～200V，因而在半导体回路中较难应用。

（3）荧光数码管显示。这种管子的阳极（即字形的各段）涂有荧光质材料，电子由热灯丝（阴极）向阳极发射，此荧光质即可发出不同颜色，如图 7-59 所示。

这种器件的特点是工作电压低（20～25V 或 10～12V）、功耗小、亮度高、寿命长、视角大、简单可靠，并且能直接与集成电路、晶体管配合使用。

（4）发光二极管显示。发光二极管显示是由偏置某些半导体的 P—N 结会使它发光的特性制成的。它的主要成分为磷化镓或磷砷化镓。

这种器件的特点是工作电压很低（1.5～3V）、功耗也低、受温度变化的影响小、使用寿命长、坚固牢靠，另外可以直接与集成电路配合使用。

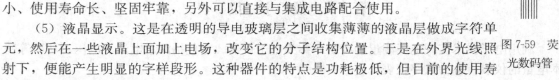

（5）液晶显示。这是在透明的导电玻璃层之间收集薄薄的液晶层做成字符单元，然后在一些液晶上面加上电场，改变它的分子结构位置。于是在外界光线照射下，便能产生明显的字样段形。这种器件的特点是功耗极低，但目前的使用寿命和受工作环境影响等方面还较差。

图 7-59　荧光数码管

三、数字电压表

数字电压表是应用最广的一种数字仪表。目前生产的数字电压表类型很多，原理也各不相同。但是共同的特点是，必须把被测电压的大小，转换成可以计数的标准脉冲个数，然后把测量结果，用数字显示出来。数字电压表内结构为两大部分，即模—数转换部分和计数部分。因为计数部分能得到很好的分辨力，所以被测电压的精度主要取决于仪表内使用的模—数转换技术的误差。

目前模—数转换技术有：①电压反馈逐位比较技术；②斜坡转换技术；③双斜转换技术；④脉宽调制技术；⑤余项再循环技术；⑥复合编码技术。

1. 电压反馈逐位比较技术电压表

电压反馈逐位比较技术电压表，是由四大部分组成：①比较器；②比较标准；③控制电路；④显示器。

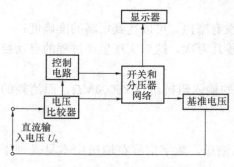

图 7-60　电压反馈逐位比较技术数字电压表的原理方框图

图 7-60 为电压反馈逐位比较技术数字电压表的原理方框图。直流输入电压 U_x 进入比较器后，比较内部电压与输入直流电压的大小，相当于电位差计测量中的检流计。电压分配网络经过干簧管或晶体管开关接到电压比较器。电压比较器的输出控制被比较的标准电压是否保留，小于输入电压 U_x 则保留，大于输入电压 U_x 则去掉。整个比较过程由内部电压的最大步进开始，逐步减小，一直到零。最后保留下来的标准电压即对应输入电压值的大小，并释码显示。整个工作过程都在控制电路的控制之下进行。

使用这种技术时，只要未知电压没有噪声，就能够高速测量，否则必须加滤波器，这时工作速度显著降低。误差取决于：①比较器的分辨力；②分压网络的精度；③基准电压的稳定性。

该数字电压表应用于测量直流电压（$10\mu V \sim 100V$）、直流电流和交流电压等，并可做成数字万用表和数字功率表。

2. 斜坡转换技术数字电压表

斜坡转换技术数字电压表的基本原理是，将被测电压 U_x 变换成时间间隔 T_x，并使 T_x 和 U_x 成正比。计数器通过对 T_x 时间内标准脉冲的计数来反映被测电压的大小。

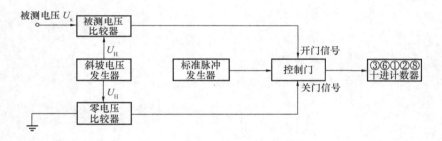

图 7-61　斜坡转换技术数字电压表的原理方框图

图 7-61 为斜坡转换技术数字电压表的原理方框图。图中斜坡电压发生器又称锯齿波发生器，它产生的电压 U_H，是一种由大变小的电压波形，如图 7-62 中曲线所示。被测电压 U_x 进入比较器后和斜坡电压 U_H 进行比较，当 $U_x = U_H$ 时，送出开门信号使控制门开放。控制门开放后，使标准脉冲发生器发出的标准脉冲，通过控制门并由计数器计数。斜坡电压 U_H 又在零电位比较器中和零电位进行比较，当变到 $U_H = 0$ 时，送出关门信号将控制门关闭，于是计数停止。由图 7-62 可以看出，被测电压 U_x 越大，则开门时间就越早，控制门的开放时间 t_x 就越长，而标准脉冲个数 N_x 也就越多。适当选择标准脉冲的频率和斜坡电压的斜率，被测电压的数值即可由数码管直接显示出来。例如，标准脉冲的频率为 10^6 Hz，斜坡电压斜率为 100V/s，则当被测电压为 1V 时，控制门的开放时间为 100V/s，通过的标准脉冲数 $N_x = 1/100 \times 10^6 = 10^4$ 个，计数为 10000，在第四位后加一个小数点，则得该数值为 1000mV，即 1V。

交流数字电压表，还需增加一个变换器，以便把交流

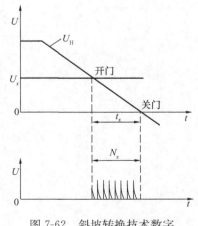

图 7-62　斜坡转换技术数字
电压表的工作原理图

电压转换成直流电压，然后进行测量。

斜坡转换技术数字电压表的结构比较简单，准确度也较高。它的缺点是抗干扰能力差。例如，当被测电压 U_x 上带有交流干扰信号时，将使 $U_x = U_H$ 的开门点发生波动，从而使仪表产生误差。

四、数字兆欧表

数字兆欧表主要由高压发生器、测量桥路和自动量程切换显示电路三部分组成。高压发电器由基准电压、电压调整、比较器、逆变升压及整流滤波五个部分组成。

桥路由被测电阻和量程电阻构成。

自动量程切换显示电路是通过 A/D 转换器的输出，经组合逻辑判别电路判断仪表的过量程、欠量程或正常量程工作状态，然后输出电平信号去控制可逆计数器的增减，计数器的输出信号控制，模拟电子开关改变量程电阻数值，从而实现量程自动切换。

第八章

配电设备的常用保护

第一节 常用保护的基本概念

一、常用保护作用

（一）配电网络的故障和异常工作状态

1. 配电网络的故障

在配电网络中，其主要元件有变压器、电机、配电线路以及各种配电装置等。这些元件和装置在运行中常有突然发生故障的可能性，最常见和最危险的故障是形成各种类型的短路，其中有三相短路、两相接地和不接地短路以及单相接地短路。除此之外，还可能发生线路断线、电机和变压器内部发生匝间短路或相间短路以及以上几种故障形式的组合等故障。

2. 配电网络的异常工作状态

配电网络中所有的元件和装置均规定有其长期允许电流和负荷值，如果元件和装置在运行过程中超过规定的允许值，这种现象即称为异常工作状态。最常见的异常工作状态是网络中的元件和装置所带的负荷超过额定数值（通常称为过负荷）。这种过负荷一般表现为过电流，它将引起设备过热，并加速绝缘老化，大大缩短使用年限，甚至引起绝缘击穿而发生故障。此外，由于小电流接地系统发生单相接地时，将使非故障相电压升高，并可能造成电弧过电压；还有，由于电力系统功率不足，而使频率下降和电压降低等，均属于异常工作状态。

（二）保护的作用

（1）在发生故障时，能够自动、迅速和有选择地将故障部分从供电网络中断开，以保证其他非故障部分恢复正常运行，并使故障部分免于继续遭受破坏。

（2）当发生异常工作状态时，可立即给运行人员发出信号，使运行人员及时进行处理或自动地进行调整，以防止异常工作状态的不断扩大而引起故障的发生。

二、常用保护的基本要求

对继电保护的要求，通常有以下几个方面。

1. 选择性

当配电网络中发生短路故障时，保护装置应有选择地动作，即离故障点最近的保护装置应先动作，使停电范围尽量缩小，从而保证非故障部分继续正常运行。例如，在图 8-1 中，当 K_1 点发生短路时，应由断路器 QF1 将故障线路 1 切除，这时没有发生故障的线路 2 和 3 仍保持正常运行。当 K_2 点发生故障时，应由断路器 QF2 切除故障线路 2、1 而线路 3 照常运行。如果在 K_1 点或 K_2 点发生故障时，不是断路器 QF1 或 QF2 动作，而是断路器 QF3 先动作，这样就扩大了事故停电的范围，使用户遭到不必要的损失。此时，断路器 QF3 的动作，通常称为越级跳闸或无选择性动作。

在要求继电保护动作有选择性的同时，还可能遇到保护装置应动作的而未动作的情况。此时，上一级保护装置应动作，起后备保护的作用。例如，K_1 点处发生故障时，应该由断路器 QF1 动作，切除故障。倘若由于某种原因，断路器 QF1 的保护装置未动作，或断路器

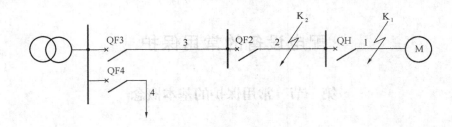

图 8-1　保护装置的选择性

本身存在缺陷未能跳开，则 K_1 点处的故障不能切除。在这种情况下，要求上一级开关 QF2 的保护装置作为后备保护来切除故障，即断路器 QF2 跳闸。此时，断路器 QF2 的继电保护装置所起的作用，称为下一级线路的"后备保护"。

2. 速动性

为了限制短路电流对电气设备的破坏作用，减少在短路时因电压降低而对用户产生影响，使用户大多数设备（如电动机等）不至于停止运行，要求保护装置应尽快地切除故障。近代最快的速动保护装置的动作时限为 0.02～0.04s。

对于异常工作状态（如过负荷），无须要求迅速动作。因为任何电气设备均允许在某一规定时间内担负若干过负荷，这种过负荷可能在短时间内消失。因此，一般给予一定的时限而不立即断开电路，或仅发出信号以引起运行人员的注意。

3. 灵敏性

灵敏性是指继电保护装置对于其所保护范围内的故障及异常工作状态的反应能力，也即在其保护范围内，不管故障发生在何处和故障的性质如何，它均应动作灵敏、正确反应。但是由于它是用来防止事故范围扩大的装置，在供电系统或电气设备正常运行时，或者在不危险的过负荷时，它就不应该动作。

继电保护装置灵敏与否，一般用灵敏度 K_s 来表示。关于灵敏系数的取得：对于故障时反映数值上升的保护装置（如过电流保护），其灵敏系数为保护区末端直接短路时最小的参数值（如电流）与保护装置所整定的启动值之比；对于故障时反映参数值下降的保护装置（如欠电压保护），其灵敏系数为保护装置所整定的启动值与被保护区末端直接短路时的最大参数值（如电压）之比。当在保护区内发生任一点故障时，保护装置必须准确动作，因此灵敏系数 $K_s > 1$。

4. 可靠性

保护装置应做到随时准备好动作，当发生故障或异常工作状态时，能保证可靠地工作，不应有误动作或拒绝动作，否则会带来严重损失。历次烧毁电机和主变压器的事故都是由于保护装置拒绝动作所造成的。为了达到动作可靠的要求，则保护装置的结构和接线应尽可能地简单，并做到正确安装、细心维护和定期进行校验和调整等。

除以上几方面的要求以外，还要考虑到保护装置的设置和维护费用，应尽量节省投资。

第二节　几种常用的电磁式继电器

在电力系统中过去所采用各种类型的保护装置，多数是利用电磁原理制成的电磁式继电器。由于晶体管保护在电力系统中得到日益广泛的应用，而且有了很大的发展，因此在配电网络中电磁式和晶体管式两种保护装置都在普遍使用。

一、继电器的分类、结构以及表示符号

电力设备最早的保护装置是熔断器，目前它在配电线路和小型变电站中仍广泛应用。随着电力系统的发展，容量增大，电压升高，仅采用简单的熔断器保护往往不能满足快速和有选择性地切除故障的要求。因此伴随着断路器的应用，作用于断路器跳闸机构的继电保护装置得到了迅速地发展。

（一）继电器分类

（1）按照继电器的工作原理可分为电磁式、感应式和晶体管式等。电磁式和感应式的继电器是有触点的继电器，晶体管式的继电器是无触点的继电器。

（2）按照继电器所反映的参数可分为电流继电器、电压继电器和功率继电器等。

（3）按照反映量的变化可分为欠量继电器和过量继电器两种，例如欠电压继电器、过电流继电器等。

另外，继电器分类还可以根据继电器接入被保护回路的方法分为一次式（不经互感器直接接线的）和二次式继电器，也可根据作用于断路器的方法不同而分为直接动作式和间接动作式继电器。目前在电压不高的中小型变电所或配电室中，多采用二次间接动作式继电器，图 8-2 为二次间接动作式继电器的原理接线图。

图 8-2 中，继电器 1 是经过电流互感器 TA 接入电力线路的。当继电器动作之后并不直接操作断路器的传动机构 3，而是接通断路器的跳闸线圈 2，跳闸线圈通电将衔铁吸上因而使断路器跳闸。这种接线，一方面可使继电器与高压电路隔离，以便于检修和调整；另一方面因为通过跳闸线圈作用于断路器，因此继电器动作时所做的功较小，而且使继电器结构简单和能获得较高的可靠性与灵敏度，以便于统一成标准形式。但是，这种接线的继电器需要有独立的直流电源供电。

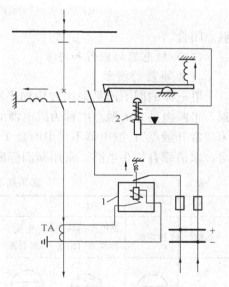

图 8-2　二次间接动作式继电器的
原理接线图

此外，还有反映非电量的继电器，如变压器保护中的气体（或瓦斯）继电器，也用于保护装置之中。

（二）电磁式继电器的典型结构及工作原理

电磁式继电器的典型结构主要有：螺管线圈式［见图 8-3（a）］、吸引衔铁式［见图 8-3（b）］和转动舌片式、［见图 8-3（c）］三种类型。每种结构均是由电磁铁 1、可动衔铁或舌片 2、触点 3、反作用弹簧 4 及止挡 5 组成。

当电磁铁的线圈通过电流 I_j 时，在铁芯中建立起磁通 Φ，磁通 Φ 经过电磁铁的铁芯、空气隙和衔铁而形成闭合回路。因此可动衔铁被磁化，而被磁极所吸引，便产生了顺时针方向的电磁转矩。当电磁力或电磁转矩大于弹簧及轴承摩擦所产生的反作用力或力矩时，就使

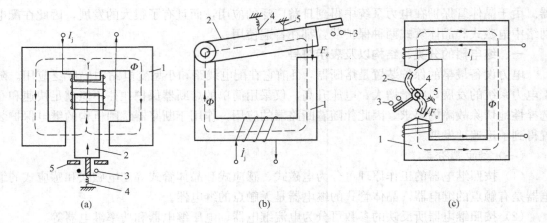

图 8-3　电磁式继电器的结构图

(a) 螺管线圈式；(b) 吸引衔铁式；(c) 转动舌片式

1—电磁铁；2—可动衔铁或舌片；3—触点；4—反作用弹簧；5—止挡

触点闭合。

(三) 继电器的图形和符号

1. 继电器的图形

继电器的旧图形是采用方块加半圆的图形，方块里的外文符号是用来表示继电器的类别，半圆内是它的触点或称为继电器的接触元件。继电器不带电时处于打开状态的触点，称为"常开触点"；继电器不带电时处于闭合状态的触点，称为"常闭触点"。新的图形符号规定，取消原有的小半圆。常用新旧标准继电器的图形符号，如表 8-1 所示。

表 8-1　　　　　　　　　　　　　常用新旧标准继电器的图形符号表

序号	1	2	3	4	5	6	7	8	9
名称	继电器	继电器的触点和线圈引出线	电流继电器	电压继电器	时间继电器	中间继电器	信号继电器	差动继电器	气体继电器
旧符号			LJ	YJ	SJ	ZJ	XJ	CJ	WSJ
新符号			KA	KV	KT	KM	KS	KD	KG

2. 继电器的文字符号

根据 GB 7159—1987 对继电器的文字符号又作出了相应的规定。按新国标规定，继电器的文字符号均以 "K" 为第一个字母，后面的字母为该种继电器的用途的英文词汇的字头。如时间继电器用 "KT"（"T" 是 time 的字头）。目前阶段，在厂矿企业和设计制造单位对新、旧文字符号均暂时同时使用。常用新旧标准继电器的图形符号表见表 8-1。

继电器触点的图形符号，如图 8-4 所示。

二、各种电磁式继电器的结构

（一）电流继电器

电磁式电流继电器的结构，如图 8-5 所示。它具有突出磁极的铁芯 1、磁极上绕有线圈 2、在两磁极间有可转动的 Z 形舌片 3，继电器的固定触点 5 安装在绝缘电木架上，在继电器的轴上固定有螺旋弹簧 4 及可动触点 6。使用调整杠杆 7 能改变继电器的整定值，并由刻度盘 8 标示出。为了避免舌片因受引力过大而被卡涩，利用螺杆 9 限制舌片的动作行程。

当线圈 2 中有电流通过时，舌片 3 便向磁极移动，这时螺旋弹簧 4 有弹力反抗舌片向磁极移动。舌片 3 所受的电磁力矩 M 与通过电流线圈 2 的电流 I_j 平方成正比，即

$$M = KI_j^2 \tag{8-1}$$

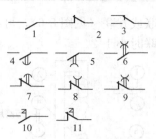

图 8-4　继电器触点的图形符号

1—常开触点（动合触点）；2—常闭触点（动断触点）；3—切换触点；4—延时闭合常开触点；5—延时返回常开触点；6—延时闭合和返回的常开触点；7—延时闭合的常闭触点；8—延时开启的常闭触点；9—延时闭合和开启的常闭触点；10—需人工复归的常开触点；11—需人工复归的常闭触点

当继电器线圈中的电流增加到电磁力矩 M 大于由弹簧产生的机械反抗力矩 M_F 和轴承摩擦所引起的反抗力矩 M_z，即 $M > M_F + M_z$ 时，舌片 3 被吸向磁极，并使可动触点 6 与固定触点 5 接通，继电器动作。一般为能使过电流继电器启动的最小电流称为继电器的启动电流，并用 I_{st} 表示。当电磁力矩 M 小于机械反抗力矩 M_F 与轴承摩擦力矩 M_z 之和，即 $M < M_F + M_z$ 时，继电器的可动触点 6 与固定触点 5 断开。此时能使继电器返回到起始位置的最大电流称为继电器的返回电流，用 I_{re} 表示。

继电器的返回电流 I_{re} 与启动电流 I_{st} 之比，称为继电器的返回系数，用 K_{re} 表示

$$K_{re} = \frac{I_{re}}{I_{st}} \tag{8-2}$$

过电流继电器的返回系数 $K_{re} < 1$，通常为 0.85。国产 DL-10 系列电流继电器的返回系数应不小于 0.8～0.85。

电流继电器的启动电流可以用下面两种方法来调整。第一种方法是改变调整杠杆 7 的位置，当调整杠杆向右移动时，由于螺旋弹簧 4 的拉力增大，机械反抗力矩增大，要使继电器 Z 形舌片 3 转动（即继电器动作）就必须在继电器的线圈中加入比较大的电流，从而使电磁力矩加大，继电器才能动作。相反，当调整杠杆向左移动时，启动电流就减小。如果调整杠杆 7 处在左方最终端，则将调整杠杆向右移动，就可以均匀地改变继电器的启动电流。第二种方法是利用改变继电器电流线圈的连接方法来改变继电器的启动电流值。也就是在继电器端子处引出上下两个线圈的线头，并用短路片将这两个线圈串

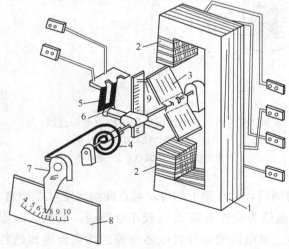

图 8-5　DL-10 型电流继电器结构图

1—铁芯；2—线圈；3—舌片；4—螺旋弹簧；

5—固定触点；6—可动触点；7—调整杠杆；

8—刻度盘；9—螺杆

联或并联（见图 8-6），可将继电器的启动电流变更两倍。例如，当线圈串联时启动电流较并联时小 1/2。

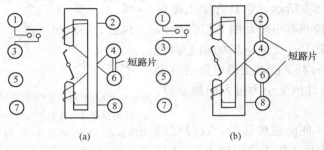

图 8-6　DL-10 型电流继电器内部接线图

(a) 串联；(b) 并联

感应式电流继电器的结构原理，如图 8-7 所示。在电磁铁 1 的两个磁极之间，有一个转动铝圆盘 2，磁极的上下两面均分成两个部分，其中的一部分放置短路环 3。当电流经过继电器线圈时，在有短路环的磁路中分别产生磁通 $\dot{\Phi}_A$ 和 $\dot{\Phi}_B$。磁通 $\dot{\Phi}_A$ 穿过短路环并在其中感应一个滞后于磁通 $\dot{\Phi}_A$ 为 90° 的电动势 $\dot{E}_K$，电动势 $\dot{E}_K$ 在短路环中产生电流 $\dot{I}_K$，它滞后于电动势 $\dot{E}_K$ 一个相位角 a。电流 $\dot{I}_K$ 又产生磁通 $\dot{\Phi}_K$，$\dot{\Phi}_A$ 和 $\dot{\Phi}_K$ 的相量差为 $\dot{\Phi}'_A$。可见，$\dot{\Phi}'_A$ 相当于没有短路环时穿过这一支路的磁通，因此，$\dot{\Phi}'_A$ 和 $\dot{\Phi}_B$ 是同相的 [见图 8-7 (b)]。

$\dot{\Phi}_A$ 和 $\dot{\Phi}_B$ 在空间有一相位差，其相位角为 φ，所以在铝圆盘上产生的转矩为

$$M = K_1 f \Phi_A \Phi_B \sin\varphi \qquad (8-3)$$

式中　K_1——比例常数；

　　　f——交流频率，Hz；

　　Φ_A、Φ_B——磁通的有效值，Wb。

在磁路未饱和时，磁通 Φ_A 和 Φ_B 与继电器线圈中的电流 I 成正比，故式 (8-3) 可写成

$$M = K_2 f I^2 \sin\varphi \qquad (8-4)$$

对于给定的继电器，φ 和 f 为常数，因此可得

$$M = K I^2 \qquad (8-5)$$

在转矩 M 的作用下，铝圆盘企图旋转，而弹簧、制动磁铁、轴和轴承的摩擦产生的反抗力矩 M_F 却阻止它。当

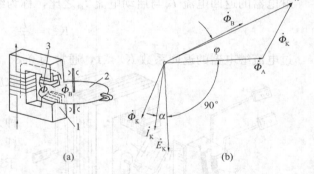

图 8-7　感应式电流继电器结构原理示意图

(a) 结构图；(b) 相量图

1—电磁铁；2—铝圆盘；3—短路环

$M > M_F$ 时，铝圆盘便转动起来，经过一定时间后，装在轴上的可动触点便与固定触点接通，继电器便完成了动作。当通过继电器线圈的电流为动作电流 I_{st} 的较小倍数时，其动作时限 t_{st} 与电流的平方成反比（见图 8-8 中的 a 段）。继电器的动作时限随电流的增大而缩短的特性，称为反时限特性。当电流增大到某一数值时，继电器的动作时限不再随电流而变化，并具有定时限特性（见图 8-8 中的 b 段）。此外，当电流增大到约 10 倍的动作电流时，继电器还有瞬动（速断）特性（见图 8-8 中的 c 段），当电流达到瞬动电流的整定值时，继电器便瞬时启动完成速断作用。感应式电流继电器的时限特性，如图 8-8 所示。由此可知，感应式

继电器不需要时间继电器就可以构成延时。

GL-10 型的感应式电流继电器的结构如图 8-9 （a）所示，它有感应系统和电磁系统两个系统，前者动作具有时限，后者是速动的。

感应系统由短路环 2 的电磁铁芯 1 和铝圆盘 3 构成。铝圆盘放在永久磁铁 6 中间。当电流为整定电流的 20％～40％ 时，在力 F_1 的作用下，铝圆盘开始转动 ［见图 8-9 （b）］。这时继电器并不动作，因为活动支架 4 被弹簧 5 拉开，扇形齿轮 8 并未与蜗杆 7 咬合。当铝圆盘在永久磁铁 6 的间隙中转动时，使铝圆盘产生制动力 F_2。铝圆盘转动越快，力 F_2 越大。当达到某一电流值时，F_1 和

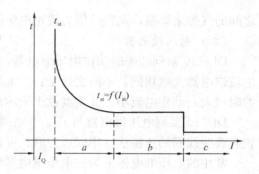

图 8-8 感应式电流继电器的时限特性
a—反时限部分；b—定时限
部分；c—电流速断部分

F_2 的合力克服弹簧 5 的拉力，活动支架 4 便转动电磁铁 1，使蜗杆 7 与扇形齿轮 8 咬合，此时铝圆盘转动，带动扇形齿轮 8 上升。当扇形齿轮杠杆 20 托起顶板 9 时，衔铁 10 将绕轴转动，衔铁右侧空气隙逐渐减小，衔铁被吸引，同时借助顶板 9 将触点 12 接通。

继电器线圈有抽头，接在插板 15 上，用来改变线圈的匝数，调整启动电流值。调整时必须注意电流互感器不允许开路。

此外，衔铁 10 和电磁铁芯 1 还构成瞬时动作的电磁式过流继电器。当电流达到相当大值时，衔铁右端瞬时被吸引，触点瞬时闭合。瞬时动作的电流数值借电磁铁芯 1 与衔铁 10

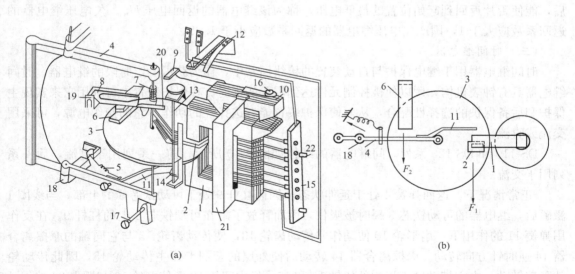

(a)　　　　　　　　　　　　　　(b)

图 8-9　GL-10 型过电流继电器结构图
（a）结构图；（b）作用于铝圆盘上的力

1—电磁铁芯；2—短路环；3—铝圆盘；4—活动支架；5—弹簧；6—永久磁铁；
7—蜗杆；8—扇形齿轮；9—顶板；10—衔铁；11—钢片；12—触点；13—调整
动作时限螺丝；14—动作时限调整指示器；15—插板；16—调整电磁铁动作电
流的螺丝；17—止挡；18—轴；19—线圈；20—杠杆；21—磁分路铁芯；22—插销

之间的气隙来调整，调整范围为整定电流的 2～8 倍。

（二）电压继电器

DL-110 系列的瞬时动作电压继电器，也是根据电磁原理制成的，其结构与 DL-10 系列电流继电器大致相同，不同之处是：①电压继电器线圈的匝数较多，因此比电流继电器线圈的阻抗大，动作电流小；②刻度盘上表示出来的是继电器的动作电压，而不是动作电流。

DJ-110 系列电压继电器与 DL-10 系列电流继电器的动作原理相似，移动调整把手的位置和改变线圈的连接法（串联或并联）可以将整定值变更 4 倍。

常用的电压继电器分为过电压继电器和欠电压继电器两种。当线圈两端加上正常或低于正常值的电压时，过电压继电器的舌片不转动，这时常开触点还是断开，常闭触点还是闭合的。当电压升高到过电压继电器的启动电压时，舌片转动，常开触点闭合，常闭触点断开。

能使过电压继电器动作的最小电压，称为启动电压，用 U_{st} 表示。在过电压继电器启动后，能使舌片返回到起始位置的最大电压值，称为该继电器的返回电压，用 U_{re} 表示。

返回电压与启动电压之比，称为返回系数 K_{re}，即

$$K_{re} = \frac{U_{re}}{U_{st}} \tag{8-6}$$

国产过电压继电器的返回系数应不小于 0.7。

具有常闭触点的欠电压继电器，当电压正常或较高时，触点是闭合的；当电压降低至启动电压时，舌片受弹簧作用而转动，继电器的触点断开。

能使欠电压继电器动作的最大电压，称为启动电压，用 U_{st} 表示。在欠电压继电器启动后，能使舌片返回到起始位置的最低电压，称为该继电器的返回电压 U_{re}。欠电压继电器的返回系数应大于 1，国产欠电压继电器的返回系数应小于 1.25。

（三）时间继电器

时间继电器用于继电保护与自动装置的接线回路中，作为获得一定时限的继电器。时间继电器具有钟表机构，用以使被控制元件达到需要的延时。在保护装置中可利用它来实现主保护和后备保护的选择性配合，从而使保护装置能有选择性的动作。它的操作电源，可采用交流或直流。

DS-110 和 DS-120 系列时间继电器的结构如图 8-10 所示。前一系列用于直流，后一系列用于交流。

正常情况下，返回弹簧 4 处于延伸状态，因而杠杆 9 处于可动铁芯 3 的上部。当线圈 1 激磁后，继电器的可动铁芯 3 瞬时被吸住，因而释放了附在可动铁芯 3 上的杠杆 9。在反作用弹簧 11 的作用下，扇形轮 10 便动作并传动齿轮 13，使传动齿轮 13 与它同轴的摩擦离合器 14 逆时针方向转动。摩擦离合器 14 转动后使外层的套圈卡住主传动轮 15，因此传动轮就随着转动。由它带动钟表机构的轮轴 16 和 17，经中间轮 18 而使摆轮 19 与摆卡 20 的齿 A 接触［见图 8-10（d）］使之停止转动。但在摆轮 19 的压力下，摆卡 20 偏转而离开摆轮 19，所以摆轮就转过一个齿，此后又重新被摆卡 20 的齿 B 挡住而停下。当这个齿离开后，摆轮又重新转过一个齿再停下，这样使得摆轮的运动是断续的，因此限制了动触点继电器主轴 25 的运动速度 ω_p。摆卡的摆动速度是与摆轮加在摆卡上的压力有关，也与摆卡的惯量有关。当线圈电流消失后，在返回弹簧 4 的反作用力下，继电器的铁芯 3 和杠杆 9 又返回到起始位置。返回是瞬时的，因为返回时触点杠杆轴是顺时针方向转动，因此使同轴的摩擦离合器与

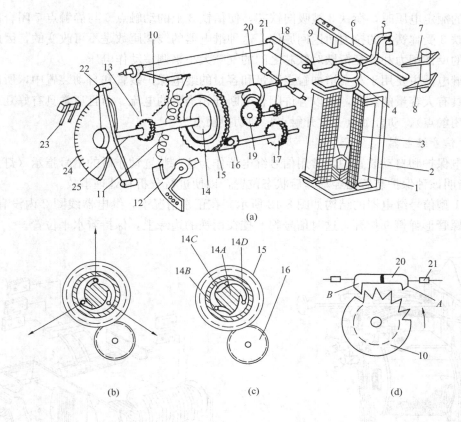

图 8-10　DS-110 和 DS-120 型时间继电器结构

（a）结构图；（b）继电器工作状态下的摩擦离合器；（c）继电器
返回状态下的摩擦离合器；（d）带摆卡的摆轮时针机构

1—线圈；2—磁路；3—可动铁芯；4—返回弹簧；5—扎头；6—可动触点；

7、8—静触点；9—杠杆；10—扇形轮；11—反作用弹簧；12—拉板；13—齿轮；

14—摩擦离合器（14A—凸轮，14B—钢球，14C—弹簧，14D—钢环）；

15—主传动轮；16、17—轮轴；18—中间轮；19—摆轮；20—摆卡；21—重锤；

22—可动触点；23—静触点；24—刻度盘；25—继电器主轴

传动轴脱开［见图 8-10（c）］。这时钟表机构不参加工作，所以触点杠杆轴的行程是没有阻碍的。

　　继电器延时触点的闭合时间 t_H，决定于触点杠杆轴所转动的行程角 α 和运动速度 ω_p。如果 ω_p 是个常数（钟表机构保证动触点的运动速度），则 $t_H = \dfrac{\alpha}{\omega_p}$。时间的调整是用改变动触点与静触点间角度的方法，也就是将静触点 23 沿刻度盘 24 移动来改变整定值。此外，继电器还有一组瞬时切换触点（6、7 和 8）。正常时，可动触点 6 与静触点 7 处于闭合状态。当可动铁芯 3 被吸入线圈内时，扎头 5 压下可动触点 6 使其与静触点 8 闭合，同时将静触点 7 断开。这组瞬动触点用在某些特殊保护中。

　　（四）中间继电器

　　中间继电器是一种辅助继电器。图 8-11 是 DZ-10 型中间继电器的结构。当线圈 2 加上

70％以上的额定电压时，衔铁 3 被吸向铁芯，使衔铁 3 上的动触点 6 与静触点 7 闭合；当失电后，衔铁 3 受弹簧 4 的拉力而返回原位。这种继电器的线圈匝数是不可改变的，因此采用改变弹簧的反作用力和改变衔铁对铁芯之间的气隙大小来调整动作电压。

中间继电器主要用于需要增加触点数量和容量的继电保护装置和自动装置中，所以这种继电器都具有大容量的触点，可以容许闭合或断开相当大的电流。而且通常具有好几对动断触点（常闭触点）、动合触点（常开触点）和切换触点。

（五）信号继电器

在继电保护和自动装置中，常用信号继电器作为这些装置动作后的信号指示（灯光或声响），以指明该种保护装置已经动作后状态位置，以便进行分析和处理事故。

DX-11 型信号继电器的结构如图 8-12 所示。在正常情况下，继电器线圈 2 内没有电流，衔铁 3 被螺管形弹簧 9 拉开，这时信号牌 6 挂在衔铁的边缘上，保持着水平位置。

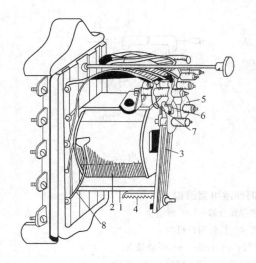

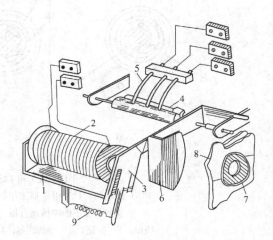

图 8-11　DZ-10 型中间继电器结构图
1—磁轭；2—线圈；3—衔铁；4—弹簧；
5—铜片；6—动触点；7—静触点；
8—连接导线

图 8-12　DX-11 型信号继电器结构图
1—电磁铁；2—线圈；3—衔铁；4—可动触点；
5—固定触点；6—信号牌；7—小窗；
8—手柄；9—弹簧

当线圈 2 内通有电流时，衔铁 3 被电磁铁 1 吸引而动作，信号牌因失去支持而旋转下落到垂直位置，这时从小窗 7 可以看到信号牌 6。

此外，有三个连着引出线的固定触点 5 和可动触点 4，动触点 4 和信号牌装在同一轴上，并与轴绝缘。当信号牌掉下时，轴转动一个角度，可动触点 4 与固定触点 5 闭合，接通音响信号或灯光信号回路，从而发出信号指示。如果要使信号牌回复到原来位置并使触点分开，可以转动装在继电器壳外的手柄 8，它带动装在壳内壁的钩子，将信号牌钩起来，搁在衔铁 3 的边缘上。

信号继电器线圈可制成电流线圈（匝数较少）和电压线圈（匝数较多）两种。装有电流线圈的信号继电器和断路器传动机构的跳闸线圈或中间继电器的线圈串联；装有电压线圈的信号继电器和中间继电器或时间继电器线圈并联。

第三节　过电流保护

由于在大多数情况下,配电网络是单端电源供电的放射形网络,特别是在工业企业内部或是农村配电线路(这种配电线路长度一般在 0.1～10km 以内)。因此,在选择过电流保护装置时,应根据这种配电网络的特点,并以力求维护方便、简单经济和运行可靠的原则进行。

对于低压配电网络,可采用附有熔断器的刀开关或自动空气开关作为过电流或短路保护,熔断器比自动开关结构简单、便于维修、价格便宜。在采用熔断器保护的回路中,为了保证配电网络熔断器能有选择性地动作,一般均要求上一级(干线)熔断器熔体的额定电流较下一级(分支线路熔断器)熔体的额定电流大 1～2 级。此外,还要根据短路电流和熔断器的安秒特性曲线进行校准,使熔断器在短路时的动作时间符合选择性要求。

在高压配电网络中,一般在满足继电保护配合的前提下,可选用负荷开关或跌落式熔断器作为保护装置。但是,当发生故障时,需要自动切断较大的故障电流者,应装设高压断路器和继电保护装置。

这里所指的过电流保护,就是指当配电网络发生短路故障时,电流突然增大,利用电流在增大过程中超过规定值引起电流继电器动作而形成的保护。根据其工作原理的不同,过电流保护又分为定时限过电流保护、反时限过电流保护和电流速断保护三种。

一、定时限过电流保护

(一)定时限过电流保护原理

在一端供电的放射式网络中,通常将过电流保护装置装设在每一段线路的电源端。每一段线路应有各自独立的保护装置,当网络中任意点发生短路故障时,均能有选择性地切除故障线路。如图 8-13 所示,当网络中任意一点 K_1 短路时,短路电流流过装设在电源和故障点之间所有的过电流保护装置(1、2 和 3),这样所有的过电流保护装置都将动作。然而按照选择性的条件,应当只有装设在故障线路段的过电流保护装置 3 动作并使断路器 QF3 跳闸。

为了使该线路 1、2 和 3 各段过电流保护装置有选择性地动作,则各段过电流保护装置需相应地采取不同的时限,也即在网络中的保护装置,从发生故障开始到动作,不同段线路的过电流保护装置有不同的时限,时限的长短是从用户到电源逐级增加,越接近电源的过电流保护装置时限则越长,因此称这种时限选择原则为阶梯原则。每段时限之间有一定的时间差值,通常用"时间阶段" Δt 来表示。由图 8-13 可见,$t_1 = t_2 + \Delta t$;$t_2 = t_3 + \Delta t$ 等。当 K_1 点发生短路时,只有相应的过电流保护装置 3 动作,将故障切除。当故障切除以后,保护装置 1、2 的电流继电器都应返回,根据断路器和继电器的类型不同,时间阶段 Δt 一般为 0.35～0.7s,通常取 0.5s。

由于过电流保护装置的动作时限长短是从用户到电源逐级增长的,好像一个阶梯,故称为阶梯形时限特性。又由于各过电流保护装置的动作时限是固定的,而与短路电流的大小无关,所以这种保护装置,称为定时限过电流保护。

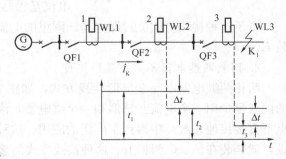

图 8-13　定时限过电流保护的工作原理

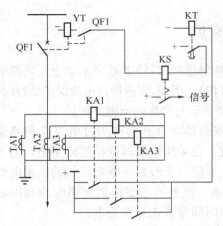

图 8-14　定时限过电流保护接线

每段线路的保护装置除保护本段线路外，还应当作为相邻下一段线路的后备保护。例如，当 K_1 点发生短路时，过电流保护装置 3 由于某种原因拒动，经过 $t_2(t_3+\Delta t)$ 时间后，过电流保护装置 2 应动作，跳开过电流保护装置 2 的断路器 QF2。

（二）定时限过电流保护装置的组成

定时限过电流保护装置的组成如图 8-14 所示，现分别叙述如下。

1. 电磁式电流继电器 KA1、KA2 和 KA3

电流继电器 KA1～KA3 主要是完成过电流保护装置的启动任务。当电流互感器 TA1～TA3 二次侧电流超过 KA1～KA3 的启动电流时，继电器动作。

2. 时间继电器 KT

时间继电器 KT 建立过电流保护装置所需要的动作时限。

3. 信号继电器 KS

信号继电器 KS 用于当过电流保护动作后触点闭合发出信号，并以掉牌指明过电流保护装置的动作位置状态。

4. 电流互感器 TA

电流互感器 TA 的作用是把线路中一次侧的大电流按比例变换为数值较小的二次侧电流，通常电流互感器的二次侧电流以 5A 为标准。此外，电流互感器还起一次侧高电压与二次侧低电压设备的绝缘隔离作用。为了安全，电流互感器的二次侧必须接地。当断路器 QF1 跳闸后，此时断路器的辅助触点 QF1 也应断开，防止中间继电器的触点因断弧而烧坏。

（三）过电流保护装置的接线方式

在过电流保护装置的接线中，电流互感器和电流继电器之间可以采用三种接线方式，即：三相三继电器星形接线方式、两相两继电器不完全星形接线方式和两相差电流接线方式。下面就分别叙述这三种接线方式。

1. 三相三继电器星形接线

三相三继电器星形接线方式，如图 8-15（a）所示。它的接线系数 $K_w=1$。所谓接线系数是指继电器中电流与电流互感器的二次电流之比，即

$$K_w=\frac{继电器中电流\ I_j}{电流互感器的二次电流\ I_{TA}} \tag{8-7}$$

由于这种接线方式流过继电器线圈里的电流与电流互感器的二次电流相同，所以接线系数 $K_w=1$。

2. 两相两继电器不完全星形接线

两相两继电器不完全星形接线方式，如图 8-15（b）所示。由图 8-15（b）可看出，它的优点是少用一个电流互感器和一个继电器，因此接线比较简单。在小电流接地系统（中性点不直接接地系统）中得到了广泛的应用。这种接线方式在同一电力系统中，必须按同相装设，就是装在 A、C 两相上。这种接线方式的接线系数 $K_w=1$。

3. 两相差电流接线

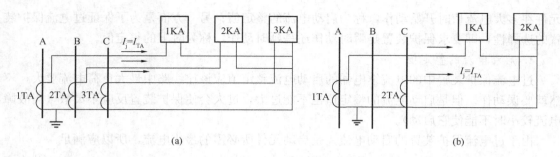

图 8-15　三相三继电器和两相两继电器的接线图

（a）三相三继电器星形接线；（b）两相两继电器不完全星形接线

两相差电流接线方式如图 8-16 所示，通常也称为两相电流差接线。这种接线方式流入继电器中的电流是 A、C 两相电流的差，即

$$\dot{I}_j = \dot{I}_A - \dot{I}_C \tag{8-8}$$

（1）当正常运行或发生三相短路时

$$\dot{I}_j = \dot{I}_A - \dot{I}_C = \sqrt{3}\dot{I}_{ph} \tag{8-9}$$

所以

$$K_w = \frac{\dot{I}_j}{\dot{I}_{TA}} = \frac{\sqrt{3}\dot{I}_{ph}}{I_{ph}} = \sqrt{3} \tag{8-10}$$

式中　$\dot{I}_{TA}$——电流互感器的二次侧电流；

$\dot{I}_{ph}$——相电流。

从式（8-10）可知，当正常运行或发生三相短路时，两相差电流的接线系数是其他两种接线方式的 $\sqrt{3}$ 倍。

（2）当装设电流互感器的 A、C 两相均发生短路时

$$\dot{I}_j = \dot{I}_A - \dot{I}_C = 2I_{ph} \tag{8-11}$$

所以

$$K_w = \frac{I_j}{I_{TA}} = \frac{2I_{ph}}{I_{ph}} = 2 \tag{8-12}$$

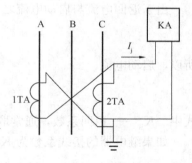

图 8-16　两相差电流接线图

从式（8-12）可知，当装设电流互感器的 A、C 两相发生短路时，两相差电流的接线系数是其他两种接线方式的 2 倍。

（3）当装设互感器相与未装设互感器相发生短路时

$$\dot{I}_j = \dot{I}_A - \dot{I}_C = I_{ph} \tag{8-13}$$

所以

$$K_w = \frac{I_j}{L_{TA}} = \frac{I_{ph}}{I_{ph}} = 1 \tag{8-14}$$

从式（8-14）可知，当装设互感器的相（A 相或 C 相）与未装设互感器的相（B 相）发生短路时，两相差电流的接线系数与其他两种接线方式相同。这就说明，这种接线方式的接线系数，随不同类型的短路故障而不相同，在 A—B 或 B—C 相间短路时灵敏度较差。

（四）定时限过电流保护装置的整定值

定时限过电流保护装置的参数整定工作包括以下两个方面：一方面是确定继电器的启动

元件在多大电流值时开始动作,称为启动电流的整定值;另一方面是为了保证过电流保护装置的选择性,即要求保护装置是瞬时动作还是延时动作,称为时限的整定值。

1. 启动电流的整定值

过电流保护装置中的电流继电器的启动电流整定值应该比线路中最大负荷电流要大,不然就要误动作。但是启动电流的整定值也不能过大,过大会使保护装置反应不灵敏(当故障电流较小时不能使它启动)。

由于过电流保护装置的启动电流,是启动元件所必需的最小电流,所以应满足

$$I_{st} > I_{Lmax} \tag{8-15}$$

式中　I_{st}——过电流保护装置的启动电流;

I_{Lmax}——配电线路最大的负荷电流。

此外,当被保护线路段外部短路被切除后,凡已启动的继电器应能可靠地返回至起始位置。同时要考虑到故障被切除后,由于系统的电压得到恢复,一些电动机自启动,因此无故障段的电流可能出现最大负荷电流。在此电流的作用下,无故障段的保护装置应当仍能返回,所以

$$I_{re} > I_{Lmax} \tag{8-16}$$
$$I_{re} = K_K I_{Lmax}$$

式中　I_{re}——保护装置的返回电流;

K_K——可靠系数,通常取 $K_K = 1.15 \sim 1.25$。

由于返回电流与启动电流之比,等于返回系数,即

$$\frac{I_{re}}{I_{st}} = K_{re} \tag{8-17}$$

所以,启动电流

$$I_{st} = \frac{I_{re}}{K_{re}} = \frac{K_K}{K_{re}} I_{Lmax} \tag{8-18}$$

式中　K_{re}——返回系数,通常取 $K_{re} = 0.8$ 左右。

如果继电器的接线系数为 K_j,电流互感器的变比为 K_N,那么继电器的启动电流为

$$I_{st} = \frac{K_K K_j}{K_{re}} \times \frac{I_{Lmax}}{K_N} \tag{8-19}$$

保护装置对保护区内短路故障的反应能力,常用灵敏度(灵敏系数)来表示。它是用被保护的设备发生故障时,通过保护装置继电器中的最小短路电流与保护装置继电器的启动电流之比来表示,即

$$K_s = \frac{I_{Kmin}}{I_{st}} \tag{8-20}$$

式中　K_s——灵敏系数;

I_{Kmin}——最小运行方式下,线路末端或下一段线路末端短路时,流过继电器的最小短路电流。

一般来说,要求在被保护线路的末端发生短路时,$K_s \geqslant 1.5$;在特殊情况下,可降至 $K_s = 1.25$;当作为相邻线路或设备的后备保护时,$K_s \geqslant 1.2$。为什么说,按一般规定灵敏系数 K_s 必须大于 1.2 呢?这是因为考虑到一些不利于启动的因素存在,例如故障点由于不是金属性短路,而是存在过渡性电阻短路;流过继电器中的实际短路电流小于计算值;考虑到

电流互感器的负误差，以及考虑一定裕度等。

2. 时限整定值

全套保护装置自感受故障现象到切除故障，要经过一段时间，这一段时间是预先确定了的。定时限过电流保护装置的时限整定，是按照阶梯形时限原则来整定的，如图 8-13 所示。在考虑确定末段保护装置的动作时限 t_3 时，一定要考虑与其他保护装置的时限配合，否则就不能满足选择性要求。

二、反时限过电流保护

（一）反时限过电流保护特点

反时限过电流保护装置的特点是它的动作时限与线路中电流大小有关。当电流大时动作时限短，而电流小时动作时限长。为了获得这一特性，在保护装置中采用两个 GL-11 型感应式电流继电器。这种继电器的主要优点是启动元件和时限元件的职能，均由同一块电流继电器来完成，并且还带有机械掉牌装置，因而简化了接线。此外在多台电动机同时工作或同时启动时，如果电流超过了继电器的启动值，该过电流保护装置也能在时限较长的情况下动作，同时也能加速切除被保护线路始端的故障。缺点是时间配合不如定时限过电流保护简单，特别是当线路级数较多时，总的动作时限很长。

（二）反时限过电流保护的应用

反时限过电流保护装置主要用在 3～10kV 的配电网络中，作为配电线路和电动机的保护。

图 8-17 所示的配电线路中，两级均采用反时限过电流保护装置。为了配合前后两级的时限，首先应计算出保护装置 1 和 2 的启动电流 I_{st1} 和 I_{st2}，I_{st1} 和 I_{st2} 的相互配合，应为 $I_{st1} > I_{st2}$。假定保护装置 2 的时限特性已确定，即图 8-17 中的曲线 2。考虑保护装置 1 的时限特性时，需算出配合点即线路 X-2 的始端 K_1 处短路时的短路电流 I_{K1}。在 I_{K1} 作用下保护装置 2 的动作时限为 t_{2K1}，见图 8-17 中曲线 2 的 A 点。在 I_{K1} 作用下保护装置 1 也会启动，按选择性要求其动作时限 t_{1K1} 应比保护装置 2 的时限 t_{2K1} 大一个 Δt，即

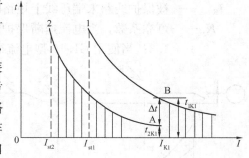

图 8-17　反时限过电流保护的时限配合

$$t_{1K1} = t_{2K1} + \Delta t \tag{8-21}$$

考虑到感应式继电器铝圆盘有转动惯性，误差较大，所以 Δt 一般取 0.7s。

计算得到 t_{1K1} 后，即可按 $t_{2K1} + 0.7$ 获得保护装置 1 时限特性曲线上的点 B。I_{st1} 及点 B 一经确定，保护装置 1 的时限特性曲线 1 即可完全确定下来。

在实际调整继电器时，首先按启动电流 I_{st1} 选好启动电流插销（见图 8-9 中插板 15）的位置，然后根据 I_{K1} 及 t_{1K1} 调整时限特性曲线，即将 I_{K1} 电流通入继电器中，调整时间刻度螺丝的位置，使测得时间为整定时间 t_{1K1} 即可。

在 K_1 点处取保护装置 1 与保护装置 2 的动作时限级差为 Δt，也就保证了选择性。因为短路点离电源越远，时限级差越大（如 K_2 点处的时限级差 $\Delta t' > \Delta t$）。只要在 K_1 点处满足时限配合要求，在其他各点短路时，均能满足选择性要求。应当指出，实际上由于继电器特性改变，根据现场具体情况，还要进行时限选择性的配合。

反时限过电流保护除整定配合较复杂外,当短路点存在较大的电弧电阻,或在最小运行方式下,距电源较远处短路时,由于 I_K 较小,保护装置的动作时限可能很长。

三、速断保护

(一) 速断保护装置的特点

凡是过电流保护,其启动电流的整定值,不是按照被保护线路的最大负荷电流来整定,而是按预先选择短路点的短路电流来整定的。这种保护装置称为电流速断保护。

电流速断保护装置有瞬时动作的,也有延时动作的。一般来说,使用电流速断保护可以使整个电力系统继电保护的动作时限降低,对电力系统并列运行的稳定性大有好处,同时这种保护又非常简单经济,因此在电力系统中被广泛应用。

如图 8-18 所示,短路电流的大小随短路地点距电源距离的增加而减小,这是因为从电源到故障点的阻抗随着距离的增加而增大的缘故。

(二) 速断保护装置的整定

为了使电流速断保护动作有选择性,在选择其启动电流时应该考虑到:当下一段线路上发生故障(如 K_1 点),保护装置不应启动。因此保护装置的启动电流应大于本线路末端母线上发生短路时(如 K_2 点)的最大短路电流。

$$I_{st} = K_K I_{Kmax} \tag{8-22}$$

式中　I_{st}——保护装置一次侧启动电流,A;

I_{Kmax}——被保护线路末端母线上短路时的最大短路电流,A;

K_K——可靠系数,当电流速断保护装置使用 DL-10 型电流继电器时,取 $K_K=1.2\sim$ 1.3;当使用 GL-10 型电流继电器时,取 $K_K=1.5\sim1.6$。

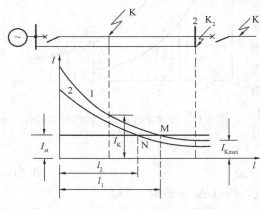

图 8-18　一端供电网络的电流速断保护原理图

电流速断保护装置的保护范围,决定于 I_{Kmax} 和 K_K,而 I_{Kmax} 又决定于电力系统运行方式(图 8-18 中曲线 1 为最大运行方式,曲线 2 为最小运行方式)和短路类型。短路电流愈大,保护范围愈长(图 8-18 中 $l_1>l_2$)。因为 K_K 值选择愈小,I_{st} 值愈小,所以保护范围愈长。

电流速断保护的优点是动作迅速,能快速断开电源附近的故障,此外保护装置需用的设备少、成本低。其缺点是不能保护线路的全部长度,而且保护范围受电力系统运行方式的影响,因此必须与其他保护配合使用。

四、过电流保护装置二次接线图

过电流保护装置的二次接线图与许多因素有关,如保护装置所反映的故障类型、电流互感器与继电器线圈的接线方式、继电器形式以及操作电源种类等。因此过电流保护装置的二次接线图是根据实际需要进行绘制的,通常将二次接线图分为原理接线图、展开原理图和安装接线图三种。

(一) 原理接线图

原理接线图以清晰、明显的形式表示出二次设备和电源装置之间的电气联系及它们之间的相互动作顺序和工作原理。在这种图纸上，设备的触点和绕组的线圈集中地表示出来，并且综合地表示出交流电流、电压回路和直流回路之间的联系。图 8-19 所示为某 10kV 线路的过电流保护原理图。

在图 8-19 中，设定电流继电器 KA1 和 KA2 的动作值相同。当线路发生三相短路故障时，该短路电流流过安装在一次回路中 A、C 相电流互感器的一次线圈，在其二次线圈中将感应出超过正常值的二次电流。此电流流经 KA1 和 KA2 的线圈后，再流回电流互感器的另一端而形成闭合回路。如果此二次电流大于 KA1 和 KA2 的动作值时，

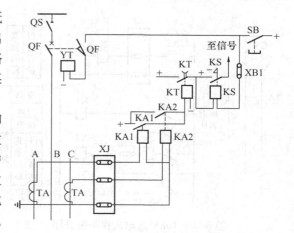

图 8-19 10kV 线路过电流保护原理接线

KA1、KA2 动作使得触点闭合，直流就由正极出发，经过 KA1 和 KA2 的并联触点，被送到时间继电器 KT 线圈的一端，从而将直流电压加到时间继电器 KT 的线圈上，使得时间继电器 KT 动作，触点延时闭合。时间继电器 KT 的触点闭合后，直流正极由 KT 的触点经信号继电器 KS 的线圈和保护投入压板、断路器的辅助触点，被送到断路器跳闸线圈 YT 的一端，从而将直流电压加到断路器跳闸线圈 YT 上，使得断路器立即跳闸切除故障。信号继电器 KS 动作，发出信号。

从图 8-19 可以看出，一次设备和二次设备都以完整的图形符号表示出来，比较形象、直观。但当接线比较复杂时，阅读起来就非常困难，同时它也不能表明设备之间连接线的实际位置，对于接线中的错误也不易发现，不便于现场查找和调整试验，因此原理接线图在实际工作中受到很大限制。

（二）展开原理图

展开原理图简称为展开图。展开图是绘制二次回路安装图的主要依据，也是制造、安装、调试和维护等工作的重要图纸。展开图是把所有电器设备和器具分成许多元件（如线圈、触点等），并将这些元件分散布置，按它们的动作顺序，相互连接组成很多独立的回路。同时，展开图是按交流电压回路、交流电流回路和直流回路分别绘制的。直流回路又分为控制回路、合闸回路、保护回路、测量回路和信号回路等。

在交、直流回路中，属于同一回路内的线圈和触点，按照电流的顺序自左而右互相连接形成的各条电路称为展开图的"行"。整个展开图由许多"行"组成，各"行"按动作先后顺序由上而下垂直排列。为了避免混淆，属于同一电器设备或器具的线圈和触点等采用相同的表示符号。为了便于阅读，展开图的右侧还用文字说明各设备或回路的用途，如图 8-20 所示。

展开图的逻辑性很强，阅读前首先了解该图纸所绘制的电器设备和器具的动作原理及其功能，然后再仔细阅读图纸。阅读要领可归纳为"先交流，后直流；交流看电源，直流找线圈抓触点；先上后下，先左后右"。

所谓"先交流，后直流"，是指先看交流回路，根据交流回路的电气量在系统故障时的变化特点，向直流回路推断。一般来说，交流回路比较简单，容易理解。

"交流看电源，直流找线圈抓触点"，是指交流回路要从电源入手，先找出它们是由哪些

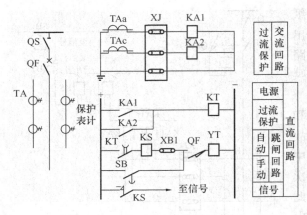

图 8-20   10kV 过电流保护展开图

电流互感器或哪组电压互感器引来，所连接设备的动作特性及作用，由此再找直流回路中所对应的触点启动的继电器线圈。找到继电器线圈后，再找出与其相对应的触点，根据触点状态变化的情况，再进一步分析，直至查清整个逻辑回路的动作过程。

"先上后下，先左后右"是针对端子排图和屏后安装图而言的。

以图 8-20 为例，当 10kV 线路发生三相短路时，在电流互感器 TAa 和 TAc 的二次回路中，将流过较大的二次电流。当此二次电流大于 KA1 和 KA2 整定值时，KA1 和 KA2 电流继电器动作，其常开触点闭合。当 KA1 和 KA2 触点闭合后，时间继电器 KT 启动，经过整定的时间后，KT 的触点闭合，通过信号继电器 KS 的线圈接通断路器的跳闸线圈，使断路器跳闸。信号继电器 KS 启动后，点亮了光字牌告警。

展开图结构简单、层次分明，便于阅读和对各元件的动作顺序检查。同时它对复杂回路的设计、研究及安装调试都非常方便，因此生产上用得很广泛。

（三）安装接线图

安装接线图是在展开图的基础上，为了制造、安装、调试和维护的方便而绘制的图纸。安装接线图包括屏面布置图、屏背接线图和端子排图。

屏面布置图是制造屏（盘）和安装屏（盘）上设备的依据。在屏面布置图中的设备均按规定的符号表示，每个设备的排列、布置要根据运行操作的合理性并考虑维护和安装的方便性来确定。

屏背接线图是以屏面布置图为基础，并以展开图为依据而绘制的，表明屏内各设备之间连接关系的图纸。它是将原理设计制造化的一个重要环节。屏背接线图是制造厂进行屏、盘接线的重要图纸，同时也是调试和维护、校对接线正确性的重要图纸。

端子排图是表示屏与屏外其他设备电缆连接关系的图纸。在必要时，屏内设备之间有些也要经过端子排进行连接。端子排图上应标明电缆的编号和始端设备的名称，电缆芯编号，端子排编号，端子排连接设备的安装编号等信息。端子排图是掌握系统各设备之间连接关系的重要图纸，它是构成电缆敷设图的基础。

安装接线图的接线方法采用相对编号法，即每个设备的接线柱均应标明与何处相连接，例如甲接线柱旁标上乙接线柱，乙接线柱旁标上甲接线柱，就表明甲和乙两接线柱之间应连接起来，这种接线称为"对面"原则。盘内设备到端子排的接线，也按照"对面"原则连接。

第四节 小电流接地系统的接地信号

$3\sim 10kV$ 高压配电网络是中性点不接地网络，在正常运行时，各相对地电压是对称的，中性点对地电压为零。由于三相对地的电容 C_0 相同，在相电压的作用下，各相电容电流相等，并超前于相应相电压 90°，如图 8-21 所示。这时变压器中性点与电容中性点同相位。

当这种小电流接地系统发生单相（如 A 相）接地时，网络的电压和电流均将发生变化，其变化情况说明如下。

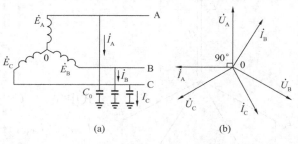

一、接地时电压和电流的变化

（一）接地时电压变化的分析

如图 8-22（a）所示，当小电流接地网络发生单相（如 A 相）接地时，设电源的三相电动势分别为 $\dot{E}_A$、$\dot{E}_B$ 和 $\dot{E}_C$。为了分析简便起见，不计电源内部的电压

图 8-21　小电流接地网络正常运行时电容电流及相量图
（a）电容电流；（b）相量图

降和线路上的电压降，电源每相电动势的有效值 E_{ph} 等于网络正常工作时的相电压 U_{ph}，电源两相电动势之差 E 等于电网的线电压 U_L。在分析单相接地的零序电流、电压时，不考虑负荷电流的影响。

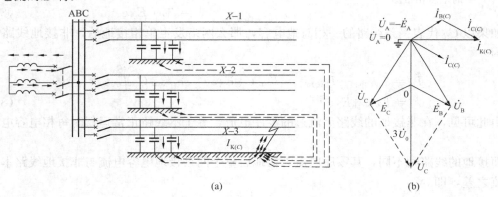

图 8-22　小电流接地系统单相接地示意图
（a）接地时电容电流分布图；（b）电流电压相量图

图 8-23 是分析网络 A 相接地时的电压相量，此时网络各相对地电压为：A 相对地电压 $\dot{U}_A=0$，中性点 0 对地电压 $\dot{U}_0=-\dot{E}_A$，所以 $\dot{U}_0=E_{ph}=U_{ph}$；B 相对地电压 $\dot{U}_B=\dot{E}_B=\dot{E}_B-\dot{E}_A=\sqrt{3}E_A\mathrm{e}^{-\mathrm{j}150°}$；C 相对地电压 $\dot{U}_C=\dot{E}_C+\dot{U}_0=\dot{E}_C-\dot{E}_A=\sqrt{3}E_A\mathrm{e}^{\mathrm{j}150°}$。

由此可见，在中性点不接地的网络中，发生单相接地时，接地相对地电压为零，非接地相对地电压升高 $\sqrt{3}$ 倍，也即升高到线电压值。因此，网络出现零序电压为

$$3U_0=U_A+U_B+U_C=0+\sqrt{3}E_A\mathrm{e}^{-\mathrm{j}150°}+\sqrt{3}E_A\mathrm{e}^{\mathrm{j}150°}$$
$$=-3E_A \qquad (8\text{-}23)$$

（二）接地时电容电流分析

从图 8-22（b）可知，接地时接地相对地电容电流为零，非接地相即 B、C 相电容电流分别为

$$\dot{I}_{B(C)}=\frac{\dot{U}_B}{\dfrac{1}{\mathrm{j}\omega C}}=\mathrm{j}\omega C\dot{U}_B=\mathrm{j}\omega C\sqrt{3}E_A\mathrm{e}^{-\mathrm{j}150°}$$

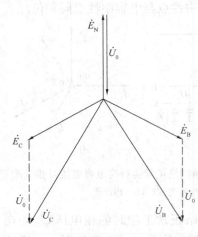

图 8-23 小电流接地系统接地
时电压相量图

$$= \sqrt{3}\omega CE_A \mathrm{e}^{-\mathrm{j}60°}$$

$$\dot{I}_{C(C)} = \frac{\dot{U}_C}{\frac{1}{\mathrm{j}\omega C}} = \mathrm{j}\omega C \dot{U}_C$$

$$= \sqrt{3}\omega CE_A \mathrm{e}^{-\mathrm{j}120°}$$

式中　　　C——整个系统一相对地电容；

$\dot{I}_{B(C)}$、$\dot{I}_{C(C)}$——整个系统 B 相与 C 相对地电容电流 [见图 8-22 (b)]。

单相接地后，各相对地电容电流不再对称，网络所有电容电流经过大地、接地点以及线路流回电源 [见图 8-22 (a)]，接地点处的接地电容电流为

$$\dot{I}_{K(C)} = \dot{I}_{B(C)} + \dot{I}_{C(C)} = \sqrt{3}\omega CE_A \mathrm{e}^{-\mathrm{j}60°} + \sqrt{3}\omega CE_A \mathrm{e}^{-\mathrm{j}120°}$$

$$= 3\omega CE_A \mathrm{e}^{-\mathrm{j}90°} \tag{8-24}$$

如果以 C_{ph} 代表一条线路的一相对地电容，那么网络发生单相接地后，非接地线路零序电流为

$$\dot{I}_{0f} = \dot{I}_{B(C)\mathrm{ph}} + \dot{I}_{C(C)\mathrm{ph}} = \sqrt{3}\omega C_{\mathrm{ph}}E_A \mathrm{e}^{-\mathrm{j}60°} + \sqrt{3}\omega C_{\mathrm{ph}}E_A \mathrm{e}^{-\mathrm{j}120°}$$

$$= 3\omega C_{\mathrm{ph}}E_A \mathrm{e}^{-\mathrm{j}90°} \tag{8-25}$$

由此可见，在非接地的线路上流过的零序电流，等于本线路正常运行时每相电容电流的 3 倍。

而接地的线路则不同，其零序电流为接地后整个网络接地电容电流与非接地线路本身零序电流之差，即

$$\dot{I}_{0K} = \dot{I}_{K(C)} - \dot{I}_{0f} = 3\omega E_A (C - C_{\mathrm{ph}}) \mathrm{e}^{-\mathrm{j}90°} \tag{8-26}$$

综上所述，在中性点不接地的小电流接地系统中，当单相发生接地时，不会出现大电流，且不会改变线电压的数值及对称性，所以可以带着接地点继续向负荷供电，但要设法尽快找出故障点并及时处理，以防故障扩大。

二、绝缘监视和接地保护

(一) 绝缘监视

在小电流接地网络中，任意一点接地都会出现零序电压，所以利用零序电压来实现接地保护是没有选择性的，但可以利用零序电压来监视网络的绝缘，实现这一目的的装置，称为绝缘监视装置。

图 8-24 为绝缘监视装置的接线，在变电所电源母线上装有一套三相带有剩余电压线圈的电压互感器。电压互感器二次侧三相星形接线上接有 3 个电压表（或用一个电压表加一个三相切换开关）测量各相电压。二次侧的开口三角形的开口处接一个过电压继电器，用以反应网络接地时出现的零序电压。

在正常运行时，网络的三相电压对称，没有零序电压，所以 3 个电压表的读数相等，过电压继电器也不动作。当变电所任何一条出线发生接地时，接地相电压为零，该相电压表就没有读数，而其他两相对地电压升高 $\sqrt{3}$ 倍，因此这两相电压表读数升高。同时，网络出现

零序电压 U_0，使过电压继电器动作，发出接地信号。值班人员根据信号和表计指示，便可知发生接地故障和接地相别，这时可以采用依次拉开各条线路的方法来寻找具体故障线路。如拉开某条线路时，网络接地现象消失，则被拉开的线路就是故障线路。

在电网正常运行时，由于电压互感器本身有误差和高次谐波电压，所以开口三角形侧也存在不平衡电压。因此，在整定电压继电器的启动电压时，应考虑大于这一不平衡电压，通常整定为 15V。

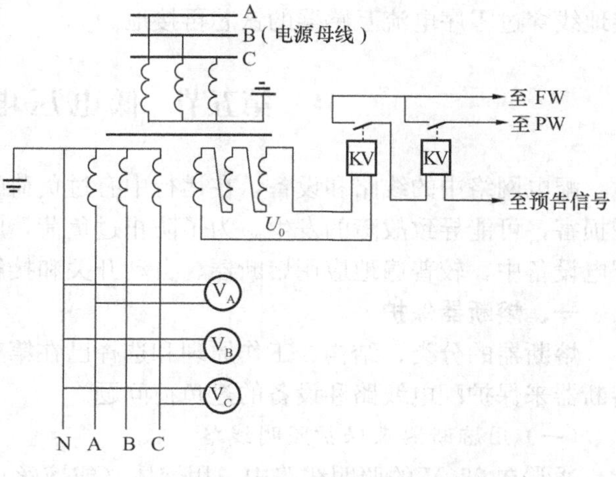

图 8-24　绝缘监视装置的接线图

PW、FW——"掉牌未复归"光字牌小母线

（二）接地保护

当网络结构比较复杂，线路比较多的情况下，采用绝缘监视装置，寻找接地故障，往往是比较困难的，因此对于这种情况需要在网络中装设有选择性的接地保护。

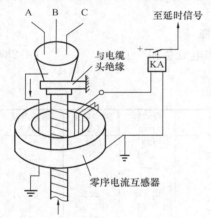

图 8-25　零序电流互感器
安装接线图

小电流接地系统的接地保护，是利用接地时产生的零序电容电流使保护装置动作的。通常要在所有的线路上装设零序电流互感器（见图 8-25）。这种互感器的一次线圈为被保护电缆的三相导线，方形或圆形的铁芯套在电缆外面，铁芯上绕有二次线圈并接至电流继电器 KA。正常运行及相间短路时，一次侧电流之和为零，二次侧只有导线排列不对称时，才能引起的不平衡电流。当发生接地故障时，零序电流反应到二次侧并流入继电器，使其动作。

为了使得接地保护有选择性地动作，接在零序电流互感器二次侧的电流继电器 KA 的启动电流的整定，必须大于本线路的零序电容电流，即

$$I_{st} = K_K 3\omega C U_{ph}$$

式中　$3\omega C U_{ph}$——本线路的零序电容电流；

　　　U_{ph}——线路的相电压；

　　　K_K——可靠系数。

可靠系数 K_K 的大小与保护装置动作时间有关。如果保护装置是瞬时动作，为了防止接地电容电流的暂态分量（数值很大，但衰减极快）使保护装置误动作，K_K 值应取 $4\sim5$；如果保护装置为延时动作，K_K 值可取 $1.5\sim2.0$。

采用零序电流互感器还要考虑线路发生接地故障时，接地电流不仅在地中流过，也可能沿着电缆铅皮和铠甲流通。这样，就要防止保护区外故障时，该电流可能使非故障线路误动作或使故障线路保护装置的灵敏度降低，因此要求将电缆头与支架隔离绝缘，并将电缆头的

接地线穿过零序电流互感器的铁芯再接地。

第五节　低电压电器保护

配电网络中的线路和设备，在运行中有过负荷的可能，但长期过负荷会使设备的绝缘遭受损害，可能导致故障的发生。为了防止过负荷，应装设过负荷的保护装置。在配电线路和配电设备中，较普遍地应用熔断器、自动开关和接触器作为过负荷保护装置。

一、熔断器保护

熔断器的分类、结构、工作原理和选择已在第五章第六节中介绍过，这里主要讨论利用熔断器来保护配电线路和设备的过负荷问题。

（一）用熔断器来保护照明线路

通常在 220V 的照明线路中，用熔体（或熔丝）来保护照明线路的过负荷。下面介绍熔体的选用。

（1）当照明线路的总熔体装于电能表出线上时，熔体的额定电流可按下式计算

$$熔体额定电流 = (0.9 \sim 1.0) \times 电能表额定电流 \quad (A) \tag{8-27}$$

式（8-27）考虑了保护电能表的因素，所以总熔体的额定电流不应大于电能表的额定电流，但应大于全部电灯的工作电流。

（2）对于照明支线熔体的额定电流应按式（8-28）选择

$$熔体额定电流 \geqslant 支线上所有电灯的工作电流总和 \quad (A) \tag{8-28}$$

低压熔体的直径选择，如表 8-2 所示。

表 8-2　　　　　　　　　常用低压熔体规格表

种　类	直径(mm)	额定电流(A)	种　类	直径(mm)	额定电流(A)	熔断电流(A)
	0.08	0.25		4.91	60	—
	0.15	0.5		5.24	70	—
	0.2	0.75		—	—	—
	0.22	0.8		0.508	2	3
	0.28	1		0.559	2.3	3.5
	0.29	1.05		0.61	2.6	4
	0.35	1.25		0.71	3.3	5
	0.40	1.5		0.813	4.1	6
	0.46	1.85		0.915	4.8	7
	0.52	2		1.22	7	10
	0.54	2.25		1.63	11	16
	0.60	2.5		1.83	13	19
铅锑合金丝（含铅≥98%，锑0.3%～1.5%）	0.65	3	铅锡合金（含铅95%，锡5%）	2.03	15	22
	0.94	5		2.34	18	27
	1.16	6		2.65	22	32
	1.26	8		2.95	26	37
	1.51	10		3.26	30	44
	1.66	11		—	—	—
	1.75	12		—	—	—
	1.98	15		—	—	—
	2.23	20		—	—	—
	2.78	25		—	—	—
	3.14	30		—	—	—
	3.81	40		—	—	—
	4.12	45		—	—	—
	4.44	50		—	—	—

（二）用熔断器来保护的动力线路

对于低压动力线路常采用熔断器作为短路保护。但熔断器中的熔体电流，要考虑到避开启动时的最大电流。一般熔体电流可按电动机"千瓦数 4 倍"进行选择。熔断器可单独装在磁力启动器前面，也可以与开关合用（如铁壳开关内附有熔断器）。若选用的熔体在使用中（或电动机启动时）出现熔断的现象，这可能是还没有躲开启动电流或由该回路发生短路造成的。此时，允许换大一级熔体（必要时也可以换大两级的），但不宜更大。低压动力线路熔断器的规格选择，可参照表 8-3。

表 8-3　　　　　　　　　　　　低压动力线路熔断器规格

电动机容量（kW）	熔体计算电流（A）	可选用的熔断器型号/熔体额定电流
4.5	4.5×4＝18	RL1-60/20 RM10-60/20 RT0-50/30 RC1A-30/20
7	7×4＝28	RL1-60/30 RM10-60/35 RT0-50/30 RC1-30/30

在动力线路中熔断器的选择不同于照明线路，在选择熔断器时，必须考虑电动机启动电流值，而且熔断器熔体选择也必须考虑电动机的启动电流值。下面介绍低压力线路熔断器选择时应考虑的几种情况。

（1）按线路正常运行情况，熔体的额定电流 I_N 应不小于线路计算电流 I_c。

$$I_N \geqslant I_c \tag{8-29}$$

（2）按线路启动情况。

单台电动机线路
$$I_N \geqslant \frac{I_{st}}{a} \tag{8-30}$$

配电干线线路
$$I_N \geqslant \frac{I_{st1} + I_{c(n-1)}}{a} \tag{8-31}$$

式中　I_{st}——电动机的启动电流，A；

　I_N——熔体额定电流，A；

　I_{st1}——线路中最大一台电动机的启动电流，A；

$I_{c(n-1)}$——线路中除去启动电流最大的一台电动机外的计算电流（额定电流的总和），A；

　a——计算系数，见表 8-4。

表 8-4　　　　　　　　　　　　计　算　系　数　a　值

熔断器型号	熔体材料	熔体额定电流（A）	a 值	
			电动机轻载启动	电动机重载启动
RT0	铜	50 及以下	2.5	2
		60～200	3.5	3
		200 以上	4	3

熔断器型号	熔体材料	熔体额定电流(A)	a 值	
			电动机轻载启动	电动机重载启动
RM10	锌	60 及以下	2.5	2
		80～200	3	2.5
		200 以上	3.5	3
RM1	锌	10～350	2.5	2
RL1	铜、银	60 及以下	2.5	2
		80～100	3	2.5
RC1A	铅、铜	10～200	3	2.5

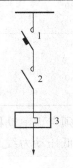

图 8-26　自动开关和
接触器保护线路图
1—自动开关；2—交流
接触器；3—热继电器

通常要求电动机的启动电流应等于电动机的额定电流与启动电流倍数的乘积。

在低压配电箱中，熔断器之间的配合可分为两级，各分支熔断器保护和总开关熔断器保护。为了保证动作的选择性，一般要求前一级熔体电流比下一级熔体电流大 2～3 级。

在高压配电线路中采用熔断器作为保护装置时，只要根据额定参数来选择，通常采用 RN 与 RW 系列熔断器，详细叙述见第五章第五节。

二、自动开关和接触器保护

这种保护装置的线路如图 8-26 所示，主要用在低压配电网络中作为过负荷保护。这种保护是以自动开关 1 与接触器 2（或磁力启动器）相配合的方式，适用于操作频繁的回路。

这种接线方式中的接触器（或磁力启动器）作为回路的操作电器，热继电器 3 用作过负荷保护，而自动开关则作为短路保护。

第六节　低压漏电断路器

低压漏电断路器主要用于交流频率为 50Hz，额定电压为 380/220V，额定电流至 200A 的电路中，作为人身触电及设备漏电保护用，也可以用来防止因设备绝缘损坏，产生接地故障而引起的火灾危险，还可以用作线路、用电设备及电动机过载、短路等故障的保护和作线路不频繁转换与电动机不频繁启动用。

一、触电对人体的危害和触电类型

（一）触电对人体的危害

所谓触电，是指人体（或畜体）意外地直接接触了电气设备的带电部分，使电流通过人体的内部器官而发生抽筋，甚至造成生命危险的情况。

实际情况表明，当通过人体的工频电流达到 5mA 时，就会使人产生电麻感觉，超过 10mA 就难以自行摆脱，从而威胁生命安全。通过人体电流的大小是由所触及的带电设备的电压和人体的电阻决定的。人体电阻几乎完全根据皮肤表面角质层电阻的大小来决定，并不是恒定不变的。它与皮肤状况、接触面积的压力、通过电流的大小和持续时间及所受到电压有关系，如果人体皮肤干燥和完整，则人体电阻可达 10000～100000Ω；如果皮肤潮湿出汗或破损，这时人体电阻只有 800Ω 左右，这样通过人体的触电电流远远超过人所能忍受的数值。由此看来，触电时通过人体的电流和人体的电阻都与触电电压大小有关。在电压低且不会破坏皮肤表面角质时，人体电阻大，通过电流小；相反，当电压达到一定数值而破坏表面角质时，人体电阻小，通过电流大。实际上，在一般情况下，当人体触及的电压不超过 36V 时（皮肤有破损处不在触电部位），通过人体的电流不会达到危及人身安全的程度，所以通常规定 36V 以下为安全工作电压。

实际情况表明，交流电对人体的危害程度还与电流的频率有关，频率为 50Hz 左右的交流电所造成的危害最大。频率增高或降低，危险性都相应减小。所以高频交流电和直流电对人体的危害比工频交流电要小。

此外，电流经过心脏或大脑为最危险。触电时间愈长，对人体破坏愈大。因此，当发现有人触电时，应立即使触电者脱离电源，迅速采取措施使触电者脱险。

（二）触电的类型

触电分为单相触电、两相触电、跨步电压触电和接触电压触电等四类，下面分别加以叙述。

1. 单相触电

当电源是三相四线制时，人体接触到某一相时，称为单相触电。此时，人体直接受到相电压的作用，如图 8-27 所示。

2. 两相触电

两相触电是指人体同时接触带电的两相相线，此时人体直接受到线电压的作用，如图 8-28 所示。由于在这种情况下，作用于人体的电压比单相触电电压要高，电流又经过心脏，因此危险性最大。在进行线路作业时，要特别注意这一点，即使有良好的绝缘措施，也应单线操作（即两手只能同时接触同一相导线或一只手操作另一只手松开）。

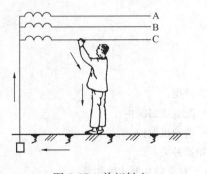

图 8-27　单相触电

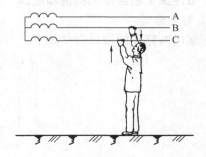

图 8-28　两相触电

3. 跨步电压触电

跨步电压触电一般是由于相线折断后落在地面，从而有电压降落在相线落地点附近的区域，当人误入这一区域时，由于两足之间的电位差较大而发生跨步电压触电，如图 8-29 所示。

图 8-29　跨步电压触电

相线落地点附近电位差的产生，是由于相线落地后，电流由落地点向四周流去，接近入地处，电流通过的截面最小，电阻最大，因此产生的电压降也最大。离入地点的距离逐渐增大，导电的截面也逐渐增大，电阻逐渐减小，电压降也逐渐减小。在距离电流入地点 20m 以外的地方，实际上已经可以算作零电位了。这就是说，在以相线落地点为圆心的不同半径的圆周上有电位差。从实际测量表明，在距离电流入地点 1m 的范围内，电压降落了 68%，1～10m 的地段降落了 24%，10～20m 的地段降落了 8%。因此人离电流入地点愈近，受到跨步电压伤害的程度就愈大。

当人受到跨步电压作用时，电流虽未经过人体的重要器官（见图 8-29），但跨步电压较高时，双脚会因抽筋站立不稳而倒在地上，这时不仅可能使作用在人体上的电压增高，而且也有可能使电流经过人体的路径由下部改变为由头到脚，如持续时间稍长，就会有生命危险。所以当受跨步电压作用有电麻感觉时，应使双脚迅速合拢，立即单脚跳跃（背离电流入地点）至 3～4m 外。

当发现线路的相线落地后，应远离落地点 10m 以外，并应派专人看管，等候专门人员进行修理。

以上三种触电方式，均称为直接触电。直接触电方式，是指人体的任何部位与带电体直接接触造成的。

4. 接触电压触电

接触电压触电属于间接触电方式，即各种电气设备因绝缘损坏、腐蚀等原因，造成对不应带电的外壳、金属框架的短路，当人接触这些部位时，就要受到接触电压的作用而触电。

二、低压漏电断路器的构造和原理

（一）型号意义

低压漏电断路器的型号含义如下：

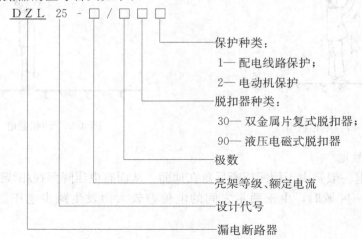

DZL 25 - □ / □□□

保护种类：
1— 配电线路保护；
2— 电动机保护

脱扣器种类：
30— 双金属片复式脱扣器；
90— 液压电磁式脱扣器

极数

壳架等级、额定电流

设计代号

漏电断路器

（二）DZL25 系列漏电断路器的构造

DZL25 系列漏电断路器采用了平面布置，触点灭弧系统在断路器上方。操动机构、过电流脱扣器、瞬时脱扣器、分励脱扣器和试验装置在断路器的中部。漏电保护部分在断路器的下方。

触点采用单断开点，打开盖后，即可看清触点的位置和状况，便于检查和维修。

灭弧室采用金属栅片灭弧结构，它有较强的熄弧能力，提高了漏电断路器的短路分断容量。

操动机构采用了四连杆机构，手动操作。32A 等级的漏电断路器，分断能力要求低，采用了慢合、快分机构。63A 以上的漏电断路器，采用了快速分、合闸机构，它的分、合速度与人为的操作速度无关，并均能自由脱扣。过电流脱扣器采用了油阻尼液压电磁结构或对大容量采用双金属片结构。瞬时脱扣器均采用拍合式电磁结构，它有较好的电流平衡特性。零序电流互感器的铁芯，选用了高磁导率，低矫顽力的坡莫合金带卷绕制而成。一次侧导线单匝穿心而过，二次侧绕组约为 300 匝。电子电路组件采用了专用集成块和单相晶闸管等主要电子元件组成的组件板，使分励脱扣器动作。

（三）DZL25 系列漏电断路器的工作原理

DZL25 系列漏电断路器的工作原理见图 8-30。它由主断路器、过电流瞬时脱扣器、分励脱扣器、零序电流互感器、电子电路组件和试验装置等部分组成，组装在一个绝缘外壳中。

在正常工作条件下，流过零序电流互感器的一次侧电流的相量和等于零，零序电流互感器的二次侧没有输出。当电路中有人触电或设备漏电时，流过零序电流互感器的一次侧电流相量和不再等于零，而是等于漏电电流。这时在零序电流互感器的二次侧就感应出一个电动势，加到电子电路组件板上，通过专用集成电路的放大、判别，再加到晶闸管的触发极上。当

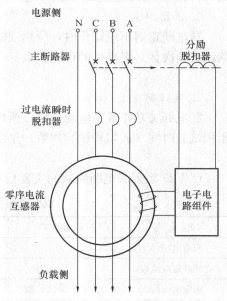

图 8-30　DZL25 系列漏电断路器
工作原理图

触（漏）电电流达到漏电动作电流值时，晶闸管导通，使跨接在相间电源上的分励脱扣器动作，触动漏电断路器自由脱扣，将主触头打开，人或设备与电源立即脱离，从而达到触（漏）电保护的目的。

当输配电线路、用电设备或电动机发生过负荷以及相间或对地短路时，过电流瞬时脱扣器动作，触动漏电断路器自由脱扣，使主断路器切断故障电流，从而避免了事故的发生。

三、DZL25 系列漏电断路器的技术性能

供电线路或电气设备在正常运行时，漏电断路器串联接入线路，它的工作可靠性如何，尚不得知。必须等到线路或设备上发生漏电或触电事故时，漏电断路器能否在规定的时间内动作，这时可靠性问题才能表现出来，这是漏电断路器作为一种特殊的低压电器的特点之一。

漏电断路器的完好状态应该是：一旦线路或设备出现漏电故障或发生触电，漏电断路器

应能正确动作（跳闸）；如果线路或设备正常运行时，没有发生触电或漏电，则漏电断路器应不动作。反之，当线路或设备发生漏电或触电事故，而漏电断路器不动作，这是危害性最大的潜在故障。或者当线路和设备均完好，处于正常运行状态，而漏电断路器由于外界影响或由于本身的过失而动作，即产生误动。误动会降低供电可靠性，也是漏电断路器的一种故障状态。

漏电断路器可靠性指标可以考虑采用以下三种参数。

1. 拒动率 λ_1

漏电断路器正确动作时，所出现的拒动概率，它是在累积运行时间或累积试验时间里（或累积试验次数）发生拒动的次数

$$\lambda_1 = 拒动次数 / T \tag{8-32}$$

式中　T——累积运行或试验时间。

2. 误动率 λ_2

漏电断路器不应动作时，所出现的误动概率。它是在累积运行时间或累积试验时间（或累积试验次数）里发生的误动次数

$$\lambda_2 = 误动次数 / T \tag{8-33}$$

3. 故障率 λ

漏电开关动作或不应动作时，所出现的拒动和误动概率的总和，它是在累积运行时间或累积试验时间（或累积试验次数）里发生拒动或误动次数的总和

$$\lambda = \lambda_1 + \lambda_2$$

DZL25 系列漏电断路器的主要技术参数，见表 8-5。

表 8-5　　　　　　　　　　　DZL25 系列漏电断路器主要技术参数表

型　　　号	DZL25-32	DZL25-63	DZL25-100	DZL25-200
额定电压(V)		380	380/220	
壳架额定电流(A)	32	63	100	200
额定电流(A)	10、16、20、25、32	20、25、32、40、50、63	40、50、63、80、100	100、125、160、180、200
极　　　数	三　极	三　极	三极四线	三极四线
额定漏电动作电流（mA）	10、30、50	30、50、100	50、100、50/100/200 分级可调	100、200、50/100/200、100/200/500 分级可调
额定漏电不动作电流（mA）	6、15、25		额定漏电动作电流的一半	

四、低压漏电断路器的使用与维护

低压漏电断路器的使用与维护按以下几方面进行。

（1）首先要检查铭牌技术数据（额定电压、额定电流、漏电动作电流、漏电动作时间、额定短路分断能力和级数等）是否符合实际使用要求，要合理选用漏电断路器。

（2）正确安装和接线，按说明书要求安装，进线端在漏电断路器的上方，即电源侧。出线端在漏电断路器的下方，即负荷侧。

（3）通过漏电断路器的所有导线不能再接地，否则会产生误动作。

（4）漏电断路器的手柄在"合"（或"工"）位置，表示合闸状态，接通电源。当手柄处

在"分"（或"0"）位置，表示分闸状态，断开电源。手柄处在接近"分"位置，则表示自由脱扣状态，断开电源。

（5）漏电断路器在新安装或维修后使用一个月，需按动"试验按钮"以检查漏电断路器的动作是否正常。若按下"试验按钮"后，漏电断路器不动作，则表示漏电断路器已失常，应拆下送有关部门进行修理。

（6）漏电断路器的漏电、过负荷和短路保护的特性，由制造厂整定，用户不可自行开盖重新整定。

（7）当发生漏电故障使漏电断路器动作时，漏电断路器的"漏电指示"按钮会自动跳起。待排除漏电故障后，将"漏电指示"按钮重新按下复位。再操作漏电断路器手柄，先向下使其"再扣"，再推向"合闸位置"，漏电断路器才能重新投入运行。

（8）当发生过负荷、短路故障时，漏电断路器也能自由脱扣动作，自动切断故障电流。当需再投入运行时，首先要消除故障，再将操作手柄扳动到分的位置，使其再扣，然后再推向"合"的位置，漏电断路器才能再次接通电源投入运行。

（9）对额定漏电动作电流可调的漏电断路器，应由专人根据气候条件、电网状况及时调整，以防漏电断路器的损坏或失去保护作用。

（10）漏电断路器因被保护电路发生短路分断后，需打开盖子进行内部清理，重点清理灭弧室及触点。清除灭弧室的内壁和栅片上的金属颗粒，清除触点表面上的毛刺和颗粒，以保证良好的接触。只有当触点磨损到原来厚度的1/3时，才能考虑更换触点。

（11）漏电断路器在维修时，应在操动机构转动部位加些润滑油，以保证操作灵活。

（12）在定期维修时，应清除附在漏电断路器上的灰尘，以保证绝缘良好。

第 九 章

成 套 配 电 装 置

　　成套配电装置就是将前面各章讨论的配电设备，按照一定的接线图，有机地组合而成的配电装置。其优点是结构紧凑，占地少，维护检修方便，大大地减少现场的安装工作量，并缩短施工工期。

　　根据配电网络的连接形式和设置地点不同，可选用不同种类和性能的成套配电装置。通常将成套配电装置分为户外式和户内式两种。35kV 有户内式和户外式的，而 10kV 及以下的成套配电装置采用户内式的。户内式的成套配电装置多采用成套开关柜（屏）组合成的配电装置。

　　成套配电柜（屏）按电压可分为高压开关柜、低压开关柜（低压配电屏）和动力配电箱、照明配电箱几类。

第一节　高 压 开 关 柜

　　高压开关柜是成套配电装置的一种，是由制造厂成套供应的设备。在这些封闭或半封闭式的柜中，可装设高压开关电器、测量仪表、保护装置和辅助设备等。

　　一般是一个柜构成一个电路（必要时用两个柜），所以通常一个柜就是一个间隔。使用时可按设计的主电路方案，选用适合多种电路间隔的开关柜，然后组合起来便构成整个高压配电装置。

　　柜内的电器、载流导体之间以及这些设备与金属外壳之间是相互绝缘的。目前我国生产的高压开关柜，其绝缘大多数是利用空气和干式绝缘材料。但其发展方向是塑料树脂浇注的全绝缘高压组合电器。

一、高压开关柜的型号和分类

（一）型号意义

高压开关柜的型号及其含义如下：

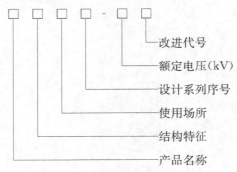

如 XGN2-12（Z）型开关柜，含义：X—箱型高压开关柜，G—固定，N—户内，2—设计序号，12—额定电压 12kV，（Z）—断路器型号（真空）。使用场所分为固定式（G），小

车式（Y），户内用（N），户外用（W）。常见的几种开关柜有：①半封闭固定真空开关柜GG1A（F）Z-10型、②箱式固定真空开关柜XGN10（Z）型、③间隔式小车开关柜JYN-10型、④铠装式真空小车柜KYN-10型。

以上6～10kV高压开关柜均为单母线电路。

（二）高压开关柜分类

（1）按装置地点分为户内式和户外式两种。

（2）按线路方案内容分为直流操作、交流操作和硅整流操作三种系列。

（3）按使用对象分为引出线、引入线、变压器、分段开关、电压互感器、电动机、电力电容器、变压器——电动机组、自用变压器和单独使用柜等。

（4）按断路器的安装方式分为固定式和小车式。

二、固定式高压开关柜

固定式高压开关柜具有结构简单、价格低廉、维护方便等优点，得到了广泛应用。常用在变配电所、高压配电室等户内场所，作为接受和分配电能，并对电路实行控制、保护和监测之用。型号有GG-1A、GG-10、GG-10A和XGN型。由于GG-1A型柜体宽大，绝缘性能好又便于维护，应用仍十分普遍，内部主要电器已更新换代，如用真空断路器代替少油断路器、用LDZJ、LDZ1和LFZ1型电流互感器代替老产品、用JDZB型浇注绝缘的电压互感器代替油浸绝缘的老产品、同时采用了五防连锁功能。

五防连锁功能是指可以防止五种类型的电气误操作。其中有：一防误分误合断路器；二防带负荷合、分隔离开关（或隔离触头）；三防带电挂地线（接地开关）；四防带地线合隔离开关；五防带电误入带电间隔。主动防御方法大致可分为三类：一是采用机械连锁装置，宜优先推荐使用；二是采用插头和机械程序锁；三是采用电气连锁。

（一）GG-1A（F）Z型高压开关柜的结构

图9-1为GG-1A（F）Z型高压开关柜的结构示意图。型号中的F为具有五防功能，Z为真空断路器。它是在原GG-1A型开关柜基础上改进的派生产品，主要用于工矿企业变配电所，交流50Hz，电压3～10kV单母线接线系统，接收和分配电能之用。

柜体由角钢和薄钢板焊接而成，柜内用薄钢板隔开，柜的上部为真空断路器，下部为隔离开关室，主母线水平放在顶部支柱绝缘子上。

安装完毕后，其柜前是操作走廊，走廊宽度不小于1.5～2m。出线侧的走廊为维护走廊，宽度不应小于0.8m，开关柜布置在中间。两边有走廊的称为独立式配电装置；若配电装置仅有一排间隔的称作单列布置。如果采用电缆出线，则开关柜可靠墙布置，这叫做背靠式配电装置。根据出线间隔数量的多少，开关柜可以单列布置，也可以双列布置。

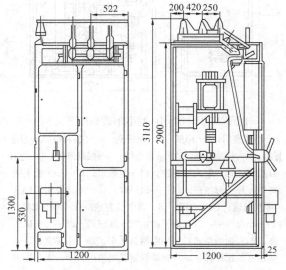

图9-1　GG-1A（F）Z型真空开关柜结构示意图

（二）GG-1A（F）Z型高压开关柜的安装

对于刚出厂的开关柜应注意检查装箱是否完整，在运输途中有无损坏或丢失的元件。如果开关柜不是立即安装使用，应把开关柜放在干燥、清洁的地方。如果是立即安装的开关柜，首先应埋设好基础槽钢，并且基础槽钢必须埋设得水平，同时还需要在规定地点开设应有的电缆沟。待这些工作完毕后，再将开关柜就位并用基础螺丝固定或用焊接法在某些点处焊牢。此外，还必须将高压开关柜的基础槽钢作良好接地（一般采用扁钢将其与接地网焊接，且接地不应少于两处，通常是在槽钢两端各焊一扁钢与接地网相连），槽钢露出地面的部分应涂一层防锈漆。

（三）GG-1A（F）Z型高压开关柜的使用与维护

高压开关柜在安装、检修后或投入运行前，应进行下列各项检查与试验（检修后的检查与试验项目，由检修性质而定）。

（1）清扫各组成元件表面的灰尘，操动机构的摩擦部分要擦洗干净，并应涂以润滑油（严寒地区要求用特殊不冻的润滑油）。

（2）检查母线连接处接触是否良好，支架是否牢固。

（3）用手动操作油断路器及隔离开关是否灵活，有无卡滞现象。

（4）检查断路器和隔离开关的机械连锁机构是否灵活可靠。如果是电磁连锁装置，则需通电检查电磁锁动作是否灵活，开闭是否准确。

（5）检查断路器和隔离开关的各部分要求：①触点接触是否良好；②各相接触的先后是否符合要求；③传动装置内电磁铁在规定电压范围内的动作情况；④合、分闸回路的绝缘电阻；⑤合、分闸时间是否符合规定。

（6）少油断路器的使用与维护可参照第五章第二节的项目和内容进行。

三、小车式（移动）高压开关柜

小车式高压开关柜的主要特点是断路器等主要电气设备可随小车拉出柜外检修，既方便又安全。在更替某一电气设备时，推入同类备用小车便可继续供电，大大缩短了停电时间，故其应用已越来越广泛。近几年来无油化改造，真空断路器发展很快，再加上这种断路器可频繁操作的特点，因而户内封闭小车式高压开关柜内以装ZN-10系列真空断路器为主。

图9-2所示为JYN2型小车式高压开关柜。这种开关柜适用于三相交流频率为50Hz，额定电压为3～10kV，额定电流630～3000A的单母线接线系统中，用来接受和分配电能，也适用于各工矿企业作

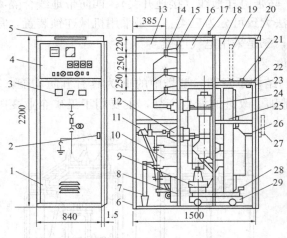

图9-2 JYN2—10型小车式高压开关柜
1—小车室门；2—门锁；3—观察室；4—仪表板；5—用途标牌；6—接地母线；7—一次电缆；8—接地开关；9—电压互感器；10—电流互感器；11—电缆室；12—一次触头隔离罩；13—母线室；14—一次母线；15—支持瓷瓶；16—排气通道；17—吊环；18—继电仪表室；19—继电器屏；20—小母线室；21—端子排；22—减震器；23—二次插头座；24—油断路器；25—断路器手车；26—小车室；27—接地开关操作棒；28—脚踏锁定跳闸机构；29—手车推进机构扣攀

为大型高压电动机的启动和保护之用。

这种开关柜本体是用角钢和钢板焊制而成，柜体用钢板（铠装式）或绝缘板分隔成小车室、母线室、电缆室和继电仪表室四个部分。柜体的前上部位是继电保护装置及仪表，下门内是小车室，门上装有观察窗。底部左下侧为二次电缆进线孔，后上部位为主母线室，后下部位为电缆室，后面封板上装有观察窗。下封板与接地开关有连锁，上封板下面装有电压显示灯，当母线带电时灯亮，此时不能拆卸上封板。

电压显示灯是当主回路带有高压电时，经过电容分压原理输出低电压信号，点燃氖灯，以灯光信号发出提示。运行人员观察指示灯，就可以了解哪一段主回路在带电运行。在维护和测试柜内元件时，该提示信号更显得重要。

小车也是用钢板弯制焊成，车底部有 4 只滚轮，能沿水平方向移动。小车上装有接地触头，导向装置，脚踏锁定机构以及小车杠杆推进机构的扣攀。小车拉出后，用附加转向小轮使小车灵活转向移动。

小车通常有断路器小车、隔离开关小车、电压互感器小车、站用变小车、避雷器小车、计量小车、接地小车等，其功能多在小车上体现。

小车式高压开关柜是离墙安装式，其安装方法与 GG-10 型高压开关柜相同。当安装工作结束后，必须清扫配电室和开关柜内设备的灰尘，并保证柜内无其他杂物，而后即可进行调整和试验工作。

（1）小车在柜外时，用手将二次隔离触头来回推动几次，应移动灵活，在导柱上涂以薄层润滑油，以减小摩擦。

（2）将推进机构上的锁扣向前推动，解除闭锁，提起操作杆，即可把小车推入柜内，固定在工作位置，此时要求如下：

1）锁扣装置应正确地扣住推进机构的操作杆。

2）一次隔离触头的中心线应同水平和垂直中心线相重合，动、静触头的底面间隙应为（5±3）mm（见图9-3）并检查同类小车的互换性。

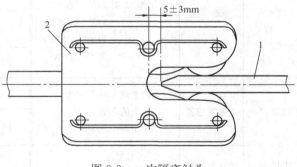

图 9-3 一次隔离触头
1—静触头；2—动触头

3）测量一次隔离触头的接触电阻，应不大于 $100\mu\Omega$。在使用中，如果接触电阻与安装时测定的数值相比较，大于 20% 时应立即进行检修。当断路器短路跳闸一次后，也必须要检修一次隔离触头。

4）用操作棒将断路器合闸，将推进机构的操作杆向上提起，应先使断路器跳闸，然后移动小车，如达不到这个操作程序，应进行调整。

5）接地触头的表面应清洁，接触电阻不应大于 $1000\mu\Omega$。

（3）当断路器检修后需要进行试验时，先将小车推到工作位置固定，使二次隔离触头完全闭合，然后从工作位置退到试验位置。当试验位置固定以后，即可对断路器进行试验。

四、JYN1-35 型高压开关柜

（一）JYN1-35 型高压开关柜的用途和结构

1. 用途

JYN1-35 型交流金属封闭型移开式高压开关柜，用于额定电压为 35kV，额定电流为 1000A 的单母线接线系统中，接受和分配电能。

2. 结构

JYN1-35 型开关柜为保护型成套装置，由柜体和小车两部分组成。柜体分为小车室、母线室、隔离触头室、电缆室、继电器室和端子室等。小车室与隔离触头室、电缆室之间，隔以绝缘材料制成的隔板，并在其上设有绝缘活门，其他各室之间均以接地金属板隔开。

小车按用途分为断路器小车、避雷器小车、电压互感器小车和站用变压器小车等。小车与柜体通过二次插头、插座进行电气连接，二次插头有 16 芯触点。

断路器小车在开关柜内有工作和试验两个位置，两位置均可关闭高压间隔门。开关柜的正面与背面外壳备有观察窗，具有良好的透明度。

(二) JYN1-35 型高压开关柜的技术特性

JYN1-35 型开关柜柜内主要电器技术数据，见表 9-1。

表 9-1　　　　　　　　JYN1-35 型开关柜柜内主要电器的技术数据表

型　号	名　称	技 术 数 据	型　号	名　称	技 术 数 据
SN10-35	少油断路器	35kV、1250A、20kA	JDJJ2-35	电压互感器	$35/\sqrt{3}$、$0.1/\sqrt{3}$kV 150～500VA
CD10	操动机构	合闸线圈110V(229A) 220V(114A) 分闸线圈24V（22.6A）、 48V（11.3A）、 110V（5A）、 220V(2.5A)	RN2-35	熔断器	35kV、0.5A、17kA
			RW10-35/2	熔断器	35kV、2A、16.5kA
			FZ-35	避雷器	35kV
LCZ-35	电流互感器	一次电流 20～1000A 二次电流 5A 二次负荷 20～50VA	FYZ1-35		35kV
			S7-50	站用变压器	35/0.4～0.23kV、50VA
JDJ2-35	电压互感器	35/0.1kV 150～500VA	柜外形尺寸 (宽×深×高，mm)		1818×2400×2925

开关柜主回路引入线与引出线可采用架空线或电缆线。对开关柜的连锁装置要求是：①当断路器处于合闸状态时，小车不能在工作位置或试验位置移动；②当小车在工作位置和试验位置之间时，断路器不能合闸；③当接地开关处于合闸状态时，小车不能从试验位置推至工作位置；④当小车在工作位置或工作与试验位置之间时，接地开关不能进行合闸。其保证方法是在小车和开关柜柜体上分别装有电磁锁和行程开关进行连锁。该连锁装置保证小车固定在工作和试验位置时，与其有连锁要求的断路器才能合闸，在两位置之间不能合闸。当两种小车均处于工作位置，且断路器处于合闸状态，此时隔离开关不能被拉动，如图 9-4 所示。

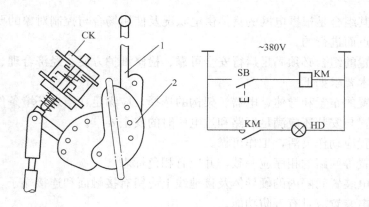

图 9-4　行程开关装于小车移动机构示意及电气连锁原理图
1—操作手柄；2—小车移动机构；HD—红色信号灯；KM—交流接触器；CK—行程开关

第二节　低压配电屏

一、低压成套配电装置的用途和技术要求

（一）用途

低压成套配电装置是指由低压电器（如控制电器、保护电器、测量电器）及电气部件（如母线、载流导体）等按一定的要求和接线方式组合而成的成套设备，故也称为低压配电屏，适用于发电厂、变电站、厂矿企业等电力用户的交流 50Hz，额定工作电压至 660V，额定工作电流至 5000A 的配电系统，作为动力、照明及配电设备的电能转换、分配与控制之用。

（二）分类

（1）按外部设计可分为开启式、前面板式和封闭式。封闭式又分为有柜式、多柜组合式、台式、箱式和多箱组合式等。

（2）按安装位置可分为户内式和户外式。

（3）按安装条件可分为固定式和移动式。

（4）按元件装配方式可分为固定装配式和抽屉式。

此外，还可按防护等级、外壳形式或人身安全防护措施进行分类。

目前国产配电设备产品的外部设计则较多采用前面板式（屏）、柜式（包括多柜组合）和箱式（包括多箱组合），其中以户内式、固定式和元件固定装配为多。部分产品（如配电屏中电动机控制中心等）多采用抽屉式的屏。

（三）特点和技术要求

成套配电装置可满足各种主接线要求，并具有占地少，安装和使用方便，适用于成批生产等特点。

选用成套配电装置应首先确定线路方案，包括该配电设备在配电系统中的安装位置、配电系统的构成形式和具体线路等。

目前我国生产的成套配电装置多为标准型产品，其具体线路方案按主电路和辅助电路分别组成标准单元，使用单位可任意选择具体的线路方案，并按实际需要进行组合，以满足配电系统的需要。其组合是根据电网的具体供电状况及使用场合与控制对象的要求,并结合主要电器元件的特点而进行的。

成套配电装置的组合必须满足运行安全可靠、检修维护方便、经济合理、实用美观等要求。对其一般技术要求如下:

(1) 配电装置的布置和导体、电器、架构的选择,应满足在当地环境条件下正常安全运行的要求,其布置与安装还应满足短路和过电压时的安全要求。

(2) 配电装置应动作灵活,工作可靠。

(3) 配电装置等回路的相序应一致,并应有相色标志。

(4) 屋内配电装置间隔内的硬导体及接地线上应留有接触面和连接端子。

(5) 成套配电装置应具有五防功能。

(6) 两路以上电源供电时,各电源进线与联络开关之间应设置连锁装置。

(7) 充油电气设备的布置应满足在带电时安全方便地观察油位、油温,并便于抽取油样。

二、常用低压配电屏

我国生产的低压配电屏基本上可分为固定式和小车式(抽屉式)两大类,基本结构方式分为焊接式和组合式两种。常用的低压配电屏有 PGL 型交流低压配电屏、BFC 系列抽屉式低压配电屏、GGL 型低压配电屏、GCL 系列动力中心和 GCK 系列电动机控制中心等。

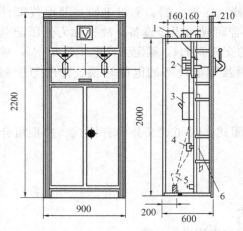

图 9-5　PGL-1 型低压配电屏
结构示意图

1—母线及绝缘框;2—闸刀开关;

3—低压断路器;4—电流互感器;

5—电缆头;6—继电器

(一) PGL 型低压配电屏

PGL 型低压配电屏,型号中的 P 表示配电屏,G 表示固定式,L 表示动力用。图 9-5 所示为 PGL-1 型低压配电屏结构示意图。它适用于发电厂、变电所和厂矿企业的交流 50Hz、额定电压为 380V 的低压配电系统中作为动力、照明及配电设备的电能转换、分配与控制之用。

PGL 型低压配电屏的结构形式为户内开启式,双面防护离墙安装,屏架用钢板和角钢焊接而成。多屏组合的起、终端屏上还可以增设防护侧板。母线在骨架上部立式安装,上有防护罩。

PGL 型低压配电屏主要有 PGL-1 型和 PGL-2 型两种,其中 PGL-1 型的分断能力为 15kA,PGL-2 型的分断能力为 30kA。其结构特点如下:

(1) 采用型钢和薄钢板焊接结构,可前后开启,双面维护,屏前有门,上方为仪表板,板上是一个可开启的小门,装设指示仪表;

(2) 组合屏的屏间加有钢制隔板,可限制事故的扩大;

(3) 主母线的电流有 1000A 和 1500A 两种规格,主母线安装于屏后柜体骨架上方,设有母线防护罩,防止上方坠落物体而造成主母线短路事故;

(4) 屏内外均涂有防护漆层,始端屏、终端屏装有防护侧板;

(5) 中性线装置于屏的下方绝缘子上;

（6）主接地点焊接在下方的骨架上，仪表门有接地点与壳体相连，构成了完整、良好的接地保护电路。

在电器元件的选用方面，PGL-1 型配电屏主开关电器选用 DW-10 型和 DZ-10 型断路器，HD-13 型和 HS-13 型刀开关，RT0 型熔断器和 CJ-12 型接触器等电器元件。辅助电路的保护元件采用圆柱形有填料具有高分断能力的 GF-1 型熔断器。PGL-2 型配电屏的主开关电器选用 DW-15 型断路器和 DZX-10 型限流断路器，辅助电路也采用 GF-1 型熔断器。其中 GF-1 型熔断器、DW-15 型断路器和 DZX-10 型限流断路器等元件的采用，有利于保证和提高配电屏的分断能力。

（二）GGL 型低压配电屏

GGL 型低压配电屏，型号中的 G 表示柜式结构，G 表示固定式，L 表示动力用。这种配电屏为组装式结构，全封闭形式，内部选用新型的电器元件，母线按三相五线配置。它的特点是具有分断能力强、动稳定性好、维修方便等优点，主要适用于发电厂、变电所及厂矿企业交流 50Hz、电压为 380V 的低压配电系统作为动力、照明之用。

（三）BFC 型低压配电屏

BFC 型低压配电屏，型号中的 B 表示低压配电屏，F 表示防护型，C 表示抽屉式。这种配电屏又称为配电中心，其中专门用来控制电动机的称为电动机控制中心。它主要用于工矿企业和变电站作为动力配电、照明配电和控制之用，额定频率为 50Hz，额定电压不超过 500V。这类配电屏采用封闭式结构、离墙安装，元件装配方式有固定式、抽屉式和小车式几种。

BFC 型低压配电屏的主要特点为各单元的主要电器设备均安装在一个特制的抽屉中或小车中，当某一回路单元发生故障时，可以使用备用抽屉或小车替换，以便迅速恢复供电；而且每个单元为抽屉式，密封性好，不会扩大事故，便于维护，提高了运行的可靠性。BFC 型低压配电屏的主电器在抽屉或小车上均为插入式结构，抽屉或小车上均设有连锁装置，以防止误操作。

（四）开关电器元件间的性能协调配合

当供电系统某一环节出现故障时，如何使系统达到选择性断开故障支路的要求，既要迅速切除故障支路，又要不使停电区域扩大，这是系统设计和电器元件选用必须密切配合的问题。

1. 受电开关与馈电开关之间的性能协调配合

馈电开关的产品是非选择型的，即在短路情况下，不考虑人为的短延时，只具有二段保护特性。受电开关则要求选择型产品，能在短路电流范围内具有可调性的人为短延时，即所谓三段保护特性。

为了达到过电流选择性保护，要求做到：

（1）按动作时间留有安全裕度，一般取 $120\mu s$；

（2）欠电压脱扣器的延时性能，其延时时间应调整到等于或大于过电流脱扣器的短路延时时间，否则仍会破坏选择性。

2. 上一级开关与下一级熔断器之间的性能协调配合

当开关与熔断器串联使用时，除正确调整好开关的脱扣器整定值外，应将开关脱扣特性曲线和任一支路熔断器的时间—电流特性曲线进行比较，彼此不能相交，同样要留有安全裕度。

3. 熔断器与熔断器之间的性能协调配合

上、下两级熔断器的过电流选择比为 1.6：1，上一级熔断器的额定电流应等于或大于下一级熔断器额定电流的 1.6 倍。

第三节　成套配电柜（屏）的装配要求

一、高压开关柜装配工艺的基本要求

（一）固定式开关柜

（1）一、二次接线及选用的电器和材料的规格应符合设计图纸要求。

（2）柜内安装的电器均应为合格产品。要求在开关柜地角螺丝固定的情况下，操作断路器和隔离开关时，装于柜内的二次电器不应产生误动作。

（3）断路器装入柜内后，高、低电压下分、合闸和额定电压下的分、合闸速度特性、行程、超行程和三相刀片同时接触性能也均应符合原有的技术条件。

（4）操动机构及传动装置应操作灵活，辅助触点（动合、动断）分合正确可靠。

（5）高压开关柜内导体相互连接处，当通过开关柜的额定电流时，该处最高温度及允许温升不得超过表 9-2 所列数据的规定。

表 9-2　　　　　　　　　　　开关柜内导体连接处的最高温度及允许温升

测　量　位　置		最高温度（℃）	周围介质温度为＋40℃时允许温升（℃）
分支母线相互连接处及分支母线与电器端子连接线处	铜（银）、铜（银）	105	65
	铜（锡）、铜（锡）	90	50
	铝（锡）、铝（锡）	85	45
	铝（锡）、铜（锡）	85	45
	铝、铝	80	40
	铝、铜（锡）	80	40
	铝（锡）、铜	80	40

注　铝（锡）是指铝导线搪锡或镀锡，其他材料的含义与此相同。

在检查最高温度及允许温升时，应满足下列条件：

1）应取高压开关柜最大的额定电流值；

2）高压开关柜两侧应封闭；

3）测量位置应三相同时进行。

（6）高压开关柜内一次设备（包括连接导线）带电体之间以及一次设备（包括连接导线）带电体与骨架之间的最小距离应符合表 9-3 所列数值（不包括设备本身内部距离）。

（7）高压开关柜的一次回路及其电器的绝缘应能承受 1min 工频试验电压（见表 9-4）而无击穿现象。

测试部位：一次电路的相与相之间、相与地之间。

（8）门与面板要求平整，网门或网状遮栏上的钢丝网应张紧，外露的侧板应无明显的凸凹不平现象。

（9）母线连接处边缘及孔口应无毛刺或凸凹不平现象，并应连接紧密可靠。母线弯曲处应无裂纹。母线的排列安装应层次分明，整齐美观，涂漆应色泽均匀。

（10）柜内所有二次回路的仪表、继电器、电器元件、端子排和小母线以及连接导线均应有完整、清楚、牢固的标号。

表 9-3　　　　　　　　　　一次设备带电体之间，带电体与骨架之间最小距离　　　　　　　单位：mm

部　　位	电压等级（kV）		
	3	6	10
不同相的裸导体之间及裸带电部分至地骨架之间	75	100	100
裸带电部分至正面金属封板或金属门	105	130	155
裸带电部分至正面网状封板或网状门	175	200	225
无遮栏导体至地面高度	2500	2500	2500

表 9-4　　　　　　　　　　高压开关柜工频耐压试验电压数值表

额　定　电　压　（kV）	0.5 及以下（二次回路）	3	6	10
持续 min 的工频试验电压（kV）	1	24	32	42

（二）小车式开关柜

小车式开关柜装配工艺的基本要求，除应符合上述固定式开关柜装配工艺的基本要求处，并需符合以下几点要求：

（1）同型号、同类型的小车应可以互换。

（2）小车的推进与取出应灵活轻便，无卡涩碰撞现象。

（3）可动触点与固定触点应保证在允许的偏差范围内，接触可靠。

（4）小车与柜体之间应有接地触点，其接地电阻应不大于 1000 $\mu\Omega$。

（5）小车抽出柜体后，柜内一次隔离用的静触点安全保护装置应可靠。

（6）小车式开关柜一次回路及其电器的工频绝缘耐压试验电压值见表 9-4。其测试部位应包括一次回路中断路器动、静触点之间。

二、低压配电屏装配工艺的基本要求

（一）固定式配电屏

（1）屏内所装电器和材料，均应符合电器技术条件及安装使用说明规定；

（2）在正常工作条件下，电器设备的游离气体、电弧、火花等不致危及人身安全；

（3）安装在屏内的电器设备，应能方便地拆装更换，而不影响其他回路电器正常工作；

（4）操动机构应操作灵活，辅助触点应分合正确可靠；

（5）所有电器及附件（如附加电阻等）均应牢固地固定在骨架或支持件上；

（6）不同金属母线或母线与接线端子连接时，在结构上应采取防电化腐蚀措施，并保证母线连接受压后不致变形；

（7）低压配电屏内的一次回路电器设备与母线及其他带电体间的最小电气间隙为12mm；带电体与接地体之间的漏电距离，应不小于20mm；

（8）低压配电屏一次回路及其电器的绝缘应能承受1min、2kV的工频试验电压，二次回路接线及全部电器的绝缘应能承受1min、1kV的工频试验电压，且均无击穿或闪络现象。

（二）抽屉式配电屏

抽屉式配电屏装配工艺除符合以上基本要求外，还需符合以下几点要求。

（1）应保证同类低压配电屏的抽屉能够互换；

（2）抽屉的推进与抽出应灵活轻便，无卡阻碰撞现象；

（3）可动触点与固定触点的中心线应一致，触点的接触紧密，并保证足够的接触压力；

（4）抽屉与屏身间应有接地触点装置，其接触电阻不大于 $1000~\mu\Omega$。

三、二次回路配线的基本要求

高压开关柜和低压配电屏的装配工艺要求较高，尤其对二次回路配线的要求更应正确无误、整齐美观。而且二次回路配线的好坏，关系到整个柜（屏）的质量，应给予重视。

1. 配线材料

所用的配线材料有塑料线（多股和单股，多股线适用于箱架至摇门以及其他活动部分，有条件时可采用镀锡铜芯导线）、异形塑料管、夹线板等辅助材料。

2. 配线工具

配线使用的工具有尖嘴钳、剥线钳、剪刀、螺丝刀、M3～M6 沉孔套筒扳手、线套和螺丝盒等。

3. 二次配线的工艺准备工作

二次配线的工艺准备工作应按以下几方面进行：

（1）看清图纸，仔细考虑线路的布置方案；

（2）根据任务性质和产品技术要求，选用与图纸要求相符的导线；

（3）核对二次回路的电器元件是否配齐，型号规格是否相符，如果电器元件表面发生碎裂、生锈和发霉等质量问题时，应及时更换。

4. 二次配线的工艺过程

二次配线工艺过程如下。

（1）所有电器元件均应有合格证方能进行安装。在安装时，一般按图先将仪表安装在开关板上，然后安装继电器。对于板后接线的继电器，在接线端上先拧上接线螺杆，用螺母夹紧；对于板前接线的继电器在需连接的接线端应装上连接片，并用弹簧垫圈和螺母夹紧。注意不可秃扣，如有秃扣则必须调换嵌件螺母或更换继电器。如果发现继电器的接线端嵌件螺孔内有胶木粉堵塞，要用丝锥铰过，再将继电器按图装入开关板内。

（2）信号灯、按钮等其他二次回路组件，也应按图进行安装，在安装时，对于所有部件和走线一律要求水平、垂直和整齐，并安装牢固。

（3）将槽板紧固在开关板的适当位置，依次将接线板插入槽板。

（4）根据需要试测线路的长短然后下料，并将下好的线勒直，有成型木模者可按照木模预制。

（5）自上而下的将总线束放好，总线束本身要求方形或长方形。然后分路，并将上下笔直的线路放在外档，上下曲折（弯头）的线路顺次序放入内档。线路不能紧贴金属表面，必须腾空 3～5mm。

（6）在分路部分，将可连接的一端接好，弯头处用手弯成圆角后，再直、横行走。

（7）分路部分到继电器的线束，一律按水平居中向两侧分开的方向行走，到继电器接线端的每根线应略带圆弧状连接，同一块板内的各种继电器接线圆弧应力求一致，见图 9-6。

（8）分路部分到双排仪表的线束，可用中间分线布置，见图 9-7。

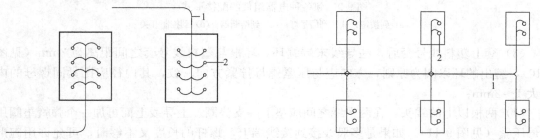

图 9-6　继电器配接形式　　　　　　　　　图 9-7　双排仪表的配接形式
1—线束；2—继电器接线端钮　　　　　　　　1—线束；2—仪表接线端钮

（9）分路部分到单排仪表的线束布置，见图 9-8。

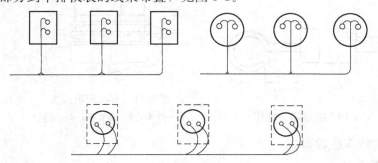

图 9-8　单排仪表的配接形式

（10）分路部分到按钮、信号灯、熔断器、控制开关等部件的线束布置，原则上按横向对称行走，见图 9-9，但如果受到位置上的限制，允许直向对称行走。

（11）过门部分的线束，在两部分线脚固定以后，线束本身必须留有适当的长度余量，以便打开门时，线束不致过分拉紧。

5. 二次接线

二次接线应按以下步骤进行。

（1）根据需要的长度和线径用剥线钳剥头，剥头时不应损伤铜丝表面；

（2）按接线图纸选取相应的塑料线号套，且不准将线号套反套，并不得互相错位；

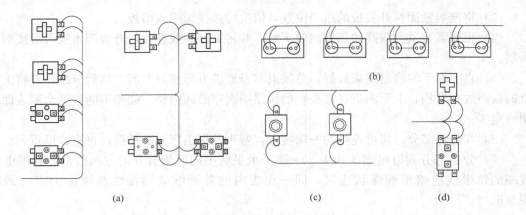

图 9-9　到各种电器组件的配接形式

(a) 到按钮；(b) 到信号灯；(c) 到熔断器；(d) 到控制开关

（3）套上塑料线号套后，在导线末端缠环，环根与塑料线号套之间距离为 2mm（见图 9-10），缠出的环以圆为原则，方向应与压紧螺母拧紧方向一致，其内径应比紧固螺母的内径大 1～2mm；

（4）两根以上的线头，在两根线之间应垫上一支势圈，上导线上面再加一个弹簧垫圈用螺母压紧（见图 9-11）。如果是多股线接到接线端上，螺杆的长度又不够时，可允许用碗形垫圈加弹簧圈省去平面垫圈，螺母拧紧后，要求螺杆伸出螺帽 3～5 扣；

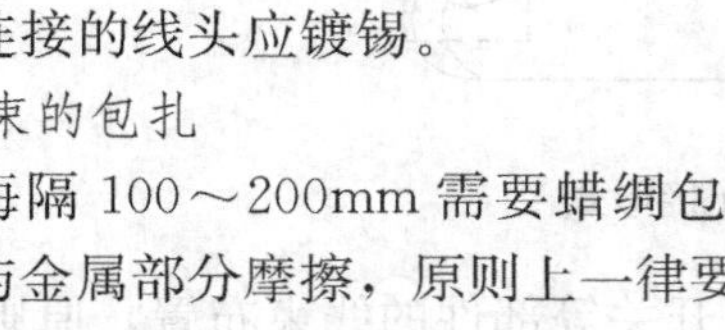

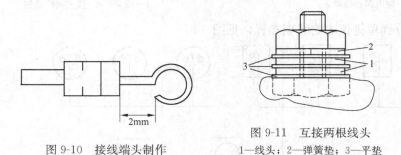

图 9-10　接线端头制作

图 9-11　互接两根线头

1—线头；2—弹簧垫；3—平垫

（5）连接的线头应镀锡。

6. 线束的包扎

线束每隔 100～200mm 需要蜡绸包扎，然后用铝片扎头紧固。对于可动部分的线束，为了防止与金属部分摩擦，原则上一律要加套塑料管或缠绕蜡布带。

7. 二次回路配线的检查

二次回路配线的检查应按以下步骤进行：

（1）接线头螺钉是否有松动现象；

（2）线路的走向是否平、直，安装是否整齐和牢固；

（3）对于各电器所有不接线的端子均需配齐螺杆、螺母和垫圈等，并要求紧固；

（4）按技术条件的各项规定，检查各元件规格是否符合设计要求。

第四节　动力和照明配电箱

一、动力和照明配电箱的型号和分类

（一）型号意义

动力和照明配电箱型号及其含义如下：

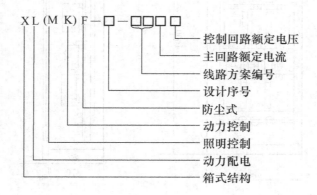

XL(M K)F-□-□□□□

- 控制回路额定电压
- 主回路额定电流
- 线路方案编号
- 设计序号
- 防尘式
- 动力控制
- 照明控制
- 动力配电
- 箱式结构

（二）动力和照明配电箱分类

动力和照明配电箱的种类繁多，目前常用的有 XL 系列动力配电箱、XK 系列动力控制箱和 XM 系列照明配电箱三种。动力和照明配电箱一般按照安装方式的不同，可分为悬挂式和落地式；按装配方式不同，可分为明式和暗式的；通常将安装在墙内的称为暗式，安装在墙外的称为明式；按照制作材料的不同，可分为铁制和木制的两种。

二、XL-21 型低压动力配电箱

（一）XL-21 型低压动力配电箱的用途

XL-21 型低压动力配电箱是靠墙安装、箱前检修的户内装置，它适用于各种动力用户，可作为 500V 以下电动机电路的控制和分配电能使用。

（二）XL-21 型低压动力配电箱的结构

图 9-12 是这种低压动力配电箱的结构图。这种配电箱是封闭式，外壳用钢板弯制而成，刀开关操作手柄装在箱前右上部，以便切换电源。配电箱前面装有一只电压表，用以指示汇流母线的电压。当配电箱前面的门打开后，配电箱内全部设备敞露，便于检修维护。

XL-21 型低压动力配电箱内所装的设备为：DZ 型自动开关；HR 型刀熔开关；RL 或 RT 型熔断器；CJ 型交流接触器；LM 型电流互感器；LA 型按钮；44L1-A 型电流表；44L1-V 型电压表；XD1 型信号灯及 JR0 型热继电器等。

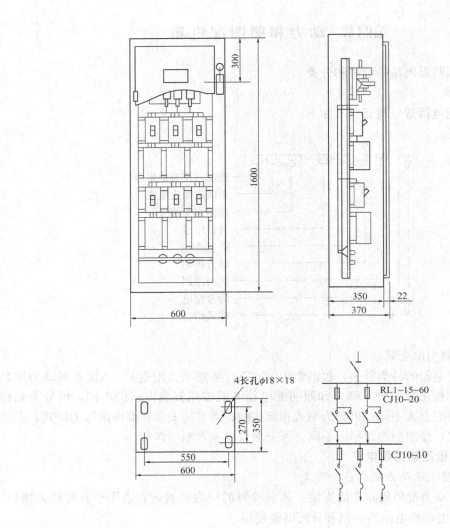

图 9-12　XL-21 型低压动力配电箱结构图

第五节　箱 式 变 电 站

一、概述

箱式变电站（简称箱变），又称户外成套变电站，也称组合式变电站、预装式变电站。由于它具有组合灵活、便于运输、迁移方便、施工周期短、运行费用低、无污染、免维护等优点受到国内外电力用户的好评。它被广泛的城区、农村 10～110kV 中小型变电站、厂矿及流动作业用变电站的建设与改造，因其易于深入负荷中心，减少供电半径，提高末端电压质量，被誉为 21 世纪变电站建设的目标模式。它是一种集高压开关设备、配电变压器和低压配电装置为一体的成套配电装置。装在一个防潮、防锈、防尘、防鼠、防火、防盗、隔热、全封闭、可移动的钢结构箱体内，全封闭运行（见图 9-13）。

图 9-13　箱式变电站外形图

二、箱变分类

1. 按外观及外壳材料分类

（1）木条式外壳箱变；

（2）石材式外壳箱变；

（3）普通铁壳式箱变；

（4）外观按用户要求的箱变。

2. 按结构形式分类

（1）组合式变电站（简称美式箱变）；

（2）预装式变电站（简称欧式箱变）。

美式箱变适用于对供电要求相对较低的多层住宅和其他不重要建筑物的供电，但不适用于小高层和高层建筑物。

欧式箱变的变压器是放在金属箱体内起到屏蔽的作用，可以设置配电自动化。适用于多层住宅、小高层、高层和其他的较重要建筑物。

三、箱变的特点

（1）技术先进安全可靠；

（2）自动化程度高；

（3）工厂预制化；

（4）组合方式灵活；

（5）投资省，见效快；

（6）占地面积小；

（7）外形美观，易与环境协调；

（8）远方烟雾报警，满足无人值班的要求。

四、箱变典型一次接线

根据容量、网络连接形式和设置地点不同，可选用不同形式、种类和性能差异的一次方案接线图（见图 9-14）。

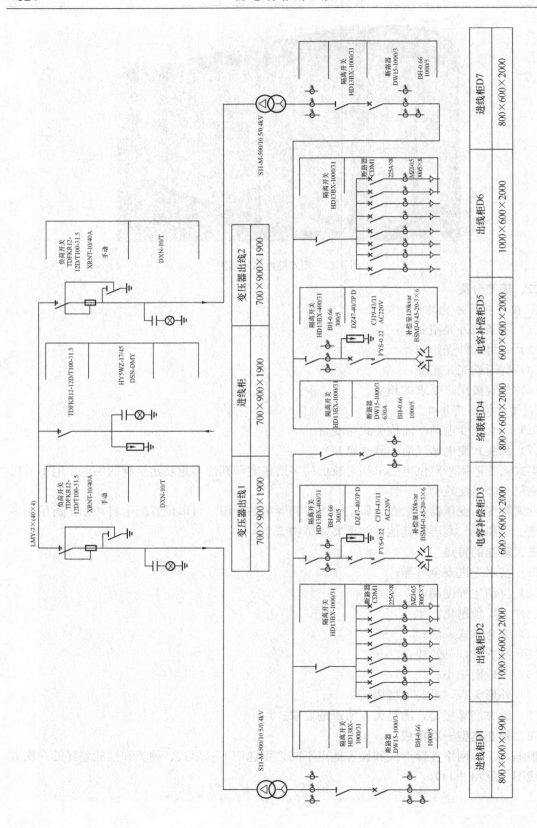

图 9-14　典型箱变一次接线图

第 十 章

配电设备预防性试验

第一节 试 验 方 法

电力网络中的配电设备，由于长期运行或受机械、电场、温度和化学的作用以及潮湿、污秽等外界因素的影响，使设备的绝缘逐渐劣化并产生各种形式的缺陷。轻微的缺陷可能对绝缘的抗电强度影响不大，但缺陷发展到一定程度后，将使其抗电强度和闪络电压降低，甚至发生事故。因此，就需要借助于对设备的预防性试验来及时发现这些缺陷和它们的严重程度，以便采取相应和适当的措施加以消除，并保证配电设备的安全运行。此外，配电设备在出厂或验收时，也需要通过一系列的试验来鉴定其绝缘水平和各种技术参数。

预防性试验的效果，不仅取决于试验项目是否完全，还必须有正确的试验方法、程序和准确的分析、判断。需要指出的是，各种试验项目只是表征绝缘某一方面特性，但它们之间往往存在着一定的关系。所以，分析某一种配电设备的试验结果时，必须综合考虑，有时还需要与过去测试结果进行比较，才能得到正确的结论。

一、导体和绝缘体的电特性

(一) 导体的特性

1. 电阻系数和电导率

导体的电阻系数是这种导体每 1m 长和 1mm² 截面积的电阻值，单位为 $\Omega \cdot mm^2/m$。例如：在 20℃ 时铜的电阻系数是 $0.017241\Omega \cdot mm^2/m$；铝的电阻系数是 $0.02828\Omega \cdot mm^2/m$。同样，在20℃时由以上两种金属组成的合金电阻系数均较纯金属的高。例如：黄铜（铜锌合金）的电阻系数是 $0.05 \sim 0.07\Omega \cdot mm^2/m$；硅钢（铁硅合金）的电阻系数是 $0.625\Omega \cdot mm^2/m$。

导体的电导率为电阻系数的倒数，其单位为 S。

2. 电阻温度系数

导体的电阻不仅因物质的不同而异，还依导体的温度而变化。纯粹的金属及大多数合金，其电阻皆因温度的增高而增加，而碳、电介质的电阻多因温度增高而降低。此种电阻的增减变化，是按 1Ω 的任何物质，以其温度改变 1℃ 时所增减的电阻为标准，称为电阻的温度系数，以 a 表示。如已知某导体 0℃ 时的电阻是 R_0，求 t（℃）时的电阻 R_t 的计算式为

$$R_t = R_0(1 \pm at) \tag{10-1}$$

(二) 绝缘体的电特性

1. 绝缘电阻

加直流电压于绝缘体上，也会有一定的电流通过。在最初的瞬间电流较大，随后就很快减少，最后达到一定数值才平稳下来，这种现象称为绝缘体的电荷吸收现象，这种骤然减低后的平衡电流称为吸收电流，其电荷称为吸收电荷。若将所施电压移去，将绝缘体两端短路，则电流流过绝缘体的方向与施加电压时方向相反，这是剩余现象，其电流称为剩余电流，其电荷称为剩余电荷。

像这样将直流电压施加于绝缘体上，要经过一定时间才能使电流达到平稳状态。通常取

加于电压后 1min 的电压值为 U（V），电流值为 I（A），则绝缘体的绝缘电阻 R 可依欧姆定律计算，即

$$R = \frac{U}{I} \tag{10-2}$$

绝缘体的电阻与导体电阻情形相同，即与绝缘体的厚度成正比，与截面积成反比。其电阻系数 R_0 的计算式为

$$R_0 = \frac{U}{I} \frac{D}{S} \tag{10-3}$$

式中 S——绝缘体的截面积，cm^2；

D——厚度，cm。

因为绝缘体具有极大的电阻系数，如果表面上附有水分或有电离物质存在，则电流自表面通过较内部容易，因而大部分电流自表面泄漏。这种电流称为表面泄漏电流。在表面因泄漏电流而呈现的电阻称为表面电阻。

电流自绝缘体内部及表面通过的比例，均依绝缘体周围的环境而异。表面泄漏电流的测量，通常均以沿表面平行长约 1cm 的两极相距 1cm 而测出的。绝缘电阻受温度影响的程度则依绝缘体的种类而异，大多数是随温度升高而减少。湿度对绝缘电阻的影响更大，约为温度影响的数倍。绝缘电阻又与所施加的电压有关，一般情况是施加电压愈高，则其绝缘电阻愈小。因此当测量绝缘电阻时，对温度、湿度及所施电压大小都应注意。

2. 击穿电压和耐压强度

绝缘体的泄漏电流在低电压状态下是极小的，若电压增加，泄漏电流随着增强，当电压增加到一定程度，绝缘体即有过多的漏电，其原子组织必定被破坏，因而发生高热和火花，绝缘体随即烧毁或击穿。此时所施加的电压称为击穿电压。绝缘体不被击穿所施加的最高电压，称为绝缘体的耐压强度。

3. 绝缘体的温度与湿度

绝缘体的电阻随着温度上升而减小，泄漏电流却随着温度上升而增加，这时更助长了温度的上升。耐压强度也因温度增高而降低，而绝缘体又多为热的非良导体，更容易积热于绝缘体内部。特别在使用交流电的场所，因介质损失也会产生热，频率愈高，产生热量愈大。由于这些原因，常使绝缘体的绝缘因温度升高而劣化，以致发生破裂现象。因此绝缘体的温度上升是一个很重要的问题。在实际使用时，为了保护绝缘体和机件的安全，对于绝缘体温度的上升，就要有一定的限制。例如：植物纤维应限制在 100℃ 以下，云母应限制在 500～600℃ 以下，电瓷应限制在 1000℃ 以下。

湿度对绝缘材料电性质的影响更大。一般电机、电器在夏季发生故障，常常是由于绝缘材料受潮所致。材料受潮后，其体积电阻和表面电阻都要显著地减小，介质损耗将会增大，耐压强度也要降低。绝缘材料的受潮程度与周围空气的相对湿度及温度有关，当周围空气相对湿度愈大和温度愈低时，材料本身的湿度也愈大。因此，为了防止停运设备的绝缘受潮，应该将设备储藏于干燥的环境中，或在容许的温度下，采用加热烘烤的方法，使其去潮。

综上所述，如果绝缘体局部或全部受潮，表面脏污和留有表面放电或击穿痕迹时，绝缘体的绝缘电阻会显著降低。只有当这些缺陷贯穿于两极之间时，绝缘电阻才能灵敏地反应出来。若只发生了局部缺陷，电极间仍保持有部分良好绝缘时，绝缘电阻将很少降低，甚至完

全不发生变化。因此，对于绝缘体，绝缘电阻只能有效地检查出其整体受潮、贯穿性通道等缺陷。

将直流电压加于绝缘体上，经过一定衰减才能达到平衡状态，这一衰减时间常数，主要决定于被试物的电容和绝缘电阻。对某些体积较大，绝缘电阻较高的绝缘设备，也即大型电机或较长电缆，它们的时间常数以分钟计；对于变压器以秒计；对于套管、绝缘子等电容较小的设备以毫秒计。这就是绝缘的吸收特性，加于电压后不同的时间测得的绝缘电阻值的比，称为吸收比。电气设备绝缘的吸收比，一般不受被试物几何尺寸的影响，常能更有效地说明绝缘状态。绝缘物所含杂质愈多，愈潮湿时，吸收比愈小；反之，绝缘愈干燥，吸收比愈大。由于变压器、电动机和发电机等的绝缘是处在不同潮湿与干燥状态下的，因此采用吸收比是判断绝缘干燥程度的一个指标。通常取加电压 1min 的绝缘电阻作为绝缘电阻值；用 60s 和 15s 下的绝缘电阻值的比作为吸收比，即 $R_{60''}/R_{15''}$。

二、直流电阻与接触电阻的测量

（一）直流电阻的测量

绕组（线圈）的直流电阻测量是一项既简便、又重要的测量工作。

通过绕组（线圈）直流电阻的测量，可以检查出绕组（线圈）内部导线的焊接质量，引线与线圈的焊接质量，线圈所用导线的规格是否符合设计要求，三相绕组的直流电阻是否平衡等。

（二）接触电阻测量

断路器的触头是断路器的最重要部件，如果在安装过程中，由于调整不良或清扫不彻底，就会引起断路器动静触头之间的接触电阻增大，这样当流过工作电流时触头就会发热，尤其当流过短路电流时，可能使触头局部过热以致烧损或粘连在一起，这就影响断路器的跳闸时间，甚至发生拒动。因此在投入断路器前应测量触头间的接触电阻。如果不便于测量断路器触头本身的接触电阻，则应测量每相整个导电回路（包括导电体的固有电阻和接触电阻两大部分）的电阻，其中导电体的固有电阻基本上是定值。由于接触电阻是随接触的状态而变化，因而它决定和影响着整个导电回路的电阻值。

（三）测量方法

直流电阻和接触电阻测量一般采用电压降法（见图 10-1）。电压降法是在被试电阻上通以直流电流，通常采用 10A 以上的电流。再用多量程的毫伏表测量电阻上的电压降，然后按式 (10-2) 算出电阻。

为了减少接线所造成的测量误差，测量小电阻时可采用图 10-1（a）的接

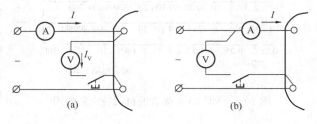

图 10-1　电压降法测量电阻的接线图
(a) 测量小电阻；(b) 测量大电阻

线，这种接线考虑了电压表电阻 r_V 的分路电流 I_A，被测电阻 R 愈小，误差愈小，所以适用于测量小电阻；测量大电阻时应采用图 10-1（b）的接线，这种接线考虑了电流表电阻 r_A 上的电压降。被测电阻值 R 愈大，误差愈小，所以适用于测量大电阻。

电压降法所用的直流电源采用蓄电池较为合适，也可以采用脉动不大的整流电源。用电压降法测量绕组（线圈）的电阻时，由于电感量较大，所以必须注意在电源电流稳定后，方

可接入电压表进行读数，而在断开电源以前，一定要先断开电压表，以免有反电动势损坏电压表。

由于电压降法准确性不高，灵敏度低，需要换算和消耗电能多等原因，所以在要求较高的试验中采用电桥法。

（四）具有灭弧触头的油断路器电阻的测量方法

对于具有灭弧触头的油断路器，需要分别测出主触头导电回路和灭弧触头导电回路的电阻，其测量方法如下。

（1）测量灭弧触头导电回路电阻时，先在主触头的接触面上垫一层薄的绝缘纸或绝缘布，然后将断路器合闸，从每相的两个引线端头测量电阻。这时主触头不导通，所测得的电阻便是灭弧触头导电回路的电阻 R_2（$\mu\Omega$）；

（2）测量主触头导电回路电阻时，把断路器合闸，从每相的两个引线端头测量电阻，这时主触头和灭弧触头都导通，所测得的电阻是主触头导电回路和灭弧触头导电回路并联后的总电阻 R（$\mu\Omega$）。从上面两次测量的结果，计算出主触头导电回路的电阻 R_1 为。

$$R_1 = \frac{RR_2}{R_2 - R}(\mu\Omega) \tag{10-4}$$

三、绝缘电阻的测量

（一）测量绝缘电阻的试验方法

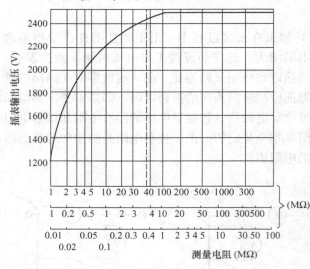

图 10-2　MC-06 型摇表的负荷特性曲线图

在测量绝缘电阻时常用的测量仪表有摇表（兆欧表）或晶体管兆欧表。摇表的负荷特性如图 10-2 所示，图中示出摇表所测电阻与摇表端电压关系。由图 10-2 可见，当所测绝缘电阻低于 40MΩ 时，摇表的输出电压将显著降低，所以在测量绝缘电阻时，必须选择适当的摇表和测量量程。有些类型的摇表，为了避免在测量低绝缘电阻时引起的较大误差，在刻度上还直接标出了允许测量最低的绝缘电阻值。摇表的摇动转速，按摇表的类型也有所不同，一般规定为 120r/min，因此在测量试验时，应按所选用摇表的摇动转速规定进行。

如图 10-3 所示，为了消除被试物表面的泄漏电流 i_1 和线路端子对接地端子之间的泄漏电流 i_2 的影响，摇表还设有保护环或专设保护屏蔽端子，从而使以上两种泄漏电流不经电流线圈 LA，而直接回到发电机负极。

（二）利用摇表（兆欧表）测试绝缘电阻的注意事项

利用摇表测试绝缘电阻时应注意以下几个方面：

（1）测试前要断开被试物的电源，拆除一切对外连接线，将被试物短路接地放电，从而充分放尽被试物中的残余电荷，避免损坏仪表和危及人身安全，并可使测量结果准确。

（2）将摇表放置在适当位置，对有水平仪的摇表必须调好水平，无水平仪的摇表也应近于水平放置。

（3）测量前应对摇表本身进行检查，即先将试验接地线接到摇表的"接地"（有的摇表标志为"E"）端子上，再将试验导线的"线路"（"L"）端悬空（用良好的绝缘支持或吊挂，虽然有塑胶外皮也不能与接地线碰触在一起，以免摇表因泄漏而摇不到"∞"），以额定的恒定转速摇动摇表，并调节"∞"调整旋钮，使表针指示"∞"位置；再将线路、接地两端子短接，瞬时慢速试摇摇表，指针应指"0"。通过上面检查和调节，如果指针不指到"∞"或"0"，说明摇表已有毛病，必须进行检修，方可使用。

（4）将被试物和大地绝缘的导体部分接到摇表的线路端子上，被试物外壳或其他导体部分接到摇表的接地端子上。如果被试物有可能产生表面泄漏电流而影响测试时，应用摇表的保护端子加以屏蔽，需要屏蔽部分的引线接到摇表的"保护"（有的摇表标志为"G"端子上，见图10-3）。

（5）以恒定速度（一般为120r/min）摇转摇表，在摇转摇表时，一般将按住摇表的手用绝缘物隔开。表针初始时指示较低，以后逐渐上升，待指示稳定（一般约1min）便可读取绝缘电阻值。在读数之后必须注意先断开线路端子至被试物的引线，然后才可停止摇表，以防止被试物电容电流倒充而损坏摇表，在试验电容量较大的设备时，尤其需要注意这一点。

图 10-3　摇表测量接线图

（6）在做 $R_{60''}/R_{15''}$ 吸收比试验时，应先摇转摇表至额定转速，再通过绝缘良好的开关或绝缘棒接入被试物并计量时间，读取 60s 及 15s 的绝缘电阻值。测试完毕后，同样先断开被试物，后停摇表。

（7）测试完毕，应立即对被试物进行放电，放电时间应不少于2min。

（8）应记录测量好的温度、湿度和其他气象条件，以便用来对比和作为参考。

（9）测试绝缘电阻要考虑各种影响因素，并进行测试结果的分析。通常影响测试的因素有以下两种：

1）绝缘物的受潮程度。这种因素是随环境湿度的变化而变化。当空气相对湿度大时，绝缘物吸收较多水分，致使电导率增加而降低了绝缘电阻值，尤其是表面泄漏的影响更大；

2）温度的影响。绝缘物的绝缘电阻是随温度的变化即变化的。它随温度的变化程度与绝缘物的种类有关。在预防性试验中，为了便于比较不同温度下的测试结果，应按下列公式进行换算。

对于 A 级绝缘（如变压器、互感器等）

$$R_2 = R_1 \times 10^{a(t_1-t_2)} \tag{10-5}$$

式中　R_1——温度为 t_1（℃）时所测得绝缘电阻值，MΩ；

　　　R_2——换算到温度为 t_2（℃）时绝缘电阻值，MΩ；

　　　$α$——绝缘物的温度系数，它随绝缘物的种类而异，对于 A 级绝缘材料 $α = \dfrac{1}{40}$℃

或 $\alpha = 0.025℃$。

（10）由于绝缘电阻与绝缘物的材料、结构和尺寸有关，因此在进行试验结果分析时，要考虑以下两个问题：

1）所测结果应大于一般容许值（按有关规定）。

2）与出厂、交接和历年测得的数据比较、大修前后的数据比较、同类设备相比较、耐压前后的数据相比较均不应有明显的降低和较大的差别，否则必须查明原因。在比较时要考虑温度、湿度、脏污及气候条件等影响。

（11）其他注意事项有以下几点：

1）双回路架空送电线路或母线，当一回路带电时，不得测另一回路的绝缘电阻，以防止感应过电压。

2）测试较长电缆线路或电容器的绝缘电阻时，由于充电电流很大，致使摇表初始值很低。这种情况不能说明被试物的绝缘不良，必须经过较长的时间，指针才能逐渐上升而达到稳定值。

3）为了使测量结果有比较价值，在测量大容量设备时，读数时间应该相同。另外，由于摇表本身的内阻不同，其充电时间常数也不同，而使相同测试时间的指示数值有所差异。所以对同一设备，每次测量最好用同型号的摇表，以便比较。

4）如所测绝缘电阻过低时，应分部件进行试验，以便查出缺陷部分。

5）测试时应根据被试设备的电压等级选择适当电压的摇表，一般选择的原则是：对于500V以下的设备用500V摇表，500～1000V的设备用1000V摇表，1000V以上的设备用2500V摇表。

四、泄漏电流的测量

（一）泄漏电流的测量试验特点

泄漏电流测量试验的原理与用摇表测量绝缘电阻的原理基本相同。不过在泄漏电流测量试验中，所用的直流电源是由高电压整流设备供给，用微安表读取泄漏电流的数值。这种试验比用摇表测量绝缘电阻的试验优越方面有以下几点。

（1）试验电压比较高，而且可以随意调节。对一定电压等级的被试物，施加合适的试验电压，可使绝缘本身的弱点更容易暴露出来。

（2）试验过程中，可随时监视微安表的指示，用以了解绝缘情况。

（3）可适当选择微安表的量程，所以读数准确。

（4）必要时除读取泄漏电流值外，还可以根据电流和时间关系及电流和电压关系，绘制相应曲线，进行全面分析。

当在被试物上加上直流电压时，其充电电流会随着时间的增长而衰减。故微安表在加压一定时间后，其指示才趋于稳定，此时读数（一般加压1min后读数），则等于或近于稳定的泄漏电流值。对于良好的绝缘物，其稳定电流与一定的外施电压应为正比关系。

但实际上稳定电流 I 与电压 U 的关系曲线，仅在一定范围内是近似直线的，如图10-4中的 OA 段。当超

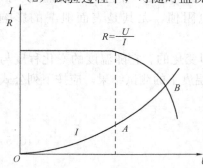

图 10-4　绝缘电阻 R 和泄漏电流 I 与外施电压 U 的关系图

过此范围后，离子活动更加激烈，此时电流的增长要比电压增长快得多，如图 10-4 中的 *AB* 线段，呈弯曲状。当到达 *B* 点以后，如电压再增加，则电流将急剧增加，产生更多的损耗，以致绝缘物破坏，发生击穿。

在预防性试验中，泄漏电流试验时所加的直流电压，大都是在 *A* 点以下，故对绝缘良好者，其伏安特性应近于直线关系。当绝缘有缺陷（全部或局部）或受潮时，则泄漏电流将急剧增加，其伏安特性曲线就不是直线关系了。因此通过泄漏电流的测量试验可以分析绝缘有无缺陷和是否受潮，而且在发现绝缘的局部缺陷上，泄漏电流的测量试验更具有实际意义。

（二）泄漏电流的测量试验方法及操作步骤

1. 泄漏电流的测量试验方法

利用高压硅堆整流的泄漏电流测量试验接线如图 10-5 所示，图中以高压变压器 T，并经高压硅堆 V 整流，来得到直流高压或试验电压。硅堆是一种高压整流元件，它是由多个单只硅堆整流片串接而成，并用环氧树脂浇注绝缘。目前我国生产的高压硅堆有 2DL-100 板形的，适用于最大反峰电压低于 100kV 的试验中；2DL-220 圆柱形，适用于最大反峰电压低于 220kV 的试验中。

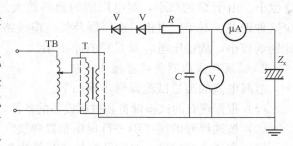

图 10-5　利用高压硅堆整流的泄漏
电流试验接线图

图 10-5 所示接线的整流形式是半波整流，当硅堆的阳（正）极电位为正时，硅堆导电通过正向电流，被试物 Z_x 充电，其电压等于变压器输出电压的 $\sqrt{2}$ 倍（峰值）。当硅堆的阳（正）极电位为负时，硅堆截止，此时被试物 Z_x 上的电压和变压器的电压串联相加，硅堆的正负极间出现两倍的整流电压。因此设备的最高使用电压不得超过硅堆的最大反峰电压值的一半，而所加交流电压的有效值只能是硅堆最大反峰电压值的 $\frac{1}{2\sqrt{2}}$ 倍。

图 10-5 中的 *C* 是稳压电容器，一般要求其电容在 $0.01 \sim 0.1 \mu F$ 或更大一些为宜，其耐压强度必须能承受最大直流试验电压，如无合适的电容器，可用几个电压较低的电容器串联，以提高其耐压强度。稳压电容器的作用主要使高压输出电压平稳，现将它的作用原理叙述如下。

在整流装置中（尤其是半波整流），若无稳压电容器，而被试物电容又较小时，如试验瓷瓶、套管、避雷器和互感器等，输出的直流高压平均值一般可能低于波峰值的 $10\% \sim 40\%$，使试验结果发生误差。

设被试物的电容量为 C_z。在充电半波时，其端电压为 $U_z = \dfrac{Q}{U_z}$（其中，*Q* 为充电电荷量），在非充电半波时，若充电电荷毫无逸出，即 *Q* 值不变，则加于被试物上的电压可保持恒定不变，如图 10-6 实线所示。

但事实上已充电之电荷在非充电期间常常有电荷逸出，表现为被试物的泄漏电流，因此被试物承受的电压值随之下降。如图 10-7 所示，其每周波的平均电压值为 U_{av}。

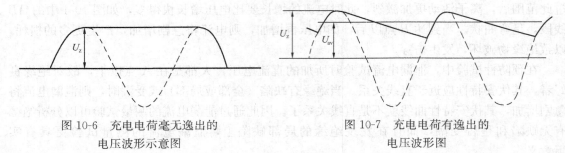

图 10-6　充电电荷毫无逸出的　　　　　　图 10-7　充电电荷有逸出的
　　　　电压波形示意图　　　　　　　　　　　电压波形图

由 $U_z = \dfrac{Q}{U_z}$ 可见，在给定的每周波逸出电荷量条件下，电容量较小的被试物，其充电量 Q 也小。由于 Q 的减小，对电压值的影响较大。应用并联稳压电容器的目的，就是在于减少这种误差。对于发电机、变压器及长电缆线路等被试物而言，因其本身电容容量较大，受此影响较小，故稳压电容器 C 可省略不用。

2. 泄漏电流的测量试验操作步骤

泄漏电流的测量试验操作步骤如下。

(1) 根据现有的试验设备和被试设备的条件，选择合适的试验设备、接线图及试验地点。

(2) 按选择好的接线图进行现场布置和接线。

(3) 在通电试验前，必须认真检查接线中所用表计数值是否正确；调压变压器的位置是否在零位；所用试验电源电压是否符合规定。

(4) 送上试验电源，调节高压试验变压器电压，使其逐步升高到所需要的试验电压值。

(5) 对被试设备试验前，必须先测量试验设备和接线的泄漏电流，并作记录。确定试验设备与接线无问题后，才能将被试设备接入试验回路进行试验。最后测得的泄漏电流总值，必须减去试验设备和接线本身的泄漏电流，才是被试设备的实际值。

(6) 在试验过程中，将电压逐段上升，并相应地读取泄漏电流，每点停留 1min，以减少充电电流的影响。

(7) 试验过程中，若有击穿、闪络、微安表大幅度摆动或电流突变等异常情况发生时，应马上降压，断开电源，并查明原因处理后再做试验。

(8) 试验完毕后，先降压，后切断调压器电源。

(9) 每次试验后，必须将被试物经电阻对地充分放电。根据被试物放电火花的大小，可以大概了解被试物绝缘情况。放电时应利用绝缘棒，将接地线挑起放在被试物上，此外还应注意附近的设备，有无感应静电电压的可能，必要时也应放电或预先接地；

(10) 再做试验时，首先必须检查接地线是否已从被试物上移开。

(三) 泄漏电流测量试验的注意事项

(1) 在利用单个硅堆整流而单个硅堆电压不够时，可以采取多个硅堆串联的办法。这种情况必须注意，务必要使电压分布均匀。一般需要并联均压电阻，其数值为硅堆反向电阻的 $\dfrac{1}{3} \sim \dfrac{1}{4}$。如果所选的电阻值过高，而不易达到上述要求时，可适当减小均压中阻为 1000MΩ。

(2) 接线图 (见图 10-5) 中的试验变压器 T 和调压器 TB，由于负荷电流很小，一般只有微安到毫安量，因而所需的容量仅为几百 VA 到 1000VA 就够了，选用比较方便。接线图

中限流电阻 R 的选择原则：①当被试物击穿时，电阻将短路电流限制在容许值以内；②应使过电流继电器可靠动作；③正常时电阻上的压降不应过大（约占试验电压1%以下）。

（3）对电容量较大的电气设备（如发电机、变压器）做泄漏电流试验时，微安表的指针在电源电压波动和被试物击穿的情况下，均会发生摆动和冲击性摆动现象，如不加以区别找出原因，容易作出错误判断。

（4）当采用硅堆作整流时，硅堆产品目录中的额定参数，是指电阻性负荷时的参数。当试验容性负荷时，其额定平均整流电流取电阻或电感性负荷时的80%。使用时应水平放置，如要垂直放置，则其最大整流电流应降低30%使用。如浸在油中使用，则其整流电流可增加1倍。

（5）由于微安表是接于高压的，故支持微安表的绝缘支柱应牢固可靠，以免操作时发生摆动或倒塌危及操作安全。微安表应屏蔽良好，尽量减少误差。

（6）微安表应加装放电保护，以避免被试物击穿时损坏微安表。

（7）连接到被试设备上的高压导线，应采用短的和绝缘良好的，并应使其对地及其他接地部分有足够的距离，以减少杂散电流的干扰。

（8）对于能分相试验的设备必须进行分相试验，当试验一相或一相线圈时，其他相或线圈应接地。

（9）在现场实际试验中，通常应注意可能遇到的一些异常情况，即当微安表上反映以下的情况时：①指针抖动，可能是微安表有交流分量通过，若影响读出数值，则应检查微安表保护回路是否良好，必要时可以增大滤波电容的电容量。②指针周期性摆动。这种情况可能是回路存在反充电或被试物绝缘不良引起的周期性放电，应查明原因，分别加以解决。③指针突然冲击，若向小冲击，可能是电源回路引起的；若向大冲击，可能是试验回路或被试物出现闪络或内部断续性放电引起的。

此外，还有两种异常情况。

1）泄漏电流过大，此时应首先检查试验回路各设备状况和屏蔽是否良好，在排除外因以后，才能对被试物作出正确评价；

2）泄漏电流过小，这时应检查线路连接是否正确，微安表保护部分有无分流和断脱情况。

（10）在排除各种外界因素对试验结果的影响之后，可以根据所测得泄漏电流值进行如下分析：

1）从泄漏电流的绝对值大小上看，如果超出标准要求，则应查明原因，指出问题的所在，必要时应对被试物进行分部试验。

2）从泄漏电流的相对值上进行分析。例如，与出厂、交接及历年测得数据相比较，大修前后的数据相比较，耐压前后的数据相比较，同一设备各相间相比较，同类设备相比较，均不应有明显的降低和较大差别，否则必须注意查明原因，进行分析。当然在比较时，也要注意到温度、湿度、脏污和气候条件的影响。

（四）微安表保护

由于试验回路采用半波整流接线，被试物因为绝缘程度不同有泄漏电荷，因而微安表中将有一定的交流分量通过，致使微安表指针摆动；此外，在试验的过程中由于被试品绝缘不良，出现放电以致击穿时，将存在脉冲电流或击穿电流流经微安表；还有在对被试物试验后进行放电时，有较陡的电压波和大电流，如不注意放电方式，有可能也要通过微安表。由于以上原因，会引起微安表指针摆动无法读数，微安表撞针直至烧坏。所以有必要对微安表加装保护。

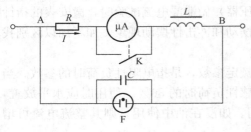

图 10-8　微安表保护接线图

微安表的保护接线如图 10-8 所示。在微安表回路中串联一个电阻 R，当有电流通过回路时，就在 A、B 两点间产生一个电压降，电压降的大小等于通过电阻 R 的电流和电阻值的乘积。电阻 R 的阻值必须这样选择：就是当通过电阻的电流 I 达到微安表满刻度的 120% 时，AB 两端间的电压降应等于放电管 F 的放电电压值。这样，当通过回路的电流还不足以使微安表损坏时，放电管就放电，将表计短路，微安表得到保护。

图 10-8 中，电感 L 的作用是当被试物击穿瞬间，增强微安表回路对击穿电流的阻尼作用，防止微安表在受到冲击后，放电管才放电。电容 C 的作用是能滤去泄漏电流中交流分量和通过微安表的交流电流，从而减小微安表在试验中指针的剧烈摆动，便于读数；同时电容 C 也补偿了电感的不足，以保证在任何情况下使保护装置正确工作。短路开关 K 的作用是当试验装置不工作时短接微安表。

五、交流耐压试验

(一) 概述

在前面所叙述的试验方法中，虽然能发现许多绝缘缺陷，但因它们的试验电压往往低于被试物的工作电压，对一些缺陷还不能完全检查得出来，为了进一步暴露设备缺陷，特别是暴露局部性缺陷，有必要进行交流耐压试验。交流耐压试验也是鉴定电气设备绝缘程度的最有效和最直接的方法，对判断电气设备能否继续运行具有决定性意义，也是保证设备绝缘水平，避免发生绝缘事故的重要手段。

但是，由于交流耐压试验所用的电压远比运行电压为高，对绝缘不良的设备来讲是一种破坏性试验，因此在进行交流耐压试验以前，必须对被试物先进行绝缘电阻、吸收比和泄漏电流等项目的试验，以初步鉴定设备的绝缘状况，若已发现设备的绝缘情况不良（如受潮和局部缺陷等），则为了避免在进行耐压试验过程中，造成不应有的绝缘击穿而延长检修时间或影响设备投入运行，应首先进行处理后再作交流耐压试验。

在交流耐压试验中，试验电压数值的确定，是整个试验的关键，在正常情况下均可从有关规程中，查得试验电压的标准；若遇特殊情况，则应按被试物可能遇到的过电压倍数、持续时间及次数、设计时所采用的绝缘水平、当前绝缘状况、检修力量和在系统中的重要性等几个方面来考虑。除了试验电压的数值外，电压的频率（50Hz）、波形（正弦波）、加压时间（一般为 1min）、被试物的温度（正常工作温度）等，均将直接影响交流耐压试验的结果，在试验时应予以足够的重视。

(二) 交流耐压试验接线

交流耐压试验接线，应按被试设备的要求（如电压、容量等），并根据现有的试验设备条件确定，通常使用的试验变压器均是成套设备（包括控制及调压设备），但有的试验现场只有试验变压器而没有控制箱，所以必须根据现有条件选择试验接线，图 10-9 是一种常用的交流耐压试验接线图。

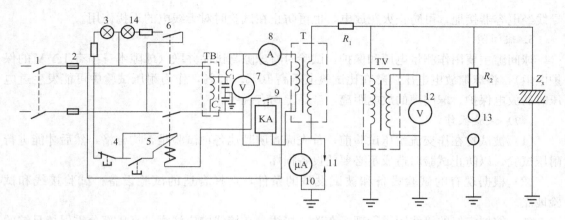

图 10-9 交流耐压试验接线图

T—试验变压器；TV—电压互感器；TB—调压变压器；R_1、R_2—限流电阻；Z_x—被试物；

1—双极刀闸；2—熔断器；3—绿色指示灯；4—常闭分闸按钮；5—常开合闸按钮；

6—电磁开关；7—低压侧电压表；8—电流表；9—过电流继电器；10—微安表；

11—放电间隙；12—电压表；13—球隙；14—红色指示灯

（三）交流耐压试验设备

1. 试验变压器

试验变压器的特点是容量小、电压高，运行中不会受到大气过电压侵袭，因而其绝缘裕度较小。其一般出厂试验电压为额定电压的 1.1～1.3 倍，漏抗比同样电压等级的电力变压器要大得多。

试验变压器不是按照长期运行设计的，一般允许在额定电压和额定负荷下运行 30min。对较高电压等级（例如 250kV 以上）的试验变压器允许持续运行的时间还要短一些。

2. 调压设备

对工频试验变压器调压设备的要求有以下几点：

（1）调压设备应使电压自零到最大值范围内作均匀和连续的调节；

（2）保持电源电压波形不发生畸变；

（3）调压器本身的阻抗和损耗要小。

配电设备耐压试验的常用调压设备有可变电阻器、自耦变压器、移圈调压器和感应调压器四种。

3. 限流保护电阻

为了防止试验变压器在被试物突然击穿或放电时，受到短路和过电压损害，试验变压器的输出端应接有限流保护电阻 R_1（见图 10-9）。这样，当被试物击穿时，虽然试品两端电压突然降到零，但由于 R_1 的存在，并与试验变压器高压端附近的对地电容 C_0（包括套管电容）形成充电回路，使高压端的电压变化缓慢，从而保护了试验变压器。

4. 低压回路保护

在某些试验变压器的设计中，为了保护低压绕组及电源回路，将低压绕组加屏蔽。此外在低压回路靠近调压器输出处加装电容器 C_1、C_2（见图 10-9），降低低压回路的冲击电压分量。此电容器可用 0.1～0.5μF、1000V 直流工作电压的油质电容器。另外，采用低压回路导线经电容器接地，可防止火花放电，也可防止在试验时对无线电的干扰作用。

5. 球间隙

球间隙主要用作测量电压和保护，试验时将球隙与试品并联（球隙本身串有 $1\Omega/V$ 的保护电阻），将球隙放电电压调整在比试验电压高 10%～15%，作为耐压试验中可能发生过电压时的放电保护。球间隙的放电距离，产品上均有说明。

（四）试验操作

（1）被试物在作交流耐压试验前，首先应查明其他各项试验是否均合格，然后才能进行耐压试验，以防止试验时造成不必要的设备损坏。

（2）根据现有的试验设备和被试设备的条件，选择合适的试验设备；试验接线和试验地点。

（3）按拟定好的接线图进行现场布置、接线。在接线中应注意，高压部分需保持足够的安全距离；被试物与试验设备要妥善接地；高压引线可采用裸线，并应有足够的机械强度；通电前还应做好全面检查。

（4）正式试验前，先拆去高压试验变压器引向被试物的连线，检查调压器是否在零位。调整保护间隙，使其放电电压为试验电压的 1.1～1.15 倍；再合上电源刀闸，慢慢升压，试看试验回路接线是否正确，仪表、试验设备是否完好、齐全；然后升高电压到试验电压值，持续 1min，再将电压降到零，最后切断电源。

（5）被试物的安置状况应符合实际使用情况，如做油断路器套管试验时，其下部应浸在绝缘油中；对于充电设备，应在绝缘油内无气泡并处于静止状态，才能加压试验。对任何被试物在交流耐压试验前后，均应摇测绝缘电阻。

（6）接上试品，合上电源，开始升压，进行试验。升降电压过程中应注意监视有关仪表；升压过程中应密切监视高压回路，监听被试物。当电压升至试验电压时，开始计算时间和读取试验电压及电容电流。到时间后，应迅速均匀地降压到零，切断电源，并对被试物放电。

（7）关于升压速度，对于瓷绝缘、开关类设备等，可以不予规定；对变压器、发电机等重要设备，在 40%试验电压以前，可以不限升压速度，其后的升压必须是均匀的（大约以每秒 3%的试验电压速度升压）。

（8）在升压和耐压试验过程中，如发现电压表指针摆动很大；毫安表的指示急剧地增加；调压器往上升方向调节，电流上升，电压基本不变，甚至有下降趋势，并发现有绝缘烧焦或出现冒烟现象；被试物发生不正常响声等情况时，应立即降压断开电源，并挂上地线，再检查原因。

（9）试验时间一般为 1min，如果是绝缘棒、带电作业工具及单独存在的有机绝缘材料试验时间为 5min。断开电源后，必须立刻触摸被试部分，检查有无发热。

第二节　试验的项目、标准和接线

配电设备的测试是保证供电可靠性的一个重要环节，因此对配电设备，在安装前后或经过大修以后，均应进行认真的测试，以便检查或消除设备在制造、安装、检修或运输过程中可能发生的缺陷。

本节着重讨论各种配电设备在预防性试验时的试验项目、具体接线方法和试验标准，以便提高对配电设备预防性试验的实际测试水平。但需指出，测试标准一律采用国家和行业标准，如有新规定时，应按新规定执行。

一、配电变压器试验

（一）配电变压器试验项目和标准

1. 测量配电变压器绕组的绝缘电阻和吸收比

该项目的测试一般在测量时使用 2500V 的兆欧表，测量周期通常为：①交接时；②大修后；③每隔1～2年一次。3～10kV 配电变压器绕组绝缘电阻的测试标准见表 10-1。在同一配电变压器中，高低压绕组的绝缘电阻标准相同。大修后和运行中的标准可自行规定，但在相同温度下，绝缘电阻应不低于出厂值的70%。一般取 60s 的绝缘电阻与 15s 的绝缘电阻读数之比，表示吸收比。

表 10-1　　　　　　　　　　3～10kV 配电变压器绝缘电阻的测试标准

绕组温度（℃）	10	20	30	40	50	60	70	80
绝缘电阻（MΩ）	450	300	200	130	90	60	40	25

2. 测量配电变压器绕组连同套管一起的泄漏电流

泄漏电流的测量周期与测量绝缘电阻相同，测试电压作如下规定：

（1）绕组额定电压是 3kV，直流试验电压是 5kV；

（2）绕组额定电压是 6～10kV，直流试验电压是 10kV。

配电变压器的泄漏电流值可自行规定，也可参见表 10-2。其测试值与历年数值比较不应有显著变化。

表 10-2　　　　　　　　　　　配电变压器的泄漏电流参考值

绕组温度（℃）		10	20	30	40	50	60	70
泄漏电流（μA）	6～10kV	45	70	110	175	300	450	700
	3kV	25	40	60	100	150	250	400

3. 测量配电变压器绕组的直流电阻

配电变压器绕组直流电阻的测量周期除与测量绝缘电阻的周期相同外，在变换绕组分接头位置后也应测量，其测试标准规定如下：

（1）630kVA 及以上的变压器，各相绕组的直流电阻相互间的差别（无中性点引出时为线间差别），应不大于三相平均值的 2%；

（2）630kVA 以下的变压器，直流电阻的相间差别一般不大于三相平均值的 4%，线间差别不大于三相平均值的 2%。

4. 配电变压器绕组连同套管一起的工频交流耐压试验

配电变压器工频交流耐压试验的测试周期只是在交接时和大修后进行，其试验标准见表 10-3。

表 10-3　　　　　　　　　　　配电变压器交流耐压试验标准

绕组额定电压（kV）	0.5	3	6	10
出厂时试验电压（kV）	2	18	25	35
交接及大修后试验电压（kV）	2	15	21	30

（二）配电变压器的试验接线

（1）配电变压器的绝缘电阻和吸收比试验接线，如图 10-10 所示。

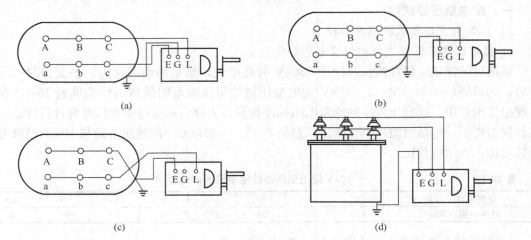

图 10-10　配电变压器的绝缘电阻和吸收比试验接线图
(a) 高压对低压；(b) 高压对低压和地；(c) 低压对高压和地；(d) 屏蔽线连接图

测量吸收比和测量绝缘电阻的方法大致相同，所不同的是要记录通电时间。通电时间愈长，其读数值愈大。一般是采用 60s 和 15s 绝缘电阻的比值，即为所测得的吸收比。

（2）配电变压器泄漏电流的试验接线，如图 10-5 所示。图中 Z_x 相当于被试变压器。测量配电变压器的泄漏电流时，通常是依次测量各绕组对铁芯和其他绕组间的电流值。因此，除被测绕组外，其他绕组皆短路并与铁芯（外壳）同时接地。测量泄漏电流应读取 1min 的电流值。

（3）用电压降法测量变压器绕组的直流电阻接线（见图 10-1）。在测量操作时，应先接通电源，后接通电压表；测量完毕后，先断开电压表，后切除电源，以免绕组电感因电流突变而产生的反电动势将电压表打坏。

（4）配电变压器工频交流耐压试验接线，如图 10-11 所示。试验时将被试变压器受试绕组全部连接在一起，电压加于受试绕组与未试绕组、接地的铁芯及外壳之间，未试绕组也应全部短路接地。

二、断路器试验

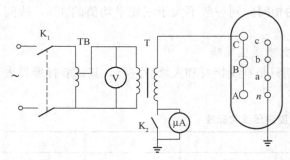

图 10-11　配电变压器工频交流耐压试验接线图

（一）断路器试验项目和标准

1. 测量断路器导电回路的直流电阻

断路器导电回路的直流电阻应分相测量，测量周期通常为：①交接时；②大修后；③结合小修每隔 1～2 年一次。对于 SN10-10 型少油断路器，每相导电回路电阻应为 $120\mu\Omega$。

2. 测量断路器绝缘电阻

断路器绝缘电阻测量周期与测量直流电

阻相同。其测试标准如表 10-4 所示。

3．断路器工频交流耐压试验

断路器工频交流耐压试验的周期，除交接时和大修后进行外，还应对于 10kV 以下的断路器每 1～3 年试验一次。其试验标准如表 10-5 所示。

表 10-4　断路器（有机物制成的拉杆）绝缘电阻标准　单位：MΩ

额定电压（kV）	3～15
交接和大修后	≥1000
运 行 中	≥300

表 10-5　断路器工频交流耐压试验标准

额定电压（kV）	3	6	10
出厂时试验电压（kV）	24	32	42
交接及大修后试验电压（kV）	22	28	38

断路器的预防性试验，除以上几项主要试验项目外，还包括合闸接触器和跳闸电磁铁线圈的最低动作电压测量、时间特性测量、速度特性测量以及断路器触头分合闸的同时性测量等。

（二）断路器的试验接线

（1）断路器导电回路的直流电阻测量常采用电压降法，其试验接线如图 10-12 所示。对于断路器的试验，应在注油前测量一次，注油后再校核一次。在测量过程中还应注意不要使断路器偶然跳闸，否则将损坏仪表。

（2）测量断路器绝缘电阻的接线如图 10-13 所示。每相独立的断路器（如 SN10-10 型）只测带电部分对外壳的绝缘电阻，并在合闸和分闸两位置下测定。测量方法应为一相对其他两相和地，并在合闸及分闸两位置下分别测定。

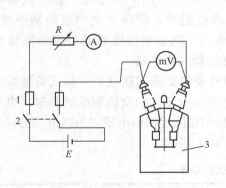

图 10-12　断路器导电回路直流电阻
测量的接线图

1—熔断器；2—单相刀闸；3—被试断路器

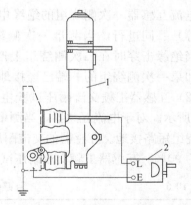

图 10-13　测量断路器绝缘
电阻的接线图

1—被试断路器；2—摇表

（3）断路器工频交流耐压试验的接线可见图 10-9。断路器只有在油面符合规定、油耐压合格时，才能进行耐压试验。试验应在断路器合闸时进行，三相共箱式的油断路器，在试验一相时，其他两相应与油箱同时接地。

三、互感器试验

（一）互感器试验项目和标准

1. 测量互感器绕组的绝缘电阻

互感器绝缘电阻测量的试验周期通常为：①交接时；②大修后；③每隔 1～2 年一次。其绕组的绝缘电阻标准可自行规定，所测绝缘电阻值应与前次所测数据或同型设备相互比较，以判断绝缘是否受潮。当试验时的环境温度为 20℃时，对于 3～10kV 的电压互感器，其一次侧绕组的绝缘电阻不应小于 450MΩ，二次侧绕组的绝缘电阻一般应大于 10MΩ。电流互感器的二次侧绕组的绝缘电阻，一般也应大于 10MΩ。

2. 互感器绕组连同套管一起对外壳的工频交流耐压试验

互感器工频交流耐压试验的试验周期一般与绝缘电阻测量试验相同，只是对于正常运行中的互感器每 1～3 年试验一次。其试验电压标准如表 10-6 所示。

3. 测量电压互感器一次侧绕组的直流电阻

测量电压互感器一次侧绕组的直流电阻试验只是在交接时和大修时进行。由于电压互感器一次侧绕组发生断线或接触不良等故障机会较多，而二次侧绕组因导线较粗极少发生这种情况，所以规定只测一次绕组的直流电阻。其测试标准通常是与制造厂的或前次测得的数值比较应无显著差别。通常各种型式的电压互感器一次侧绕组的直流电阻大约在数百千欧至数千欧之间。

此外，互感器的预防性试验，除以上几个主要项目外，通常还包括绝缘油试验和测量铁芯夹紧螺栓的绝缘电阻试验等项目。

（二）互感器的试验接线

（1）测量互感器绕组的绝缘电阻的接线参见图 10-10。测量互感器一次侧绕组对二次侧绕组及外壳的绝缘电阻应采用 2500V 摇表测量，二次侧绕组对一次侧绕组及外壳的绝缘电阻应采用 1000V 摇表测量。当绝缘电阻值很低时，必须屏蔽瓷套管表面的泄漏电流。对于电流互感器一次侧绕组的绝缘电阻试验时，可以和相连的一次设备（如母线和隔离开关等）一同进行。当测量一次侧绕组对地的绝缘电阻时，应将二次侧绕组短路接地，以免当绝缘击穿时在二次侧绕组上产生危险的高电压。测量电压互感器绕组的绝缘电阻时，如果一次侧绕组的一端已经接地，须临时拆开接地端再测量。

（2）互感器工频交流耐压试验主要测试绕组对外壳的交流耐压试验，其试验接线如图 10-11 所示。对于电流互感器，当测量一次侧绕组对外壳（地）的交流耐压试验时，也应将二次绕组短路接地。互感器的交流耐压试验，其交接和预防性试验电压应为制造厂出厂试验电压的 90%。互感器工频交流耐压试验标准，如表 10-6 所示。

表 10-6   **互感器工频交流耐压试验标准**

额定电压（kV）	3	6	10
试验电压（kV）	15	21	30
出厂时试验电压（kV）	24	32	42
交接与大修时的试验电压（kV）	22	28	38

（3）测量电压互感器一次侧绕组的直流电阻的试验接线见图 10-14。这种利用单臂电桥测得的直流电阻值，应用式（10-6）换算到 75℃温度时的电阻值。

$$R_{75℃} = R_t \frac{235 + 75}{235 + t} \quad (\Omega) \qquad (10\text{-}6)$$

式中　R_t——在温度为 $t℃$ 时的电阻值；

　　235——铜导线的温度换算常数。

此值与制造厂或最初测得的数值之差应没有明显的
变化。

四、绝缘子试验

（一）绝缘子的试验项目和标准

1. 测量绝缘子的绝缘电阻

绝缘子的绝缘电阻试验周期通常为：①交接时；②

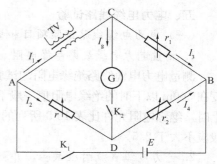

图 10-14　电压互感器一次侧绕组直流
电阻的测量接线图

大修前后；③每隔 1～2 年一次。其试验标准可自行规
定，并可参考同种类型产品的测量值。

2. 绝缘子工频交流耐压试验

绝缘子工频交流耐压试验周期同绝缘电阻试验的周期，其耐压试验电压标准见表10-7。

（二）绝缘子的试验接线

（1）绝缘子绝缘电阻的测量接线如图 10-15 所示。屏蔽线的接法应特别注意要靠近兆欧
表的"火线"，如果太靠近接地极，由于屏蔽保护线到接地极的表面距离短，保护至地的泄
漏电流大，会造成兆欧表内发电机过载，以致电压降低而影响测量准确度。

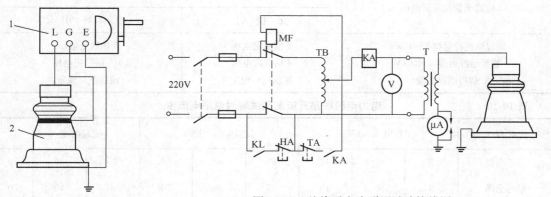

图 10-15　绝缘子绝缘电阻
测量接线图
1—摇表；2—绝缘子

图 10-16　绝缘子交流耐压试验接线图
TB—调压器；T—试验变压器；KA—过流继电器；MF—磁力启动器；
HA—合闸按钮；TA—跳闸按钮；KL—零位保护开关

表 10-7　　　　　　　　　　　　　绝缘子工频交流耐压试验电压标准

额定电压（kV）	3	6	10
出厂试验电压（kV）	25	32	42
大修后试验电压（kV）	25	32	42

（2）绝缘子交流耐压试验的接线，如图 10-16 所示。绝缘子的工频交流耐压试验可以单
独进行，也可以在母线上进行。

五、电力电缆线路试验

(一) 电力电缆线路试验项目和标准

1. 测量电力电缆线路绝缘电阻

测量电力电缆线路绝缘电阻的试验周期应为交接时和每隔 1~2 年一次。电力电缆线路长度在 500m 以下时的绝缘电阻值一般不小于表 10-8 中所列的数字,当电缆线路长度在 500m 以上时,绝缘电阻允许比表 10-8 所列的数值降低。三芯电缆线路各相绝缘电阻的不平衡系数一般应不大于 2.5%。

2. 电力电缆直流耐压试验,并测量其泄漏电流

电力电缆直流耐压试验的周期为:①交接时;②运行电缆每隔 1~3 年一次;③重包电缆头时。其直流耐压试验电压标准如表 10-9 所示。试验持续时间规定为:①交换、重包电缆头时为 10min;②运行中的电缆为 5min。电力电缆线路直流耐压试验时泄漏电流的标准如表 10-10 所示。

表 10-8   **电力电缆线路长度为 500m 以下时的绝缘电阻值**

电缆额定电压 (kV)	3 及以下	6~10
绝缘电阻 (MΩ)	200	400

表 10-9   **电力电缆线路直流耐压试验电压**

电缆类别及额定电压	试 验 电 压	
	交 接 时	运 行 中
油浸纸绝缘电缆 2~10kV	6 倍额定电压	5 倍额定电压
橡胶绝缘电缆 2~10kV	4 倍额定电压	3.5 倍额定电压
塑料绝缘电缆	按制造厂规定	按制造厂规定

表 10-10   **电力电缆线路直流耐压试验时泄漏电流值**

电缆型式	工作电压 (kV)			试验电压 (kV)			泄漏电流 (μA)		
三芯电缆	3	6	10	15	30	50	20	30	50
单芯电缆	3	6	10	15	30	50	30	45	70

(二) 电力电缆线路试验接线

(1) 测量电力电缆线路绝缘电阻的接线图参见图 10-3。三芯电缆应分别测量每相对其他两相和地的绝缘电阻,以便比较。正常情况下新电缆线路的绝缘电阻均甚高,如果出现低于表10-8所列数值的情况,应仔细查明原因,如利用在电缆芯线的端部或者套管端部加装屏蔽环并接至摇表的屏蔽端子的办法测量绝缘,以确定是电缆内部受潮还是表面泄漏的影响等;还应注意摇表的高压引线要短一些,并应悬空或用绝缘带吊起,不要拖在地上。

(2) 直流耐压试验并测量泄漏电流的接线如图 10-17 所示。试验时应分相进行测量,以便将各相试验结果进行比较、判断。试验时串联电阻值的一般选择方法是以 10Ω/V 计算。

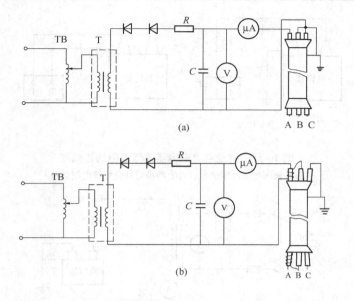

图 10-17 测量电力电缆线路直流泄漏电流及耐压试验接线图

(a) 没有屏蔽；(b) 有屏蔽

六、电力电容器试验

（一）电力电容器试验项目和标准

1. 测量电力电容器绝缘电阻

测量电力电容器绝缘电阻的试验主要是测量电力电容器两极间的绝缘电阻。其试验周期为：①交接时；②每隔 1～2 年试验一次（对于运行中的电力电容器）。其绝缘电阻标准值可自行规定，但不能与前次所测数值和同类产品的所测值相差较大。

2. 电力电容器工频交流耐压试验

电力电容器工频交流耐压试验只有交接时才做。两极引出线对外壳工频交流耐压试验的电压标准，如表 10-11 所示。如果出厂试验电压与上述标准不同时，交接时试验电压为出厂试验电压的 85%。

表 10-11 移相电力电容器工频交流耐压试验电压值

额定电压（kV）	0.5 及以下	1.05	3.15	6.3	10.5
出厂试验电压（kV）	2.5	5	18	25	35
交接时试验电压（kV）	2.1	4.2	15	21	30

（二）电力电容器的试验接线

（1）测量电力电容器绝缘电阻的试验接线，如图 10-18 所示。测量接线分极间绝缘测量和极对地绝缘测量两种。

（2）电力电容器交流耐压试验接线，如图 10-19 所示。这种接线主要是试验电容器极间耐压水平。极对地（外壳）的交流耐压试验接线与图 10-19 相似，只是将电容器两极连接起来接试验变压器一端（正极性端），电容器外壳接地。

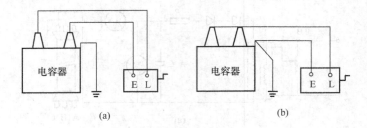

图 10-18　测量电力电容器绝缘电阻的接线图

（a）极间绝缘电阻测量；（b）两极对外壳绝缘电阻测量

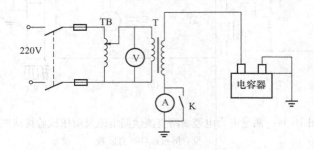

图 10-19　电力电容器交流耐压试验接线图

七、避雷器试验

（一）避雷器试验项目和标准

1. 避雷器绝缘电阻的测量试验

避雷器绝缘电阻的测量试验主要测量绝缘电阻，试验周期为：交接时和每隔 1～2 年一次。绝缘电阻值无规定标准，一般就同一型式及同一时期出厂的各个避雷器测量结果相互比较，或者与过去的测量记录相比较。为了相互比较，必须使用同一额定电压的兆欧表。

FS 型避雷器在干燥情况下的绝缘电阻一般在 10000MΩ 以上，交接试验时应大于 2500MΩ。对于火花间隙带有并联电阻的 FZ 型避雷器，所测绝缘电阻值较低，且因制造厂不同而异。

2. 避雷器工频放电电压试验

避雷器工频放电电压是阀型避雷器重要性能参数之一。FS 型避雷器在交接试验中必须测量其工频放电电压，带有非线性并联电阻的 FZ 型避雷器在解体检修之后也须测量其工频放电电压。在测量 FS-3～10 型避雷器的放电电压时，可使用国产 Q_3-V 型静电电压表，其量限为 0～7.5～15～30kV。其工频放电电压如表 10-12 所列的范围。

表 10-12　　　　　　　　　　　FS 型避雷器工频放电电压范围

额　定　电　压　（kV）		3	6	10
放电电压（kV）	新　装　及　大　修	9～11	16～19	26～31
	运　行　中	8～12	15～21	23～33

FZ、FCZ、FCD 型避雷器工频放电电压，按制造厂规定进行。

3. 避雷器泄漏（电导）电流试验

测量避雷器电导电流的目的，是为检查避雷器的密封是否良好，并联电阻有无断开的情况。其试验周期为交接时和解体大修后进行。测量电导电流时所加的试验电压，是按串接的并联电阻元件数目确定的，每对电阻元件规定加 4000±50V 试验电压。电导电流测试合格标准：对于 FS 型应不大于 $10\mu A$，对于 FZ、FCZ 和 FCD 型应在 $400\sim650\mu A$ 之间；对于其他型式的避雷器其电导电流按制造厂规定。

（二）避雷器试验接线

（1）避雷器绝缘电阻试验的接线，如图 10-20 所示。根据所测量的绝缘电阻大小可判断避雷器内部是否受潮以及密封情况，对于 FZ 型避雷器，还可以判断其并联电阻是否断裂等。若避雷器内部因密封不良而使元件受潮，则其绝缘电阻值会显著下降。因此在测量前，应先用干净抹布将避雷器瓷套表面擦拭干净，然后使用 2500V 摇表进行测量。测量方法是，将摇表的两个测量端子接在避雷器的两极上，并应将避雷器垂直放稳，不应横放在地面上。

（2）避雷器工频放电电压试验接线，如图 10-21 所示。在高压侧直接用静电电压表 SV 测量电压比较直观，准确度较高。保护电阻 R 要选用得适当，如果 R 值过大会使所测得被试物击穿电压值偏高。此外，在升压过程中，速度不宜过快，以免引起测量误差。

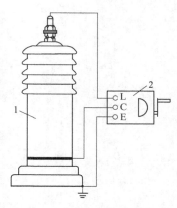

图 10-20　避雷器绝缘电阻
试验接线图
1—避雷器；2—兆欧表

（3）避雷器泄漏（电导）电流试验接线，如图 10-22 所示。若避雷器密封不好，电阻元件受潮，泄漏电流将急剧增大。若并联电阻断线，则泄漏电流将显著降低。试验前，应将被试避雷器尽可能靠近试验设备，使回路接线尽可能短，以减少回路本身的泄漏电流；微安表也应尽可能靠近避雷器，以减少试验回路的影响。在试验时，必须首先测量回路本身的泄漏电流（不接避雷器），然后从测量结果中减去这一数值。测量加在避雷器上的直流电压，可以采用不同的方法，图 10-22 是利用外加电阻 R_2 串联微安表作电压测量。当 I_1 的数值达到校正的数值时，即相当于电压达到了要求值，这时 I_1 的数值即为被试避雷器 F 的泄漏电流值。

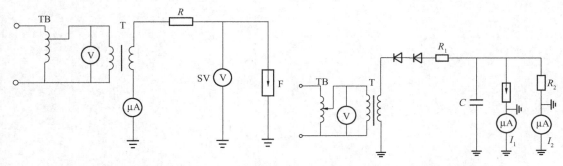

图 10-21　阀型避雷器工频放电电压试验接线图　　　　图 10-22　避雷器泄漏电流试验接线